광해관리 GIS

Geographic Informa ... ine Reclamation

최요순, 서장원, 김성민 저

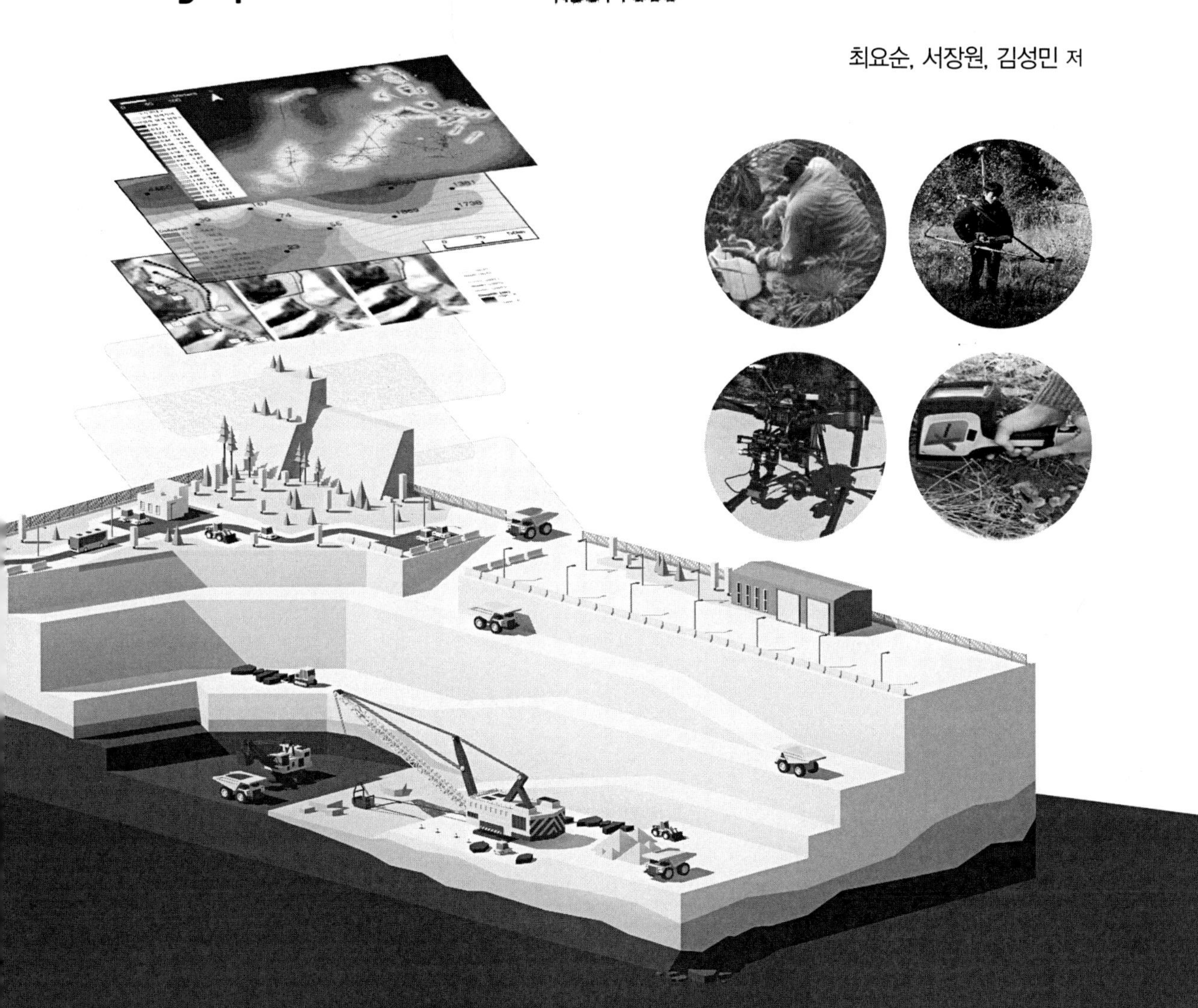

지리정보시스템(Geographic Information Systems, GIS)은 휴·폐광산지역의 광해 관리를 위해 효과적으로 사용될 수 있는 대표적인 공간정보 기술이다.

씨아이알

머리말

광해란 광산 개발 과정에서 수행된 토지굴착, 암석의 파·분쇄, 운반, 선광 등의 결과로 인해 발생하는 지반침하, 오염수 배출, 폐석 유출, 산림 훼손, 먼지 날림, 소음 및 진동 등의 피해를 의미한다. 휴광 또는 폐광된 광산지역에는 광해를 유발할 수 있는 다수의 요인들이 그대로 방치되어 있기 때문에 휴·폐광산지역의 환경 복원 문제가 심각한 사회 문제로 대두되고 있다. 휴·폐광산지역의 환경 복원 계획을 수립하기 위해서는 환경·사회·경제적 요인들을 종합적으로 평가하여 복원사업의 우선순위를 결정하는 것이 중요하다. 이러한 측면에서 수치갱내도, 지형지적도, 광산지질도, 식생도, 항공사진 등 다양한 도면자료들과 속성자료들을 효과적으로 관리하고 분석할 수 있는 지리정보시스템(Geographic Information Systems, GIS)은 휴·폐광산지역의 환경 복원 계획 수립의 의사 결정을 효과적으로 지원할 수 있는 대표적인 공간정보기술이라고 할 수 있다.

국내의 경우 한국광해관리공단에서 전국 폐탄광지역에 대한 수치갱내도 구축, 휴·폐 금속광산에 대한 지형지적 복합도 작성, 광산 지반침하지에 대한 지반정보 데이터베이스 구축, 수질실태 조사지점에 대한 조사 내역 데이터베이스 구축 등 광해 관리를 위한 공간정보 인프라 구축 사업을 지속적으로 추진해왔다. 또한 광해방지기술개발사업을 통해 광해의 유형 및 광해 관리 업무의 특성에 따라 GIS 데이터베이스를 분석하여 유용한 의사 결정 지원 정보를 생성할 수 있는 GIS 활용 기술들을 다수 개발해왔다. 그럼에도 불구하고 광해 관리 업무에서 GIS의 활용은 여전히 저조한 실정이다. 광해 관리 업무에서 GIS를 활용하기 위해 필요한 하드웨어, 소프트웨어, 자료, 방법은 충분히 갖추어졌으나, 이를 운영하기 위한 사람이 부족했기 때문이다.

지난 십여 년간 광해 관리를 위한 GIS 활용 기술들을 개발해온 저자들은 개발된 기술들이 실질적으로 활용되기 위해서는 광해 관리 GIS에 대한 전문지식을 가진 인력양성이 필요하다고 생각해왔다. 그리고 대학의 학부, 대학원 과정의 교재로 활용되거나 광해 관리 실무자들이 참고할 수 있는 광해 관리 GIS 전문교재 발간의 꿈을 꾸게 되었다. 그리고 그동안 저자들이 개발했던 광해 관리를 위한 GIS 활용 기술들의 기본적인 내용을 독자들이 GIS 소프트웨어 실습을 통해 체계적으로 학습할 수 있도록 이 책을 집필하였다. 책에 사용된 실습예제의 데이터는 Daum 카페 '광해관리GIS(http://cafe.daum.net/gismr)'에서 다운로드할 수 있다.

이 책이 나오기까지 광해 관리를 위한 GIS 활용 기술 개발을 함께 해온 많은 선후배 연구자들에게 감사를 전하고 싶다. 특히 저자들을 지도해주신 서울대학교 박형동 교수님께 진심으로 감사를 드린다. 또한 한국광해관리공단의 지원에 힘입어 저자들이 광해 관리 GIS 분야의 연구개발을 지속할 수 있었고, 이 책을 발간할 수 있었다. 이에 감사를 드린다.

2018년 12월

대표 저자

최요순

추천사 1

광해 GIS 전문가가 되기 위한 가이드

일제강점기부터 시작된 우리나라의 광산업은 1980년대 중반까지 한국 경제의 근간을 이루는 주요 산업이었다. 그러나 가정용 연탄의 수요 감소, 심부 채굴과 임금 상승에 따른 석탄 산업의 여건 악화로 인하여 폐광이 증가하게 되었다. 그 여파로 여러 환경오염과 산림훼손 등이 심각한 사회문제로 대두되었다. 이 문제를 해결하기 위해 2006년에 설립된 광해관리공단은 광산지역의 지속 가능한 발전을 위해 여러 방법을 고안하고 실천해왔다.

그중에서도 여러 지리정보를 바탕으로 분석하여 의사결정지원시스템으로 활용하는 GIS를 광해통합정보시스템에 접목시켜 지반침하·환경오염 등의 분석과 예측 그리고 광산 관련 정보의 제공, 환경복원정책 지원, 광산지역 재개발 기초자료의 제공 등을 실시하고 있는 것은 매우 바람직한 활동으로 여겨지고 있다. 그러나 아무리 시스템이 좋다고 하더라도 이를 활용할 수 있는 사람이 없다면 무용지물이 될 수밖에 없다. 광해 GIS 전문 인력이 반드시 필요한 이유이다.

이러한 시점에 이 책의 출판은 우리나라 광해 정책에 큰 기여를 할 것으로 생각된다. 무엇보다 이 책은 광해 GIS 전문 인력을 꿈꾸는 사람들을 위해 이론뿐 아니라 GIS 소프트웨어 실습을 통해 체계적으로 학습할 수 있도록 꾸며져 있는 것이 큰 강점이다. 그래서 4차 산업혁명의 핵심인 GIS 분야 중에서도 불모지라 할 수 있는 광해 GIS를 이끌어가는 필독서로 추천한다.

(사)한국지리정보학회 회장
강원대학교 교수
김창환

추천사 2

친절한 광해 GIS 입문서

본 도서는 광해방지사업과 관련한 GIS 활용법을 다루고 있다. 여러 가지 광해 유형에 따라서 실제 사례들을 활용할 수 있도록 배려해 학습자의 흥미를 유발함은 물론 실무자에게는 업무 아이디어도 얻을 수 있도록 디자인되어 있다. GIS를 이용하여 광산 갱내도를 수치화하는 방법, 지구화학자료를 가시화하는 방법, 지반 침하를 분석하는 방법 그리고 광산 지형정보를 분석하는 방법 등을 총망라한 과거에 없던 광해 관리 전문 도서이다.

본인은 광해 방지 연구를 약 20년 이상 수행해오면서 광해 관련 전문 도서가 부족한 점을 느끼고 있었던 차에 '광해 관리 GIS' 도서가 출간이 되어 무척 반가웠다. 대학에서 광해 전문 인력을 양성할 때 혹은 광해 GIS를 공부하고자 하는 입문자에게 본 도서는 친절한 길잡이가 될 것이라 믿는다.

한국지질자원연구원 책임연구원
정영욱

C·O·N·T·E·N·T·S

CHAPTER 01

광해 방지와 GIS

Geographic Information System for Mine Reclamation

C·H·A·P·T·E·R

01 광해 방지와 GIS

1.1 서 론

지속 가능하고 환경 친화적인 채광 활동은 인간의 삶과 복지에 중요하다. 그러나 광업은 인간의 건강이나 안전에 유해한 영향을 미칠 수 있고, 지역적 또는 광역적 범위에서 지반, 토양, 수자원 및 산림을 포함한 주변 환경을 손상시킬 수 있기 때문에 종종 부정적으로 인식되어왔다(Choi and Song, 2016). 광업활동으로 인한 재해(mining-induced hazards)는 석탄과 광물(금속/비금속)의 개발 및 생산 활동과 밀접한 관련이 있다. 그러한 위험에는 지반침하, 폐석 또는 광물찌꺼기에 포함된 중금속 오염물질에 의한 토양오염, 수질오염, 갱내수 유출 및 범람, 산림훼손, 사면붕괴, 연소, 배출가스의 폭발, 비산 먼지 및 폐시설 등을 포함한다(그림 1-1).

광업 활동(mining activity)과 연관된 잠재적인 환경 영향이나 위험성을 완화 또는 제거하기 위해서는 공간적 관점(맥락)에서 광해의 위험 범위와 수준(정도)을 지속적으로 조사할 필요가 있다(Kim et al., 2012). 이를 위해 지리정보시스템(Geographic Information Systems, GIS)은 다양한 광산에서 유발된 재해와 관련된 위험성을 합리적으로 모델링하고 예측하기 위한 접근법으로서 효과적으로 사용되어왔다. 본 장에서는 광업활동에 의해 발생되는 광해의 모델링과 평가를 위해 활용되어온 GIS 기반의 기법과 응용 사례를 소개하고자 한다.

GIS는 광범위한 분야에 대한 지형·공간 데이터를 수집, 관리, 분석, 모델링 및 가시화하기 위한 컴퓨터 기반의 일련의 기술이다(Longley et al., 2005). 최근에는 다양한 분야의 사건과 관련된 지형·공간 데이터가 다양하고 복잡해지고 있을 뿐만 아니라 어떤 문제를 해결하기

그림 1-1 대표적인 광산 재해 사진(컬러 도판 320쪽 참조)

위해 매우 복잡한 과정을 거치기도 한다. 따라서 GIS는 종종 어떤 사건의 공간적 패턴이나 특성 및 속성을 평가할 때 GIS의 고유한 기능을 보완하기 위해 다양한 분석 모델이나 기법(예: 전문가 시스템, 확률·통계 기법, 데이터 마이닝 기법 및 머신러닝 기법)과 결합되어 활용되기도 한다.

본 장에서 'GIS 기반의 광해 모델링 및 평가'에 대한 문헌을 소개하기 위해 다양한 학술 논문을 검색하였다. 자료 조사 시 해당 학술 논문이 'GIS', '광산', '재해' 유형 등 3개의 개념이 모두 포함되도록 주요어(keywords)를 입력하였다.

- 지반 : 재해 유형으로서 'subsidence' 또는 'collapse' 등의 용어를 학술 논문 검색을 위한 주요어로 사용하였다. 따라서 광산지역이 아닌 타 지역에서 발생한 카르스트 씽크홀(예: 돌리네)이나 지하 채광 활동이 아닌 도심지 지하공간 개발(예: 지하철, 지하수 난개발 등)

에 의한 지반함몰 등 지반침하 발생 원인이 다른 사례들은 고려하지 않았다.

- 토양 : ‘soil contamination’ 또는 ‘soil erosion’ 등을 주요어로 사용하였다. 지반침하와 마찬가지로 도심지 또는 상업 지구의 토양 및 사격장이나 기타 활동으로 인한 토양 문제에 관한 문헌은 고려 대상에서 제외하였다. 또한 다수의 연구자들이 광산지역의 토양 및 하천 퇴적물 시료별 원소 농도를 지도상의 특정 지점에 가시화한 사례들이 있었으나, 이러한 연구들은 단순한 자료 가시화에 그친 것으로 GIS 분석 또는 평가 요소가 없어 조사 대상에서 제외하였다.
- 수질 : 광미댐을 포함한 광산지역의 수질 문제에 대해서는 ‘water pollution’ 또는 ‘drainage’ 등을 주요어로 사용하였다.
- 산림 : 광산지역의 산림과 관련된 재해 사례를 조사하기 위해 ‘deforestation’ 또는 ‘reforestation’ 등을 주요어로 사용하였다.
- 사면 : 광산지역의 사면붕괴 또는 사면안정성평가 사례를 조사하기 위해 ‘slope failure’ 또는 ‘slope stabilization’ 등을 주요어로 사용하였다.
- 종합평가 : 광해종합평가 또는 광산지역의 환경 영향평가에 관한 논문을 검토하기 위해 ‘mine hazards’, ‘decision support system’ 또는 ‘environmental impact(effect)’ 등을 주요어로 사용하였다.

GIS 이외에도 원격탐사(remote sensing) 관측 기술(예: 초다분광 센서 또는 InSAR 등) 또는 무인 항공기(Unmanned Aerial Vehicle, UAV) 등을 활용한 지반침하, 산성광산배수(Acid Mine Drainage, AMD), 수질오염, 산림 훼손지 면적 측정, 광산지역의 사면붕괴지 탐지 및 모니터링에 관한 다수의 연구가 보고되었다. 그러나 이러한 사례들은 탐지 및 관측에 초점을 맞추었기 때문에 본 주제에 해당하는 ‘GIS 기반의 광해 모델링 및 평가’와는 다소 거리가 있어 문헌 조사 대상에서 제외하였다.

1.2 광산 재해의 유형과 방지

광산의 수명주기(life cycle)는 탐사 및 타당성 평가, 계획 및 건설, 운영, 폐광 등의 4단계로 이루어져 있다(Environment Canada, 2009). 탐사 및 타당성 평가 단계에서는 경제성이 있는 광체를 탐사하고 그 가치를 평가한다. 계획 및 건설 단계에서는 광산 설계 및 인프라 건설 등 광산 개발을 위한 준비가 이루어진다. 운영 단계에서는 유용 광물을 채광하고 선광 처리하여 판매한다. 폐광 단계에서는 채광 활동을 중단하고, 폐광하거나 해당 지역을 다른 용도로 활용한다(Darling, 2011). 광업 수명주기의 각 단계에는 다양한 활동이 포함되며, 모든 단계에서 잠재적인 재해 환경 문제 또는 위험을 가지고 있다(표 1-1).

표 1-1 광산의 수명주기별로 발생 가능한 광해(modified from Environment Canada, 2009)

단계	주요 작업	발생 가능한 광해
탐사 및 타당성 평가	• 사전 답사 • 시료 채취 • 광화대 및 광체 탐사 • 광체 경제성 평가	• 산림 훼손 • 소음 • 진동
계획 및 건설	• 광산 계획 및 설계 • 환경 계획 및 환경 영향 평가 • 폐광 계획 수립 • 부지 확보, 박토, 발파, 인프라 건설	• 폐석 • 산림 훼손 • 소음 • 진동
운영	• 채광 • 파쇄, 분쇄, 선광 • 폐석 관리 • 폐수 관리 • 광해복구 준비	• 지반침하 • 토양오염 • 수질오염(산성광산배수) • 폐석 • 광물찌꺼기 • 사면붕괴 • 소음 • 진동
폐광	• 부지 정리 • 광해복구 • 환경 모니터링	• 지반침하 • 토양오염 • 수질오염(산성광산배수) • 산림 훼손 • 사면붕괴

1.2.1 지반침하(subsidence)

광산 지반침하는 국내에서 가장 흔히 발생되는 광해로서 건물, 기반 시설물 및 환경 등에 심각한 손상을 초래할 수 있다(Kratzsch, 1983). 이와 같은 재해로 인한 피해와 위험성을 효과적으로 완화하기 위해서는 정확도 높은 지반침하 이력 자료(subsidence inventory data)로부터 지속적인 평가와 관측을 수행하고, 이로부터 신뢰성 높은 미래의 지반침하 발생 예측 지도를 작성할 필요가 있다. 이와 같이 지질공학적 데이터를 지도의 형태로 제시하는 접근법은 지역

계획자와 개발자가 개발에 적합 또는 부적합한 지역을 확인하는 데 유용하게 활용될 수 있다.

1.2.2 토양오염(soil contamination)

광산지역의 토양 내 잠재적 독성 원소(Potential Toxic Elements, PTEs)는 비산 먼지의 흡입 또는 식물의 섭취 등 먹이사슬 단계를 통해 인체에 누적될 경우 인체의 건강에 심각한 위험을 초래할 수 있다(Carr et al., 2008). 그렇기 때문에 광산지역의 토양 내 PTEs의 분포 범위와 함량은 인간에게 큰 관심사에 해당한다. 토양 내 고농도의 PTEs로 인한 위험을 완화하고 관리하기 위해서는 토양오염지도(soil contamination map)로부터 각 PTEs별로 농도(오염 정도)와 범위(공간적 분포)를 파악할 필요가 있다.

1.2.3 수질오염 및 배수 제어(water pollution & drainage control)

광산현장에서의 수질오염 및 배수 문제는 광산 운영 단계에서의 생산 작업뿐만 아니라 수질오염 예방 및 강우(빗물)에 의한 2차 재해와도 밀접한 관련이 있다. 노천광산은 강우에 직접적으로 영향을 받으며 특히 습한 지역의 광산에서는 지표수 관리가 중요하다(Meek, 1990). 또한 지하광산은 강우로 인해 갱도가 침수될 수 있기 때문에 광산 운영 및 안전 측면에서 큰 문제로 인식되고 있는 실정이다. 따라서 물과 관련된 광해를 저감하기 위해서는 폐광산뿐만 아니라 가행광산에서도 강우 시 지표수·지하수의 흐름 방향이나 누적량을 파악하고 수계 영향지역을 구분하여 수질오염을 통제하고 배수 통제를 해야 할 필요가 있다(Hustrulid and Kuchta, 1995).

1.2.4 산림 훼손(deforestation)

산림 피복의 변화는 토양 침식, 지표 유출수, 대기 중 이산화탄소 농도 등에 잠재적으로 영향을 미칠 수 있어 전 세계적으로 주목을 받고 있다(Joshi et al., 2006). 채광 작업은 삼림 벌채를 수반하기 때문에 산림 훼손의 명백한 원인에 해당한다. 또한 숲이나 경관, 야생 동식물의 서식지를 파괴할 수 있으며, 이로 인해 토양이 침식되거나 농지가 파괴되기도 한다. 특히 노천채광 기술을 사용하는 대규모 채광 작업은 삼림 벌채, 광산 시설 및 도로 건설 등으로 심각한 산림의 훼손을 일으킨다. 광업 활동으로 인한 환경 피해는 전 세계적인 문제로 여겨지고 있다(Enconado, 2011). 그래서 다수의 국가들은 광업 회사가 산림 피해를 복구하기 위한 광해 방지 계획을 시행할 것을 요구하고 있다. 따라서 광산 개발 계획 수립 단계 또는 광해 계획 단계에서 산림 훼손지의 공간적 피해 범위를 파악하고 최적의 산림 복구(reforestation)를 위한 계획 및 향후 모니터링 등의 종합적인 계획을 수립하여 산림을 재생할 필요가 있다.

1.2.5 사면붕괴(slope failure)

지상 및 지하 채굴에서 예기치 않은 지면의 움직임은 생명의 위협, 장비의 파괴, 재산 손실을 초래하는 등 위험한 상황을 초래할 수 있다(Girard and McHugh, 2000). 그중 사면붕괴는 광산 운영 단계에서 발생되면 채광 작업의 중단이나 작업자의 부상을 유발하기도 하고, 폐광 이후에 발생될 경우 토지를 훼손시킬 수 있는 재해이다. 일반적으로 지하광산보다는 노천광산에서 더 빈번하게 발생되고 피해도 더 큰 편이다. 그러나 지하광산지역에서도 폐석이나 낙석 등의 심각한 문제를 야기한다.

1.2.6 광해종합평가

광업활동은 광산의 전체 수명주기 동안 환경에 다양한 악영향을 미칠 수 있다. 따라서 광해 방지 작업은 필수적으로 수반되어야 하는 과정이지만, 실행 가능한 개발 계획 등을 제공할 때 고려해야 하는 다양한 변수들 때문에 다소 복잡한 점이 있다. 따라서 광해 방지를 위해 다양한 재해의 분야별 데이터를 통합하고, 다양한 재해를 통합적으로 평가하는 기법 개발의 중요성은 꾸준히 증가하고 있다.

표 1-1에 제시된 바와 같이 광산의 수명주기 중 폐광 단계는 선행된 활동(예: 탐사, 개발, 생산 등)에 의해 야기된 재해 문제들을 해결하기 위한 광해 방지 작업을 포함한다. 그러나 폐광 단계에서 적절한 광해 방지 조치가 이행되지 않으면 이전 단계에서 발생된 다양한 광해로 인한 위험이 폐광된 후에도 계속 남아 있을 수 있다. 이러한 광해들은 광산지역의 물리적 환경과 인체 건강에 직접적이고 뚜렷하고 오래 지속되는 영향을 미칠 수 있다.

1.3 지반침하

GIS 기반의 광산 지반침하 연구들은 Chacon et al.(2006)이 제안한 지질공학 지도(engineering geological map)의 종류에 따라 지반침하 취약성 또는 위험도 작성(subsidence susceptibility or hazards mapping)과 지반침하 리스크 지도 작성(subsidence risk mapping) 등의 2가지 주제로 나눌 수 있다. 어떤 분야에서는 '리스크 지도' 용어를 한글화한 '손실 위험 지도'라는 용어를 사용하기도 하나 아직까지는 전자가 더 널리 활용되고 있어 본 장에서는 '리스크 지도'라는 용어로 통일하여 기술하였다.

1.3.1 지반침하 취약성 지도 작성(subsidence susceptibility mapping)

1) 지반침하 취약성 지도의 개념

지반침하 취약성 평가의 기본 개념은 지반침하 발생과 관련이 있는 영향인자들의 공간적 분포와 속성값들을 고려하여 (시간적 개념과 무관하게) 지반침하에 취약한 지역을 결정하는 것이다. 그래서 지반침하 취약성 지도는 한정된 영역(범위) 내에서 지반침하가 발생하기 쉬운 지역부터 어려운 지역까지 지반침하 취약성 정도를 상대적 순위 관점으로 표시해준다. 그렇기 때문에 지반침하 취약성이라고 하는 것은 절대적인 개념이 아니라 상대적인 위험도 개념으로 여겨진다고 볼 수 있다.

지반침하 취약성 지도는 연구지역의 모든 격자셀(grid cell)에 지반침하 발생 가능성을 연 확률(annual probability)로서 도시해주는 지반침하 위험성 지도(subsidence hazard mapping)와 구분된다. 즉, 지반침하 위험성 지도는 지반침하 취약성에 시간적 개념이 추가적으로 고려되는 반면에 지반침하 취약성 지도는 시간적 개념이 고려되지 않는다. 그러나 안타깝게도 'GIS 기반의 지반침하 위험성 지도 작성'의 주제로 국제 저명 학술지에 발표된 다양한 연구들(Kim et al., 2006; Oh and Lee, 2010, 2011; Park et al., 2012; Lee and Park, 2013)의 경우 전술한 시간적 개념(지반침하 발생 연 확률)이 고려되지 않았다. 상기 연구 논문들의 경우 제목에 'subsidence hazard mapping'이라는 용어를 사용하였지만 개념적으로 보면 'subsidence susceptibility mapping'이라고 하는 것이 옳다고 할 수 있다.

2) 지반침하 취약성 지도 작성 절차

일반적으로 지반침하 취약성 지도 작성 연구는 데이터 수집 및 전처리, 데이터 분석, 데이터 가시화, 예측 모델 검증의 4단계로 이루어진다.

(1) 1단계 : 연구(관심)지역에 대한 GIS 데이터 구축

첫 번째 단계에서는 다양한 지리·지형·공간 데이터를 수집한다. 이러한 데이터들은 대부분 컴퓨터상에서 다룰 수 있는 전자지도(digital map)의 형태로 이루어져 있으며, 일반 문서나 스프레드시트 형식의 자료인 경우 간단한 디지타이징(digitizing) 작업을 통해 전자지도로 생성할 수 있다. 수집하는 자료의 예로는 지반침하 이력 지도, 수치갱내도, 수치 지형도, 수치 지질도, 지하수도, 토지 이용도, 도로망도, 건물도, 시추공 자료, 기타 조사 자료 등이 있다. 이러한 다양한 GIS 데이터베이스(database, DB)로부터 지반침하 발생을 유발할 수 있는 다양한 영향인자 주제도(factor thematic map)를 생성한다. 문헌을 분석해본 결과 대부분의 연구에서 6~8개의 영향인자를 선정하였으며 갱심도, 갱밀도, 갱도로부터의 거리, 탄층 두께, 탄층 경사, 지질, 암반등급, 강우누적흐름량(또는 빗물누적흐름량), 지하수위, 투수성, 지표경사, 토지이용도, 철도로부터의 거리 등 다양한 인자가 활용되었다. 이 단계에서 다양한 GIS 공간 분석 기법이나 보간법 등이 활용될 수 있다. 영향인자 주제도 작성 시 한 격자셀의 크기(공간 해상도)는 연구지역의 크기와 분석 목적에 따라 대개 1~30m 정도로 설정한다. 만약 이러한 데이터를 활용하여 머신러닝이나 통계적인 분석을 수행할 경우, 편향되지 않은 분석을 수행하기 위해 모든 영향인자 주제도를 훈련지역(training area)과 검증지역(validation area)으로 분할한다. 훈련지역과 검증지역은 일반적으로 7:3 또는 5:5의 면적비를 갖도록 나눈다. 물론 머신러닝이나 통계적 분석 기법이 아닌 지반침하 이론식 등의 이론적 접근법 등을 활용할 경우에는 데이터를 훈련지역과 검증지역으로 나눌 필요가 없다.

(2) 2단계 : 지반침하 이력 자료와 영향인자 간의 상관성 분석

두 번째 단계에서는 연구지역의 과거 지반침하 발생지 분포를 보여주는 지반침하 이력 자료와 기선정한 영향인자들 간의 상관관계를 분석하고 의미를 해석한다. 이때 상관관계 분석에 활용되는 자료는 1단계에서 '훈련지역'으로 분류한 지역의 격자셀만을 대상으로 한다. 상관관계 분석에 활용될 수 있는 접근법 또는 기법은 다양하며(예: 확률·통계적 기법, 데이터마이닝 기법, 머신러닝 기법 등) 이에 따라 지반침하 취약성 지도 작성 연구를 다시 세부적으로 분류할 수 있다. 상관관계 분석은 지도의 영역과 격자셀 크기가 동일한 지반침하 이력 자료와 영향인자 주제도 1번(그 다음 2번, …, N번)을 순차적으로, 공간적으로 비교하여 영향인자 값의 변화에 따른 지반침하 발생 여부의 변화를 파악하는 것이다. 이로부터 지반침하 이력 자료와 영향인자 간의 상관식이 1개 또는 N개까지 도출될 수 있다. 물론 1단계에서와 마찬가지로 이론적 접근법을 활용할 경우에는 상관성 분석 단계를 생략할 수 있다.

(3) 3단계 : 지반침하 취약성 지도 작성

세 번째 단계에서는 2단계에서 도출된 과거 지반침하 이력 자료와 영향인자 간의 상관관계식을 이용하여 연구지역의 모든 격자셀에 대한 지반침하 취약성 지수(Subsidence Susceptibility Index, SSI)를 산정하고, 이를 근거로 지반침하 취약성 지도로 생성한다. 이때 지반침하 취약성 지수를 산정할 대상은 '훈련지역'과 '검증지역'을 모두 포함한 연구지역의 전체 격자셀에 해당한다. 2단계에서 산정된 지반침하 발생 여부 – 영향인자 속성값 간의 상관관계식에 관심지역의 격자셀 속성값을 입력하여 지반침하 취약성 지수를 산정하며, 이 과정을 연구지역의 모든 영향인자별로, 전체 격자셀에 동일하게 적용한다. 영향인자별로 지반침하 취약성 지수가 할당된 경우, 모든 영향인자별 지반침하 취약성 지수를 합하여(선형 조합) 하나의 통합된 지반침하 취약성 지수 레이어를 생성한다. 격자셀의 지반침하 취약성 지수가 높은 것은 연구지역 내에서 상대적으로 지반침하가 발생할 가능성이 높다는 것이며, 지수가 낮으면 지반침하 발생 가능성도 낮음을 의미한다. 일반적으로 지수가 높은 격자셀은 적색으로, 중간 지역은 노란색으로, 지수가 낮은 격자셀은 녹색이나 청색으로 표시한다. 즉, 적색 격자셀은 해당 연구지역 내에서 상대적으로 지반침하 발생 가능성이 높은 것이지만 절대적으로 지반침하가 발생한다고 볼 수는 없다.

(4) 4단계 : 지반침하 취약성 지도의 예측 정확도 검증

네 번째 단계에서는 3단계에서 작성된 지반침하 취약성 지도의 예측 정확도를 정량적으로 평가한다. 지반침하 취약성 지수는 지반침하 발생 가능성을 상대적 순위 관점에서 평가해주지만 예측된 값이 실제로 잘 맞는지 아닌지 확인할 필요가 있다. 이를 위해, 3단계에서 생성한 지반침하 취약성 지도와 1단계에서 구축한 지반침하 이력 지도를 공간적으로 비교·분석하는 것이다. 예를 들어, 지반침하 취약성 지수가 높은 지역에서 지반침하가 대부분 발생했다면 예측력이 높은 것이고, 지수가 낮은 지역에서 지반침하가 다수 발생했다면 예측력이 낮다고 볼 수 있다. 이를 구체적이고 정량적으로 평가하기 위해 일반적으로 Cumulative Frequency Diagram(CFD) 또는 Success Rate Curve(SRC) 기법 등이 활용된다. 이 검증 기법들은 어떤 모델의 예측 정확도를 0~100% 범위에서 산정하며, 이를 토대로 사용자가 제시한 영향인자나 상관성 분석 기법 등의 분석 모델이 연구지역의 지반침하를 효과적으로 예측하는지 확인해볼 수 있다. 두 기법은 광물자원탐사 또는 재해 분야의 예측 정확도를 평가하는 데 자주 활용되어왔으며, 기법에 대한 자세한 설명은 Suh et al.(2013)에서 찾아볼 수 있다.

3) 지반침하 취약성 지도 작성 연구 사례

지반침하 취약성 지도 작성 연구는 전술한 2단계의 상관관계 분석에 활용되는 접근법 또는 기법에 따라 확률·통계 기법 기반 연구, 머신러닝 기법 기반 연구, 상관성 분석 기법의 비교 연구, 영향인자의 민감도 분석 연구 등으로 분류될 수 있다.

(1) 확률·통계 기법 기반 연구

확률·통계 기법을 이용한 지반침하 취약성 지도 작성 연구는 미래의 지반침하는 과거에 기 발생한 지반침하지역과 유사한 환경 조건(영향인자 값이나 범위 등)하에서 발생한다는 가정을 두고 있다. 그래서 지반침하 이력 지도의 과거 지반침하 발생지역에 대한 영향인자별 특성값을 분석함으로써 통계적인 상관식을 도출하고, 이를 이용하여 미래 지반침하 발생 확률을 계산함으로써 지반침하 취약성을 예측한다(Dahal et al., 2008). 대표적인 확률·통계 기법으로는 빈도비 모델(Frequency Ratio, FR), Weight of Evidence(WoE), 로지스틱 회귀분석(Logistic Regression, LR), 지리가중회귀분석(Geographically Weighted Regression, GWR) 등이 있다.

Oh and Lee(2010)은 베이시안 확률 모델(Bayesian probability models)의 하나인 WoE 모델을 이용해서 국내 삼척 폐탄광지역의 지반안정성 평가를 수행하였다.

손진 외(2015)는 FR 모델이 해당 격자셀의 특성값만을 고려하는 한계를 극복하기 위해 영향반경(radius of influence) 개념을 적용하여 임의의 격자셀 주변의 특성값을 함께 고려하여 임의의 격자셀의 빈도비를 계산하는 방법을 제안하였다. 이때 격자셀 주변 반경값은 갱심도와 영향각(angle of break)을 고려하여 각각 다르게 설정하였다. 해당 기법의 유용성을 확인하기 위해 CFD 검증 기법을 적용한 결과, 영향반경을 고려한 FR 모델의 경우 75.90%의 예측 정확도를 나타냈으며, 영향반경을 고려하지 않은 FR 모델(69.49%)보다 8.31%p 더 높은 예측 정확도를 보인 것으로 분석되었다.

Suh et al.(2016)는 기존의 지반침하 취약성 평가 연구들이 갱도의 수평적 밀집도나 수직적 중첩성에 의한 복합적인 영향력을 고려하지 못하는 한계를 극복하기 위해 갱심도나 갱도로부터의 거리와 같은 2D 영향인자 대신에 이를 동시에 고려할 수 있는 3D 개념의 영향인자를 생성하고 이를 평가에 반영하였다. 또한 기존의 연구에서 지반침하에 가장 중요한 영향인자로 알려진 채굴적 항목이 데이터 부족으로 고려되지 못한 한계를 극복하기 위해 3차원 갱도의 분포와 특성을 이용하여 채굴적의 분포와 규모를 예측하고, 채굴적에 의한 가상의 영향력을 지반침하 예측에 반영하였다(그림 1-2). 그 결과 제안한 모델의 예측력이 기존 접근법에 비해 5.51%p만큼 개선된 것으로 보고되었다.

Blachowski(2016)은 폴란드의 대규모 채광지역에 GWR 기법을 적용하여 지반침하 취약성 지도를 작성한 사례를 발표하였다.

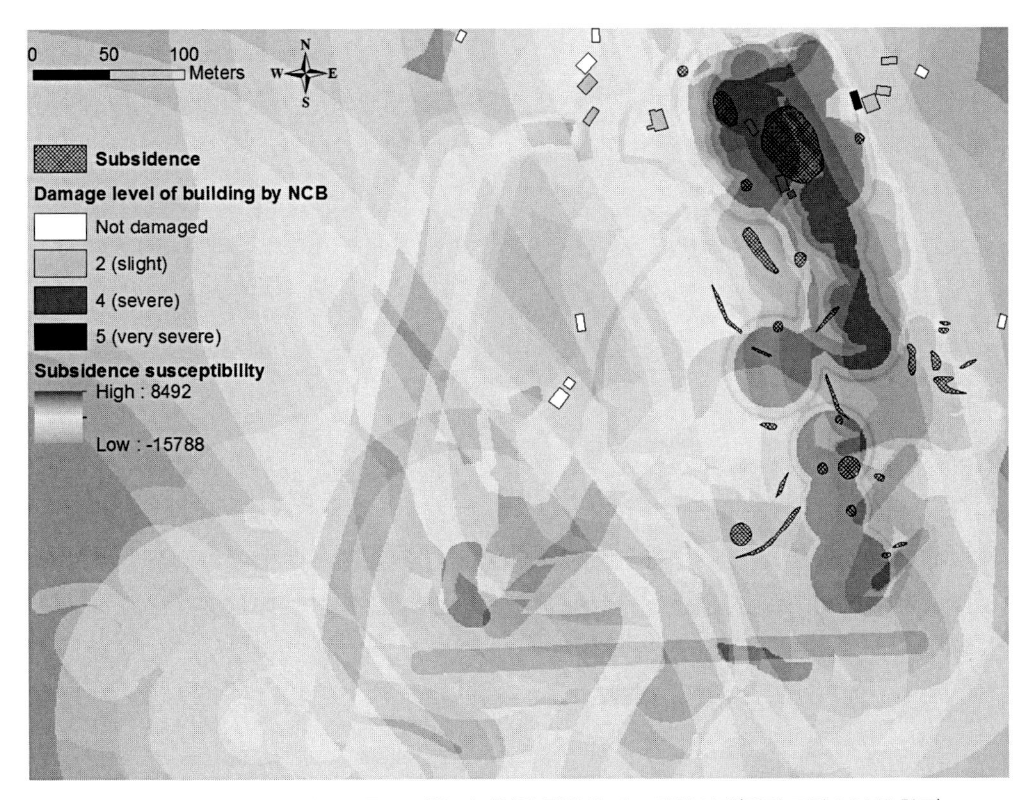

그림 1-2 채굴적의 3차원 분포를 고려한 지반침하 취약성 지도 작성 사례(컬러 도판 321쪽 참조)

(2) 머신러닝 기법 기반 연구

지반침하 취약성 지도 작성 연구에 활용된 대표적인 머신러닝 기법으로는 인공신경망(Artificial Neural Network, ANN), 뉴로-퍼지 추론 시스템(Adpative Neuro-Fuzzy Inference System, ANFIS), 의사 결정 나무(Decision Tree, DT) 등이 있다. 그 외에도 최근 머신러닝에 대한 관심이 증가하면서 적용 가능한 기법이 계속 개발되고 있으나(Support Vector Machine, SVM; Random Forest, RF 등) 여기서는 위 3가지의 적용 사례를 제시하고자 한다.

Ambrožič and Turk(2003)은 ANN 기법을 이용해서 슬로베니아의 지하폐탄광지역의 지표 침하 예측을 연구하였다. 이 연구에서는 다양한 지표침하 예측식의 비교를 수행하기 위해 ANN 기법을 적용하였으며, 예측 결과와 실제 관측 데이터를 비교하여 모델의 예측력을 검증하였다.

Kim et al.(2009)는 ANN 기법을 이용해서 지반침하 취약성 지도를 작성하였으며, 기 구축된 지반침하 이력 지도와의 공간적 비교를 통해 제안된 모델이 96.06%의 높은 예측 정확도를 보인 것으로 보고하였다.

Park et al.(2012)는 다양한 퍼지소속함수(Fuzzy Membership Function, FMF)와 ANFIS 기법을 이용하여 지반침하 취약성 지도를 작성하였다. 그러나 지반침하 예측에 적용된 퍼지소속함수의 종류에 따른 예측 정확도는 큰 차이가 나타나지 않는 것으로 보고하였다.

Lee and Park(2013)은 FR 기법과 DT 알고리즘을 이용하여 지반침하 이력지도와 영향인자 주제도 간의 상관성을 각각 분석하고, 이를 토대로 국내 폐탄광지역의 지반침하 취약성 지도를 작성하였다. 그 결과 DT 알고리즘(>90%)이 FR 기법(86.70%)에 비해 더 높은 예측 정확도를 나타낸 것으로 확인되었다.

(3) 상관성 분석 기법들의 비교 연구

앞의 사례에서도 특정 기법의 적용성이나 우수성을 보여주기 위해 검증 부분에서 간단하게 예측 정확도를 비교한 경우가 있었으나 몇몇 연구의 경우 논문 제목에 '비교'를 의미하는 단어가 포함되어 있고, 두 가지 이상의 상관성 분석 기법을 비교하기 위한 목적으로 수행된 사례들이 있었다.

Kim et al.(2006)은 통계적 기법인 FR 기법과 LR 기법을 각각 이용하여 국내 폐탄광지역의 지반침하 취약성 지도를 작성하고, 각각의 예측 정확도를 산정 및 비교하였다. 그 결과 LR 기법의 예측 정확도(95.01%)가 FR 기법의 예측 정확도(93.29%)보다 높게 나타난 것으로 확인되었다.

서장원 외(2015)는 대표적인 지반침하 영향인자 15개 중 사용자가 영향인자를 자유롭게 선택하고, FR, FMF, 계층 분석 기법(Analytic Hierarchy Process, AHP)의 3가지 기법 중 1개 또는 2개 기법을 결합하여 지반침하 취약성을 평가하고 가시화할 수 있는 소프트웨어를 ESRI 社의 ArcMap 소프트웨어의 익스텐션 툴바(extension toolbar) 형태로 개발하였다.

Oh and Lee(2011)는 FR, WoE, LR, ANN 기법을 각각 이용하여 폐탄광지역의 지반침하 취약성 지도를 작성하고, 그 예측력을 비교하였다(FR : 95.54%, WoE : 94.22%, LR : 96.89%, ANN : 94.45%). 또한 각 기법을 적용하여 생성된 4개의 지반침하 취약성 지도를 4개의 영향인자 주제도로 다시 활용하고 각 분석 기법을 다시 적용하여 새로운 지반침하 예측 지도를 작성하고 검증하였다(FR : 96.46%, WoE : 97.22%, LR : 97.20%, ANN : 96.70%). 그 결과 개별 기법에 의한 예측 정확도보다 개별 기법에 의해 생성된 예측 지도를 영향인자 주제도로 사용하여 지반침하 취약성을 예측한 사례가 더 높은 예측 정확도를 보인 것으로 분석되었다.

(4) 영향인자의 민감도 분석 연구

Oh et al.(2011)은 GIS 기반의 지반침하 취약성 지도 작성에 활용되는 영향인자들의 적합성과 중요도를 평가하기 위해 민감도 분석을 수행하였다. 먼저 8개 영향인자를 이용하여 지반침하 취약성 지도를 작성하고 예측 정확도를 산정한 후, 영향인자 1개씩만 제외하면서 7개 영향인자에 대하여 동일한 과정을 반복하여 예측 정확도가 어떻게 변화하는지 분석하였다. 그 결과 해당 연구지역에서 지하수위, 토지이용도, 암반등급 요인 등은 그 영향이 미미한 반면, 선구조로부터의 거리와 갱도로부터의 거리 영향인자가 예측 정확도에 가장 큰 영향을 미치는 것으로 분석되었다.

1.3.2 지반침하 리스크 지도 작성(subsidence risk mapping)

1) 지반침하 리스크 지도의 개념과 작성 절차

'리스크(risk)'라는 용어에 대한 다양한 정의가 존재하지만, 이 중에서 가장 널리 활용되고 있는 것은 Varnes(1984)가 제안한 것으로, 특정 지역에서 일정 기간 동안에 발생된 어떤 사건에 의한 사망자 혹은 부상자 수, 소유물에 대한 피해 또는 경제적 활동 중단에 의한 피해를 의미한다. 이러한 관점에서 지반침하 리스크 지도는 지반침하 발생으로 인한 피해지역에서 예상되는 연 손실비용을 의미한다고 볼 수 있다. 이는 전술한 지반침하 위험성 지도에서 보여주는 지반침하 발생 확률과 산정 가능한 피해 비용(예: 소유물 손상, 사상자 수, 서비스 중단 등)의 개념을 함께 고려한 것이다(Spiker and Gori, 2000). 지반치하 발생으로 인한 추정 리스크(피해)는 다음 식과 같이 연 발생 확률 개념이 포함된 지반침하 위험성 지수, 피해 대상의 노출 지수(exposure), 피해 대상의 취약성 지수(vulnerability)의 3가지 값을 곱하여 정량화할 수 있다(Mancini et al., 2009).

$$\text{Subsidence risk} = \sum(\text{Subsidence hazard}) \times \text{Exposure} \times \text{Vulnerability}$$

2) 지반침하 리스크 지도 작성 연구 사례

다수의 연구자들이 광산 지반침하로 인한 리스크를 산정한 연구를 발표하였다. 이러한 지반침하 리스크 지도 작성 연구들은 피해 대상의 종류에 따라 분류될 수 있다. Darmody(1995)는 지반침하에 대한 농지 토양의 민감도 예측 모델과 GIS를 이용하여 미국 일리노이(Illinois) 주에서 발생된 지반침하로 인한 연 농지 피해액을 모델링하였다. 그 결과 지반침하로 인한 피해지역의 연 쌀 수확량(생산량)이 최대 6.8% 감소할 것으로 예측하였으며, 해당 피해지역에 복구 예산을 투입할 경우 연 쌀 수확량이 1.2% 감소하는 수준으로 낮출 수 있을 것으로 분석하였다.

몇몇 연구에서는 지반침하로 인한 피해 대상으로 건물이나 기반 시설물을 고려하였다. Mancini et al.(2009)는 보스니아 헤르체고비나의 투즐라(Tuzla, Bosnia and Herzegovina)지역의 암염 채광에 의한 건물 및 기반 시설물의 리스크를 산정하였다. 리스크 산정에 고려될 항목으로서 4개 항목(지반침하 계측 자료, 지하수위, 지표암반의 파쇄 밀도, 지하심부 파쇄)을 이용하여 지반침하 위험성 지수를 계산하고, 연구지역의 건물 분포 밀집도를 피해 대상 지수로 가정하였으며, 건물의 취약성은 데이터 획득의 어려움으로 모두 동일한 값을 할당하였다. 그 다음 FMF와 AHP 기법을 결합한 다기준평가 분석 기법(Multi-Criteria Decision Analysis, MCDA)을 이용하여 지반침하 리스크 지수를 산정한 뒤 리스크 수준을 5단계로 분류한 지반침하 리스크 지도를 작성하였다. Malinowska and Hejmanowski(2010)은 지하채광지역에서 지반침하 이론식(Knothe's theory)에 근거한 지표침하량 예측값과 건물의 최대 강도를 비교하여 연구지역의 건물 피해로 인한 리스크를 산정하였다. Djamaluddin et al.(2011)은 시계열 기반의 지반침하 이론식을 3차원 GIS 모델과 결합하여 중국 대규모 폐탄광지역에서의 지반변위로 인한 지상구조물의 피해 정도를 예측하였다. Suh et al.(2013)은 폐탄광지역의 지반침하로 인한 건물 및 구조물의 리스크를 상대적 관점에서 보여주는 지도를 작성하였다(그림 1-3). 지반침하 영향인자 8개와 빈도비 모델을 이용해서 지반침하 취약성 지수를 계산하고, 건물 및 구조물의 면적을 고려하여 피해 대상의 노출 지수를 계산하였으며, 피해 대상의 취약성 대신 지반침하 예측 침하량 값을 적용하여 연구지역의 지반침하 리스크 지수를 산정하였다. 엄격한 의미에서 리스크 지수가 절대적 수치가 아니라 상대적 수치이긴 하나 피해 정도를 예측하고자 했다는 점에서 본 분류에 포함시켰다.

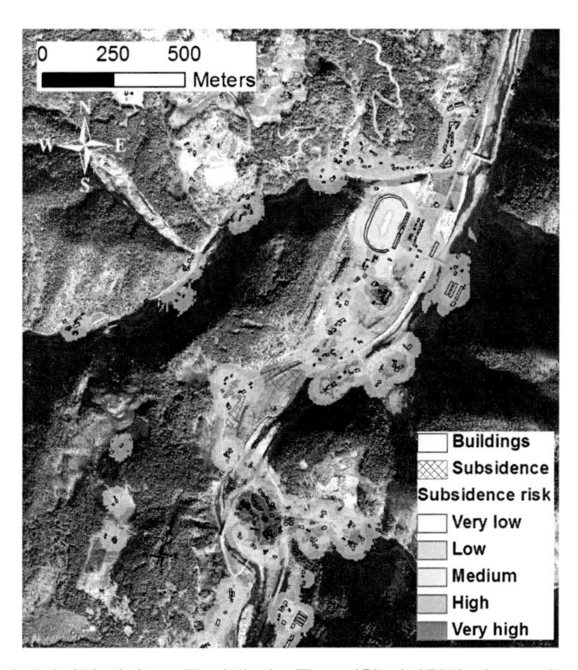

그림 1-3 광산지역의 지상구조물 피해 정도를 고려한 지반침하 리스크 지도 작성 사례

1.4 광산배수 및 수질오염

광산지역의 토양 문제는 일반적으로 수문학적 분석에 근거한 오염물질의 이동, 토양오염 지도 작성(매핑, mapping)에 대한 지구통계학적 공간 보간, 광물찌꺼기 적치장에서의 퇴적물 유실로 분류된다.

1.4.1 수문학적 분석에 기초한 오염물질 이동 모델링

토양에서의 오염물질 이동은 지역적인 수문학적 특성과 강하게 연관되어 있다. 따라서 토양 중 중금속 농도의 공간적 분포는 빗물에 의한 침출이나 기계적 수송에 의한 자연적인 분산 과정과 관련될 수 있다.

Hwang and Kim(1998)은 요인 분석과 GIS를 이용하여 석탄 광구 근처의 하천 퇴적물에서 미량 원소의 분포 패턴을 조사했다. 배수 기반의 지구화학지도를 작성하기 위해 수치고도모델(Digital Elevation Model, DEM) 및 하천 줄기에서 집수구역(catchment area)을 계산했다. 하천 줄기와 샘플링 포인트가 각각 구역별 타깃으로 고려되었으며 하천 줄기의 경우 샘플링 포인트보다 집수 영역을 더 잘 반영하는 것으로 나타났다.

Yenilmez et al.(2011)은 GIS 도구를 사용하여 지표 유출 경로와 관련된 오염물질 농도의 공간적 분포를 평가하고 노천광산, 석탄 적치장과 같은 잠재적 오염원의 위치를 고려하여 폐탄광에서의 오염 정도를 결정했다. 이로부터 오염 농도가 오염원 및 지표 유출 경로에 가까울수록 높게 나타남을 확인하였다. 이러한 결과는 GIS가 오염물질 농도가 가장 높은 지역을 찾는 데 도움이 될 수 있음을 나타낸다. 그래서 오염원에서 멀리 떨어져 있는 지역 중에 고도로 오염된 지점을 간과하지 않을 수 있다. 또한 이러한 방법을 적용하면 더 적은 수의 샘플을 사용함으로써 샘플링 비용을 감소시키는 데 기여할 수 있다.

Suh et al.(2016b)은 Cu 확산에 대한 지표 유출수의 단일 흐름 방향 효과에 대한 DEM 기반의 수문 분석을 수행했다. 이 연구에서는 국지적인 지형 기복에 기초하여 전체 연구지역에 걸친 빗물의 단일 흐름 방향을 분석하고 이를 샘플링 지점에서의 Cu 농도 분포와 비교했다(그림 1-4). 그 결과 토양오염물질의 분산 패턴은 빗물의 흐름 방향에 영향을 받는다는 것이 밝혀졌다. 이 발견은 추가 정밀조사 또는 검증을 위해 추가 샘플링 지점을 선택하는 데 도움이 될 수 있다.

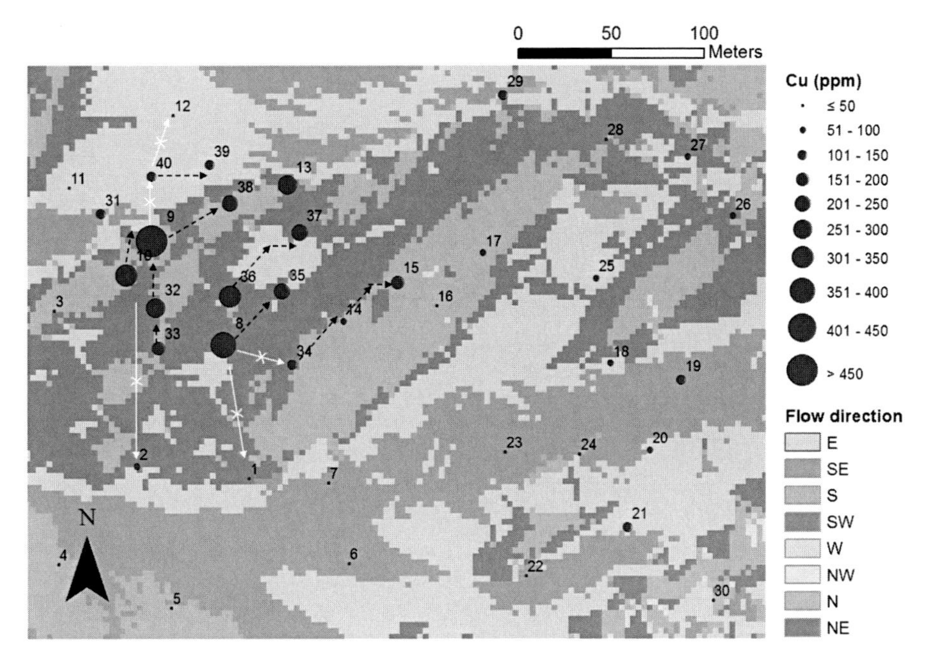

그림 1-4 광산지역 토양 내 구리 농도 분포와 강우 흐름 방향 간의 상관관계 분석(컬러 도판 321쪽 참조)

1.4.2 지구통계학적 공간 보간법을 이용한 토양오염 매핑

지구통계학적 공간 보간법 및 시뮬레이션 방법을 사용하여 래스터 그리드 셀(grid cell) 기반의 토양오염지도를 생성하고 중금속 오염의 공간적 변화를 탐색할 수 있다. 토양오염지도는 지역의 자연적 배경값과 인위적으로 농축된 이상값을 구별하고 조치가 필요한 오염된 표토지역을 식별할 수 있게 한다.

Nakayama et al.(2011)은 잠비아 Kabwe 지역의 Pb-Zn 광산과 잠비아의 수도인 Lusaka 주변에서 발견된 길가의 토양과 야생 쥐에서 6개의 금속과 1개의 준금속 물질의 농도를 정량화하고 GIS를 이용하여 금속 오염의 원인을 분석했다. Kabwe 지역 광산 토양의 Pb, Zn, Cu, Cd 및 As의 농도는 기준값보다 훨씬 높았다. GIS 기반의 지형공간분석 및 지도 작성(매핑) 결과에 따르면 금속 오염의 원인은 광업 및 제련 활동으로 나타났다. Kabwe의 야생 쥐는 Lusaka의 야생 쥐보다 Pb의 조직 농도가 훨씬 높았다. 야생 쥐의 체중과 신장의 Pb 수치는 음의 상관관계가 있었고 이는 광산 활동이 Kabwe에서 육상 동물에 영향을 미쳤을 수 있음을 시사한다.

Dong et al.(2011)은 지구통계학적 분석 기법을 사용하여 중금속 분포를 모델링했으며, 광산 폐기물과 비산회로 채워진 침하지역에서 농업 목적으로 복구된 토지의 생태적 안전성을 검토하였다. 연구된 여섯 가지 원소(As, Hg, Pb, Cu, Cd 및 Cr) 중 심각한 수준의 Cd가 복구 토양 및 대조 토양의 서로 다른 깊이에서 발견되었다. Kriging 보간법을 적용하여 각 현장에서의 Cd 분포를 조사하였고, 이어서 다른 깊이에서 측정된 농도 데이터의 다항식 모델을 사용하여 4개의 상이한 깊이에서 Cd 농도를 계산하였다.

Khalil et al.(2013)은 지구화학 실험을 통해 반건조기후(semi-arid climate) 지역에 버려진 광산 주변의 토양오염을 평가했으며 GIS 환경 내에서 단순 크리깅(Simple Kriging, SK) 기법을 사용하여 정교한 지구화학지도를 작성했다. 지구화학적 배경값은 관심 있는 다섯 가지 요소에 대한 탐색 데이터 분석을 기반으로 결정되었다. 얻어진 결과는 Kettara 토양이 금속과 반금속에 의해 오염되어 화학적 배경값(Cu=43.8mg/kg, Pb=21.8mg/kg, Zn=102.6mg/kg, As=13.9mg/kg, Fe=56,978mg/kg)을 초과하고 있음을 보여준다. 지구화학지도에 따르면, 강우에 의해 유출된 금속과 준금속이 광산 폐기물 적치장에서 하류로 퍼지며 토양오염을 유발한 것으로 추정되었다.

Reis et al.(2005)는 GIS와 확률적 시뮬레이션을 결합하여 포르투갈 광산에서의 Pb 공간적 분포를 추정하고 토양의 질을 평가했다. P-필드 시뮬레이션은 Pb 농도에 대한 다수의 실현가능한 시나리오를 만들었다. 이는 오염 요소의 공간적 분포에 원인이 될 수 있는 다수의 유사 시나리오를 의미한다. 이러한 실현가능한 시나리오 결과는 모의된 값이 토질을 평가하는 데 사용된 위험 기반 표준을 초과하지 않음을 나타낸다. 생성된 확률 지도는 인간 건강에 유해한 영역을 묘사하고 토질을 분류하기 위해 이진 지도로 코딩되었다. 마지막으로, GIS 기법을 사용하여 가능해진 금속의 분산에 대한 지형의 영향 분석은 금속의 공간 분포를 제어하는 메커니즘에 대한 더 나은 인식을 가능하게 했다. 얻어진 결과는 정규 크리깅(Ordinary Kriging, OK)이 갖고 있는 단점을 보완할 수 있는 확률적 시뮬레이션의 장점을 보여준다.

Acosta et al.(2011)은 다변량 통계 및 GIS 기반의 접근법을 사용하여 향후 토지 복원과 관련하여 광산 현장에서 중금속의 거동을 평가했다. 폐기물 특성과 중금속의 공간적 분포를 조사하고, 복구 및 모니터링이 필요한 가장 위험한 지역을 확인하기 위해 GIS 기반의 접근법이 적용되었다. 결과적으로, 환경적 위험성에 따라, 광물찌꺼기 적치장의 북부, 남부 및 서부 가장자리 5개 지역이 선정되었다.

Lee et al.(2016)은 Inductively Coupled Plasma-Atomic Emission Spectrometer(ICP-AES) 및 휴대용 XRF(Portable X-ray fluorescence, PXRF)의 원소 분석 데이터를 사용하여 폐광산지역에서 Cu 및 Pb 농도에 대해 두 가지 지구통계학적 매핑 기법에 대한 네 가지 다른 접근법의 예측

성능을 비교했다. ① ICP-AES 분석 데이터에 대한 OK 기법 적용 분석, ② PXRF 분석 데이터에 대한 OK 기법 적용 분석, ③ ICP-AES와 PXRF 분석 데이터 간의 상관관계를 고려하여 ICP-AES 및 변환된 PXRF 분석 데이터에 대한 OK 기법 적용 분석, ④ ICP-AES(1차 변수) 및 PXRF 분석 데이터(2차 변수) 모두에 대한 공동 크리깅(Co-Kriging) 분석이다. 독립적인 유효성 검증 데이터 세트와 비교할 때, ICP-AES 및 변환된 PXRF 분석 데이터 모두에 대한 OK 기법의 적용이 가장 높은 예측력을 나타냈다. 이 연구는 폐광산의 토양오염지도를 생성할 때 ICP-AES 및 PXRF 분석 데이터의 장점을 통합하는 것이 효과적이라는 것을 밝혀냈다.

Suh et al.(2016b)는 GIS 환경에서 변환된 PXRF 데이터와 보간법을 사용하여 중금속으로 오염된 광산지역에서 토양을 조사하고 지도화하는 빠르고 정확하고 효율적인 방법을 제안했다. 이 연구는 토양에서 Cu 농도를 매핑하는 데 필요한 예상 시간과 정확도를 분석했다. 결과적으로 제안된 방법은 기존의 매핑 방법에 비해 매핑에 필요한 시간을 크게 단축시켰으며 ICP-AES에 의해 측정된 것과 유사한 Cu 농도 결과를 제공했다. 또한 이 연구는 Cu에 대한 국내 광산지역의 토양오염 우려 기준 및 대책 기준을 초과하는 영역(범위)을 래스터 격자셀 기반의 토양오염지도(그림 1-5)로 나타냈다.

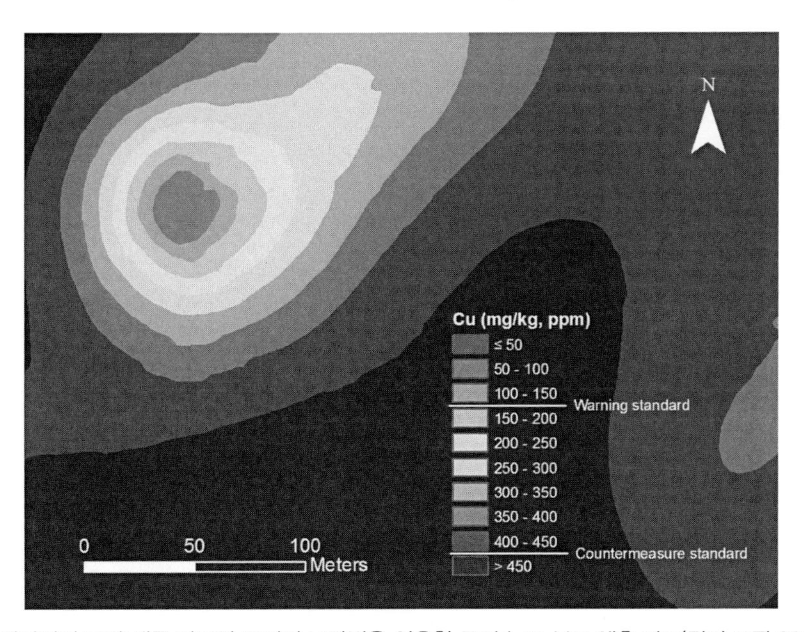

그림 1-5 광산지역 토양 샘플 자료와 크리깅 보간법을 이용한 구리 농도 분포 예측 지도(컬러 도판 322쪽 참조)

Kim et al.(2017)은 하상 퇴적물의 중금속 농도를 예측하기 위한 새로운 Kriging 방법을 개발했다. 제안된 방법은 DEM을 사용하여 하천 경로와 하천 네트워크를 분석하여 Kriging 분석에 있어 하천 거리를 두 자료 간의 상관관계 분석에 사용함으로써 유클리드 거리(euclidean distance)를 기반으로 한 기존 Kriging 기법의 단점을 보완했다. 또한 개발된 방법은 유역 면적을 고려함으로써 오염되지 않은 하천 구간의 농도를 예측할 때 과대평가 문제를 감소시킬 수 있었다.

1.4.3 토양 침식 및 유실량 추정

GIS는 광물찌꺼기 적치장에서의 토양 침식량을 추정하기 위해 범용토양유실공식(Universal Soil Loss Equation, USLE; Wischmeier, 1971)과 결합될 수 있다. Kim et al.(2012b)은 GIS와 USLE 모델을 사용하여 폐광산지역의 광물찌꺼기 적치장에서의 토양 침식 및 유실량을 추정했다. 이 연구는 광산지역의 GIS 데이터 및 가장 가까운 관측소에서 기록된 30년 동안의 연평균 강우량을 사용하여 토양 침식에 영향을 주는 5가지 주요 요소인 강우분포(R), 토양침식율(K), 사면길이와 사면경사(LS), 식생분포(C), 경작지형태(P)를 고려하였다. 이어서 이들 주요 인자별 지도를 곱셈 연산함으로써 연평균 토양 침식량(A, $\mathrm{ton \cdot ha^{-1} \cdot yr^{-1}}$)을 다음과 같이 계산하였다.

$$A = R \times K \times LS \times C \times P$$

Kim et al.(2012c)은 폐광산지역에서 광산 폐기물 적치장의 침식량을 신속하게 예측하기 위해 ArcMine 광산 폐기물 침식 도구라는 새로운 GIS 모듈을 개발했다. 이 소프트웨어는 USLE 인자들을 계산하고 전체 관심 영역에 대한 토양 침식량을 평가한다. DEM, 토지 피복도, 토양도 및 연간 강우량 데이터는 모두 입력 값으로 사용된다. R 인자는 연 강우량 자료로부터 계산되고, K 인자는 토양 계열에 따라 결정되고, LS 인자는 DEM에서 유도된 경사 길이 및 기울기로부터 계산되었으며, C 인자는 토지 피복도에서 계산되며, P 인자는 경사 및 경작 형태에 따라 유도된다. 전체 격자셀에 대해 5개의 입력 래스터 지도를 곱셈 연산함으로써 토양 및 광산 폐기물 침식량을 추정할 수 있다(그림 1-6).

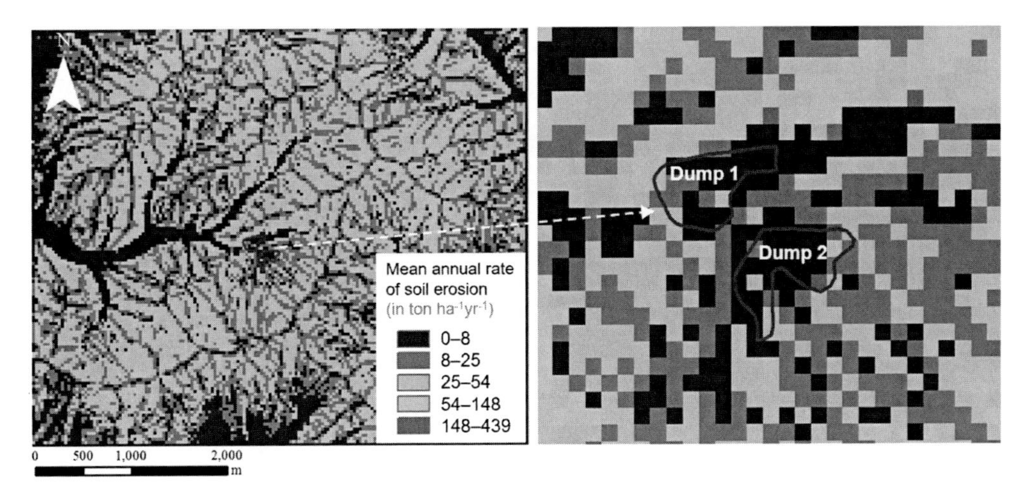

그림 1-6 USLE 모델과 GIS 공간 분석 기법을 이용한 토양 및 광산 폐기물의 연간 침식량 예측 지도(컬러 도판 322쪽 참조)

1.5 광산배수 및 수질오염

광산지역의 수질 문제에 대한 GIS 기반의 기존 연구는 크게 AMD 유출수 분석, 홍수 모델링, 배수 제어를 위한 지형공간분석으로 분류될 수 있다.

1.5.1 광산지역의 수질오염

AMD는 지형을 따라 이동하며 주변지역의 수질오염을 초래한다. AMD의 이동경로를 추정하여 광산 재해 복구를 지원하기 위한 연구가 수행되었다.

Yenilmez et al.(2011)은 강우 발생 시 지표수의 이동경로를 모델링하는 빗물의 단일흐름방향(single-flow direction) 기법, 해당 격자를 지나가는 총 빗물의 양을 계산하는 강우누적흐름량(flow accumulation) 및 강우 발생 시 빗물이 모여드는 구역을 분석하는 집수구역(catchment area) 분석을 사용하여 AMD의 이동경로와 확산 패턴을 추정했다. 분석 결과를 수계 및 토양 샘플의 수치와 비교하고 오염물 분포를 논의했다.

김성민 외(2011, 2012a, 2012c)는 시간에 따른 AMD의 이동경로를 모델링하는 기술을 제안했다(그림 1-7). 강우량과 이동경로 간의 상관성을 고려하기 위해지표 유출수가 지하에 흡수되는 양과 위치 등을 함께 고려하였다. 또한 DEM에서 단일흐름방향을 계산하기 위한 GIS

기반 알고리즘의 결과를 오목 및 볼록 형태의 지형에 적용하여 검토하고 사용자가 알고리즘을 효과적으로 적용할 수 있도록 소프트웨어를 개발했다.

이희욱 외(2015)는 하천 주변지역의 형태를 고려하여 수계가 만나는 곳을 확인함으로써 AMD 모니터링 포인트를 제안하는 기술을 제안했다. 또한 광산 위치 및 모니터링 포인트를 기반으로 AMD의 발생 위치를 추정하는 방법이 연구되었다.

그림 1-7 GIS 기반의 수문분석 기법을 이용한 광산 유출수의 시계열 이동경로 모델링 결과(컬러 도판 323쪽 참조)

1.5.2 광산지역의 침수

광산에서의 침수는 노천광산 및 지하광산 모두에서 발생하며, 이는 지형, 유출수 및 수처리 시설 등의 영향을 받는다. 이러한 현상을 시뮬레이션하고 관련 위험을 평가하기 위한 연구가 수행되었다.

박승환 외(2016)는 GIS 환경에서 FR 모델을 사용하여 지하 광산에서의 갱내 침수지역 및 지표 범람에 대한 위험 영역을 결정하는 방법을 제안하였다. 이 연구에서는 Rock Mass Rating(RMR), Q 값, 단층에서의 거리, 광산 갱도 심도, 그리고 강우누적흐름량과 같은 다섯 가지 데이터 요소를 입력자료로 사용했다. 그리고 지하 광산의 안정성 평가 시 기초자료로 사용될 수 있는 지역 규모의 갱내 침수 및 범람 위험지역에 대한 결과(그림 1-8)를 제공한다.

Yi et al.(2017)은 광산지역에서 강우 및 지하수에 의한 시간 변화에 따른 침수 및 범람지역을 모델링하고 이를 방지하기 위한 지하인프라시설 배치에 대한 알고리즘을 개발했다. 이 연구는 시나리오 분석을 위해 필립의 침투 모델(Philip's two-term infiltration model)과 강수량을 적용하였으며 침수 현상을 시뮬레이션하기 위해 유효 공극률, 포화 수리 전도도, 공극 크기 분포 지수 및 초기흡수 정도와 DEM 및 지하 파이프라인 자료를 사용했다.

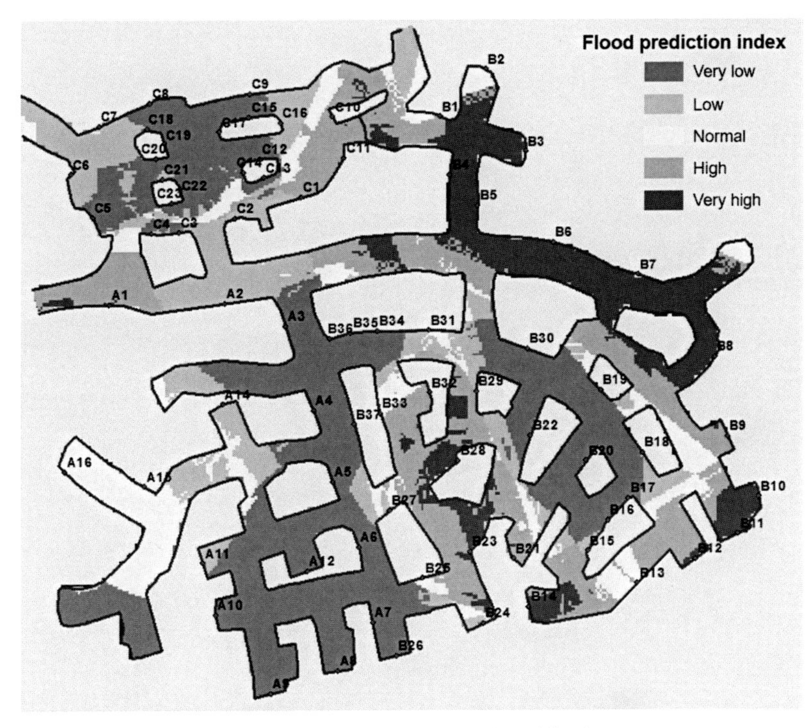

그림 1-8 석회석 광산의 갱내 침수 예측 지도

1.5.3 광산지역의 배수 제어

광산지역의 지표수 이동을 시뮬레이션하는 GIS 분석은 펌프, 안전 댐 및 파이프와 같은 배수 제어 시설의 배치, 용량 및 네트워크를 설계하는 데 중요한 역할을 한다. 이를 위해 다양한 연구가 수행되었다(최요순 외, 2006; 선우춘 외, 2007; 송원경 외, 2008; 최요순 외, 2011a; 2011b, Yi et al 2017).

최요순 외(2006)는 광산지역의 수위 유지를 위한 공식을 제안하기 위해 수위 상승 수준과 펌프 용량에 대한 근사식을 사용했다. 제안된 공식은 노천광산의 배수 설계에 적용될 수 있지만 강우량에 따라 폰드 면적이 변할 수 있음을 반영하지는 않는다.

선우춘 외(2007)는 노천 채광에 대한 수계 시스템의 형성을 모델링했으며 배수 라인이나 안전 댐을 설치해야 하는 지역을 제안했다. 수계 시스템 모델링을 위해 강우 흐름 방향, 강우 누적 흐름량 및 집수구역 등의 수문학적 분석 기법을 적용했다.

송원경 외(2008)는 광미댐을 위한 펌프 설비의 배치 설계를 위하여 GIS를 활용하였다. 이 연구는 시나리오 분석을 통해 일부 또는 모든 펌프 설비의 작동에 따른 범람 위험을 분석했다. 결과의 신뢰도를 높이기 위해 강우 데이터에 유효 강우 모델을 적용했다.

Choi et al.(2008)은 광산지역의 펌프 설비의 위치와 배치를 제안하고 탄광의 설비 용량에 따른 범람 위험성을 예측했다. 최요순과 박형동(2011)은 노천광산의 배수 설계를 위한 기존의 GIS 분석 기법을 개선했다. 수위 상승에 따른 지형의 변화를 반영하기 위해 DEM을 수정하는 기술이 제안되었다.

최요순 외(2011a, 2011b)는 GIS 기반의 수계 분석 과정에서 지하 및 지하수 파이프라인을 고려한 알고리즘을 개발했다. 이 알고리즘은 광미댐지역의 시설 운영에 따른 시나리오에 적용되었다(Choi, 2012). 그러나 이 연구들은 수처리 설비의 입구와 출구에 대해 누적된 유출량을 제안하지는 않았다.

Yi et al.(2017)는 이전에 제시된 adaptive stormwater infrastructure 알고리즘을 개선하였다. 이 연구는 일시적인 유입과 지하수로 터널 입구에 도달하는 유량을 모의하는 알고리즘을 개발했으며(그림 1-9) 광산 분야의 설비 용량 설계에 활용될 수 있음을 확인하였다.

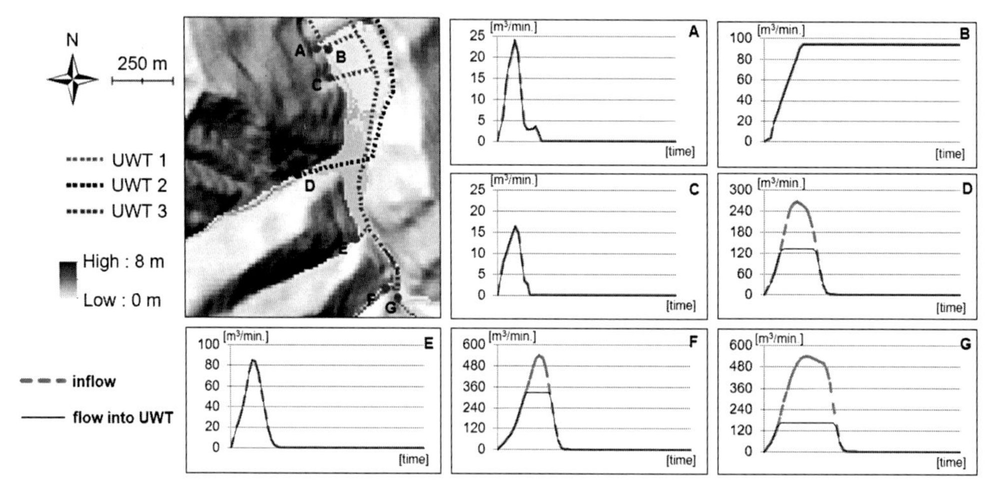

그림 1-9 광산지역의 지형과 인공파이프를 고려한 시계열 유입 수량 및 유출 수량 예측 결과

1.6 산림 훼손

광산지역의 산림에 대한 GIS 기반 연구는 산림 훼손지 확인, 산림 복구에 대한 의사 결정 지원 시스템, 재조림 등 복구 단계에 따라 세 가지 주제로 분류할 수 있다.

1.6.1 광산지역의 산림 훼손지 평가

위성영상 자료를 활용하는 GIS 기술은 광산 활동으로 인한 산림 훼손지를 확인 및 평가하고 모니터링하기 위한 도구로 사용될 수 있다.

Prakash and Gupta(1998)는 위성영상자료와 인도의 Jharia 탄전 토지 이용 패턴의 순차적 변화에 기반을 둔 다양한 토지 이용 등급의 식별을 위해 GIS 기술을 사용했다. 한 지역의 식물 성장 밀도를 보여주는 Normalized Difference Vegetation Index(NDVI) 영상은 초목 연구에 널리 사용되어왔다.

Salyer(2006)는 12개의 광산 채굴지역을 포함하는 지역인 미국 버지니아 Wise County 전역의 초목 변화를 분석했다. 이를 위해 Landsat 위성영상 자료를 분석하여 NDVI를 계산하였다. 채광작업이 실제로 식물 손실의 주원인인가를 확인하기 위해 ERDAS Imagine의 변화탐지(change detection) 기능과 ArcMap의 Spatial Analyst 확장 기능을 사용하여 특정 채광 방법이 적용된 지역에 대해 초목 상태의 전반적인 변화를 계산했다.

Mag-usara와 Japitana(2015)는 대상 기반 영상분석을 사용하여 필리핀의 Carrascal, Surigao del Sur 지역의 Landsat 위성영상을 이용하여 NDVI를 계산하고 광업 활동으로 인한 토지 피복 변화를 확인했다. 분류 오차를 최소화하고 margin을 극대화하기 위해 서포트벡터머신(Support Vector Machine, SVM) 접근법을 사용하여 각 클래스의 분리매개변수를 최적화했다. 결과는 산림 피복이 14.46% 감소했으며 상당한 양의 산림이 황량한 땅으로 변화되었다는 것을 보여주었다.

1.6.2 광산지역의 산림 복구에 대한 의사 결정 지원 시스템

GIS 기술은 산림 훼손지 평가 후 산림 복구에 대한 의사 결정을 지원하는 데 활용되기도 하였다. 채광 이후의 토지 복원은 환경 관리 프로그램의 중요한 측면 중 하나이며 공간 데이터 입력자료는 GIS를 사용하여 산림 복구 프로그램의 계획 및 설계를 위해 분석될 수 있다.

Perera et al.(1993)은 GIS 기술을 사용하여 Landsat 위성영상 자료, 강 및 도로 네트워크, 강우량 및 기온 정보를 분석한 후 산림 복구에 가장 적합한 지역을 보여주는 스리랑카 남부의 지도를 제작했다. 핵심 영역으로 선택된 다수의 버퍼 영역이 특수 배열된 포인트 시스템을 통해 다른 GIS 파일과 병합되었다.

ASTERISMOS 프로젝트의 일환으로 개발된 관리 정보 시스템은 특정 상황에 따른 복구 계획을 세우는 광업 회사를 지원하였다(De Vente and Aerts, 2000; Ganas et al., 2004). 이 시스템은 광산 전문가가 다양한 산림 복구 대안을 개발하고 환경적 및 경제적 효과를 탐구하는 것을 도울 수 있다. 또한 MCDA 기법을 사용하여 사용자가 다른 목표에 대한 가중치를 설정하고 최적의 솔루션을 계산할 수 있도록 한다. 원격탐사는 토지 피복 및 토지 피복 변화와 같은 환경 조건에 대한 모든 관련 데이터를 지형 및 토양 유형과 같은 다른 지리적 데이터와 함께 접근 가능한 GIS 데이터베이스에 모두 저장하는 데 사용된다. 최요순 외(2011)는 폐광산지역에서 산림 복구에 적합한 나무 종을 확인하기 위해 지형, 지질 및 기후와 같은 다양한 조건을 고려하여 산림 훼손지역을 분류했다. 본 연구에서는 GIS 기반의 지형공간분석을 통해 산림 기후 유형, 가시성, 경사도, 관리 조건, 채광 방법, 산림 복구 목적과 같은 기준을 고려하여 산림 훼손지역의 유형을 분류했다.

오승찬 외(2012)는 ArcMap, ArcObjects 및 Visual Basic.NET을 사용하여 이러한 기준에 따라 산림 복구를 위한 비용을 산정하는 시스템을 개발했다. 이 시스템은 타 GIS 기반 광해 분석 도구와 함께 단일 프레임 워크인 ArcMine(Kim et al., 2012c)으로 통합되었다. 그림 1-10은 산림 훼손지역의 GIS 데이터를 기반으로 다양한 조건을 고려한 적합 수종 선택 등의 산림 복구 계획을 보여준다.

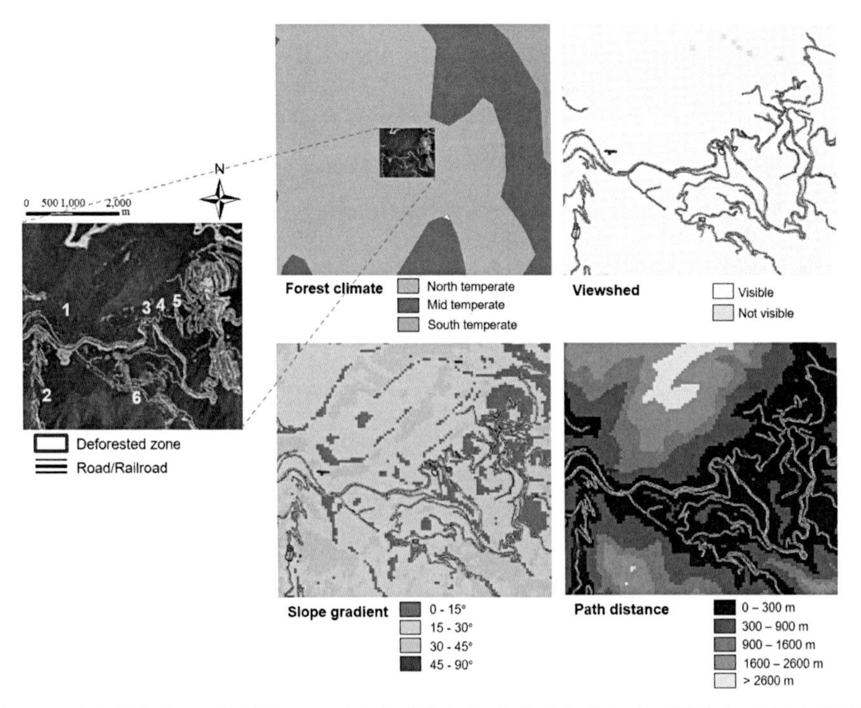

그림 1-10 산림 훼손지 복구를 위한 GIS 기반의 적합 수종 선택 의사 결정 시스템(컬러 도판 323쪽 참조)

Galan et al.(2009)는 패턴 인식을 위해 베이지안 네트워크를 사용하여 산림 복구 모델을 구축하였다. 이 모델은 기존 산림지역의 데이터를 사용하여 산림 훼손지역의 복구에 대한 가이드라인을 제공하였다. 이 모델은 고도, 경사, 잠재 일사량, 석회암, 강수량 및 바다로부터의 거리와 같은 산림 복구를 위한 변수의 상대적 중요도를 결정한다.

Kisan et al.(2013)은 인도의 Jharkhand 지역의 사란다숲(Saranda forest)에서 철광석 채굴지역의 토양 침식 및 지표 유출량에 대한 지도를 작성하여 산림 복구를 위한 위치를 확인하고 우선순위를 산정하였다. AHP 기술은 GIS 도구를 사용하는 USLE 및 Soil Conservation Services Curve Number 방법의 도움으로 산림 복구 전략을 위한 특정 입지를 선정하는 데 사용되었다.

Trabucchi et al.(2014)는 산림 복구지 우선순위 지정을 위한 생태계 서비스 평가와 주요 생태적 저감 요인을 통합하는 접근법을 제시하였다.

1.6.3 광산지역의 산림 복구 평가

위성영상 자료와 GIS 기법을 사용하여 산림 복구 결과를 평가하는 연구도 발표되었다.

Joshi et al.(2006)은 데이터 전처리, 해석 및 변경 분석을 적용하여 인도의 Korba 탄전에서 산림 훼손 및 산림 복구 평가에 GIS 기술을 사용했다. Landsat Multispectral Scanner, Thematic Mapper, Enhanced Thematic Mapper 및 ResourceSat-1 Linear Self Scanning Sensor III 디지털 데이터를 사용하여 산림지역의 변화 영역과 정도를 평가했다. 시간 변화에 따른 NDVI 영상의 변화는 광산지역을 탐지하고 이미 복구된 지역을 추적하는 데 사용되었다.

Malaviya et al.(2010)는 지형공간분석과 경관 측정법을 함께 사용하여 인도 Jharkhand 지역 Bokaro 지구의 산림 보호에 대한 석탄 채광 및 산림 복구의 영향을 평가하였고 연구 영역의 일부 지역(0.26%)에서만 성공적으로 복구되었음을 확인하였다. 이 연구는 위성영상 자료와 GIS 기술이 광업활동 이후의 경관 및 산림 복구 활동을 모니터링할 수 있는 가능성을 보여주었다. 산림 복구 전후에 촬영한 항공영상에서 침식지를 파악하여 산림 복구의 효과를 평가했으며, 침식지 크기의 변화는 GIS 분석 기법을 통해 측정되었다. 또한 이 연구에서는 퇴적물 유실량을 모델링했으며, 산림 복구 지역에서 퇴적물 유실량이 감소하면 구조 설비의 손상과 범람원 발생률을 감소시킬 수 있음을 보여주었다.

1.7 사면붕괴

GIS 기반의 광산 사면붕괴 연구들은 분석대상에 따라 노천광산 사면, 폐석적치 사면, 낙석 문제 등의 3가지 주제로 나눌 수 있다.

1.7.1 노천광산의 사면안정성 평가

노천광산의 사면붕괴 문제는 지표수와 매우 밀접하게 연관되어 있다.

선우춘 외(2007)는 GIS 기반의 수문 모델링 기법을 이용하여 인도네시아 파시르 노천탄광에 발생된 지표수의 배수를 제어하고 사면안정성을 평가한 사례를 발표하였다. 빗물의 흐름 방향, 강우누적흐름량, 집수구역 등의 수문 모델링 기법을 적용함으로써 광산 배수 시스템의 특성을 분석하였다. 그 결과 배수 시스템의 위치나 용량 등 설계를 최적화할 수 있는 결과를 도출할 수 있었으며, 이로부터 기존의 펌핑 시설의 위치가 적합하지 않음을 증명하였다.

Choi et al.(2008)은 강우 및 지하수로 인한 인도네시아 노천탄광지역의 홍수 및 침식 문제를 해결하고자 GIS를 이용하였다. 격자 형식의 래스터 자료를 기반으로 집수구역별 강우누적흐름량을 계산하고, 이를 물을 임시로 저장하는 폰드의 용량과 비교함으로써 폰드의 위치 및 용량 설계에 대한 적정성을 검토하였다. 또한 광산의 벤치 사면별로 지표수의 강우누적흐름량과 사면의 공학적 특성을 함께 고려하여 벤치 사면의 침식 위험도를 평가하고(그림 1-11), 최적의 펌프 배치 설계안을 제시하였다.

노천광산 사면의 불안정성을 야기하는 다양한 인자들을 통계적으로 분석하고 해석함으로써 노천광산의 사면붕괴 위험성을 예측하고자 했던 연구들도 있다.

Nelson et al.(2007)은 GIS 분석 환경에서 다양한 영향인자들(예를 들어, 변질대, 주단층까지의 근접성, 지질강도지수(geological strength index), 사면경사, 수계까지의 근접성, 지질구조 밀도 등)을 고려하여 칠레 추키카마타(Chuquicamata)에 위치한 노천광산의 사면붕괴 위험성을 분석하였다. 2개의 자료 기반의 기법(WoE, LR)과 퍼지 로직(fuzzy logic)을 적용함으로써 해당 지역에서의 상대적 사면붕괴 위험도를 평가하고, 이 결과를 고위험지역에 대한 사면 설계에 활용하였다.

최요순 외(2009a)는 FMF과 AHP를 결합한 GIS 분석 모델을 적용하여 노천탄광의 상대적인 사면안정성을 평가하였다. 분석 모델은 사면경사, 사면고, 빗물 흐름 방향, 굴착 계획, 인장균

열, 단층, 수계까지의 근접성 등의 영향인자를 평가에 고려할 수 있도록 설계되었다. 퍼지소속함수를 이용하여 영향인자 값을 정규화하였고, 계층 분석 기법으로부터 7개의 정규화된 값의 가중선형조합을 수행함으로써 모든 격자에 대한 사면불안정성지수를 계산하였다.

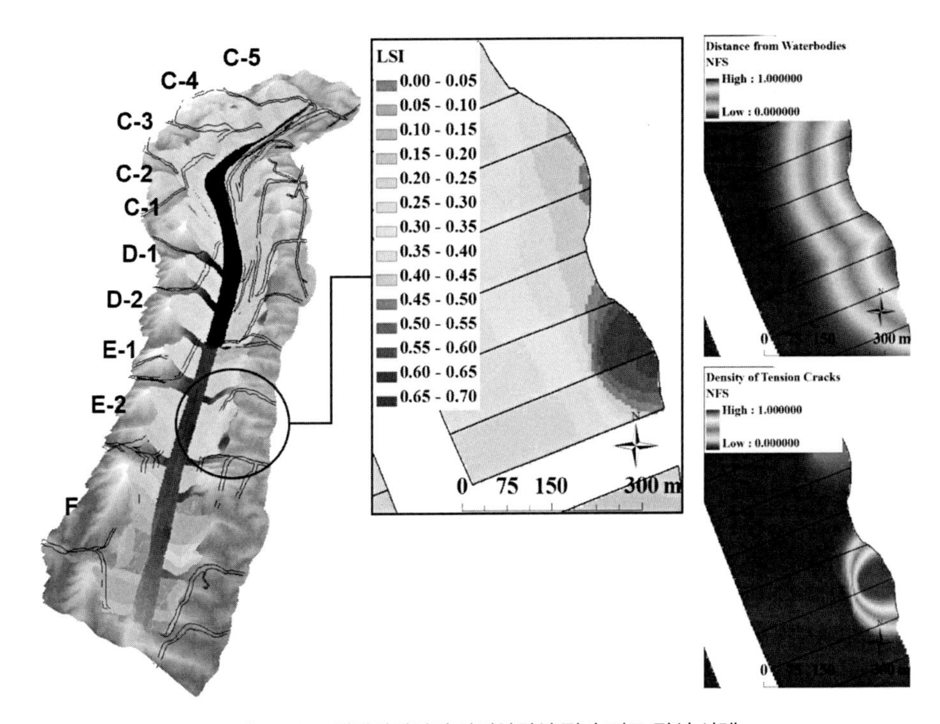

그림 1-11 노천광산지역의 사면안정성 평가 지도 작성 사례

선우춘 외(2010)는 위성항법장치(Global Positioning System, GPS)를 이용하여 노천광산 사면의 변위를 모니터링하고, 변위량과 다양한 지형공간자료의 상관성을 분석함으로써 해당 노천광산 사면의 붕괴 지점과 시기를 예측하였다.

수학적 모델에 근거한 GIS 분석 기법이 노천광산의 사면안정성 분석과 벤치사면 설계에 활용되기도 하였다.

Grenon and Laflamme(2011)은 지반역학적 암반사면공학 이론을 노천광산의 사면안정성평가에 적용하였다. 이 연구에서는 노천광산의 DEM 자료로부터 인터램프 및 벤치면 경사 방향을 결정할 수 있는 방법론을 제시하였다. DEM 자료에서 사면 방향을 평가하기 위해 GIS 기반의 사면분석 알고리즘이 테스트되었으며, 주성분 분석(Principal Component Analysis, PCA)

에 기초한 평면 회귀 알고리즘은 인터램프와 벤치면 수준 모두에서 최상의 결과를 제공하였다.

Ortega et al.(2016)은 수학적 모델과 데이터 마이닝 기술을 다양한 공간 데이터에 적용함으로써 노천광산의 안정성과 변형 정도를 분석하였다. 노천광산의 사면안정성과 발생 가능한 변위를 연구하기 위해 두 모델이 제안되었다. 이러한 모델은 몇 개월 또는 몇 년 동안 발생 가능한 위험 영역을 식별하는 느린 이동에 대한 정적 모델과 며칠 내에 붕괴 구역 발생 위험을 결정하는 동적 단기 모델로 구성되었다.

1.7.2 폐석적치사면의 안정성과 낙석 문제

광산의 사면안정성은 매우 중요한 문제로 노천광산의 사면뿐만 아니라 폐석적치사면도 함께 고려되어야 한다.

Stormont and Farfan(2005)는 폐석적치사면의 허용 불가능한 안전성 자료를 확인하고 이를 안정화하기 위한 노력을 수행하였다. 무한사면 모델(infinite slope method)에 사용하여 폐석적치사면의 안정성을 예측하기 위하여 덤프 기하학과 재료의 강도와 같이 안정성과 연관되는 자료를 GIS 자료로 구축하였다. 그 결과 잠재적으로 불안정한 영역을 제시할 수 있었다. 폐석적치사면의 불안정성과 같은 지반공학적 문제들은 석탄 생산에 영향을 미칠 수 있는 폐석적치사면의 최적화와 밀접하게 연관되어 있다.

Wenas(2012)는 GIS 기술을 이용하여 불안정성 문제를 최소화하고, 석탄 생산량과 관련된 폐석의 적치 용량을 최적화하였다. 그 결과 안정성 분석에서 정확한 재료 특성이 결정되고 모델링되었다. 또한 생산 최적화와 관련된 사면 설계에 대한 권고사항을 제시하였다.

지하채광에서 사면붕괴는 흔치 않은 사건이지만, 지하채광 작업은 사면의 안정성에 영향을 미칠 수 있다.

Zahiri et al.(2006)은 GIS 환경에서 WoE 방법을 적용하여 광산 지반침하와 연관된 낙석 발생 가능성을 평가하는 모델을 개발하였다. 이 모델은 기채광지역 주변에서 장벽식 채광에 의해 발생 가능한 사면의 취약성을 예측하는 데 사용되었다. 낙석을 유발하는 영향인자로서 사면경사, 절벽 높이, 곡률, 장벽 채탄지역으로부터의 거리 그리고 강으로부터의 절벽까지의 거리 등이 고려되었다. 그 결과 WoE 기법이 지하광산의 채광과 지반침하로 인한 사면붕괴(낙석)을 평가하는 데 적합한 도구임을 입증할 수 있었다.

1.8 의사 결정 지원을 위한 광해 통합 평가

광해 위험의 통합 평가에 대한 연구는 환경 영향 평가, 공간 의사 결정 지원 시스템(Spatial Decision Support System, SDSS) 및 다중 광해 분석으로 분류될 수 있다.

1.8.1 광산지역의 환경 영향 평가

GIS 기술을 기반으로 광산지역의 환경 영향에 중점을 둔 몇몇 연구는 다양한 환경 영향을 고려했다.

Li et al.(2000)는 노천광산의 환경 영향 문제를 scoping exercise와 기술 평가, 두 단계로 평가했다. Scoping exercise는 환경 문제의 원인을 확인한 다음 오염물질의 전파와 주변 지역에 미치는 영향을 분석한다. 기술 평가에서는 환경 영향을 정량화하기 위해 광산 및 주변 지역의 지리적 모델과 함께 오염물질 전달 수치 모델을 사용했다. 이 연구에서는 통합된 지식 기반 시스템과 GIS를 사용하여 지표 채광 프로젝트의 환경 평가를 위한 지식형, 상호작용 의사 결정 지원, 모델링 및 시각화 시스템을 제공한다.

Berry and Pistocchi(2003)는 이탈리아 토스카나의 지표 채석장에 대한 환경 영향평가 및 의사 결정 지원을 위해 GIS를 사용하는 분포 모델링 기법을 MCDA와 함께 적용했다. 이 연구에서는 굴착의 물리적 영향을 소음, 먼지, 지면 진동, 공기 폭발, 시각적 충격 및 경관 생태적 교란과 관련하여 고려하였다. 영향 점수는 지역의 중요 영역을 탐지하고 저감대책의 설계 및 위치를 결정하는 데 사용된 영향의 평가 및 조합에 의해 계산되었다.

Monjezi et al.(2009)은 이란의 4개 광구에서 노천채광 작업의 환경 영향을 평가하였다. 광업 활동과 관련된 다양한 요인들이 공중 보건과 안전, 사회적 관계, 대기 및 수질과 같은 각 환경 요소에 대해 미치는 영향을 추정하였다. 각 영향 요인은 가능한 시나리오에 따라 크기가 지정되었고, 각 영향 요인의 효과를 체계적으로 정량화하고 표준화하기 위해 가중치 요인의 행렬을 유도하였다. 각 개별 환경 구성 요소에 대한 전반적인 영향은 가중치를 합산하여 계산되었다.

1.8.2 광산 복구를 위한 SDSS

Pavloudakis et al.(2009)는 사회적, 기술적, 경제적, 환경적, 안전 기준을 고려하여 광산 개발 지역의 다른 지역에서 적절한 토지 이용을 선택하기 위해 GIS와 MCDA에 기반을 둔 SDSS를 제안했다. 모델의 변수를 평가하여 객관적인 최적화 기능에 포함시켰다. 제안된 SDSS는 북부 그리스에 위치한 Amynteon 지역의 갈탄 지표 광산을 위한 최적의 경관 복구 전략의 선정에 사용되었다.

Huang et al.(2012)는 광산의 지구 환경 영향 평가를 위한 새로운 SDSS 기반 평가 모델을 제안하였다. 이 모델은 지질재해 위험, 환경 위험 및 자원 손실이라는 세 가지 기준을 고려한다. AHP 기술은 다중 기준 평가 시스템을 확립하는 데 사용되었으며 FMF는 ultimate fuzzy synthetic ranking를 완료하는 데 사용되었다. 이는 서쪽 중국지역의 Jiguanshan opencast 석회암 광산 평가에 적용되었다.

1.8.3 다중 광해 분석

다중 광해 분석과 관련한 몇몇 연구는 광산지역에서 발생할 수 있는 여러 가지 광해를 분석하여 복구 계획을 지원하는 데 초점을 두었다.

Kim et al.(2012c)는 다양한 광산 위험에 대한 복구 계획을 지원하기 위해 개발된 ArcMine이라는 새로운 ArcGIS의 확장 소프트웨어를 개발하였으며 이를 한국의 폐광산지역에 적용했다. ArcMine은 지반침하 위험도나 광산 폐기물의 침식을 평가하고, 지표에서 광산의 유출수 흐름 경로를 분석하며, 산림 복구를 위한 적합 수종을 식별할 수 있다. 그림 1-12는 ArcMine 소프트웨어의 개념도를 보여준다. 지형도, 지질도, 광산 갱내도, 시추공 데이터를 통합한 공간 데이터베이스를 사용하여 ArcMine에서 주변 환경을 손상시킬 수 있는 분산된 광산 관련 재해를 조사한다.

Marschalko et al.(2012)는 기초 공학에 대한 상대 비용 평가를 위한 새로운 형태의 지질공학 지도를 제안했다. 이 유형의 지도는 상대적 비용의 비례 분류로 지리적 요인의 복잡성을 반영한다. 이 연구는 미래의 지반 기초에 영향을 미칠 수 있는 공학 지질 구역, 암석의 작업성, 제4기 암반, 홍수, 라돈 위험, 지반침하 및 산사태와 같은 다양한 지리적 요인을 평가한다. 체코의 대규모 산업 도시인 Ostrava에 적용되었는데, 이 지역은 복잡한 지질학적 조건과 지하 광산을 포함한 인위적인 요인으로부터 상당한 영향을 받고 있다.

Kubit et al.(2015)는 복구 우선순위를 매기는 광해지수를 포함하는 결정 모형을 개발하고, 특정 부지에서 복구방법의 적용순위를 매기는 행렬을 제안했다. 위험 지수는 5가지 주요 변수인 수질오염, 토양오염, 토양침식, 경사 안정성 및 수문학적 영향과 여러 하위 매개변수 및 하위 매개변수 조건을 사용하여 지질학적, 수문학적 위험을 정량화한다. 결정 모델은 미국 서부지역의 금속 폐광산 25개를 사용하여 보정되었다.

Kim et al.(2016)은 광해종합지수를 발표하였다. 이 지수는 지반침하, 산림 훼손, 광물찌꺼기, 폐석 적치장, 광산침출수 등 다섯 가지 문제 영역에서 광해를 정량화한다. 이 다섯 가지 광해는 통계적으로 분석되었으며, 결과는 GIS 모델링과 결합되어 광해 위해성 측면에서 폐광산의 우선순위를 산정하였다. 지형 데이터, 토지 피복 데이터 및 도로지도를 포함한 광산 관련 정보의 GIS 데이터베이스를 분석하고 종합 광해 지수를 한국의 강원도지역에 적용하였다. 이는 주의를 필요로 하는 광산을 식별하고 광산 복구 계획을 지원하는 데 사용될 수 있다.

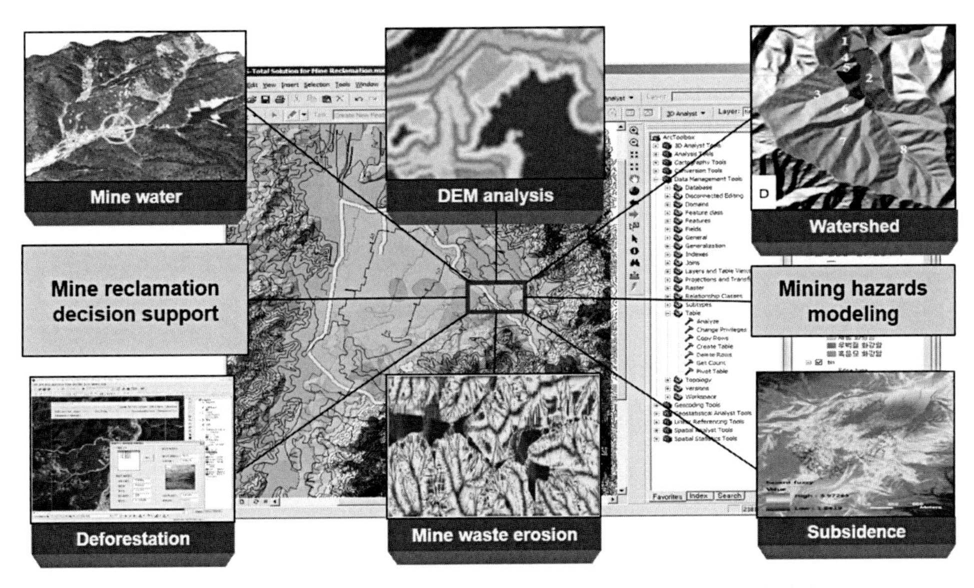

그림 1-12 다중 광해 분석을 위한 ArcMine 소프트웨어 인터페이스 및 개념도

지금까지 광해 방지 및 관리를 위한 GIS 기반의 광산 재해 모델링 및 평가 연구에 대해 알아보았다. 이 책의 2~3장에서는 광산 재해 모델링을 위한 기초 실습으로 GIS 자료 구축, 편집, 가시화 등을 다룬다. 그리고 4~8장에서는 ArcGIS 소프트웨어를 이용한 지반, 수질, 토양, 광물찌꺼기, 산림 분야의 대표적인 광산 재해 모델링 실습 과정을 구체적으로 설명하였다.

참고문헌

김성민, 최요순, 박형동, 권현호, 고와라(2011), GIS를 이용한 광산폐기물 침출수의 지표 이동경로 분석 모델 개발, 한국지구시스템공학회지, 제48권, 5호, pp.560~572.

김성민, 최요순, 박형동, 김태혁(2012), 지표수의 확산 흐름을 고려한 광산 침출수 유출경로 예측, 한국지구시스템공학회지, 제49권, 6호, pp.736~745.

박승환, 서장원, 김경만, 김대훈, 김동휘, 김은수, 백환조(2016), 석회석 광산의 갱내 침수구역 예측을 위한 GIS 공간분석, 한국자원공학회지, 제53권, 6호, pp.572~582.

서장원, 최요순, 박형동, 이승호(2015), GIS와 빈도비 모델, 퍼지 소속 함수, 계층분석기법을 결합한 상대적 광산 지반침하 발생 위험도 평가 프로그램 개발, 한국자원공학회지, 제52권, 4호, pp.364~379.

선우춘, 정용복, 최요순, 박형동(2010), 대규모 노천광 연약암반 사면에서의 GPS 계측과 위험도평가에 의한 파괴예측, 지질공학, 제20권, 3호, pp.243~255.

선우춘, 최요순, 박형동, 정용복(2007), GIS에 의한 대규모 노천광에서의 배수처리 및 사면안정 예측, 터널과 지하공간, 제17권, 5호, pp.360~371.

손진, 서장원, 이희욱, 박형동, 이승호(2015), 빈도비 모델과 지표 영향 반경을 결합한 GIS 기반의 폐탄광지역 지반침하 위험도 분석기법 개발, 한국자원공학회지, 제52권, 6호, pp.567~576.

송원경, 허승, 김태혁(2008), GIS 기법을 이용한 광미댐 수문 분석, 터널과 지하공간, 제18권, 5호, pp.375~385.

오승찬, 최요순, 박형동, 고와라(2012), 폐탄광지역의 훼손지 특성화와 수종 선정을 위한 GIS 시스템, 한국지구시스템공학회지, 제49권, 6호, pp.746~756.

이희욱, 서장원, 박형동, 신승한(2015), GIS를 이용한 광산지역 산성광산배수 유출 모니터링 지원 알고리즘 개발, 한국자원공학회지, 제52권, 5호, pp.511~522.

최요순, 선우춘, 박형동(2006), 광해방지를 위한 대규모 석탄 노천광의 배수설계 최적화, 한국지구시스템공학회지, 제43권, 5호, pp.429~438.

최요순, 박형동(2011), 대규모 노천광산의 채굴적 하단 저수지 설계를 위한 GIS 모델링, 한국지구시스템공학회지, 제48권, 2호, pp.165~177.

최요순, 박형동, 권현호(2011), GIS와 ASI 알고리듬을 이용한 광미댐 수문 분석 소프트웨어, 한국지구시스템공학회지, 제48권, 5호, pp.549~559.

최요순, 박형동, 선우춘, 정용복(2009), 인도네시아 파시르 석탄 노천광산의 사면붕괴 위험도 평가를 위한 퍼지 이론과 계층분석절차 기법의 적용, 한국지구시스템공학회지, 제46권, 1호, pp.45~60.

최요순, 오승찬, 박형동, 권현호, 윤석호, 고와라(2009), 폐탄광지역 산림 훼손지 복구를 위한 GIS 기반의 의사결정지원시스템 개발, 한국지구시스템공학회지, 제46권, 6호, pp.691~702.

Acosta JA, Faz A, Martinez-Martinez S, Zornoza R, Carmona DM, Kabas S (2011), Multivariate statistical and GIS-based approach to evaluate heavy metals behavior in mine sites for future reclamation. J Geochemical Explor 109:8–17. doi: 10.1016/j.gexplo.2011.01.004.

Ambrožič T, Turk G (2003), Prediction of subsidence due to underground mining by artificial neural networks. Comput Geosci 29:627–637. doi: 10.1016/S0098-3004(03)00044-X.

Berry P, Pistocchi A (2003), A multicriterial geographical approach for the environmental impact assessment of open-pit quarries. Int J Min Reclamat Environ 17:213–226.

Blachowski J (2016), Application of GIS spatial regression methods in assessment of land subsidence in complicated mining conditions: case study of the Walbrzych coal mine (SW Poland). Nat Hazards 84:997–1014. doi: 10.1007/s11069-016-2470-2.

Carr R, Zhang C, Moles N, Harder M (2008), Identification and mapping of heavy metal pollution in soils of a sports ground in Galway City, Ireland, using a portable XRF analyser and GIS. Environ Geochem Health 30:45–52. doi: 10.1007/s10653-007-9106-0.

Chacon J, Irigaray C, Fernandez T, El Hamdouni R (2006), Engineering geology maps: landslides and geographical information systems. Bull Eng Geol Environ 65:341–411. doi: 10.1007/s10064-006-0064-z.

Choi JK, Kim KD, Lee S, Won JS (2010), Application of a fuzzy operator to susceptibility estimations of coal mine subsidence in Taebaek City, Korea. Environ Earth Sci 59:1009–1022. doi: 10.1007/s12665-009-0093-6.

Choi Y (2012), A new algorithm to calculate weighted flow-accumulation from a DEM by considering surface and underground stormwater infrastructure. Environ Model Softw 30: 81-91.

Choi Y, Park HD, Sunwoo C (2008), Flood and gully erosion problems at the Pasir open pit coal mine, Indonesia: a case study of the hydrology using GIS. B Eng Geol Environ 67:251–258.

Choi Y, Song J (2016), Sustainable Development of Abandoned Mine Areas Using Renewable Energy Systems: A Case Study of the Photovoltaic Potential Assessment at the Tailings Dam of Abandoned Sangdong Mine, Korea. Sustainability 8: 1320. doi: 10.3390/su8121320.

Choi Y, Yi H, Park HD (2011b), A new algorithm for grid-based hydrologic analysis by incorporating stormwater infrastructure, Comput Geosci, 37:1035–1044.

Dahal RK, Hasegawa S, Nonomura A, Yamanaka M, Masuda T, Nishino K (2008), GIS-based weights-of-evidence modelling of rainfall-induced landslides in small catchments for landslide susceptibility mapping. Environ Geol 54:311–324. doi: 10.1007/s00254-007-0818-3.

Darling P (2011), SME Mining Engineering Handbook (3rd edn). Society for Mining, Metallurgy, and Exploration (SME), pp.1～1984.

Darmody RG (1995), Modeling agricultural impacts of longwall mine subsidence: A GIS approach. Int J Surf Mining, Reclam Environ 9:63–68. doi: http://dx.doi.org/10.1080/09208119508964720.

De Vente J, Aerts JCJH (2000), Environmental restoration of a surface mining area. the application of remote sensing and GIS in a management information system. WIT Trans Inf Commun Technol 24:393–402.

Djamaluddin I, Mitani Y, Esaki T (2011), Evaluation of ground movement and damage to structures from Chinese coal mining using a new GIS coupling model. Int J Rock Mech Min Sci 48:380–393. doi: 10.1016/j.ijrmms.2011.01.004.

Dong J, Yu M, Bian Z, Wang Y, Di C (2011), Geostatistical analyses of heavy metal distribution in reclaimed mine land in Xuzhou, China. Environ Earth Sci 62:127–137. doi: 10.1007/s12665-010-0507-5.

Enconado A (2011), The environmental impacts of mining in the Philippines. https://palawan.wordpress.com/2011/03/24/the-environmental-impacts-of-mining-in-the-philippines/. Accessed 2 Feb 2017.

Environment Canada (2009), Environmental code of practice for metal mines. https://www.ec.gc.ca/lcpe-cepa/documents/codes/mm/mm-eng.pdf. Accessed 24 March 2017.

Galán CO, Matías JM, Rivas T, Bastante FG (2009), Reforestation planning using bayesian networks. Environ Modell Softw 24:1285–1292.

Ganas A, Aerts J, Astaras T, Vente JD, Frogoudakis E, Lambrinos N, Riskakis C, Oikonomidis D, Filippidis A, Kassoli-Fournaraki A (2004), The use of earth observation and decision support systems in the restoration of opencast nickel mines in Evia, central Greece. Int J Remote Sens 25:3261–3274.

Girard JM, McHugh E (2000), Detecting problems with mine slope stability. 31st Annual Institute on Mining Health, Safety, and Research, Roanoke, Virginia.

Grenon M, Laflamme AJ (2011), Slope orientation assessment for open-pit mines, using GIS-based algorithms. Comput Geosci 37:1413–1424.

Huang S, Li X, Wang Y (2012), A new model of geo-environmental impact assessment of mining: a multiple-criteria assessment method integrating Fuzzy-AHP with fuzzy synthetic ranking. Environ Earth Sci 66:275–284.

Hustrulid WA, Kuchta M (1995), Open pit mine planning & design: fundamentals. Balkema, Rotterdam

Hwang C-K, Kim K-W (1998), A study on distribution pattern of trace elements in Chungnam coal mine area using factor analysis and GIS. Geosystem Eng 1:84–94. doi: 10.1080/12269328.1998.10541129.

Joshi PK, Kumar M, Midha N, Vijayanand, Paliwal A (2006), Assessing areas deforested by coal mining activities through satellite remote sensing images and GIS in parts of Korba, Chattisgarh. J Indian Soc Remote 34:415–421.

Khalil A, Hanich L, Bannari A, Zouhri L, Pourret O, Hakkou R (2013), Assessment of soil contamination around an abandoned mine in a semi-arid environment using geochemistry and geostatistics: Pre-work of geochemical process modeling with numerical models. J Geochemical Explor 125:117–129. doi: 10.1016/j.gexplo.2012.11.018.

Kim KD, Lee S, Oh HJ (2009), Prediction of ground subsidence in Samcheok City, Korea using artificial neural networks and GIS. Environ Geol 58:61–70. doi: 10.1007/s00254-008-1492-9.

Kim KD, Lee S, Oh HJ, Choi JK, Won JS (2006), Assessment of ground subsidence hazard near an abandoned underground coal mine using GIS. Environ Geol 50:1183–1191. doi: 10.1007/s00254-006-0290-5.

Kim SM, Choi Y, Suh J, Oh S, Park HD, Yoon SH (2012b), Estimation of soil erosion and sediment yield from mine tailing dumps using GIS: a case study at the Samgwang mine, Korea. Geosystem Eng 15:2–9. doi: 10.1080/12269328.2012.674426.

Kim SM, Choi Y, Suh J, Oh S, Park HD, Yoon SH, Go WR (2012c), ArcMine: a GIS extension to support mine reclamation planning. Comput Geosci 46:84–95.

Kim SM, Choi Y, Yi H, Park H-D (2017), Geostatistical prediction of heavy metal concentrations in stream sediments considering the stream networks. Environ Earth Sci 76:72. doi: 10.1007/s12665-017-6394-2.

Kim SM, Suh J, Oh S, Son J, Hyun CU, Park HD, Choi Y (2016), Assessing and prioritizing environmental hazards associated with abandoned mines in Gangwon-do, South Korea: the Total Mine Hazards Index. Environ Earth Sci 75:369. doi: 10.1007/s12665-016-5283-4.

Kisan MV, Khanindra P, Narayan TK, Swarup T (2013), Land restoration measures in top hilly mines affected watershed using remote sensing and GIS. Int J Civ Struct Environ Infrastruct Eng Res Dev 3:223–236.

Kratzsch H (1983), Mining subsidence engineering. Springer, Berlin.

Kubit OE, Pluhar CJ, De Graff JV (2015), A model for prioritizing sites and reclamation methods at abandoned mines. Environ Earth Sci 73:7915–7931.

Lee H, Choi Y, Suh J, Lee SH (2016), Mapping copper and lead concentrations at abandoned mine areas using element analysis data from ICP-AES and portable XRF instruments: A comparative study. Int J Environ Res Public Health. doi: 10.3390/ijerph13040384.

Lee S, Park I (2013), Application of decision tree model for the ground subsidence hazard mapping near abandoned underground coal mines. J Environ Manage 127:166–176. doi: 10.1016/j.jenvman.2013.04.010.

Li S, Dowd PA, Birch WJ (2000), Application of a knowledge-and geographical information-based system to the environmental impact assessment of an opencast coal mining project. Int J Min Reclamat Environ 14:277–294.

Longley PA, Goodchild MF, Maguire DJ, Rhind DW (2005), Geographic information systems and science (2nd edition), Wiley, Chichester.

Mag-usara AJT, Japitana MV (2015), Change detection of forest areas using object-based image analysis (obia): the case of carrascal, surigao del sur, philippines. http://a-a-r-s.org/acrs/administrator/components/com_jresearch/files/publications/TH2-7-6.pdf. Accessed 5 Feb 2017.

Malaviya S, Munsi M, Oinam G, Joshi PK (2010), Landscape approach for quantifying land use land cover change (1972–2006) and habitat diversity in a mining area in Central India (Bokaro, Jharkhand). Environ Monit Assess 170:215–229.

Malinowska A, Hejmanowski R (2010), Building damage risk assessment on mining terrains in Poland with GIS application. Int J Rock Mech Min Sci 47:238–245. doi: 10.1016/j.ijrmms.2009.09.009.

Mancini F, Stecchi F, Gabbianelli G (2009), GIS-based assessment of risk due to salt mining activities at Tuzla (Bosnia and Herzegovina). Eng Geol 109:170–182. doi: 10.1016/j.enggeo.2009.06.018.

Marschalko M, Bednárik M, Yilmaz I (2012), Evaluation of engineering-geological conditions for conurbation of Ostrava (Czech Republic) within GIS environment. Environ Earth Sci 67:1007–1022.

Meek FA (1990), Water and air management, In: B. A. Kennedy, (eds), Surface mining, Society for Mining, Metallurgy, and Exploration. Littleton, New York.

Monjezi M, Shahriar K, Dehghani H, Namin FS (2009), Environmental impact assessment of open pit mining in Iran. Environ Geol 58:205–216.

Nakayama SMM, Ikenaka Y, Hamada K, Muzandu K, Choongo K, Teraoka H, Mizuno N, Ishizuka M (2011), Metal and metalloid contamination in roadside soil and wild rats around a Pb-Zn mine in Kabwe, Zambia. Environ Pollut 159:175–181. doi: 10.1016/j.envpol.2010.09.007.

Nelson EP, Connors KA, Suárez C (2007), GIS-based slope stability analysis, Chuquicamata open pit copper mine, Chile. Nat Resour Res 16:171–190.

Oh HJ, Lee S (2010), Assessment of ground subsidence using GIS and the weights-of-evidence model. Eng Geol 115:36–48. doi: 10.1016/j.enggeo.2010.06.015.

Oh HJ, Lee S (2011), Integration of ground subsidence hazard maps of abandoned coal mines in Samcheok, Korea. Int J Coal Geol 86:58–72. doi: 10.1016/j.coal.2010.11.009.

Oh HJ, Ahn SC, Choi JK, Lee S (2011), Sensitivity analysis for the GIS-based mapping of the ground subsidence hazard near abandoned underground coal mines. Environ Earth Sci 64:347–358. doi: 10.1007/s12665-010-0855-1.

Ortega JH, Rapiman M, Lecaros R, Medel F, Padilla F, García A (2016), Predictive index for slope instabilities in open pit mining. arXiv:1607.05085. https://arxiv.org/abs/1607.05085. Accessed 5 Feb 2017.

Park I, Choi J, Lee MJ, Lee S (2012), Application of an adaptive neuro-fuzzy inference system to ground subsidence hazard mapping. Comput Geosci 48:228–238. doi: 10.1016/j.cageo.2012.01.005.

Pavloudakis F, Galetakis M, Roumpos C (2009), A spatial decision support system for the optimal environmental reclamation of open-pit coal mines in Greece. Int J Min Reclamat Environ 23:291–303.

Perera LK, Kajiwara K, Tateishi R (1993), Land suitability assessment for reforestation in Southern Sri Lanka. J Jpn Soc Photogramm Remote Sens 32:4–12.

Prakash A, Gupta RP (1998), Land-use mapping and change detection in a coal mining area-a case study in the Jharia coalfield, India. Int J Remote Sens 19:391–410.

Reis AP, Da Silva EF, Sousa AJ, Matos J, Patinha C, Abenta J, Cardoso fonseca E (2005), Combining GIS and stochastic simulation to estimate spatial patterns of variation for lead at Lousal mine, Portugal. L Degrad Dev 16:229–242. doi: 10.1002/ldr.662.

Salyer M (2006), An evaluation of the economic and environmental impacts of coal mining flat gap, pound, wise county, Virginia as case study. Dissertation, Northwest Missouri State University.

Spiker EC, Gori PL (2000), National landslide hazards mitigation strategy: a framework for loss reduction. Open-file report 00-450, Department of Interior, U.S.G.S., USA, 49.

Stormont JC, Farfan E (2005), Stability evaluation of a mine waste pile. Environ Eng Geosci 11:43–52.

Suh J, Choi Y, Park H-D (2016a), GIS-based evaluation of mining-induced subsidence susceptibility considering 3D multiple mine drifts and estimated mined panels. Environ Earth Sci 75:890. doi: 10.1007/s12665-016-5695-1.

Suh J, Choi Y, Park HD, Yoon SH, Go WR (2013), Subsidence hazard assessment at the samcheok coalfield, South Korea: A case study using GIS. Environ Eng Geosci 19:69–83. doi: 10.2113/gseegeosci.19.1.69.

Suh J, Lee H, Choi Y (2016b), A rapid, accurate, and efficient method to map heavy metal-contaminated soils of abandoned mine sites using converted portable XRF data and GIS. Int J Environ Res Public Health. doi: 10.3390/ijerph13121191.

Trabucchi M, O'Farrell PJ, Notivol E, Comín FA (2014), Mapping ecological processes and ecosystem services for prioritizing restoration efforts in a semi-arid mediterranean river basin. Environ Manage 53:1132–1145.

Varnes DJ (1984), Landslide hazard zonation: a review of principles and practice. United Nations International, Paris.

Wenas DR (2012), GIS approach in determining mined out pit towards stability of waste dump and rehandle dump slope in Bendili area, PT. Kaltim prima coal. ISRM Regional Symposium-7th Asian Rock Mechanics Symposium. International Society for Rock Mechanics.

Wischmeier WH (1971), A soil erodibility nomograph for farmland and construction sites. Journal of Soil and Water Conservation, 26, 189–193.

Yenilmez F, Kuter N, Emil MK, Aksoy A (2011), Evaluation of pollution levels at an abandoned coal mine site in Turkey with the aid of GIS. Int J Coal Geol 86:12–19. doi: 10.1016/j.coal.2010.11.012.

Yi H, Choi Y, Kim SM, Park HD, Lee SH (2017), Calculating time-specific flux of runoff using DEM considering storm sewer collection systems, J Hydrol Eng 22(2): (Online published).

Zahiri H, Palamara DR, Flentje P, Brassington GM, Baafi E (2006), A GIS-based weights-of-evidence model for mapping cliff instabilities associated with mine subsidence. Environ Geol 51:377–386.

CHAPTER 02

수치갱내도 데이터베이스 구축 및 가시화

Geographic Information System for Mine Reclamation

C·H·A·P·T·E·R

02 수치갱내도 데이터베이스 구축 및 가시화

수치갱내도는 광산 지하갱도를 추상화하여 GIS 데이터베이스(database)로 구축한 자료이다. GIS에서 수치갱내도는 X, Y 좌표 정보만 가지는 2차원(2D) 벡터 레이어 형식과 X, Y, Z 좌표 정보를 모두 가지는 3차원(3D) 벡터 레이어 형식으로 구축할 수 있다. 일반적으로는 광산보안도 등 광산도면을 스캐닝(scanning)한 이미지 자료를 참조하여 지하갱도 중심선을 디지타이징(digitizing)하는 방식으로 2D 수치갱내도를 먼저 제작하며, 2D 수치갱내도에 지하갱도 중심선의 고도 값을 속성 정보로 추가한 후 자료를 변환함으로써 3D 수치갱내도를 제작할 수 있다. 수치갱내도는 광산지역의 2D 또는 3D 광해 현황도 제작 시 필수적으로 사용되는 자료이며, 최근에는 증강현실(Augmented Reality, AR)이나 가상현실(Virtual Reality, VR) 기술을 활용한 광해조사 시스템에도 유용하게 활용되고 있다(그림 2-1). 또한 GIS를 이용한 지반침하 분석, 광산배수 유출분석 등 광해 분석 시에도 중요한 입력자료로 활용된다. 2장에서는 ArcGIS 소프트웨어(ArcMap, ArcScene 프로그램)에서 광산 지하갱도의 중심선을 벡터 폴리라인(polyline, 선) 형식으로 추상화하여 수치갱내도 데이터베이스를 구축하는 방법과 수치갱내도를 2D, 3D 형식으로 가시화하는 방법에 대해 학습한다.

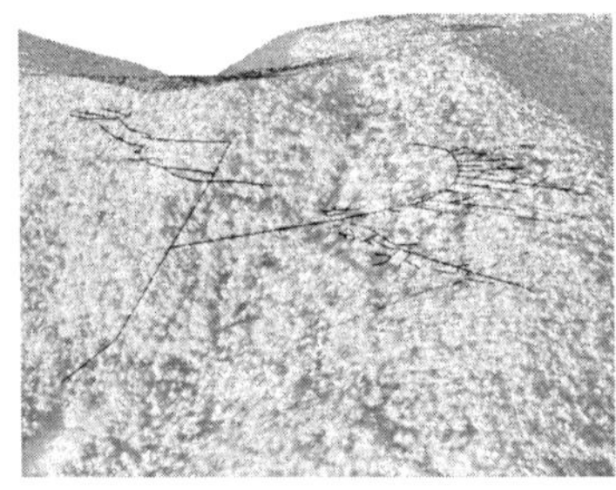

그림 2-1 광산지역의 수치갱내도

2.1 무엇을 배우는가?

이 장에서 새로 습득할 개념은 다음과 같다.

- ArcMap 프로그램의 실행 방법
- ArcMap Document 파일의 저장 방법
- 이미지 자료의 지오레퍼런싱(georeferencing) 방법
- 실세계 좌표계 설정 방법
- 신규 Shapefile의 생성 방법
- Shapefile 속성 테이블의 필드 정의 방법
- ArcMap Editor 툴바 사용 및 폴리라인 디지타이징 방법
- 불규칙삼각망(TIN) 형식과 래스터(Raster) 형식의 수치고도모델 생성 방법
- ArcMap 프로그램 Layout View에서 지도(평면도) 제작 방법
- 벡터 레이어 자료의 심벌 조정 방법
- ArcScene 프로그램의 실행 방법
- ArcScene Document 파일의 저장 방법
- ArcScene 프로그램에서 수치갱내도, 수치고도모델, 드론영상 자료의 3차원 가시화 방법

2.2 이론적 배경

2.2.1 수치갱내도의 제작 방법

한국광해관리공단에서 수치갱내도 GIS 데이터베이스 구축 시 적용하고 있는 방법(한국광해관리공단, 2010)은 다음과 같다.

1) 일반광의 경우 광석이 일정구역에 모여 매장되어 있으므로 보안도 원시도면과 괴리감이 없도록 갱폭을 조절하여 표현한다.
2) 갱도 중심선은 갱도 폴리곤 안에 위치할 수 있도록 작업한다.
3) 사갱 및 수갱 구분은 단면도를 참고하여 입력한다.
4) 승갱은 표기가 있어 구분이 명확히 될 경우에만 입력한다.
5) 편별로 도면이 작성되어 있을 시에는 편별로 벡터라이징 후 기준이 될 수 있는 표기를 사용하여 정위치한다.
6) 기준 도면에 표현이 되어 있지 않은 갱도는 참고도면을 사용하여 추가 입력되며, 입력 시 기준 도면과 차이가 일부 발생할 경우 중요 지점에 맞춰 입력한다.
7) 채굴적은 승갱 폴리곤을 사용하여 평면상에 표현하고 중심선 입력은 생략한다.
8) 기준 도면과 GIS 데이터베이스상의 라인이 1m 이상 벗어나지 않도록 디지타이징한다.
9) 단면도상에서 사갱이라 명확히 구분되어 있지 않고 높이가 다른 갱도 연결만으로 표현된 경우는 수평 갱도로 구분하고 중심선은 경사를 주어 표현한다.
10) 사객 각도 및 편 높이 정보가 없는 경우 전문가와 상의하여 편 간격을 정해 입력한다.
11) 수갱이 존재하는 도면 중 편별로 도면이 연결되어 있지 않게 표현된 갱내도는 편별로 디지타이징한 후 수갱 표기를 기준으로 이동시켜 정위치한다.
12) 수갱 심벌 및 수갱 폴리곤은 최상위 편에만 표시한다.
13) 지표로 돌출된 수갱은 갱구로 표현한다.

한국광해관리공단에서 수치갱내도 GIS 데이터베이스 구축 시 적용하고 있는 작업 절차도는 그림 2-2와 같다(한국광해관리공단, 2010).

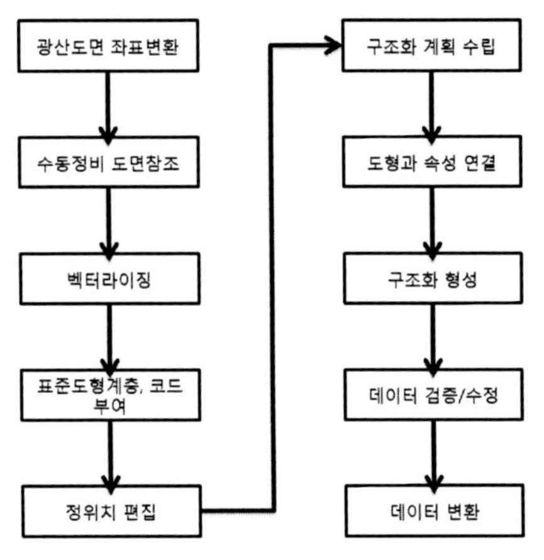

그림 2-2 수치갱내도 구축 작업 절차도

2.3 GIS 실습

2.3.1 수치갱내도 데이터베이스 구축 실습

1) ArcMap의 실행. 실습을 수행할 PC에서 ArcMap 프로그램을 실행한다.

(1) Windows 시작 버튼 클릭 → 모든 프로그램 선택 → ArcGIS 선택 → ArcMap 10.x 선택
ArcMap 프로그램이 실행되며, Getting Started 대화상자가 나타난다(그림 2-3).

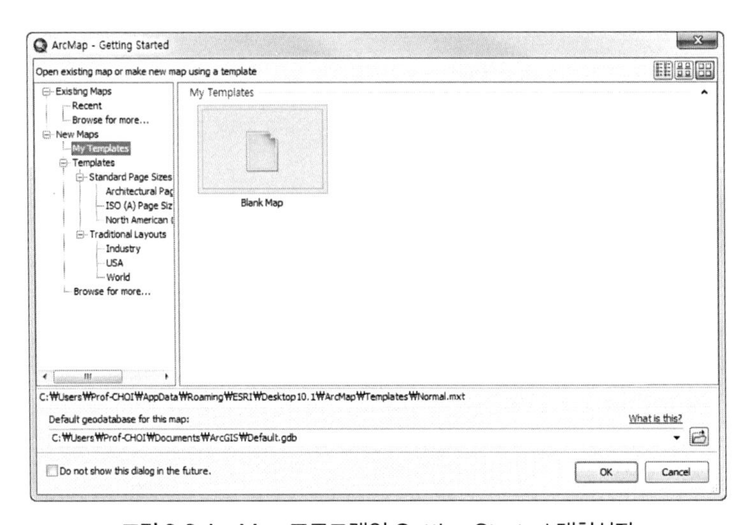

그림 2-3 ArcMap 프로그램의 Getting Started 대화상자

(2) Getting Started 대화상자 왼쪽 패널에서 Existing Maps 선택 → Browse for more.. 클릭

Open ArcMap Document 대화상자가 나타난다(그림 2-4).

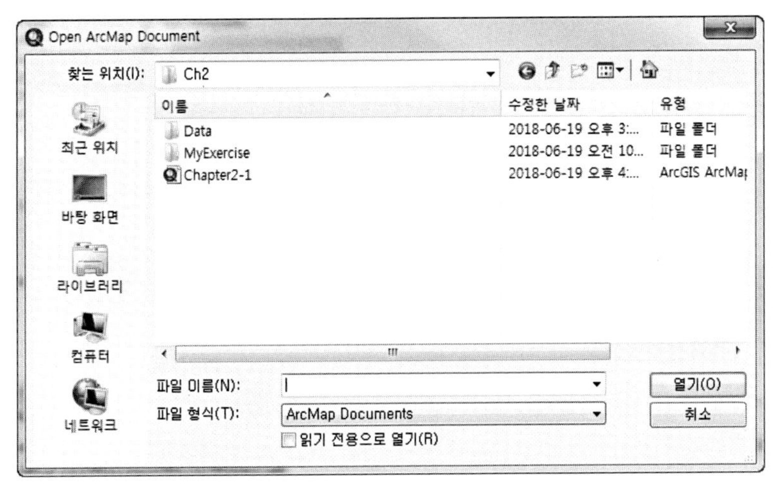

그림 2-4 Open ArcMap Document 대화상자

(3) Open ArcMap Document 대화상자에서 예제 파일을 설치한 폴더로 이동 → Chapter 2-1.mxd[1] 파일을 선택 → 열기 버튼 클릭

ArcMap 프로그램에 Chapter2-1.mxd 파일이 열리면서 이번 실습에 사용될 자료들이 화면에 나타난다(그림 2-5).

- 관심지역 레이어는 자료구축 및 분석을 수행할 영역을 나타낸다.
- 드론영상 레이어는 무인항공기를 이용하여 촬영한 관심지역의 정사영상(Orthophoto)[2]이다.
- 지형등고선 레이어는 관심지역의 지형을 등고선으로 나타낸다(그림 2-6).

1 ArcMap Documents 파일.

2 사진 촬영 당시의 카메라 자세 및 지형 기복에 의해 발생된 대상체의 변위를 제거한 영상(수직으로 내려다 본 영상).

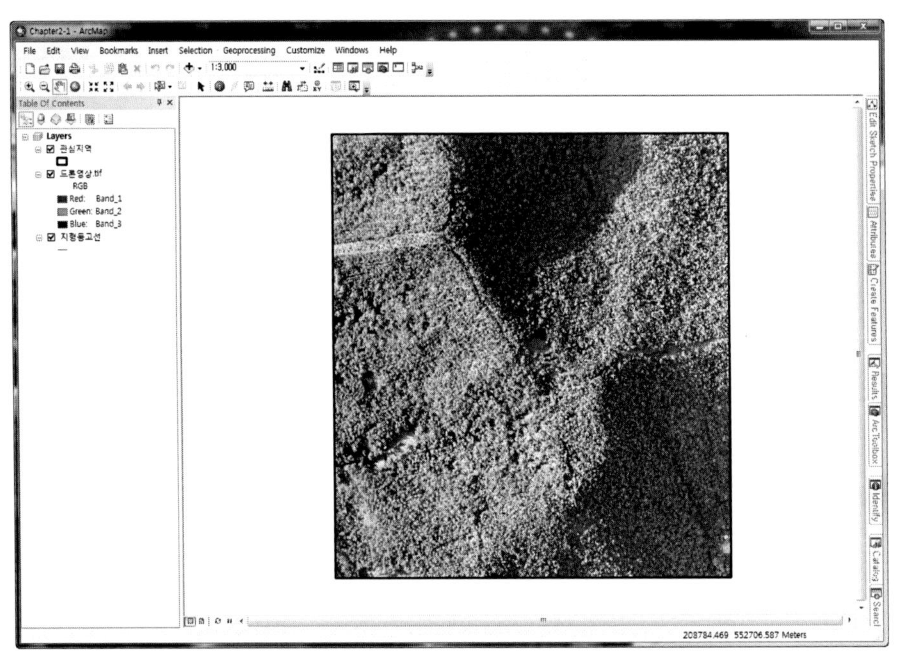

그림 2-5 이번 실습에 사용될 자료들(컬러 도판 324쪽 참조)

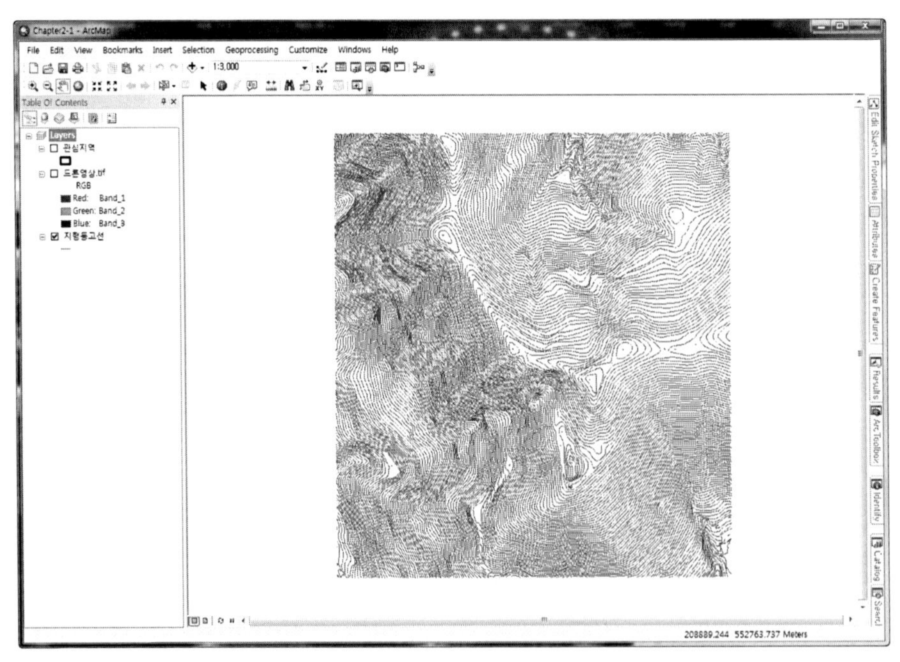

그림 2-6 관심지역의 지형등고선 레이어

(4) ArcMap 프로그램 메뉴바에서 File 선택 → Save as 클릭

다른 이름으로 저장 대화상자가 나타난다(그림 2-7).

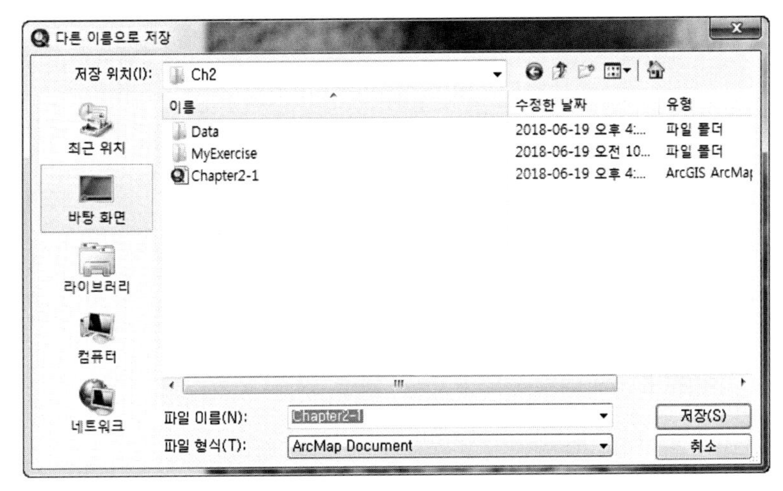

그림 2-7 다른 이름으로 저장 대화상자

(5) MyExercise 폴더 클릭 → 실습 결과를 저장할 파일 이름 입력(예: MyExercise2-1) → 저장 버튼 클릭

앞으로 실습을 수행한 결과가 위에서 지정한 파일에 저장된다(예: MyExercise2-1.mxd).

2) 갱도도면의 지오레퍼런싱(georeferencing).[3] 갱도도면 스캔파일을 ArcMap 프로그램에 불러온 후 드론영상, 지형등고선 등 다른 레이어들과 함께 사용할 수 있도록 실세계 좌표를 부여한다.

(1) ArcMap 프로그램 메뉴바에서 File 선택 → Add Data 선택 → Add Data.. 클릭

Add Data 대화상자가 나타난다(그림 2-8).

3 래스터 데이터의 각 화소에 실세계 좌표를 할당하는 과정.

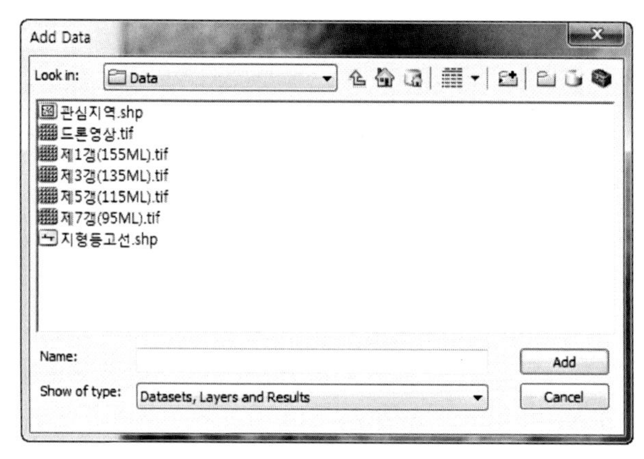

그림 2-8 Add Data 대화상자

(2) Add Data 대화상자에서 제1갱(155ML).tif 파일 선택 → Add 버튼 클릭

Unknown Spatial Reference 경고창이 나타난다(그림 2-9). 이는 제1갱(155ML).tif 파일이 아직 실세계 좌표가 부여되어 있지 않기 때문에 나타난다.

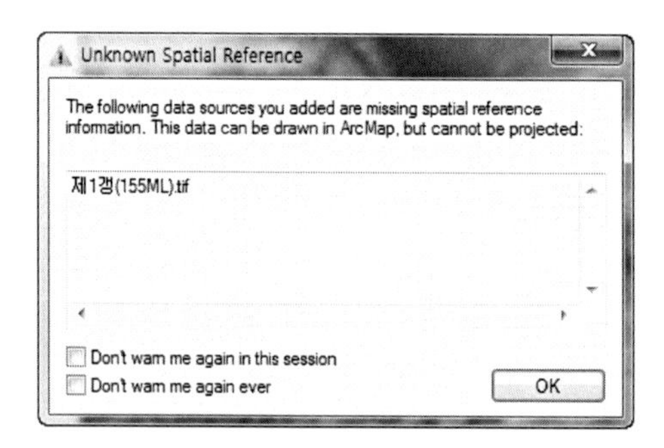

그림 2-9 Unknown Spatial Reference 경고창

(3) Unknown Spatial Reference 경고창에서 OK 버튼 클릭

ArcMap 프로그램에 제1갱(155ML).tif 파일이 레이어로 추가되었다(그림 2-10). 그러나 Data View에는 아직 제1갱(155ML) 레이어가 나타나지 않았다. 이는 제1갱(155ML) 레이어에 아직 실세계 좌표가 부여되어 있지 않기 때문이다.

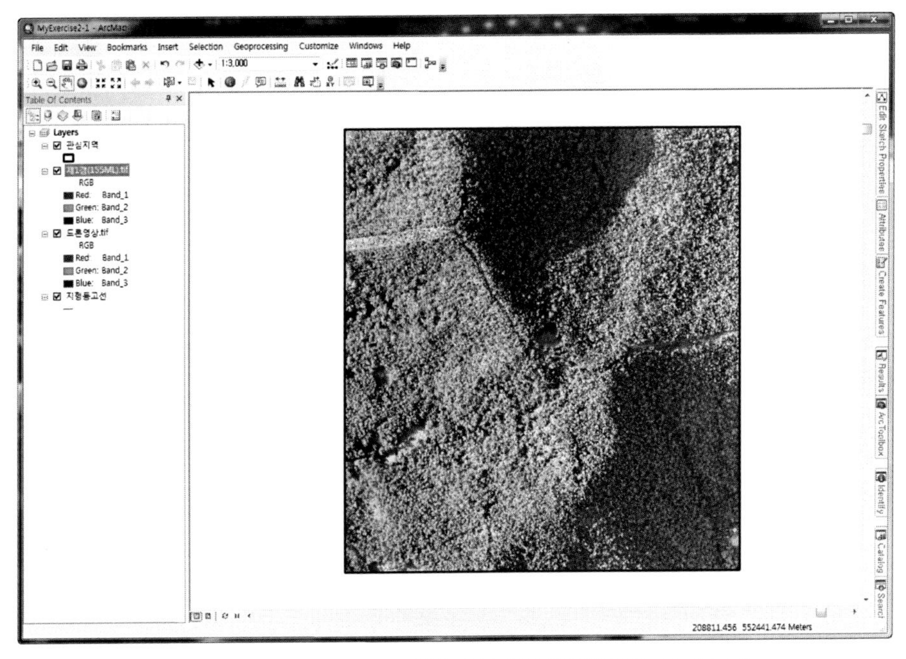

그림 2-10 ArcMap 프로그램에 가시화된 제1갱(155ML).tif 파일

(4) ArcMap 프로그램 메뉴바의 빈 공간에서 마우스 오른쪽 클릭 → 팝업메뉴에서 Georeferencing 클릭

ArcMap 프로그램에 Georeferencing 툴바가 추가되었다(그림 2-11).

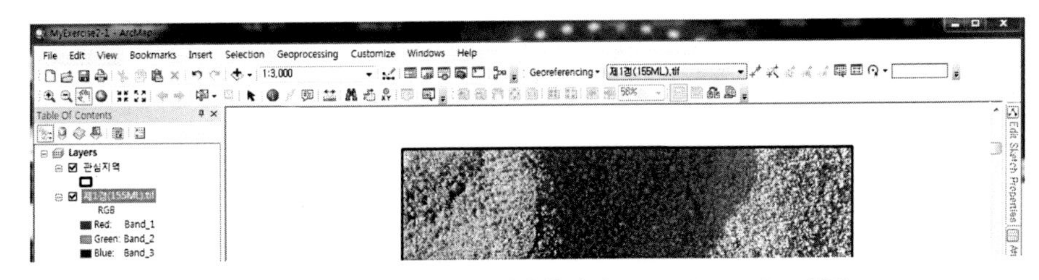

그림 2-11 ArcMap 프로그램에 추가된 Georeferencing 툴바

(5) Georeferencing 툴바에서 Target 레이어로 제1갱(155ML).tif 파일 선택 → Georeferencing ▾ 선택 → Fit To Display 클릭

Data View에 제1갱(155ML) 레이어가 나타난다. 제1갱(155ML) 레이어에는 아직 실세계 좌표가 부여되지 않았다(그림 2-12).

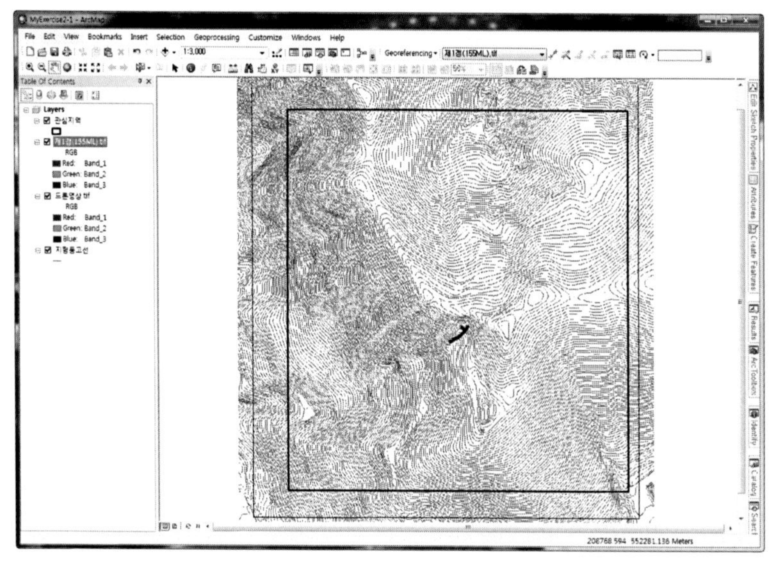

그림 2-12 실세계 좌표가 부여되지 않은 제1갱(155ML) 레이어

(6) **Georeferencing 툴바에서 Add Control Points(⁺⁄₊) 버튼 클릭 → 제1갱(155ML) 레이어에 표시된 관심지역 우측 상단 모서리 클릭**

제1갱(155ML) 레이어에 표시된 관심지역 우측 상단 모서리에 control point가 추가된다(그림 2-13).

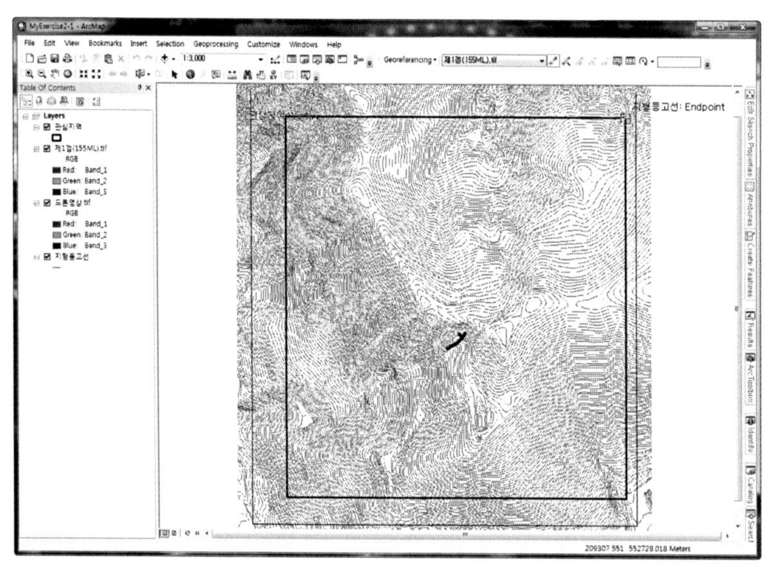

그림 2-13 제1갱(155ML) 레이어 우측 상단 모서리에 control point 추가

(7) **제1갱(155ML) 레이어 체크박스 선택 해제 → 관심지역 레이어에 표시된 우측 상단 모서리 클릭**

관심지역 레이어 우측 상단 모서리에 control point가 추가된다(그림 2-14).

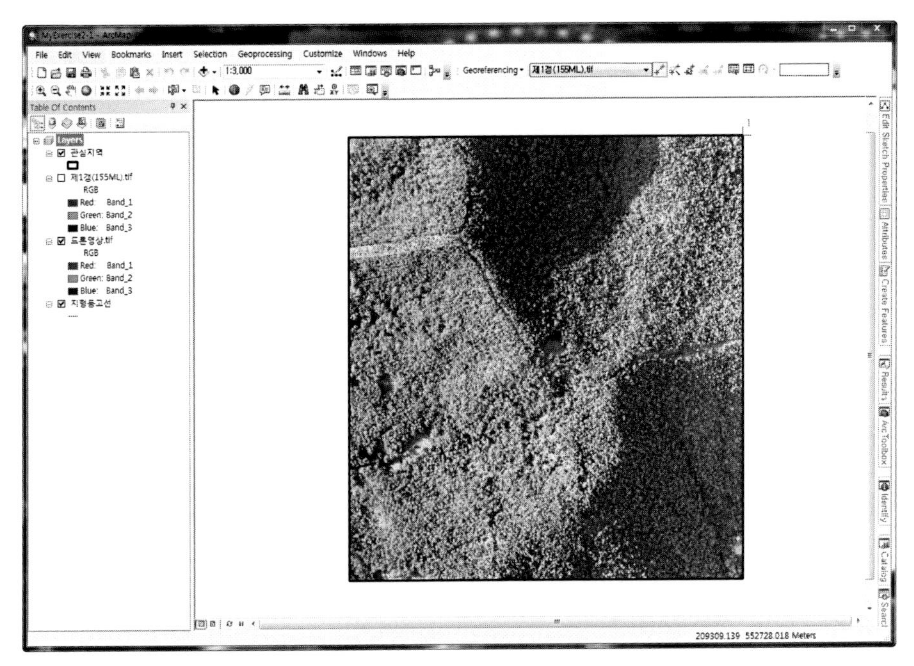

그림 2-14 관심지역 레이어 우측 상단 모서리에 control point 추가

(8) **제1갱(155ML) 레이어 체크박스 선택 → 제1갱(155ML) 레이어에 표시된 관심지역 좌측 하단 모서리 클릭 → 제1갱(155ML) 레이어 체크박스 선택 해제 → 관심지역 레이어에 표시된 좌측 하단 모서리 클릭**

제1갱(155ML) 레이어에 표시된 관심지역 좌측 하단 모서리와 관심지역 레이어 좌측 하단 모서리에 두 번째 control point가 추가된다(그림 2-15).

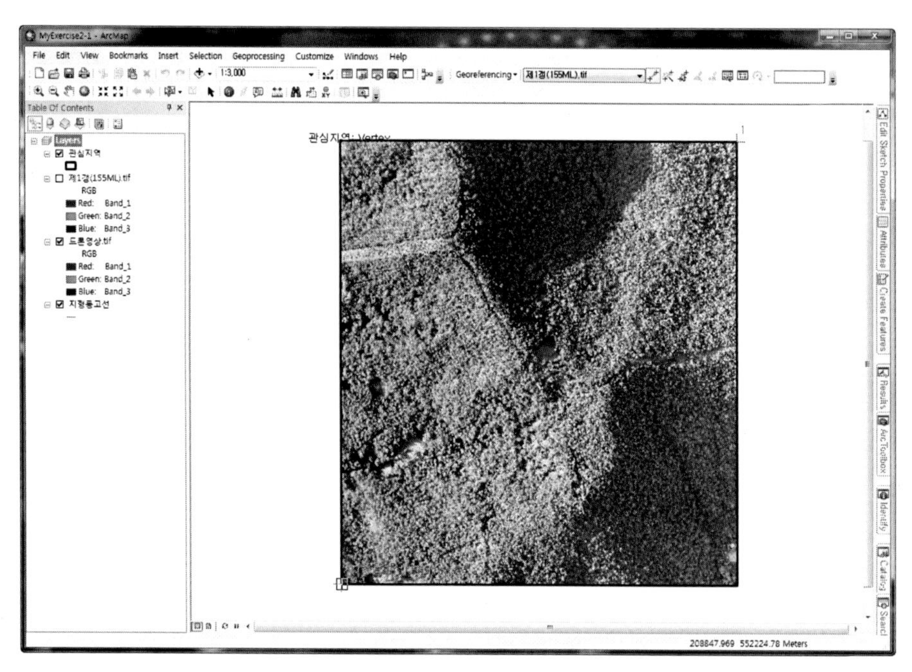

그림 2-15 좌측 하단 모서리에 두 번째 control point 추가

(9) Georeferencing 툴바에서 Georeferencing ▾ 선택 → Update Georeferencing 클릭

이제 제1갱(155ML) 레이어에 실세계 좌표가 부여되었다.

(10) ArcMap 프로그램 메뉴바에서 File 선택 → Add Data 선택 → Add Data.. 클릭 → Add Data 대화상자에서 제3갱(135ML).tif 파일 선택 → Add 버튼 클릭 → 제1갱(155ML) 레이어와 동일한 방법으로 제3갱(135ML) 레이어의 georeferencing 작업 수행

ArcMap 프로그램에 Data View에 제3갱(135ML) 레이어가 추가되고 실세계 좌표가 부여되었다(그림 2-16).

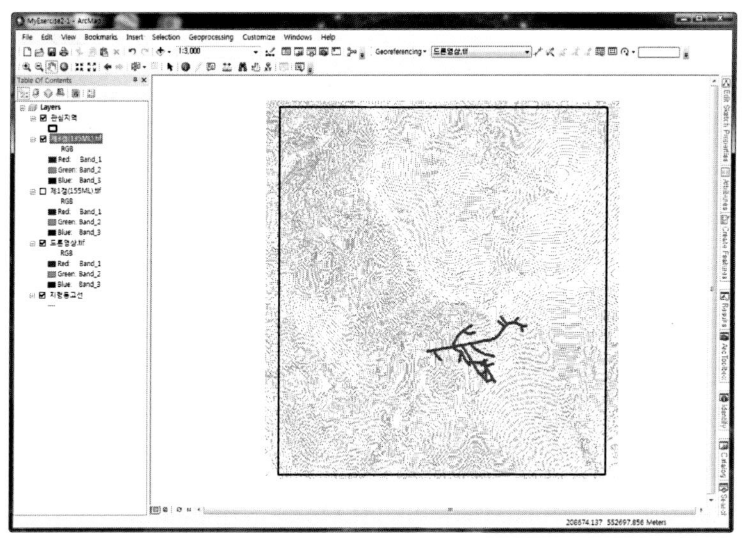

그림 2-16 실세계 좌표가 부여된 제3갱(135ML) 레이어

(11) ArcMap 프로그램 메뉴바에서 File 선택 → Add Data 선택 → Add Data.. 클릭 → Add Data 대화상자에서 제5갱(115ML).tif 파일 선택 → Add 버튼 클릭 → 제1갱(155ML) 레이어와 동일한 방법으로 제5갱(115ML) 레이어의 georeferencing 작업 수행

ArcMap 프로그램에 Data View에 제5갱(115ML) 레이어가 추가되고 실세계 좌표가 부여되었다(그림 2-17).

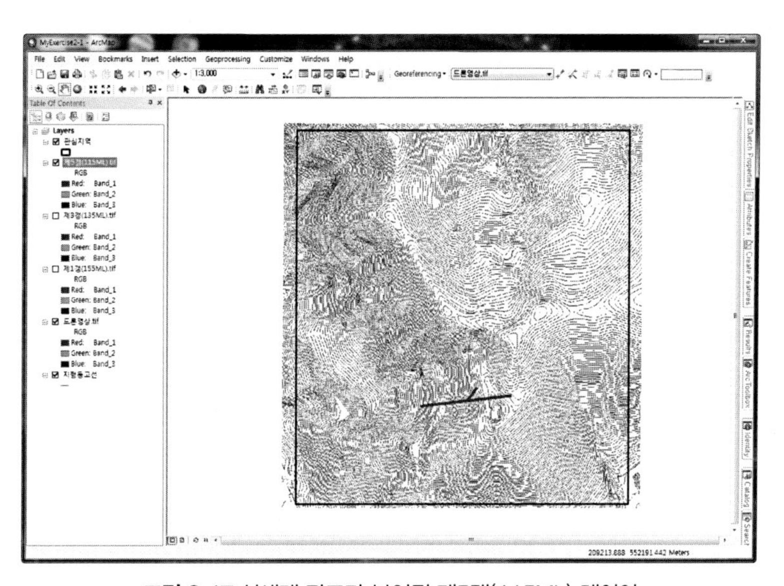

그림 2-17 실세계 좌표가 부여된 제5갱(115ML) 레이어

(12) ArcMap 프로그램 메뉴바에서 File 선택 → Add Data 선택 → Add Data.. 클릭 → Add Data 대화상자에서 제7갱(95ML).tif 파일 선택 → Add 버튼 클릭 → 제1갱(155ML) 레이어와 동일한 방법으로 제7갱(95ML) 레이어의 georeferencing 작업 수행

ArcMap 프로그램에 Data View에 제7갱(95ML) 레이어가 추가되고 실세계 좌표가 부여되었다(그림 2-18).

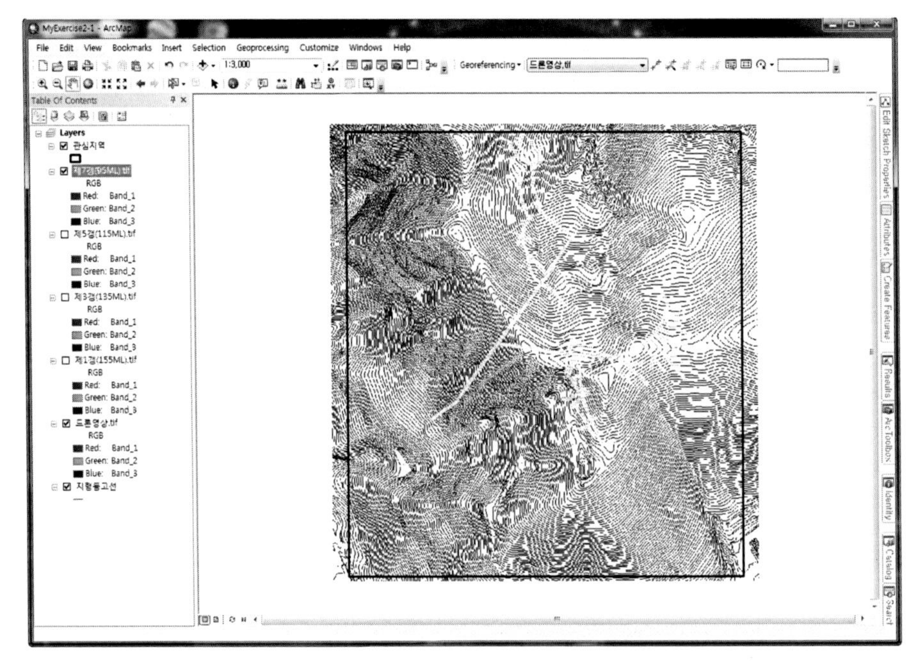

그림 2-18 실세계 좌표가 부여된 제7갱(95ML) 레이어

(13) ArcMap 프로그램 메뉴에서 File 선택 → Save as... 버튼 클릭 → 실습 결과를 저장할 파일 이름 입력(예: MyExercise2-2) → 저장 버튼 클릭

앞으로 실습을 수행한 결과가 위에서 지정한 파일에 저장된다(예: MyExercise2-2.mxd).

3) 갱도 레이어 생성 및 디지타이징. 벡터 라인 형식의 갱도 레이어 파일을 생성한 후 실세계 좌표가 부여된 갱도도면 스캔파일들을 참조하여 갱도 중심선의 디지타이징을 수행한다.

(1) ArcMap 프로그램 메뉴바에서 Windows 선택 → Catalog 클릭

Catalog 대화상자가 프로그램 우측에 나타난다(그림 2-19).

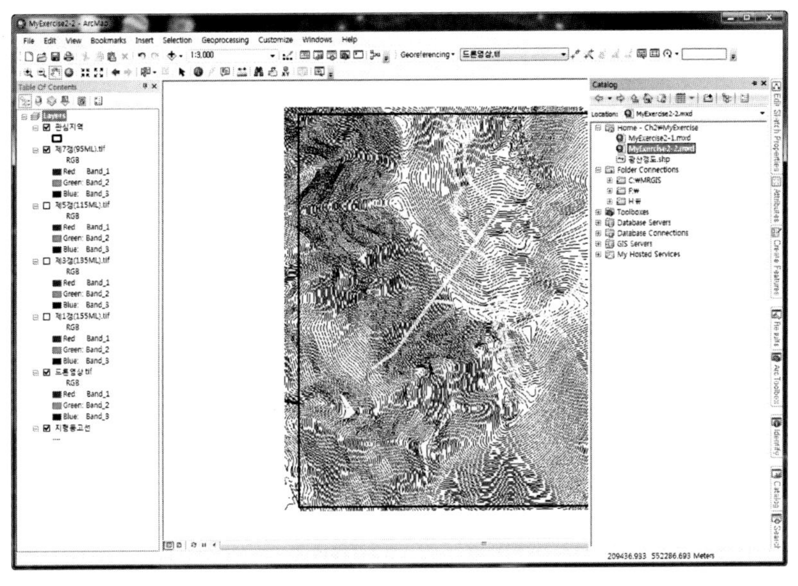

그림 2-19 Catalog 대화상자

(2) Catalog 대화상자에서 Home 디렉터리 선택 → 마우스 오른쪽 버튼 클릭 → 팝업메뉴가 나타나면 New 버튼 선택 → Shapefile.. 버튼 마우스 왼쪽 버튼 클릭

Create New Shapefile 대화상자가 나타난다(그림 2-20).

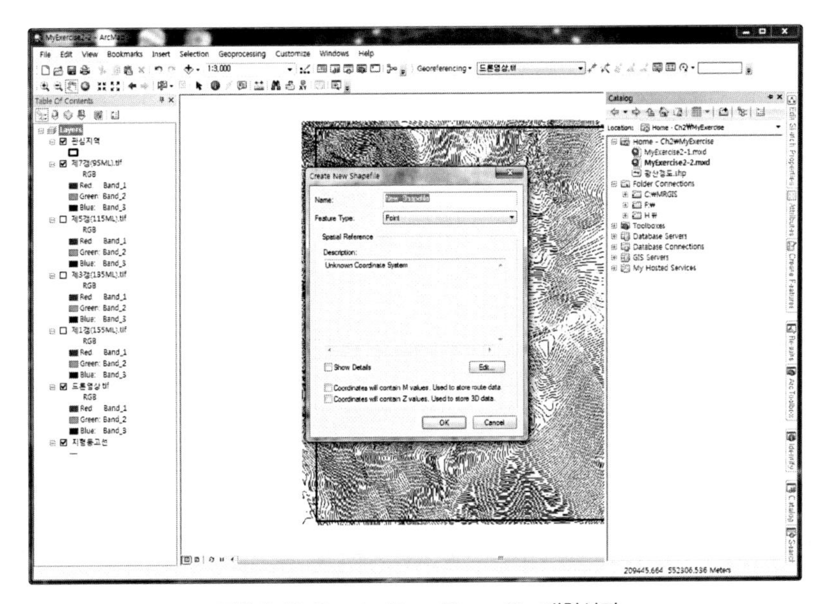

그림 2-20 Create New Shapefile 대화상자

(3) **Create New Shapefile 대화상자에서 생성할 파일 이름 입력(예: 광산갱도) → Feature Type을 Polyline으로 선택(그림 2-21) → Spatial Reference에서 Edit... 버튼 클릭 → Spatial Reference Properties 대화상자에서 Korea 2000 Korea East Belt 2010 선택 후 확인 버튼 클릭(그림 2-22) → Create New Shapefile 대화상자에서 OK 버튼 클릭**

광산갱도 Shapefile이 ArcMap 프로그램에 추가된다(그림 2-23). 광산갱도 Shapefile은 현재 아무 내용도 포함하지 않은 파일이다.

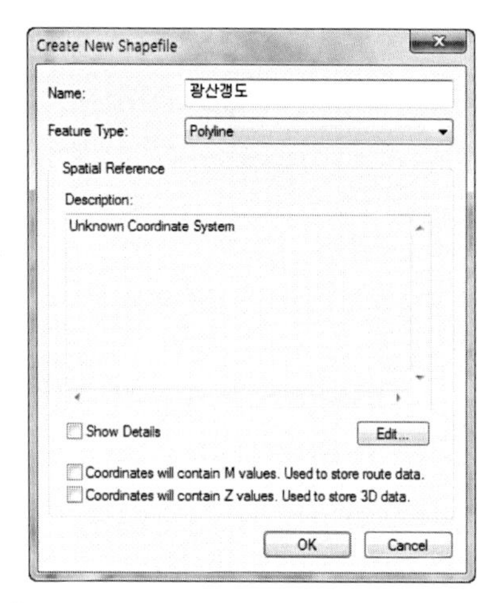

그림 2-21 Create New Shapefile 대화상자 설정

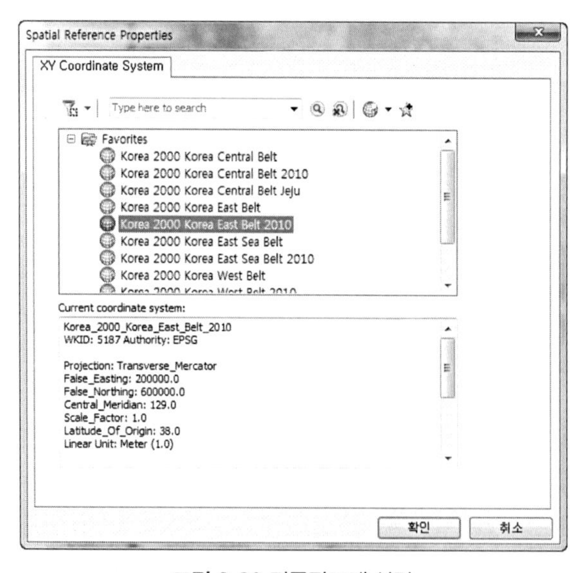

그림 2-22 기준좌표계 설정

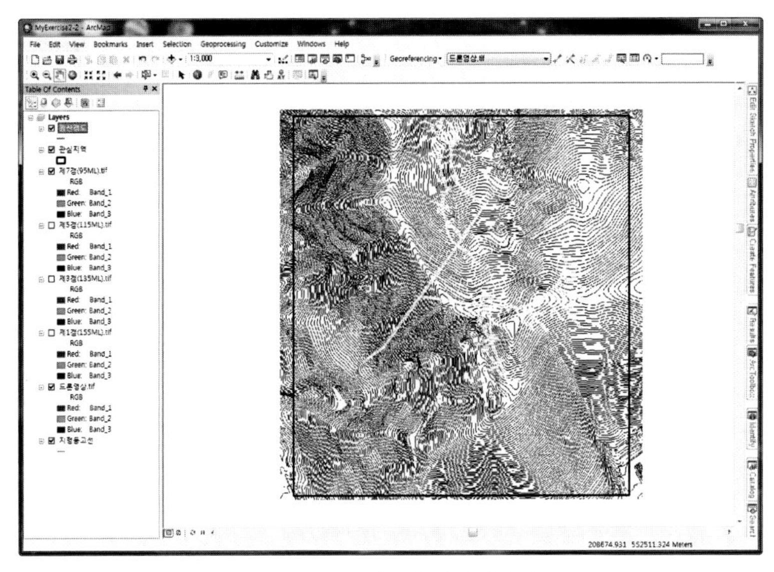

그림 2-23 ArcMap 프로그램에 추가된 광산갱도 Shapefile

(4) ArcMap 프로그램 Table of Contents 패널에서 광산갱도 레이어 선택 → 마우스 오른쪽 버튼 클릭 → 팝업메뉴가 나타나면 Open Attribute Table 버튼 클릭

광산갱도 Shapefile의 속성 테이블이 나타난다(그림 2-24). 광산갱도 Shapefile은 현재 아무 내용도 포함하지 않은 파일이기 때문에 속성 테이블도 빈 상태이다.

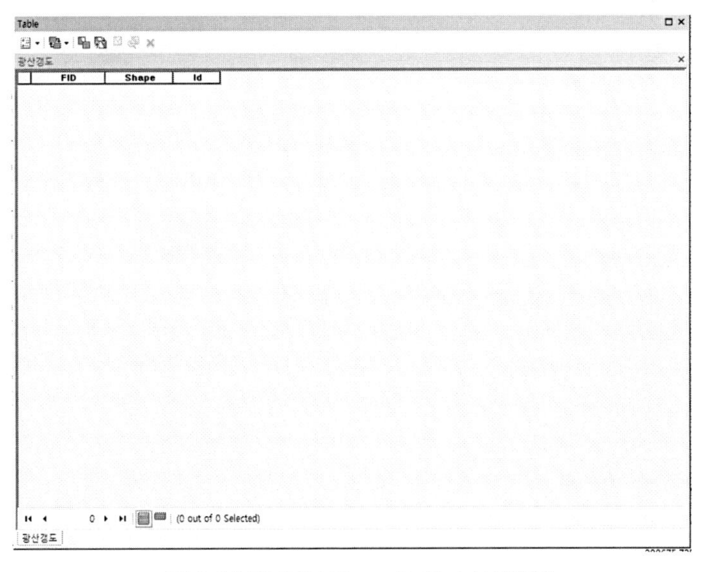

그림 2-24 광산갱도 Shapefile의 속성 테이블

(5) Table에서 ▤ ▾ 버튼을 클릭 → 메뉴가 나타나면 Add Field... 버튼 클릭 → Add Field 대화상자가 나타나면 새로 추가할 필드의 이름을 입력(예: 갱도명) → Type으로 'Text' 선택(그림 2-25) → OK 버튼 클릭

광산갱도 Shapefile의 속성 테이블에 문자열 형식의 '갱도명' 필드가 추가되었다(그림 2-26).

그림 2-25 Add Field 대화상자 설정

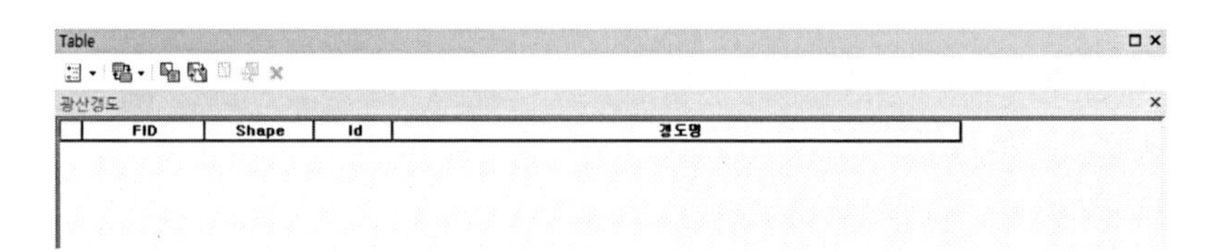

그림 2-26 '갱도명' 필드 추가

(6) Table에서 ▤ ▾ 버튼을 클릭 → 메뉴가 나타나면 Add Field... 버튼 클릭 → Add Field 대화상자가 나타나면 새로 추가할 필드의 이름을 입력(예: 고도) → Type으로 'Float' 선택 → OK 버튼 클릭

광산갱도 Shapefile의 속성 테이블에 실수형 형식의 '고도' 필드가 추가되었다(그림 2-27).

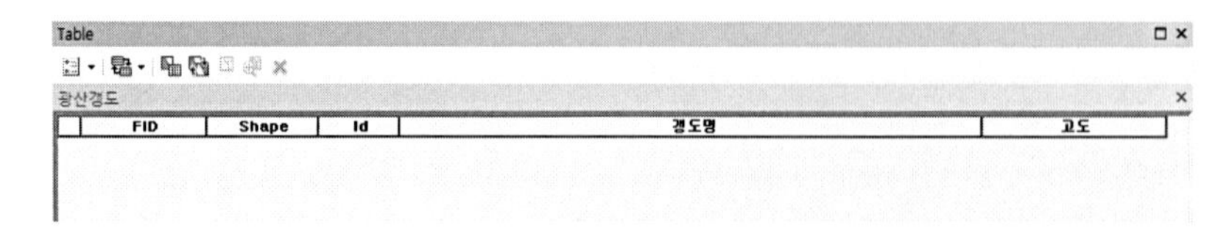

그림 2-27 '고도' 필드 추가

(7) Table 창을 닫음 → 제7갱(95ML).tif 레이어 체크 박스 비활성화 → 제1갱(155ML).tif 레이어 체크 박스 활성화 → ArcMap 프로그램 메뉴바 빈 공간에서 마우스 오른쪽 클릭 → 팝업메뉴에서 Editor 클릭

ArcMap 프로그램의 화면에 제1갱(155ML).tif 레이어가 화면에 나타나며, 메뉴바에는 Editor 툴바가 추가되었다(그림 2-28).

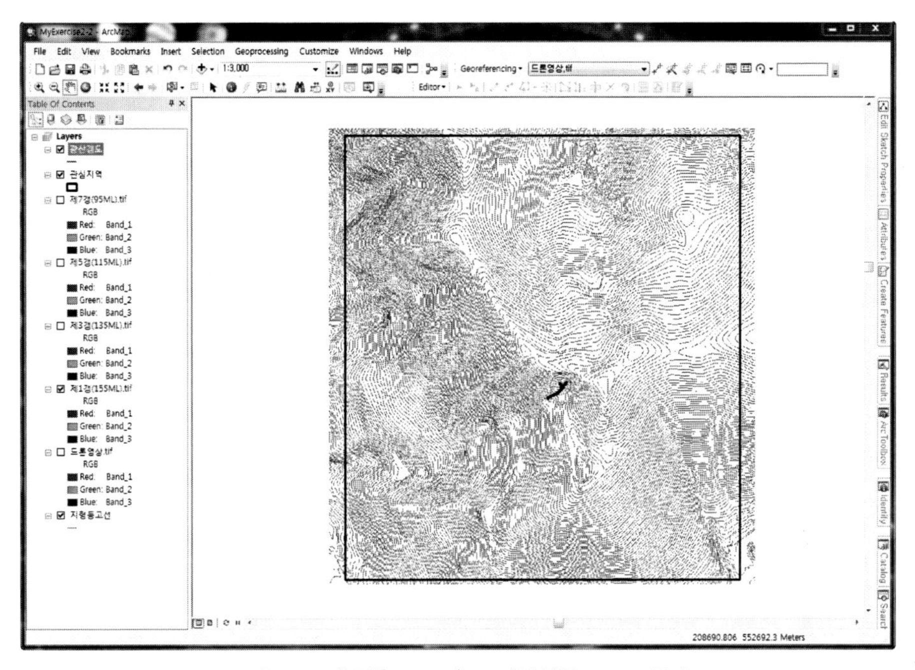

그림 2-28 제1갱(155ML).tif 레이어와 Editor 툴바

(8) Editor 툴바에서 Editor▾ 버튼 클릭 → 메뉴에서 Start Editing 버튼 클릭 → Start Editing 대화상자에서 광산갱도 레이어 선택(그림 2-29) → OK 버튼 클릭 → ArcMap 프로그램 오른쪽 Create Feature 버튼 클릭 → Create Feature 패널이 나타나면 광산갱도 레이어 선택 → Create Feature 패널 Construction Tools에서 Line 선택(그림 2-30)

제1갱(155ML)을 디지타이징하여 광산갱도 레이어(Shapefile)에 선 형식으로 입력하기 위한 준비가 되었다.

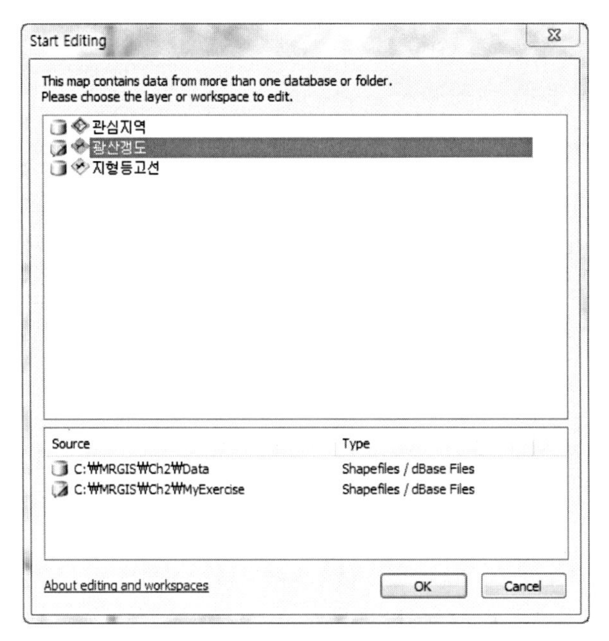

그림 2-29 Start Editing 대화상자 설정

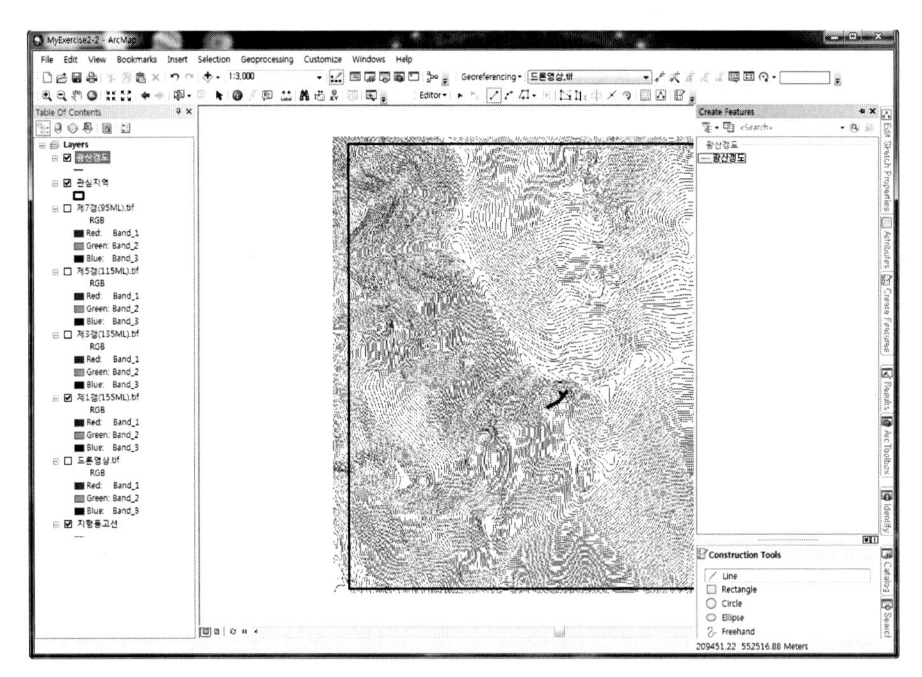

그림 2-30 Create Feature 패널 설정

(9) 제1갱(155ML)에 대한 디지타이징 수행(그림 2-31) → 마지막 점에서 마우스 오른쪽 버튼 클릭 → 팝업메뉴가 나타나면 Finish Sketch 버튼 클릭 → 제1갱(155ML) 나머지 부분에 대한 디지타이징 반복 수행 → 제1갱(155ML)의 디지타이징 작업이 모두 완료되면 Editor 툴바에서 Editor▾ 버튼 클릭 → Stop Editing 버튼 클릭 → Save 대화상자에서 Yes 버튼 클릭

제1갱(155ML)을 디지타이징한 결과가 광산갱도 레이어에 입력되어 화면에 나타난다(그림 2-32).

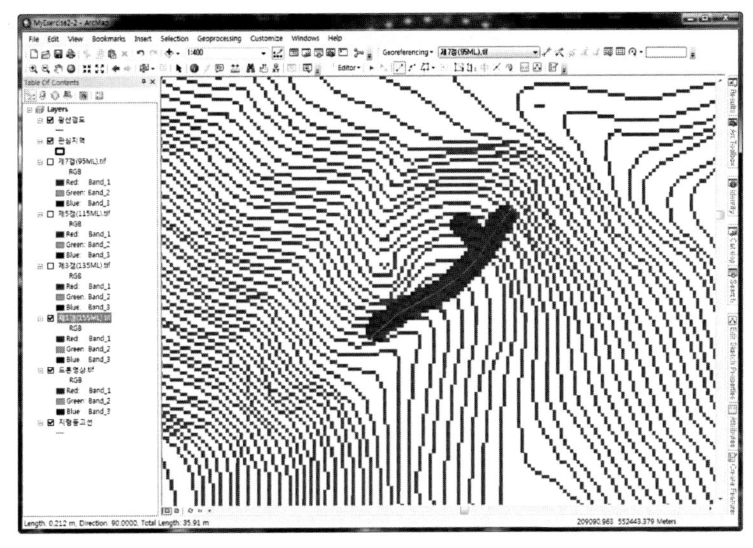

그림 2-31 제1갱(155ML)에 대한 디지타이징 수행 과정

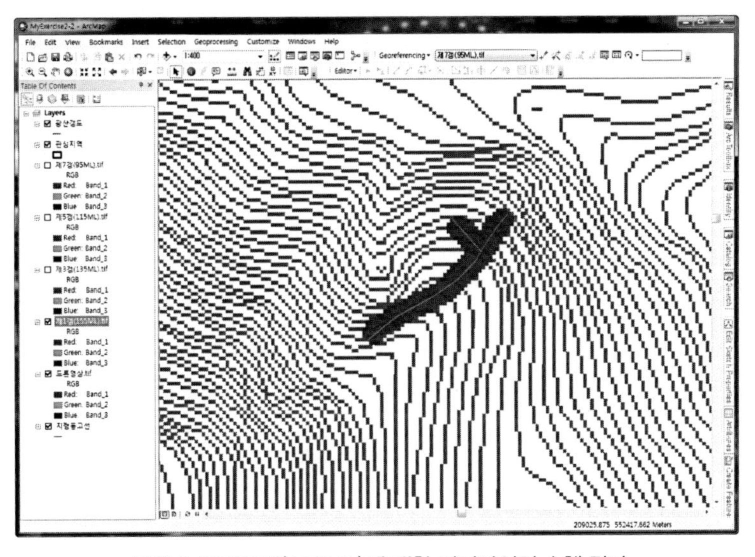

그림 2-32 제1갱(155ML)에 대한 디지타이징 수행 결과

(10) Editor 툴바에서 Editor▾ 버튼 클릭 → 메뉴에서 Start Editing 버튼 클릭 → ArcMap 프로그램 Table of Contents 패널에서 광산갱도 레이어 선택 → 마우스 오른쪽 클릭 후 팝업 메뉴가 나타나면 Open Table Attribute 버튼 클릭 → 갱도명 필드에 '제1갱'이라고 입력 → 고도 필드에 155를 입력(그림 2-33) → Editor 툴바에서 Editor▾ 버튼 클릭 → Stop Editing 버튼 클릭 → Save 대화상자에서 Yes 버튼 클릭

광산갱도 레이어의 속성 테이블에 제1갱(155ML)의 갱도명과 고도에 대한 정보가 입력되었다.

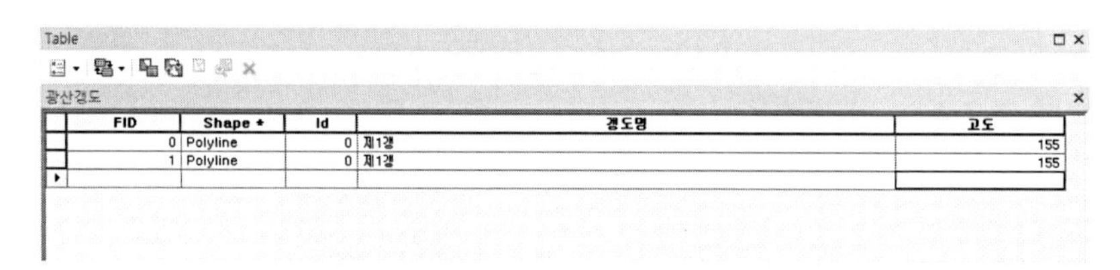
Table

광산갱도

FID	Shape *	Id	갱도명	고도
0	Polyline	0	제1갱	155
1	Polyline	0	제1갱	155

그림 2-33 '갱도명', '고도' 필드에 속성 값을 입력

(11) 제3갱(135ML).tif, 제5갱(115ML).tif, 제7갱(95ML).tif 레이어들에 대해서도 7)~10)의 과정을 반복하여 디지타이징 및 속성정보 입력을 수행

광산갱도 레이어 제1갱, 제3갱, 제5갱, 제7갱에 대한 정보가 모두 입력되었다(그림 2-34).

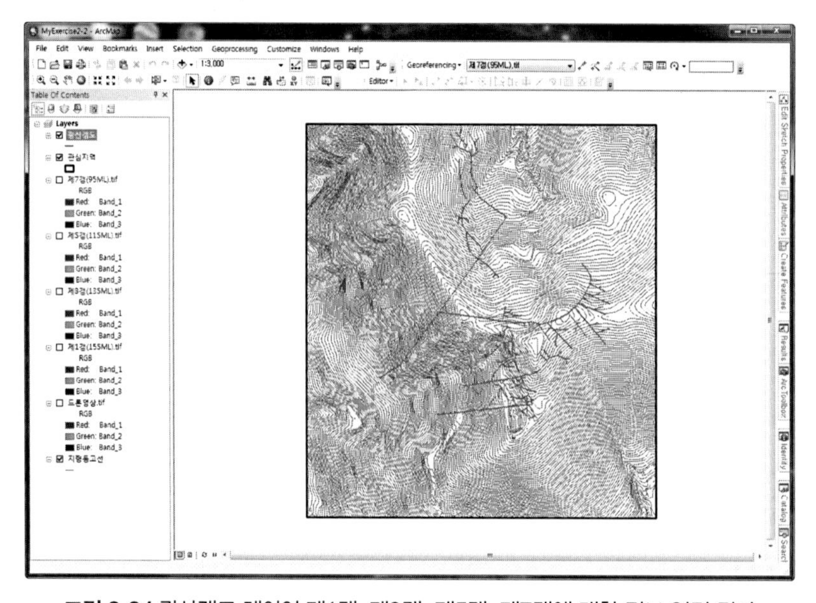

그림 2-34 광산갱도 레이어 제1갱, 제3갱, 제5갱, 제7갱에 대한 정보 입력 결과

(12) ArcMap 프로그램 메뉴에서 File 선택 → Save as... 버튼 클릭 → 실습 결과를 저장할 파일 이름 입력(예: MyExercise2-3) → 저장 버튼 클릭

앞으로 실습을 수행한 결과가 위에서 지정한 파일에 저장된다(예: MyExercise2-3.mxd).

4) 수치고도모델(DEM) 생성. 지형등고선으로부터 불규칙 삼각망(TIN) 형식의 수치고도모델을 생성한 후, 이를 다시 래스터 형식의 수치고도모델로 저장한다.

(1) ArcMap 프로그램 메뉴바에서 Customize 선택 → Extensions... 버튼 클릭 → Extensions 대화상자에서 3D Analyst와 Spatial Analyst의 체크박스를 활성화 → Close 버튼 클릭

Extensions 대화상자가 나타나며 확장기능이 활성화된다(그림 2-35).

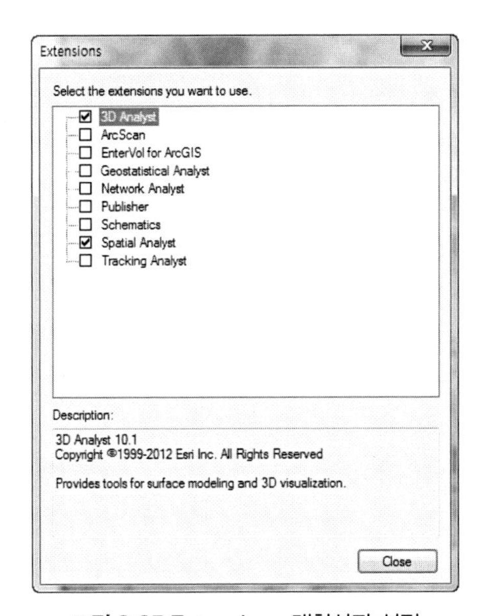

그림 2-35 Extensions 대화상자 설정

(2) ArcMap 프로그램 메뉴바에서 Geoprocessing 선택 → ArcToolBox 버튼 클릭

ArcToolBox 패널이 ArcMap 프로그램 오른쪽에 나타난다(그림 2-36).

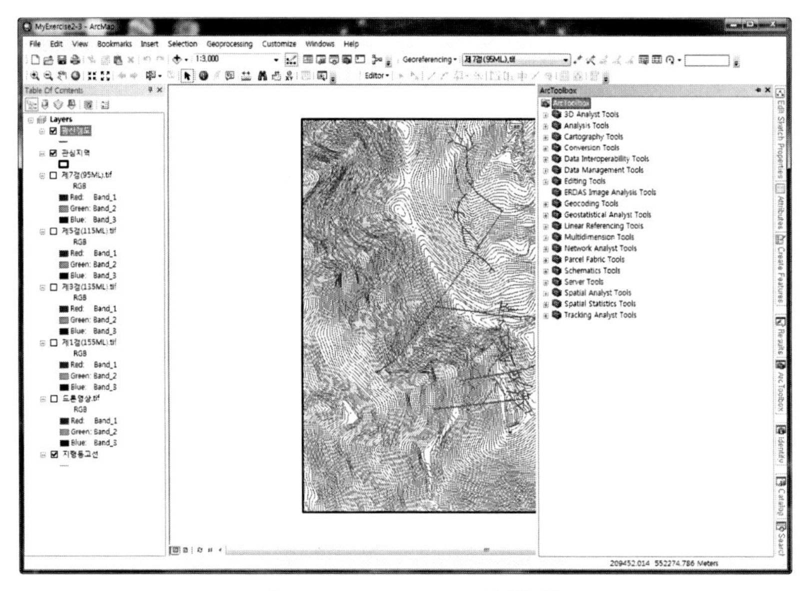

그림 2-36 ArcToolBox 패널 활성화

(3) ArcToolBox 패널에서 3D Analyst Tools 선택→Data Management 선택→TIN 선택→Create TIN 도구 클릭(그림 2-37)

Create TIN 대화상자가 화면에 나타난다(그림 2-38).

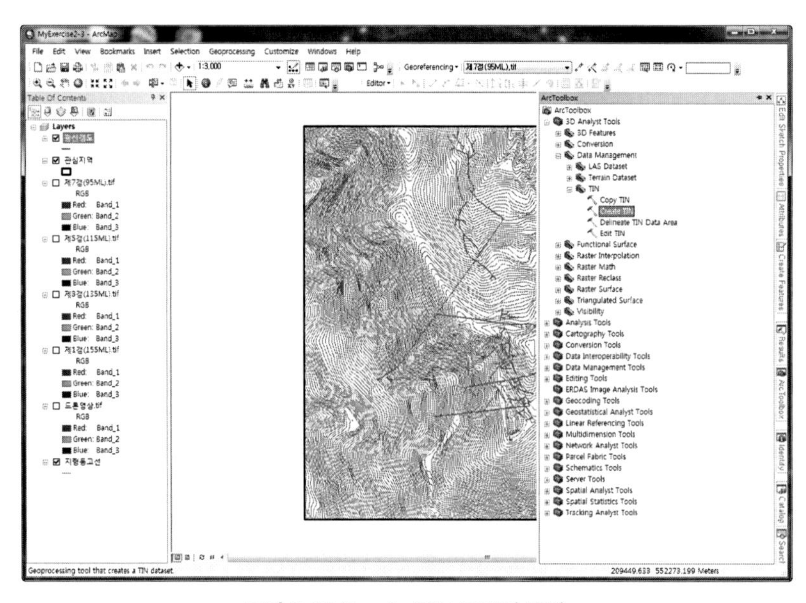

그림 2-37 Create TIN 도구의 클릭

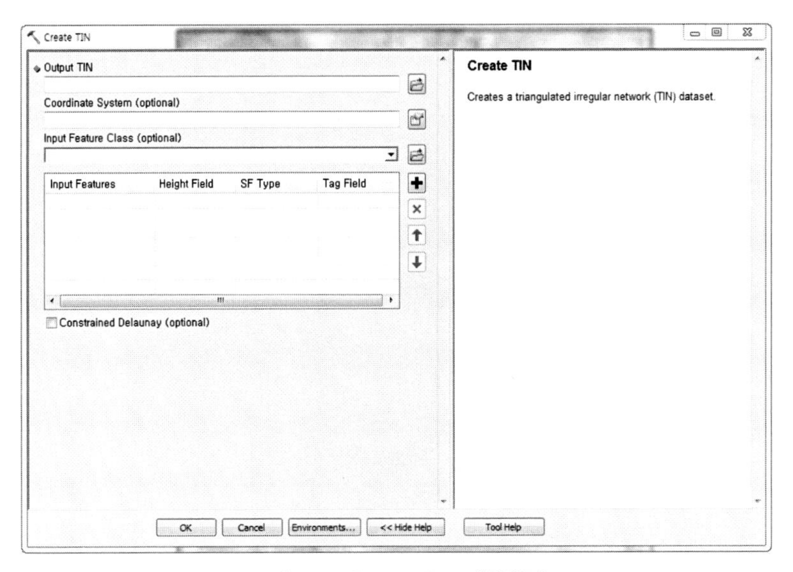

그림 2-38 Create TIN 대화상자

(4) Create TIN 대화상자에서 Output TIN 파일의 이름 입력(예: TopoTIN) → Coordinate System 선택(Korea 2000 Korea East Belt 2010) → Input Feature Class 선택(지형등고선) → Height Field 선택(Elevation) → ST Type 선택(Soft_Line) → OK 버튼 클릭(그림 2-39)

TIN 형식의 수치고도모델 생성 결과가 화면에 나타난다(그림 2-40).

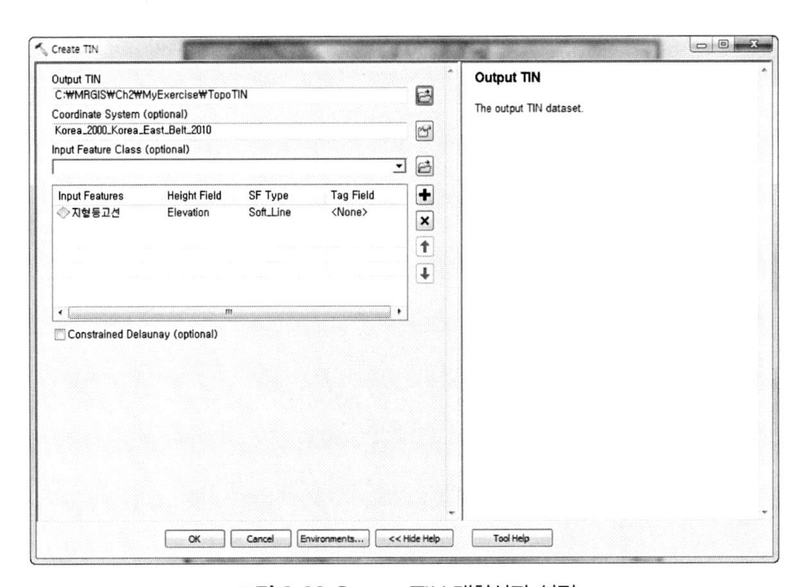

그림 2-39 Create TIN 대화상자 설정

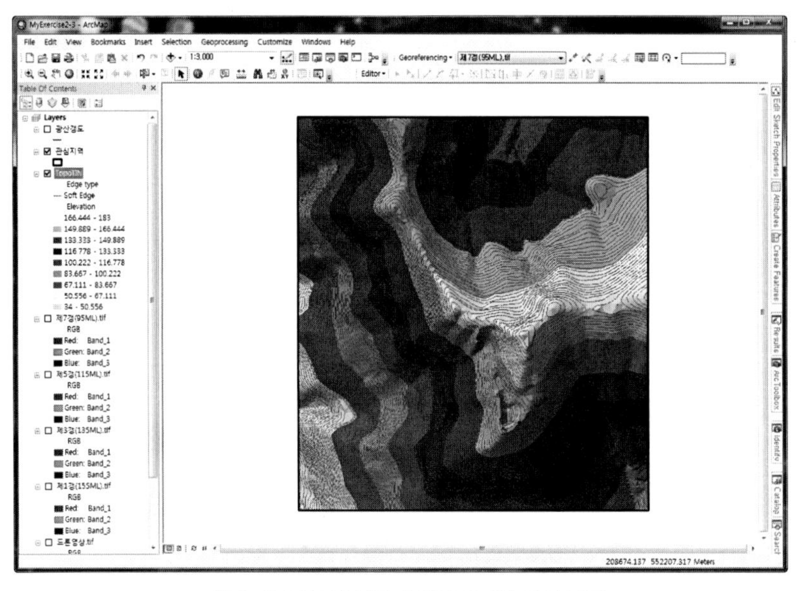

그림 2-40 TIN 형식의 수치고도모델 생성 결과

(5) ArcToolBox 패널에서 3D Analyst Tools 선택→Conversion 선택→From TIN 선택→ TIN to Raster 도구 클릭(그림 2-41)

TIN to Raster 대화상자가 화면에 나타난다(그림 2-42).

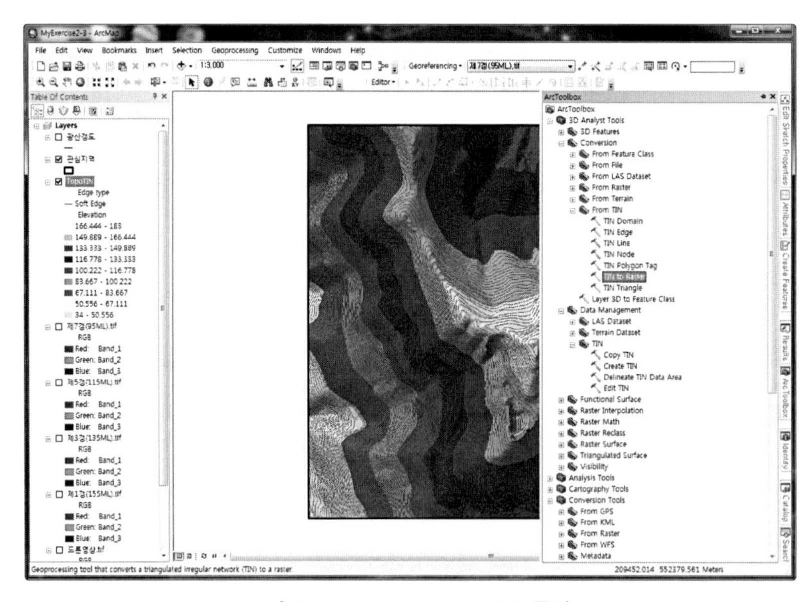

그림 2-41 TIN to Raster 도구 클릭

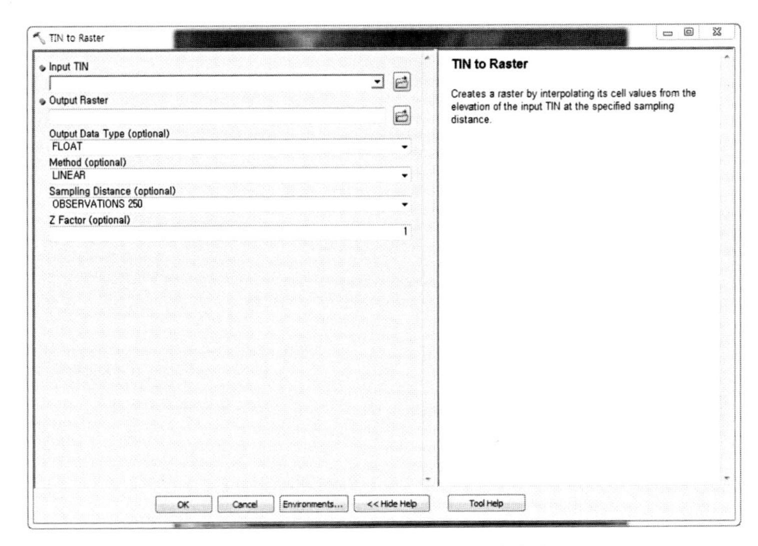

그림 2-42 TIN to Raster 대화상자

(6) TIN to Raster 대화상자에서 Input TIN 선택(예: TopoTIN) → Output Raster 파일명 입력(예: DEM.tif) → OK 버튼 클릭

래스터 형식의 수치고도모델 생성 결과가 화면에 나타난다(그림 2-43).

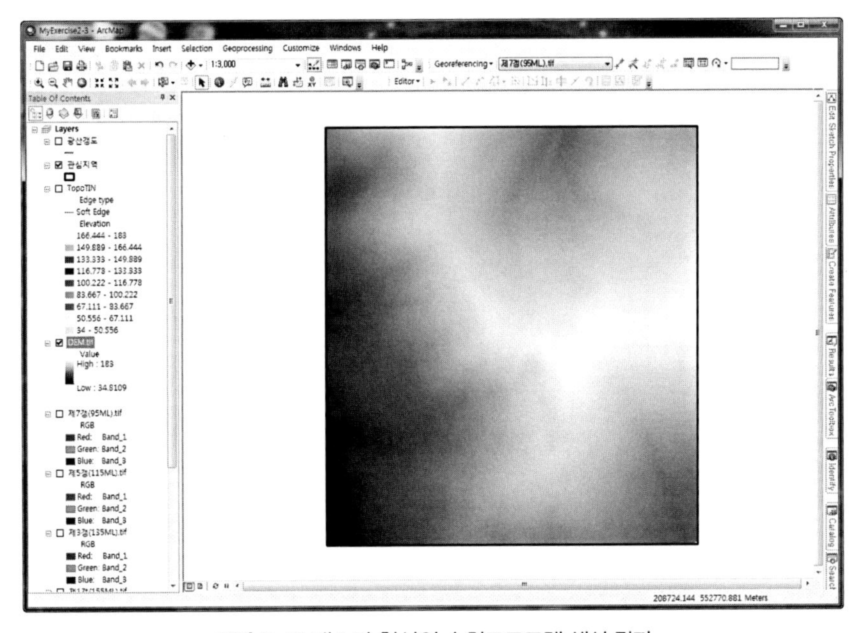

그림 2-43 래스터 형식의 수치고도모델 생성 결과

(7) ArcMap 프로그램 메뉴에서 File 선택 → Save as... 버튼 클릭 → 실습 결과를 저장할 파일 이름 입력(예: MyExercise2-4) → 저장 버튼 클릭

앞으로 실습을 수행한 결과가 위에서 지정한 파일에 저장된다(예: MyExercise2-4.mxd).

5) 지도의 작성. 광산갱도와 주변지역의 지형을 나타내는 지도(평면도)를 제작한다.

(1) ArcMap 프로그램 아래쪽 Layout View 아이콘을 클릭 → Table Of Contents에서 광산갱도, 관심지역, 드론영상.tif 레이어들의 체크박스 활성화 → 드론영상.tif 레이어에서 마우스 오른쪽 클릭 → 팝업메뉴가 나타나면 Zoom To Layer 버튼 클릭

ArcMap 프로그램의 레이아웃 화면에 광산갱도, 관심지역, 드론영상 레이어가 나타난다(그림 2-44).

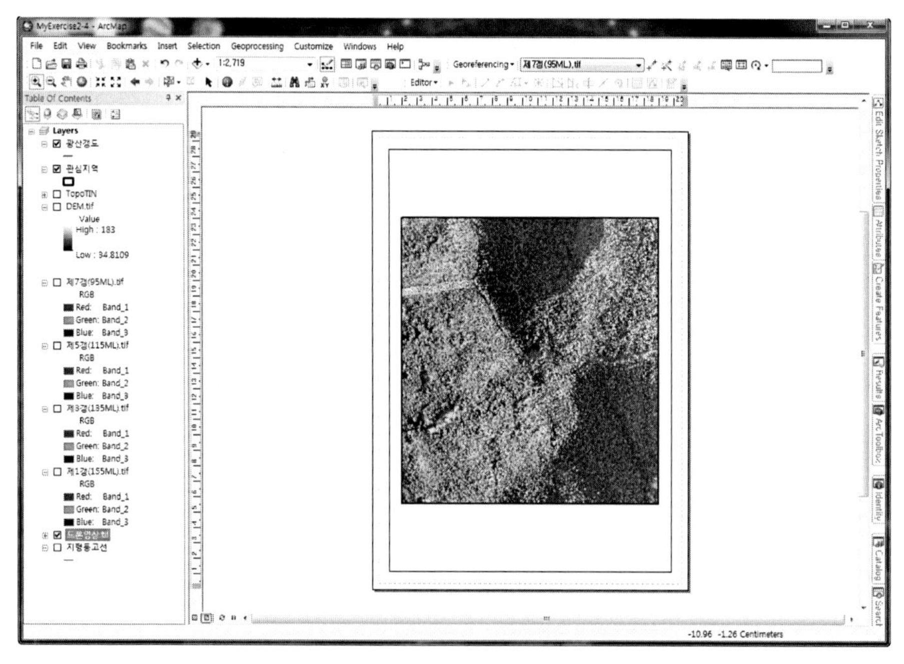

그림 2-44 ArcMap 프로그램의 레이아웃 화면

(2) Table Of Contents에서 광산갱도 레이어 선택 → 마우스 오른쪽 클릭 → 팝업메뉴가 나타나면 Properties 버튼 클릭

광산갱도 레이어의 Layer Properties 대화상자가 나타난다(그림 2-45).

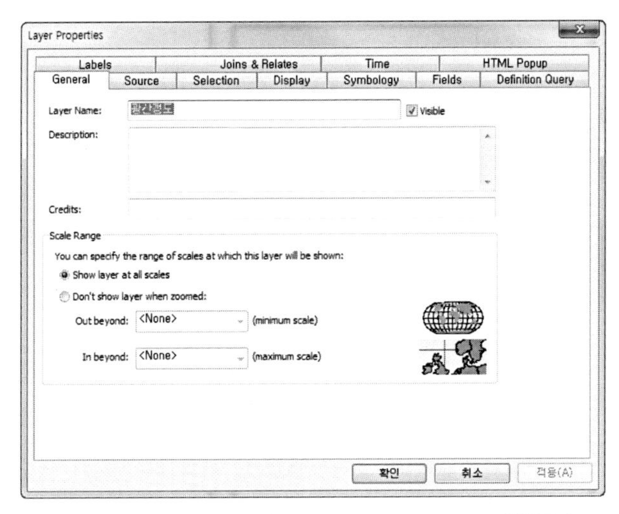

그림 2-45 광산갱도 레이어의 Layer Properties 대화상자

(3) Layer Properties 대화상자에서 Symbology 탭 선택 → Show : 리스트에서 Categories 선택 → Value Field 콤보박스 리스트에서 갱도명 선택 → Add All Value 버튼 클릭 → Symbol 버튼 클릭 → 팝업메뉴가 나타나면 Properties for All Symbols... 버튼 클릭 → Width를 3으로 수정 → OK 버튼 클릭 → 확인 버튼 클릭(그림 2-46)

광산갱도 레이어의 색상이 갱도별로 구분되어 화면에 나타난다(그림 2-47).

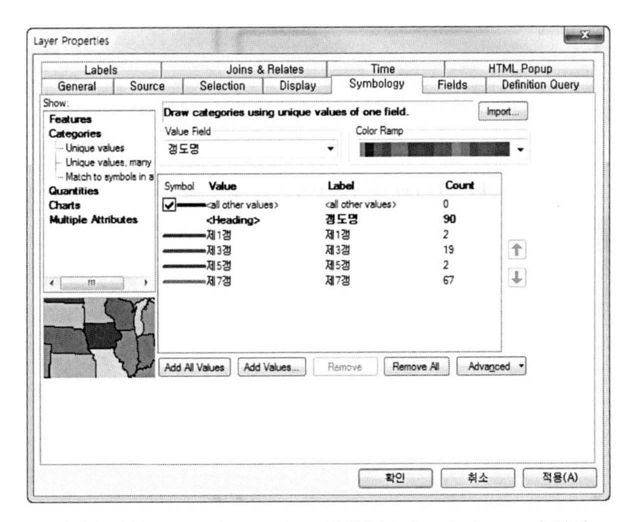

그림 2-46 Layer Properties 대화상자 Symbology 탭 설정

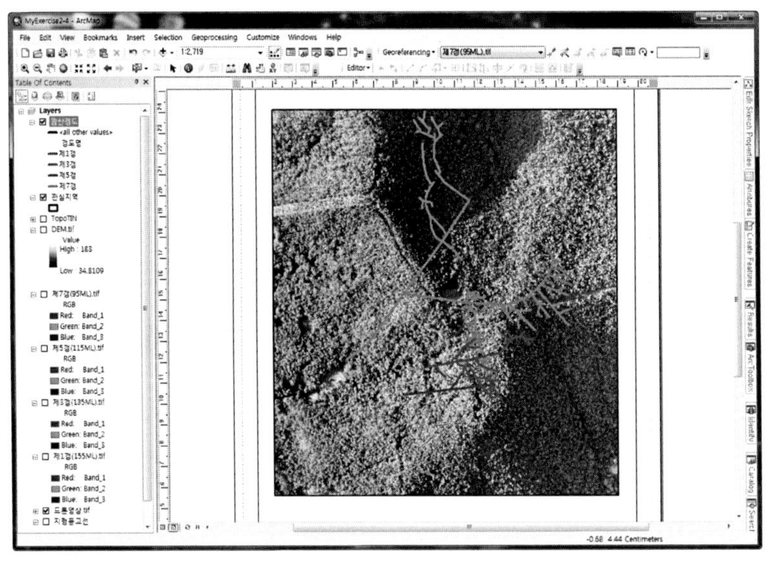

그림 2-47 색상이 갱도별로 구분된 광산갱도 레이어(컬러 도판 324쪽 참조)

(4) ArcMap 프로그램에서 Inset 메뉴 선택 → Scale Bar... 버튼 클릭 → Scale Bar Selector 대화상자에서 원하는 스케일 바 모델을 선택(그림 2-48) → Properties... 버튼 클릭 → Scale Bar 대화상자가 나타나면 Division Units 콤보박스 리스트에서 Meters 선택(그림 2-49) → 확인 버튼 클릭 → Scale Bar Selector 대화상자에서 OK 버튼 클릭

스케일 바가 Layout View 화면에 추가된다. 스케일 바를 클릭한 후 버튼을 누른 채로 마우스를 이동하여 원하는 위치로 이동시킨다(그림 2-50).

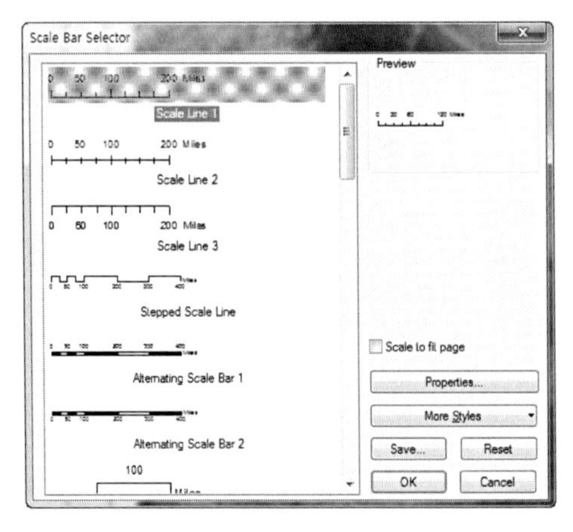

그림 2-48 스케일 바 모델 선택

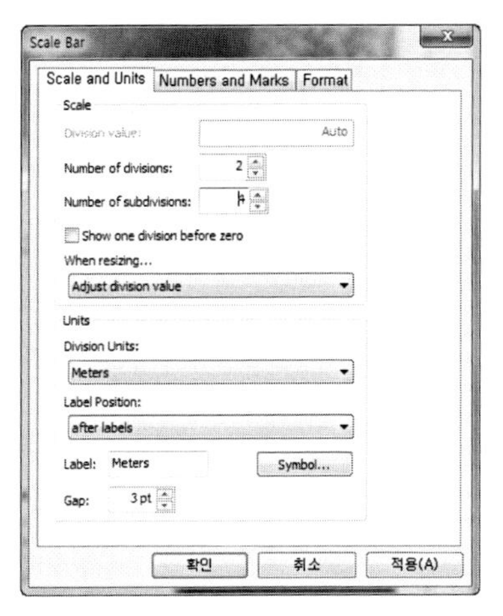

그림 2-49 스케일 바 단위 선택

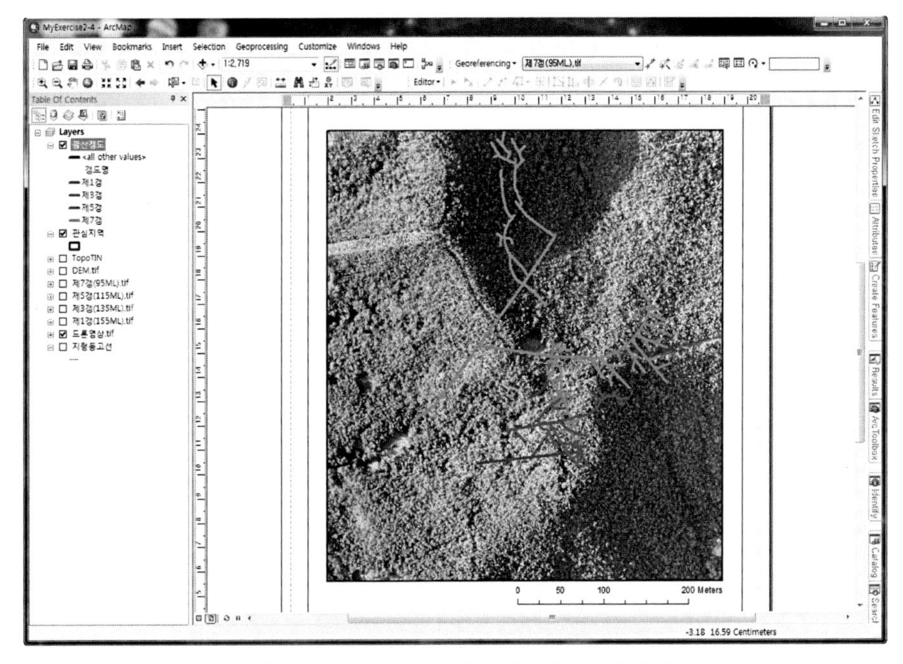

그림 2-50 Layout View 화면에 추가된 스케일 바

(5) ArcMap 프로그램에서 Inset 메뉴 선택 → North Arrow... 버튼 클릭 → North Arrow Selector 대화상자에서 원하는 방위표시 모델을 선택(그림 2-51) → OK 버튼 클릭

방위표시가 Layout View 화면에 추가된다. 추가된 방위표시를 클릭한 후 버튼을 누른 채로

마우스를 이동하여 원하는 위치로 이동시킨다(그림 2-52).

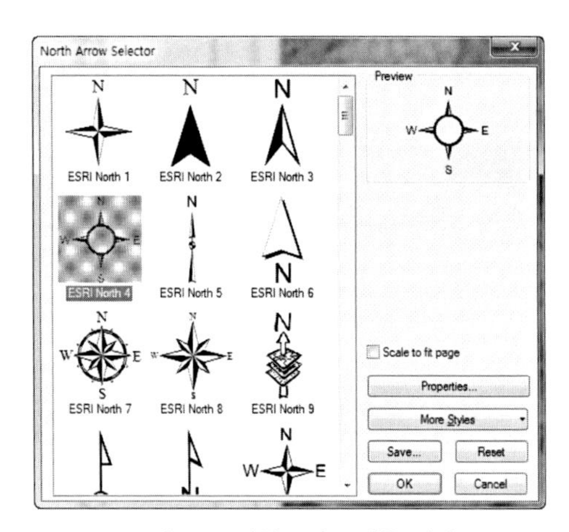

그림 2-51 방위표시 모델을 선택

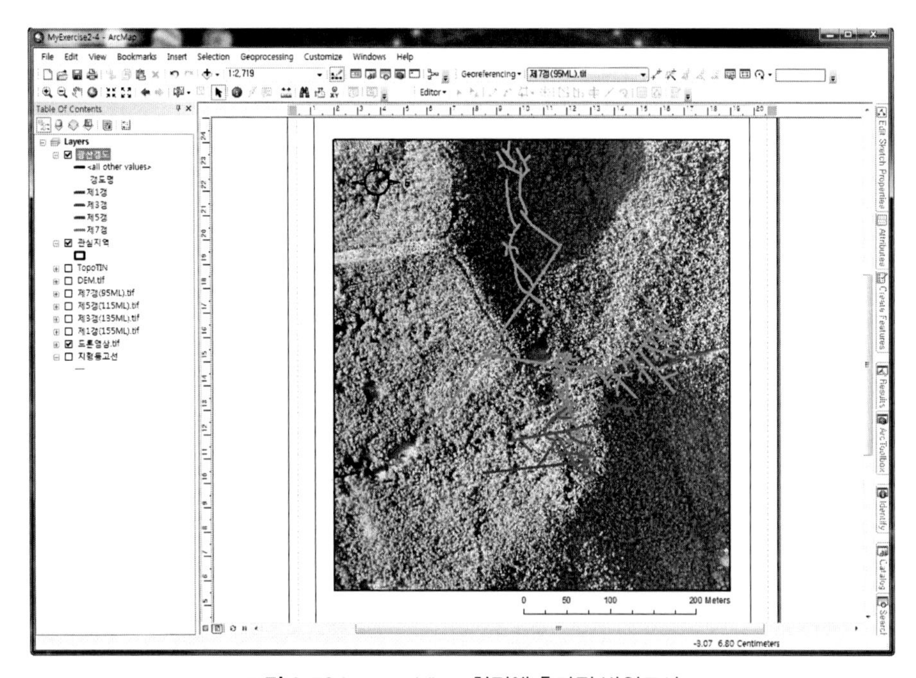

그림 2-52 Layout View 화면에 추가된 방위표시

(6) ArcMap 프로그램에서 Inset 메뉴 선택 → Legend... 버튼 클릭 → Legend Wizard 대화상자에서 Legend Items로 광산갱도를 추가(그림 2-53) → 다음(N) 버튼 클릭 → Legend Title에 '갱도명'이라고 입력(그림 2-54) → 다음(N) 버튼 클릭 → Background 색상을 Grey 10%로 설정(그림 2-55) → 다음(N) 버튼 클릭 → Patch 그룹에서 Width 30, Height 20으로 설정 → 다음(N) 버튼 클릭 → 마침 버튼 클릭

범례표시가 Layout View 화면에 추가된다. 추가된 범례표시를 클릭한 후 버튼을 누른 채로 마우스를 이동하여 원하는 위치로 이동시킨다(그림 2-56).

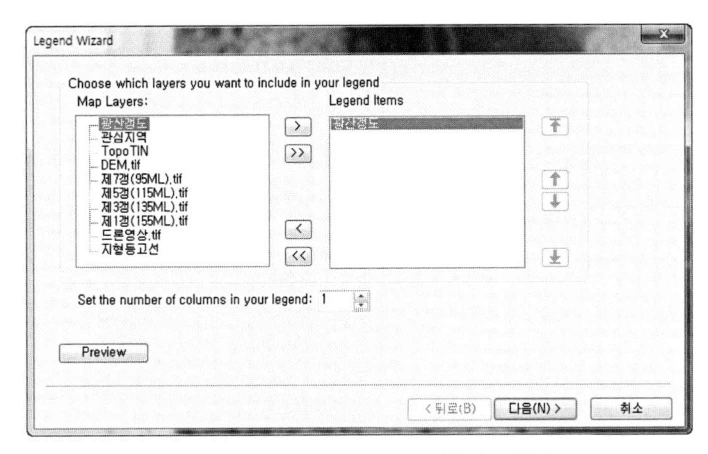

그림 2-53 Legend Wizard 대화상자 설정

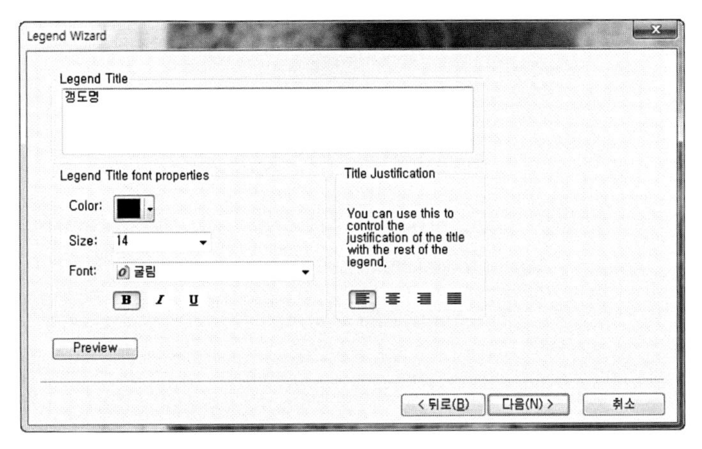

그림 2-54 Legend Title 입력

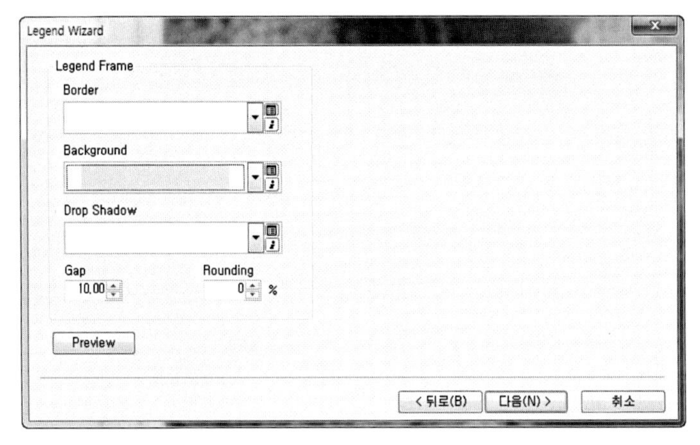

그림 2-55 Background 색상 설정

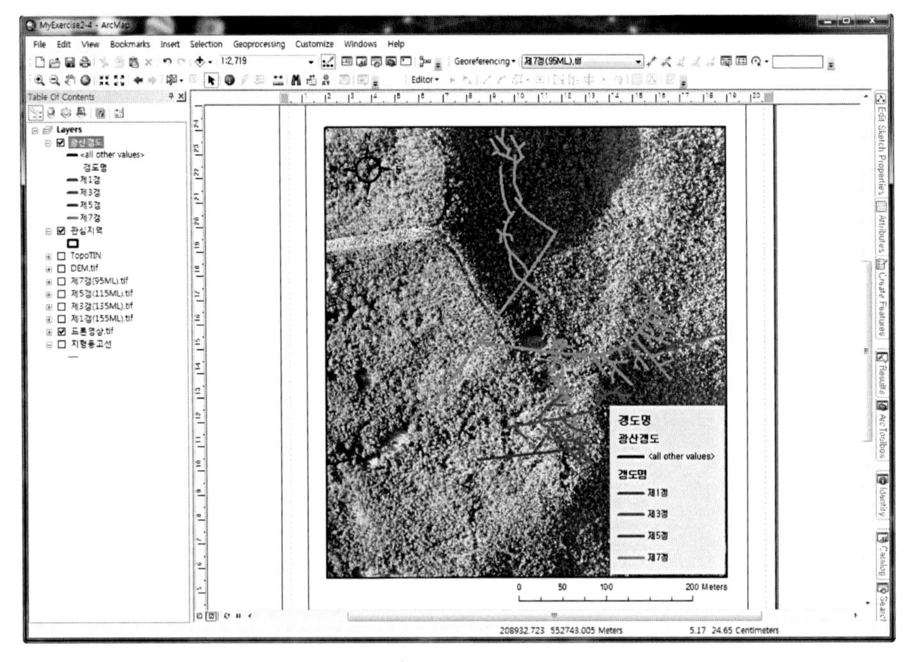

그림 2-56 ArcMap 프로그램에 추가된 범례

(7) Layout View에서 범례표시 부분을 마우스로 더블 클릭 → Legend Properties 대화상자에서 Style... 버튼 클릭 → Properties 버튼 클릭 → Legend Item 대화상자에서 Show Labels만 체크박스 활성화(그림 2-57) → 확인 버튼 클릭 → OK 버튼 클릭 → 확인 버튼 클릭

범례표시가 수정되었다(그림 2-58).

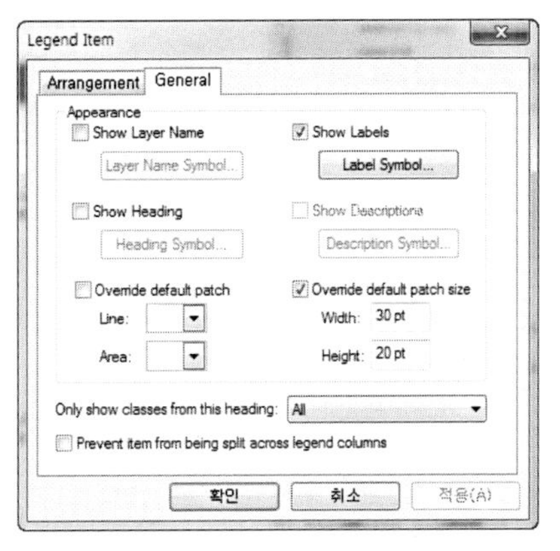

그림 2-57 Legend Item 대화상자 설정

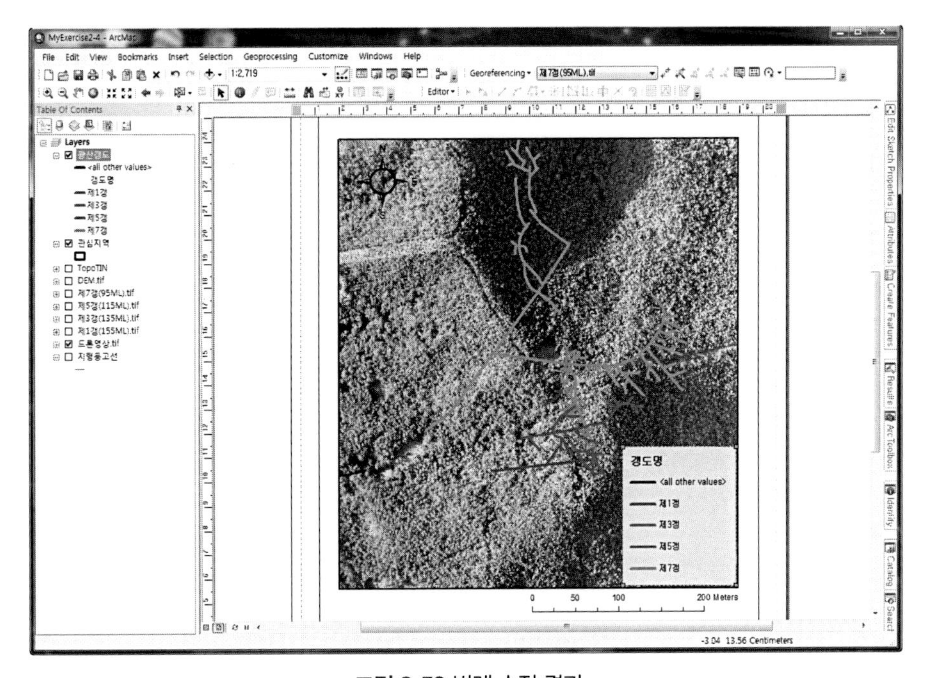

그림 2-58 범례 수정 결과

(8) Table of Contents에서 광산갱도 레이어를 더블 클릭 → Layer Properties 대화상자에서 〈all other values〉 항목의 체크박스를 해제(그림 2-59) → 확인 버튼 클릭

범례표시가 수정되었다(그림 2-60).

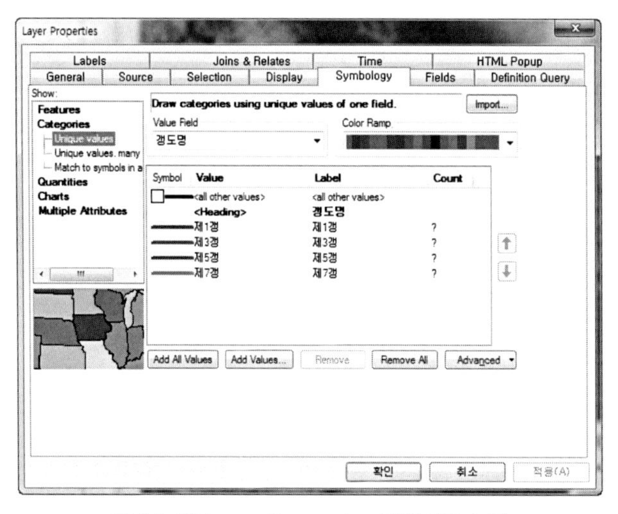

그림 2-59 Layer Properties 대화상자 설정

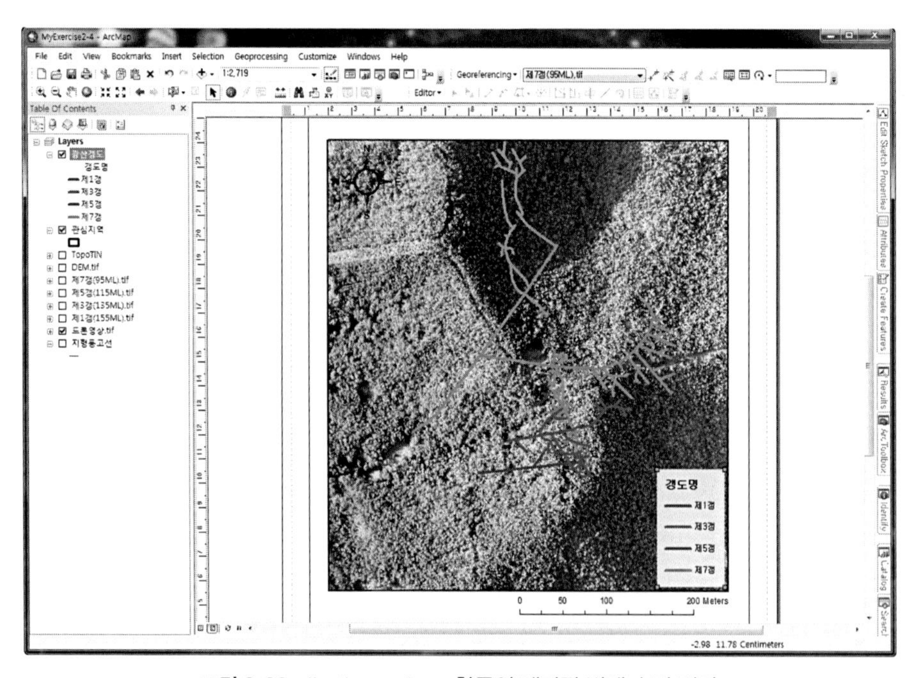

그림 2-60 all other values 항목이 제거된 범례 수정 결과

(9) ArcMap 프로그램 메뉴에서 File 선택 → Save as... 버튼 클릭 → 실습 결과를 저장할 파일 이름 입력(예: MyExercise2-5) → 저장 버튼 클릭

앞으로 실습을 수행한 결과가 위에서 지정한 파일에 저장된다(예: MyExercise2-5.mxd).

(10) ArcMap 프로그램 메뉴에서 File 선택 → Exit 버튼 클릭

ArcMap 프로그램이 종료된다.

2.3.2 수치갱내도 3차원 가시화 실습

1) ArcScene의 실행. 실습을 수행할 PC에서 ArcScene 프로그램을 실행한다.

(1) Windows 시작 버튼 클릭 → 모든 프로그램 선택 → ArcGIS 선택 → ArcScene 10.x 선택

ArcScene 프로그램이 실행되며, Getting Started 대화상자가 나타난다(그림 2-61).

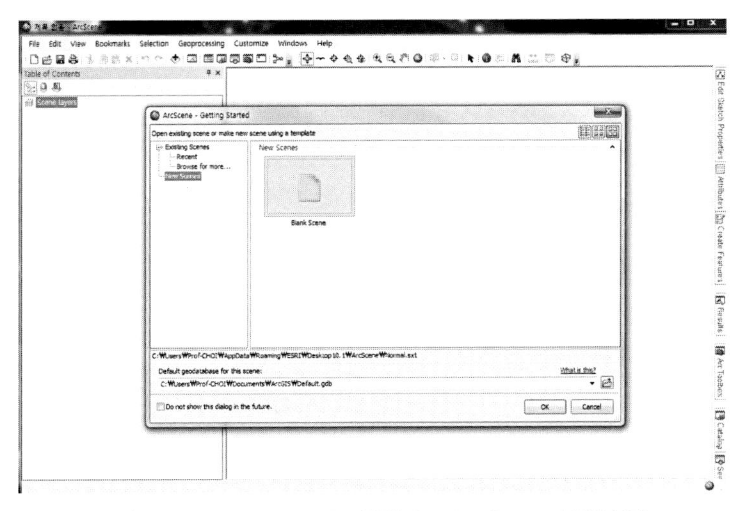

그림 2-61 ArcScene 프로그램의 Getting Started 대화상자

(2) Getting Started 대화상자에서 Blank Scene 선택 → OK 버튼 클릭

(3) ArcScene 프로그램 File 메뉴 선택 → Save 버튼 클릭 → 다른 이름으로 저장 대화상자에서 MyExercise 폴더 클릭 → 실습 결과를 저장할 파일 이름 입력(예: MyExercise2-1) → 저장 버튼 클릭

앞으로 실습을 수행한 결과가 위에서 지정한 파일에 저장된다(예: MyExercise2-1.sxd).

2) 광산갱도 자료의 3차원 가시화. 광산갱도 Shapefile을 ArcScence 프로그램에 불러온 후 3차원으로 가시화한다.

(1) **ArcMap 프로그램 메뉴바에서 File 선택 → Add Data 선택 → Add Data.. 클릭 → Add Data 대화상자에서 광산갱도.shp 파일이 위치한 폴더로 이동 → 광산갱도.shp 파일 선택 (그림 2-62) → Add 버튼 클릭**

광산갱도.shp 파일이 ArcScene 프로그램의 화면에 나타난다(그림 2-63).

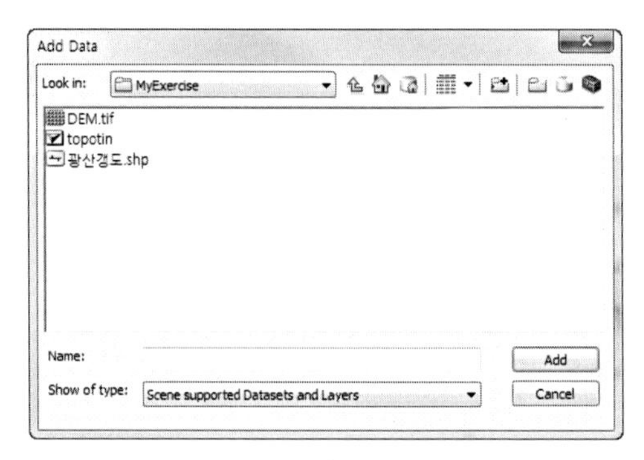

그림 2-62 Add Data 대화상자에서 광산갱도.shp 파일 선택

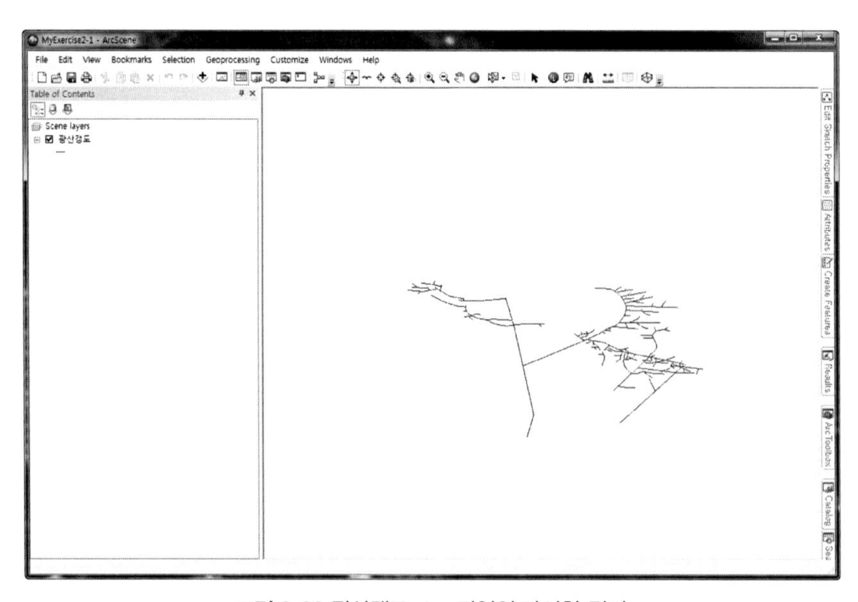

그림 2-63 광산갱도.shp 파일의 가시화 결과

(2) Table of Contents 패널에서 광산갱도 레이어를 더블 클릭 → Layer Properties 대화상자에서 Symbology 탭 선택 → Show 리스트에서 Categories 선택 → Value Field 콤보박스 리스트에서 갱도명 선택 → Add All Values 버튼 클릭 → 〈all other values〉 체크박스 선택 해제(그림 2-64) → Base Heights 탭 선택 → Elevation from features 그룹에서 Use a constant value or expression 옵션 버튼 선택 → 계산기 (▦) 버튼 클릭 → Expression Builder 대화상자에서 Expression 수식에 '[고도]'라고 입력(그림 2-65) → OK 버튼 클릭 → 확인 버튼 클릭

광산갱도.shp 파일이 ArcScene 프로그램에서 3차원으로 가시화된다(그림 2-66).

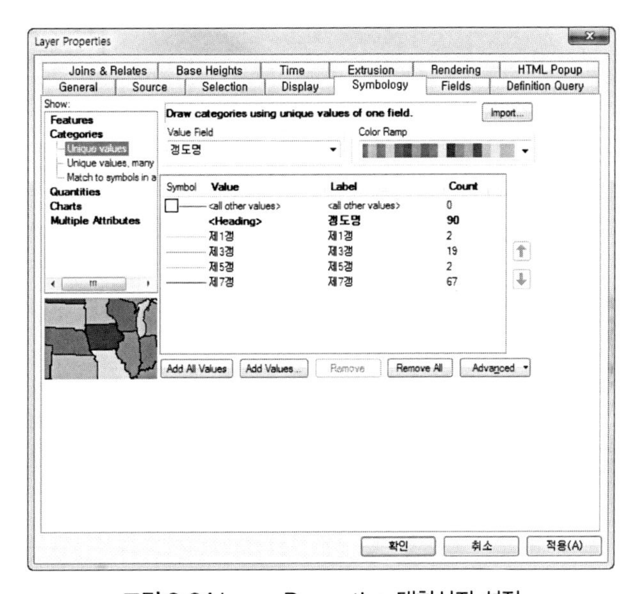

그림 2-64 Layer Properties 대화상자 설정

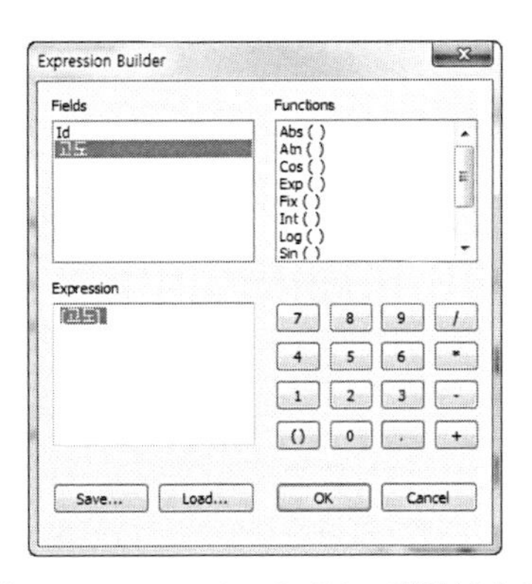

그림 2-65 Expression Builder 대화상자 설정

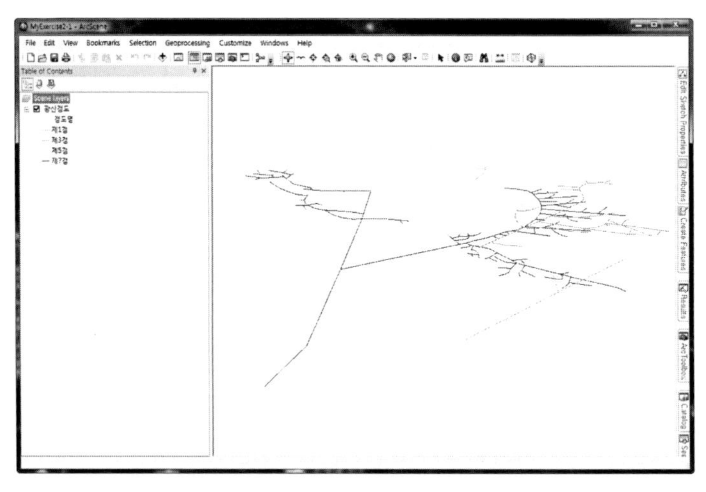

그림 2-66 광산갱도.shp 파일의 3차원 가시화 결과

3) **드론영상의 3차원 가시화.** 래스터 형식의 수치고도모델(DEM) 자료를 ArcScence 프로그램에 불러온 후 3차원으로 가시화한다.

(1) **ArcMap 프로그램 메뉴바에서 File 선택 → Add Data 선택 → Add Data.. 클릭 → Add Data 대화상자에서 DEM.tif 파일이 위치한 폴더로 이동 → DEM.tif 파일 선택 → Add 버튼 클릭**

DEM.tif 파일이 ArcScene 프로그램의 화면에 나타난다(그림 2-67). 현재 2차원으로 가시화된 상태이다.

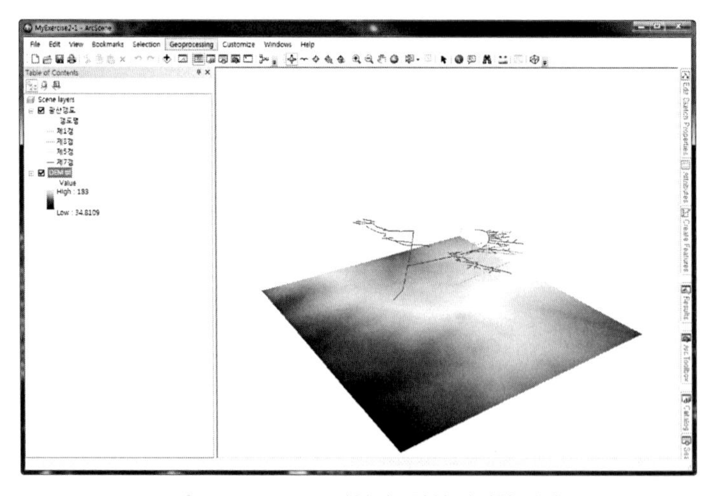

그림 2-67 DEM.tif 파일의 2차원 가시화 결과

(2) **ArcMap 프로그램 메뉴바에서 File 선택 → Add Data 선택 → Add Data.. 클릭 → Add Data 대화상자에서 드론영상.tif 파일이 위치한 폴더로 이동 → 드론영상.tif 파일 선택 → Add 버튼 클릭 → Table of Contents에서 DEM.tif 레이어의 체크박스 선택 해제**

드론영상.tif 파일이 ArcScene 프로그램의 화면에 나타난다(그림 2-68). 현재 2차원으로 가시화된 상태이다.

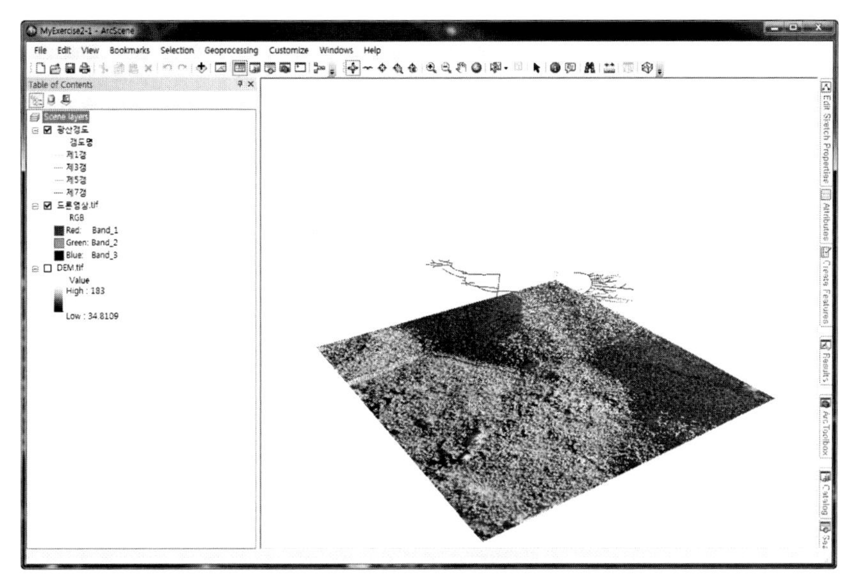

그림 2-68 드론영상.tif 파일 2차원 가시화 결과

(3) **Table of Contents에서 드론영상.tif 레이어를 더블 클릭 → Display 탭 선택 → Transparency를 50%로 설정(그림 2-69) → Base Heights 탭 선택 → Elevation from surfaces 그룹에서 Floating on a custom surface 옵션 선택 → Floating on a custom surface 드롭다운 리스트에서 DEM.tif 레이어 선택(그림 2-70) → 확인 버튼 클릭**

드론영상.tif 파일이 ArcScene 프로그램의 화면에 3차원으로 가시화되었다(그림 2-71). 투명도를 50%로 설정했기 때문에 3차원 광산갱도도 함께 화면에 표시된다.

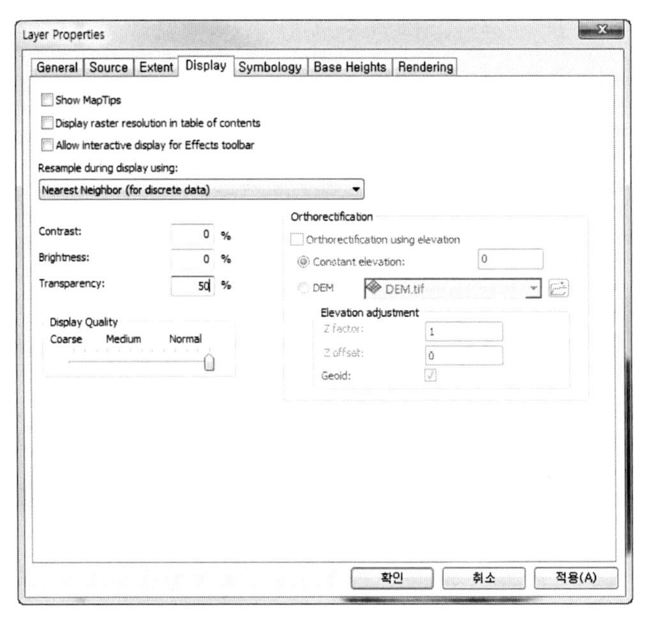

그림 2-69 드론영상.tif 레이어의 Transparency 설정

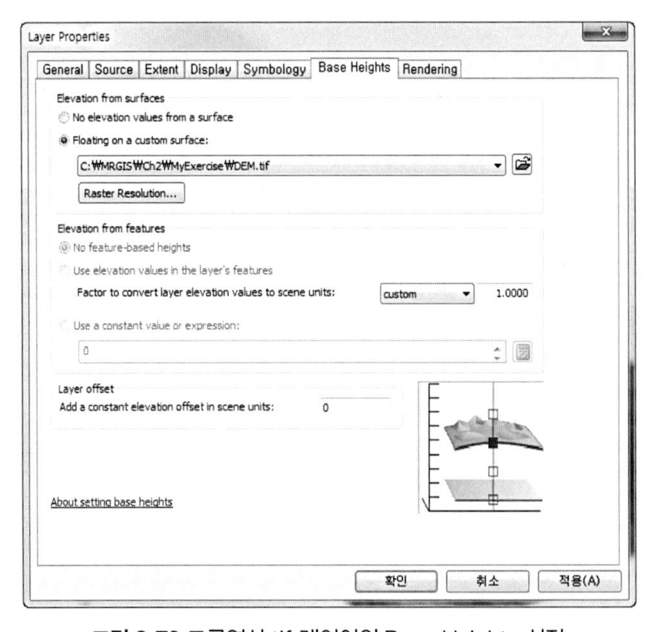

그림 2-70 드론영상.tif 레이어의 Base Heights 설정

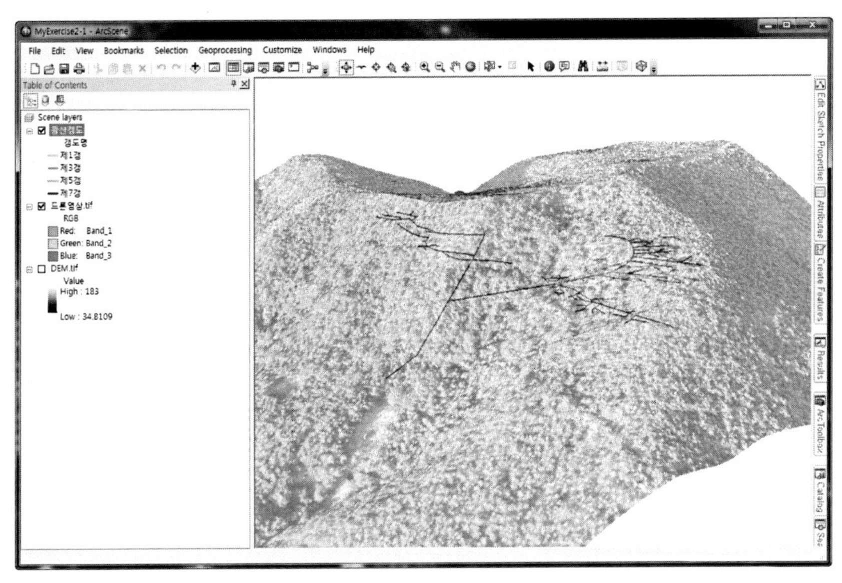

그림 2-71 드론영상.tif 레이어와 광산갱도 레이어의 3차원 가시화 결과(컬러 도판 325쪽 참조)

(4) ArcScene 프로그램 File 메뉴 선택 → Save 버튼 클릭 → 다른 이름으로 저장 대화상자에서 MyExercise 폴더 클릭 → 실습 결과를 저장할 파일 이름 입력(예: MyExercise2-2) → 저장 버튼 클릭

실습을 수행한 결과가 위에서 지정한 파일에 저장된다(예: MyExercise2-2.sxd).

2.4 확장해보기

이 장에서 새로 습득할 개념들을 응용해서 다음과 같이 확장해보자.

- 수치갱내도 데이터베이스 구축 시 사용한 레이어 자료들을 활용하여 그림 2-72와 같은 지도(평면도)를 제작해보자.
- 수치갱내도 3차원 가시화에 사용한 레이어 자료들을 활용하여 그림 2-73과 같은 3차원 가시화 도면을 제작해보자.

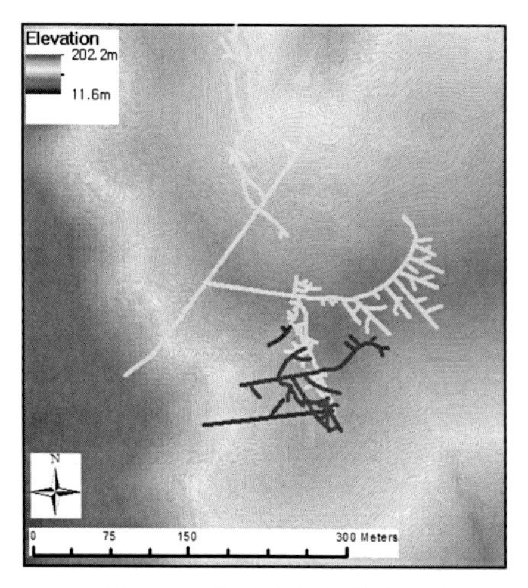

그림 2-72 지도(평면도) 제작 예시

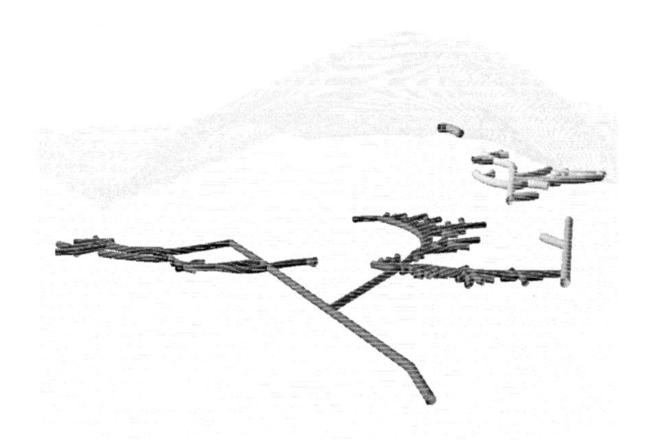

그림 2-73 3차원 가시화 도면 제작 예시

2.5 요 약

이번 장에서 공부한 내용은 다음과 같다.

- ArcMap 프로그램의 지오레퍼런싱 기능을 이용하여 광산도면을 스캐닝한 이미지 자료에 실세계 좌표를 부여할 수 있다.

- ArcMap 프로그램에서 Shapefile을 신규 생성하고, Editor 툴바를 사용하여 갱도 중심선에 대한 디지타이징을 수행할 수 있다.
- ArcMap 프로그램의 ToolBox 도구들을 사용하여 지형등고선 자료로부터 불규칙삼각망(TIN) 형식의 수치고도모델을 생성하고, 이를 다시 래스터 형식의 수치고도모델로 변환할 수 있다.
- ArcMap 프로그램의 Layout View에서 지도의 축척, 방위표시, 범례 등을 추가하고, 레이어의 심벌을 조정하여 평면도를 제작할 수 있다.
- ArcScene 프로그램을 이용하여 수치갱내도, 수치고도모델, 드론영상 자료를 3차원으로 가시화할 수 있다.

참고문헌

한국광해관리공단(2010), 광산지리정보시스템 구축용역(7차) 구축보고서. 서울, 대한민국, p.256.

CHAPTER 03

지구화학자료의 데이터베이스 구축 및 가시화

C·H·A·P·T·E·R

03 지구화학자료의 데이터베이스 구축 및 가시화

지구화학자료(geochemical data)는 광산지역의 암석, 토양, 수계, 식물, 가스 등의 지구물질에 포함된 화학적 성분(원소)의 종류와 양(농도)을 보여주는 자료이다. 이러한 자료를 획득하기 위해서는 대개 광산지역에서 시료를 샘플링한 후 실험실에서 다양한 장비를 이용하여 그 성분과 종류를 판별하며, 최근에는 휴대용 XRF(Portable X-ray Fluorescence, PXRF) 장비 등을 이용하여 현장에서 그 값을 바로 측정하기도 한다. 또한 현장에서 자료를 조사할 때는 위성측위 시스템(Global Positioning System, GPS) 장비를 이용해 샘플링 위치(경위도 또는 XY 좌표)와 농도값을 함께 기록하며 이는 Microsoft Excel과 같은 Spread Sheet 형식의 소프트웨어를 이용하면 쉽게 저장하고 관리할 수 있다(그림 3-1). 이와 같은 지구화학자료는 토양오염 분포

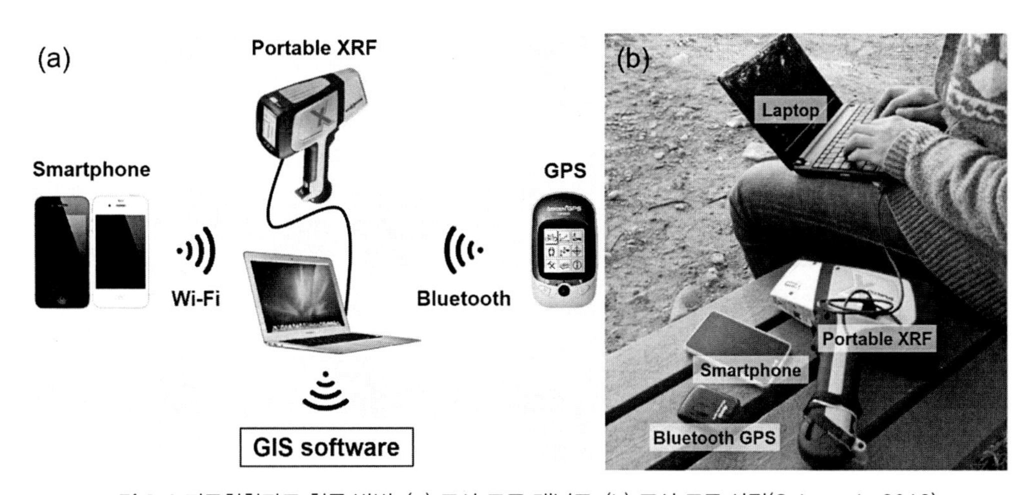

그림 3-1 지구화학자료 획득 방법. (a) 조사 도구 개념도, (b) 조사 도구 사진(Suh et al.. 2016)

패턴이나 토양오염지도를 작성할 때 중요한 입력자료로 활용된다. 3장에서는 ArcMap 소프트웨어에서 Excel로 구축된 지구화학자료를 저장하고, 목적에 따라 적합하게 가시화하는 방법에 대해 학습한다.

3.1 무엇을 배우는가?

이 장에서 새로 습득할 개념은 다음과 같다.

- 지도의 좌표계와 투영법
- ArcMap 프로그램의 실행 방법
- Microsoft Excel로 구축된 포인트 자료의 가시화 및 레이어 생성 방법
- 임시 레이어 자료의 영구 레이어 자료 생성 방법
- Define Projection 모듈을 이용한 실세계 좌표계 설정 방법
- Project 모듈을 이용한 좌표계 변환 방법
- 벡터 레이어 자료의 심벌 및 레이블 조정 방법

3.2 이론적 배경

3.2.1 지도의 좌표

공간상의 물체 또는 점의 위치는 좌표(coordinate)로 표시된다. 이러한 좌표를 표시하는 방법은 다양하며 좌표계(coordinate system)의 기준이 되는 점을 원점(origin)이라 하고, 이로부터 길이 또는 방향을 표시한 것이 바로 좌표이다.

좌표계는 크게 경위도 좌표계(Geodetic longitude and latitude)와 평면직각 좌표계(projected coordinate)로 나눌 수 있다. 어떤 지점의 위치를 표현할 때 3D 지구본의 경위도 좌표로 직접 표시할 수도 있고, 지구상의 위치를 2D 지도에 평면화하여 직각 좌표로 표현할 수도 있다. 만약 어떤 지점의 위치를 2D 지도로 표시할 경우에는 투영의 과정을 거쳐야 하며, 아무리

정밀하게 투영을 한다고 해도 2D 지도에서는 실제 3D와는 위치 오차가 발생할 수 있다.

우리나라에서 사용되는 대표적인 평면직각 좌표계는 Transverse Mercator(TM) 좌표계이며, 세계적으로 널리 활용되는 좌표계로는 Universal Transverse Mercator(UTM) 등이 있다. 우리나라는 일제 강점기의 측량기술을 그대로 적용해왔기 때문에 최근까지는 Bessel 1841 타원체를 기준으로 한 지역좌표계와 TM 좌표계를 사용하였으나, 현재는 세계적으로 표준이 되고 있는 세계좌표계의 GRS80 타원체를 사용하고 있다.

어떤 점의 평면위치란 그 해당 지역에 가장 모양이 잘 맞는 수학적인 타원체(준거타원체) 면상에서의 위치를 말한다. 즉, 국가마다 가장 잘 맞는 준거타원체가 있기 때문에 좌표계에서 어떠한 타원체를 사용하느냐는 것은 매우 중요한 문제이다.

3.2.2 지도의 투영

우리가 살고 있는 지구는 3차원 구에 가까운 계란 모양의 타원체이다. 정확히 말해서 적도 반지름이 극반지름보다 조금 더 크고, 지구의 편평도(1－(극반 지름÷적도 반지름))는 약 1/297로 알려져 있다. 지구 자전 등의 영향으로 시간 변화에 따라 지구의 모양 또는 편평도가 아주 미세하게 변하고 있고, 전 세계 연구자들이 이러한 지구타원체의 형상 변화를 계측하고 있다.

이와 같은 지구타원체를 2D 평면 지도로 옮겨 그리는 다양한 방법들이 개발되었으며, 이를 지도 투영법(map projection)이라고 한다. 이와 같이 타원체면을 2D 평면으로 투영할 때는 일반적으로 왜곡현상(찢김, 늘어남, 수축 등)이 발생하여 면적이나 형태가 실제와 다르게 표현된다. 지도 투영법으로는 원통도법, 원추도법, 평면도법, 기타 도법 등이 있으며 각각의 특징을 고려해서 지역 또는 상황마다 적합한 투영법을 선택해야 한다.

여기서는 자세한 지도 투영법의 종류와 특징에 대한 설명은 생략한다. 좌표계나 투영법에 대한 자세한 설명은 국토지리정보원(2015)에서 발간한 '지도의 이해'라는 자료를 참고하시기 바란다. 다만, GIS 자료를 다루는 데 있어 좌표계나 투영법이 정의되어 있지 않다면, 반드시 그에 맞는 좌표계 또는 투영법을 정의해줘야 하며, 좌표계 또는 투영법이 다른 두 자료를 동일 위치에서 분석하고자 한다면, 사전에 두 자료의 하나의 좌표계로 통일할 필요가 있다.

3.3 GIS 실습

3.3.1 수치갱내도 데이터베이스 구축 실습

1) ArcMap의 실행. 실습을 수행할 PC에서 ArcMap 프로그램을 실행한다.

(1) Windows 시작 버튼 클릭 → 모든 프로그램 선택 → ArcGIS 선택 → ArcMap 10.x 선택

ArcMap 프로그램이 실행되며, Getting Started 대화상자가 나타난다(그림 3-2).

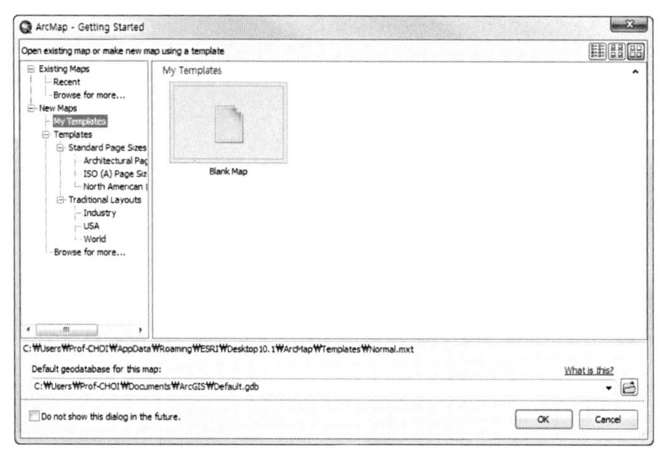

그림 3-2 ArcMap 프로그램의 Getting Started 대화상자

(2) Getting Started 대화상자 왼쪽 패널에서 Existing Maps 선택 → Browse for more.. 클릭

Open ArcMap Document 대화상자가 나타난다(그림 3-3).

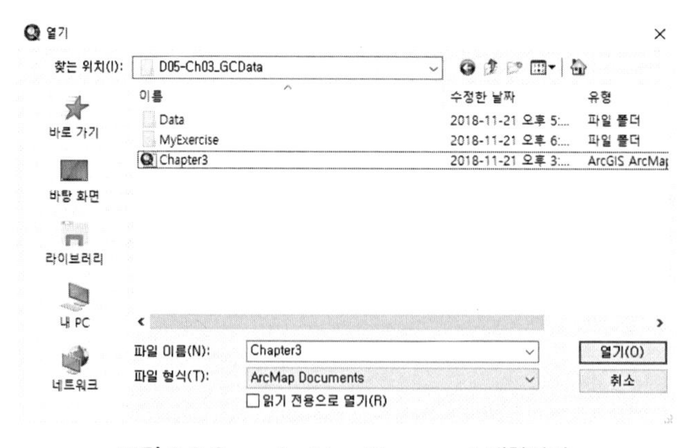

그림 3-3 Open ArcMap Document 대화상자

(3) **Open ArcMap Document 대화상자에서 예제 파일을 설치한 폴더로 이동 → Chapter3.mxd[4] 파일을 선택 → 열기 버튼 클릭**

ArcMap 프로그램에 Chapter3.mxd 파일이 열리면서 이번 실습에 사용될 자료들이 화면에 나타난다(그림 3-4).

- 그리드 1과 그리드 2는 샘플링 위치의 공간 영역을 나타낸다.
- 관심지역 레이어는 자료구축 및 분석을 수행할 영역을 나타낸다.
- 등고선_관심지역 레이어는 관심지역의 지형을 등고선으로 나타낸다.

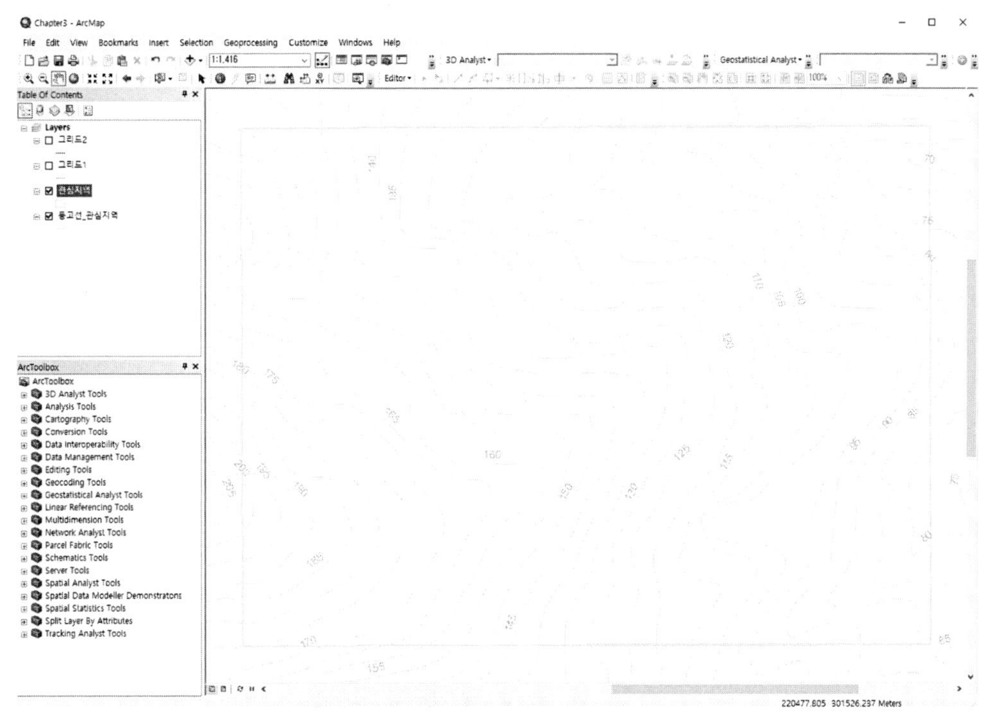

그림 3-4 이번 실습에 사용될 자료들

(4) **Excel 프로그램에서 Cu-PXRF.xlsx 파일 Open 선택**

Cu-PXRF.xlsx 파일은 PXRF 장비를 통해 광산지역에서 샘플링한 40개 자료 중 일부 지구화

---

4 ArcMap Documents 파일.

학자료의 번호(ID), 위도(LAT_Y), 경도(LONG_X), 구리 농도(Cu)를 보여준다(그림 3-5).

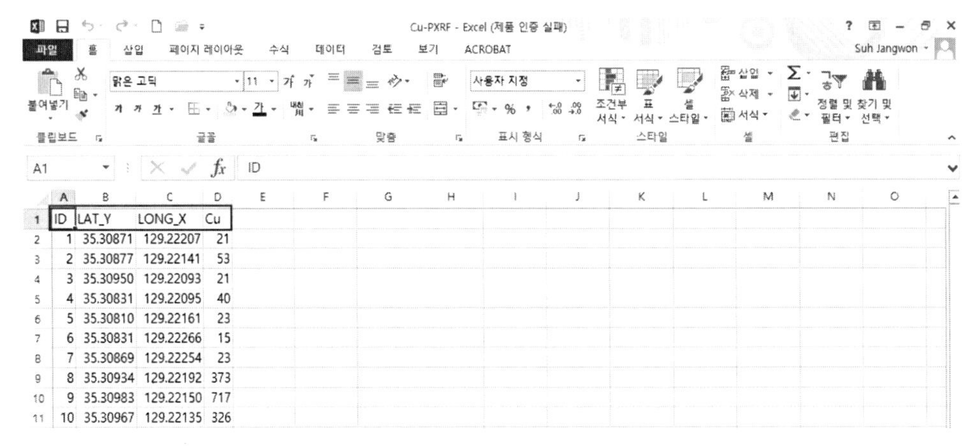

ID	LAT_Y	LONG_X	Cu
1	35.30871	129.22207	21
2	35.30877	129.22141	53
3	35.30950	129.22093	21
4	35.30831	129.22095	40
5	35.30810	129.22161	23
6	35.30831	129.22266	15
7	35.30869	129.22254	23
8	35.30934	129.22192	373
9	35.30983	129.22150	717
10	35.30967	129.22135	326

그림 3-5 Excel로 구축된 지구화학자료 예시

(5) ArcMap 프로그램 메뉴바에서 File 선택 → Save as 클릭

다른 이름으로 저장 대화상자가 나타난다(그림 3-6).

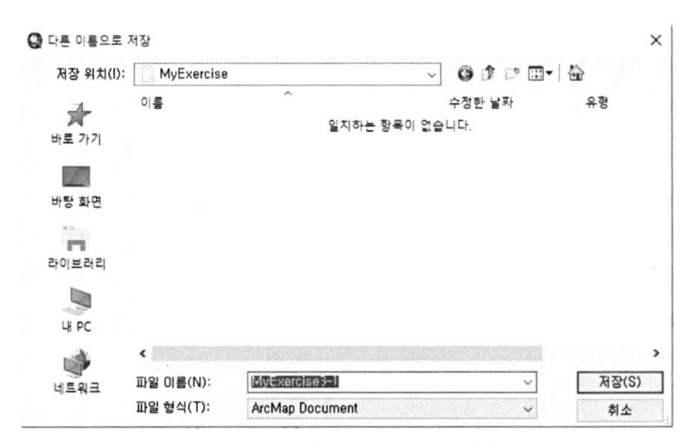

그림 3-6 다른 이름으로 저장 대화상자

(6) MyExercise 폴더 클릭 → 실습 결과를 저장할 파일 이름 입력(예: MyExercise3-1) → 저장 버튼 클릭

앞으로 실습을 수행한 결과가 위에서 지정한 파일에 저장된다(예: MyExercise3-1.mxd).

2) Excel로 구축된 지구화학자료의 가시화. Excel 파일을 ArcMap 프로그램에 불러온 후 그리드, 관심지역, 등고선_관심지역 등 다른 레이어들과 함께 사용할 수 있도록 실세계 좌표를 부여한다.

(1) ArcMap 프로그램 메뉴바에서 File 선택 → Add Data 선택 → Add XY Data... 클릭

Add XY Data 대화상자를 불러온다(그림 3-7).

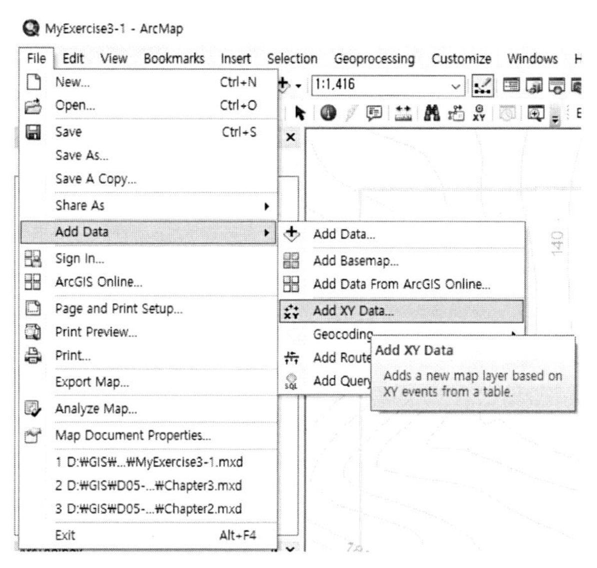

그림 3-7 Add XY Data 호출

(2) Add XY Data 대화상자에서 Cu-PXRF.xlsx 파일의 Sheet1 선택 → XYZ 좌표 필드 선택

Add XY Data 대화상자가 나타난다. 상단의 불러올 Table로는 Cu-PXRF.xlsx 파일의 Sheet1을 선택하고, X, Y, Z 필드로는 각각 LONG_X, LAT_Y, Cu를 선택한다(그림 3-8). 그러고 나면 하단에 Coordinate System of Input Coordinates에 'Unknown Coordinate System'이라고 나온 것을 확인할 수 있다. 이것은 입력한 자료의 실세계 좌표계가 정의되어 있지 않다는 의미이다. 따라서 추후 해당 자료에 대한 실세계 좌표계를 입력할 필요가 있다.

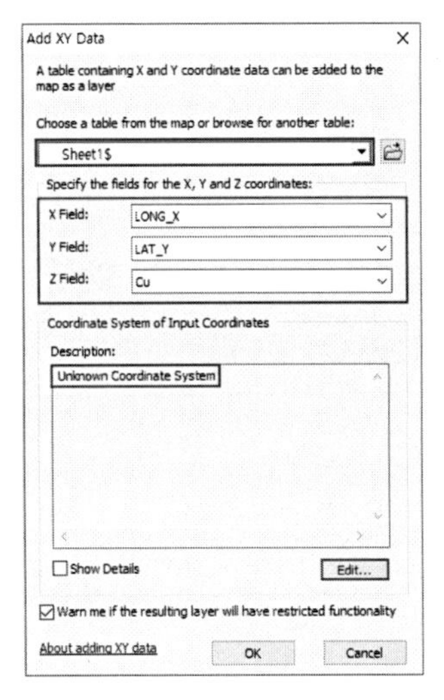

그림 3-8 Add XY Data 대화상자

(3) Cu-PXRF.xlsx 자료의 가시화

좌측 상단의 Table of Contents에 포인트 형식의 Sheet1$ Events 자료가 추가된 것을 확인할 수 있다(그림 3-9). 그러나 이 자료는 임시로 가시화된 자료일 뿐, 다른 레이어와 같이 Shapefile의 형식을 갖고 있지는 않다. 따라서 추후에 이 자료를 영구적인 Shapefile로 변환해줄 필요가 있다.

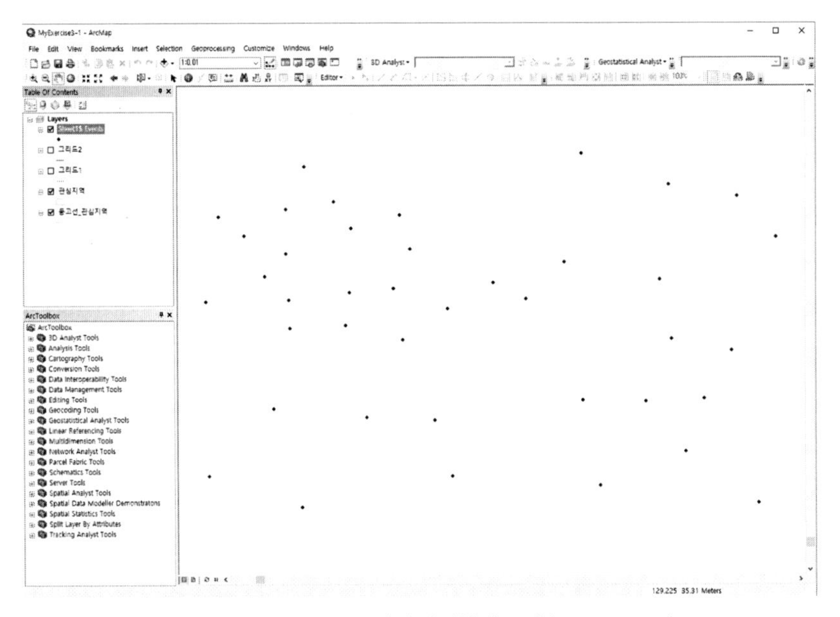

그림 3-9 ArcMap 프로그램에 가시화된 구리 농도 Excel 자료

(4) Sheet1$ Events 레이어 클릭 → Ctrl + 관심지역 레이어 클릭 → 마우스 오른쪽 클릭 → Zoom To Layers 클릭

좌표계가 미 지정된 Cu-PXRF 파일과 좌표계가 지정된 관심지역 레이어를 한 화면에 표시한다(그림 3-10).

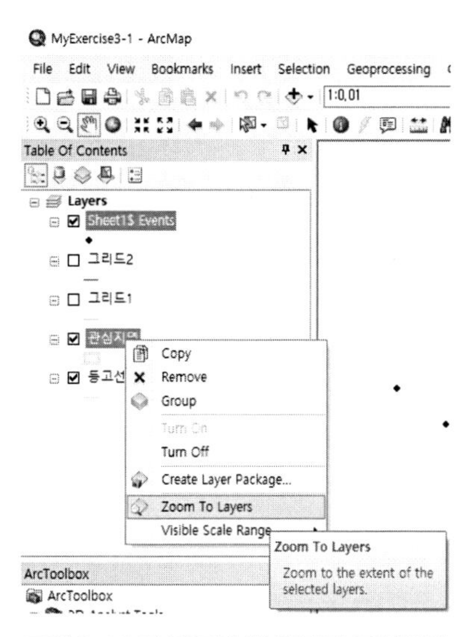

그림 3-10 두 자료를 한 화면에 표시하기

(5) 좌표계가 다른 두 레이어의 위치 확인

좌표계가 정의되어 있는 관심지역 레이어는 우측 상단에, 좌표계가 미지정된 Cu 농도 파일은 좌측 하단에 위치한 것을 확인할 수 있다(그림 3-11). 이렇게 다른 위치에 가시화되는 이유는 좌표계가 일치하지 않기 때문이다. 따라서 Cu 농도 파일의 좌표계를 지정하고, 이 좌표계가 관심지역 레이어의 좌표계와 다를 경우 두 레이어의 동일하도록 좌표계 변환을 해줄 필요가 있다.

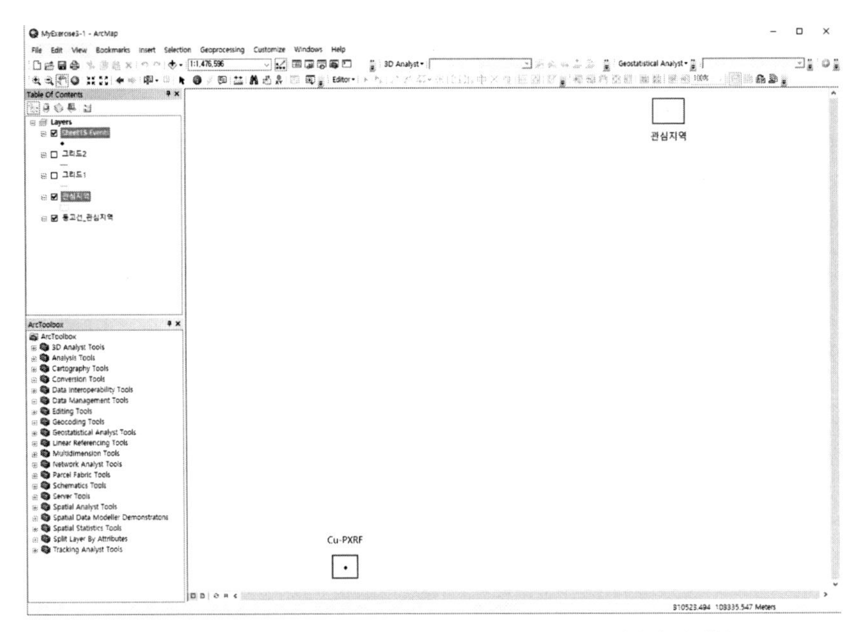

그림 3-11 좌표계의 불일치로 인한 두 레이어 가시화 위치의 상이함

(6) Sheet1$ Events 레이어 마우스 오른쪽 클릭 → Data 클릭 → Export Data 클릭

임시로 가시화된 Sheet1$ Events 파일을 영구적인 Shapefile로 변환해주기 위해 Export Data를 클릭한다(그림 3-12).

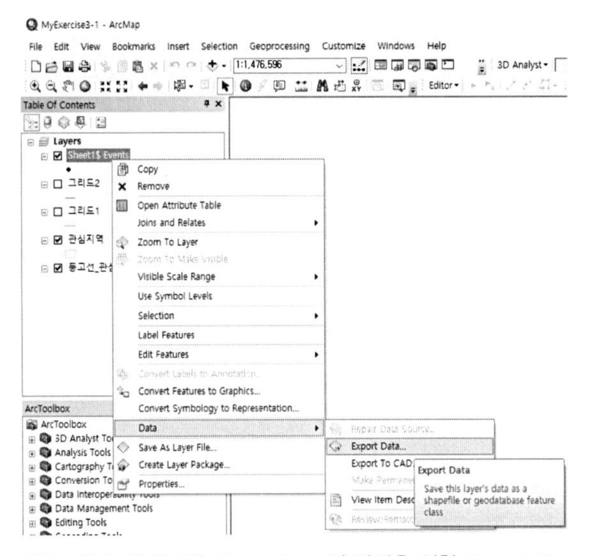

그림 3-12 임시 자료의 Shapefile로의 변경을 위한 Export Data

(7) **파일명을 Cu_temp.shp으로 입력 → Save 버튼 클릭**

이 자료는 아직 좌표계가 지정되지 않았으므로, Shapefile의 이름을 Cu_temp로 저장한다(그림 3-13).

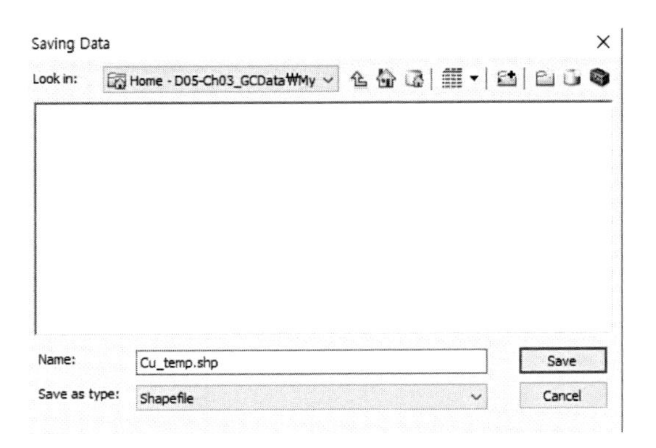

그림 3-13 Shapefile의 파일명 설정

(8) **좌표계를 'this layer's source data'로 선택 → OK 버튼 클릭**

좌표계를 변환 전의 자료와 동일하도록 설정한다(3-14).

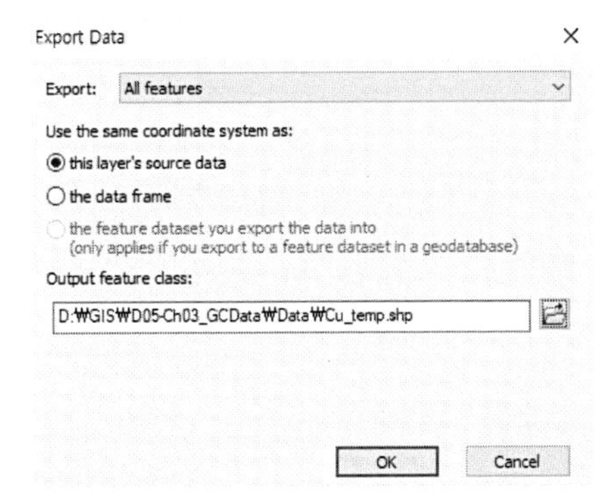

그림 3-14 Export Data 대화상자의 옵션 선택

(9) **ArcToolbox에서 Data Management Tools 선택 → Projections and Transformations 선택 → Raster 선택 → Define Projection 클릭**

Cu_temp 레이어의 좌표계를 지정해주기 위해 Define Projection 모듈을 불러온다(그림 3-15). 입력자료(Input Dataset or Feature Class)에는 Cu_temp 레이어를 선택하고, 좌표계(Coordinate

System)로는 GCS_Korea_2000을 선택한 후 OK 버튼을 클릭한다(그림 3-16). 이제 Cu_temp 레이어의 좌표계가 설정되었다. 그러나 Cu_temp 레이어와 관심지역 레이어의 좌표계가 다르므로, 이를 동일하게 변환해줄 필요가 있다.

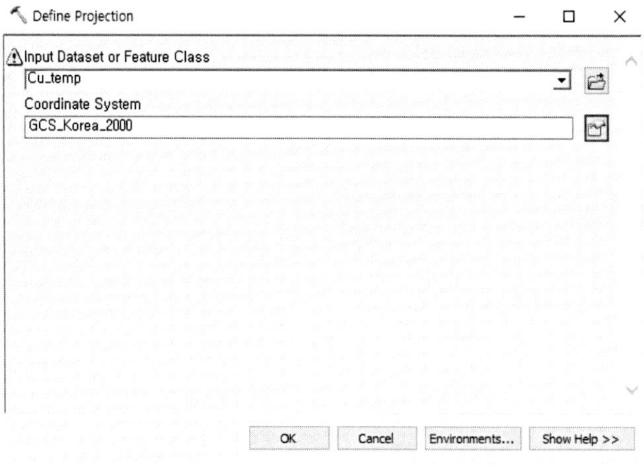

그림 3-15 Define Projection 대화상자의 좌표계 설정

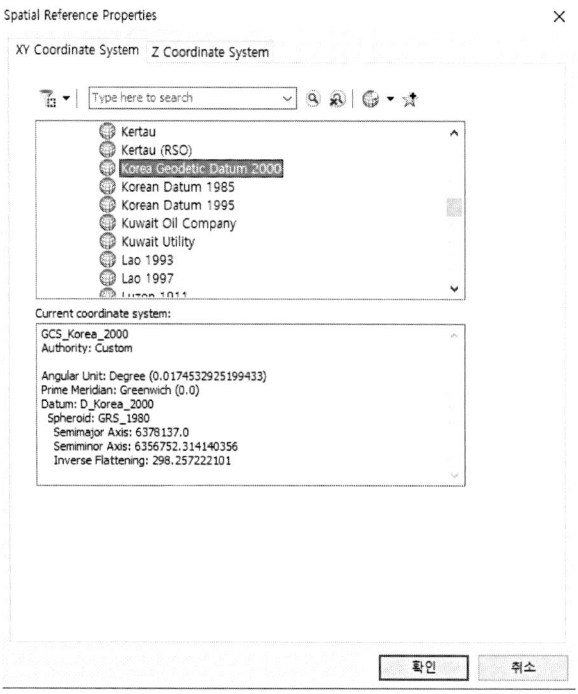

그림 3-16 XY 좌표계의 설정(GCS_Korea_2000)

(10) ArcToolbox에서 Data Management Tools 선택 → Projections and Transformations 선택 → Feature 선택 → Project 클릭

Cu_temp 레이어의 좌표계가 관심지역 레이어의 좌표계와 동일하도록 좌표계 변환을 수행한다. Project 모듈에서 입력자료(Input Coordinate System)에 Cu_temp를 선택하면, 그 아래에 입력자료의 좌표계(GCS_Korea_2000)가 자동으로 나타난다(그림 3-17). 결과자료의 파일명은 Cu-PXRF.shp로 입력한다. 또한 결과자료의 좌표계는 그림 3-18과 같이 현재 ArcMap 프로그램의 Table fo Contents에

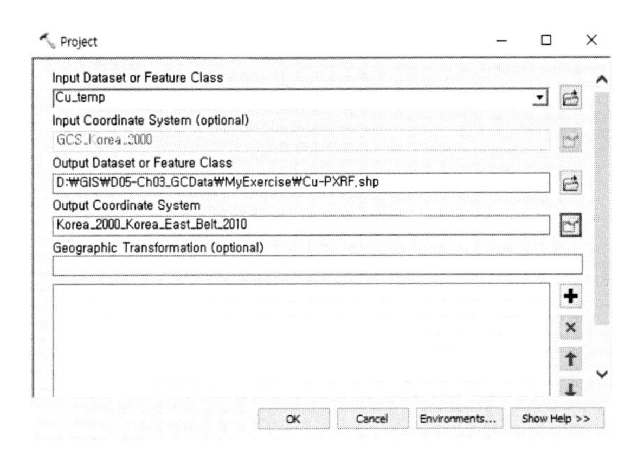

그림 3-17 Project 모듈을 이용한 좌표계 변환

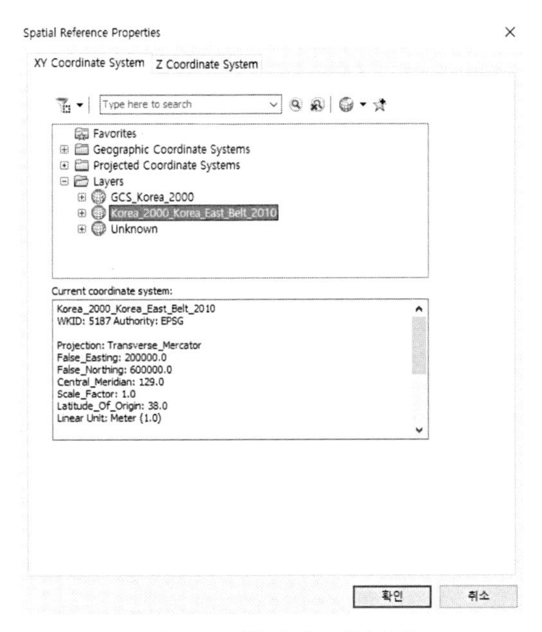

그림 3-18 변환될 좌표계의 선택

호출되어 있는 레이어의 좌표계 중에 하나인 'Korea_2000_Korea_East_Belt_2010'을 선택한 후 OK 버튼을 클릭한다. 모든 입출력 자료 및 옵션 설정이 끝나면 Project 모듈의 OK 버튼을 클릭한다.

(11) 좌표계가 일치된 Cu-PXRF 레이어의 가시화 위치 확인

좌표계 변환을 통해 좌표계가 일치된 Cu-PXRF 레이어가 다른 레이어와 동일한 장소에 잘 가시화되는 것을 확인할 수 있다(그림 3-19).

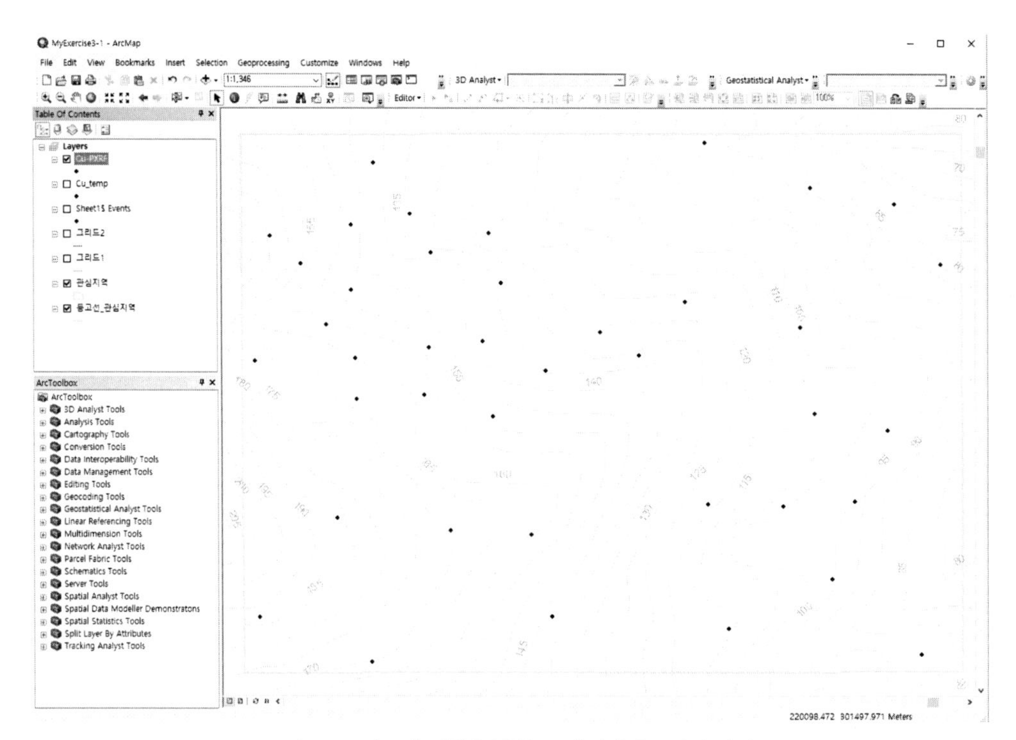

그림 3-19 좌표계 변환을 통한 두 레이어의 공간적 일치

3) 목적에 맞는 Cu-PXRF 레이어의 가시화 1. PXRF 장비를 통해 조사한 Cu-PXRF 레이어를 구리의 양(농도)에 따라 다른 크기의 심벌로 표현한다.

(1) ArcMap 프로그램 메뉴바에서 File 선택 → Save as 클릭

다른 이름으로 저장 대화상자가 나타난다.

(2) MyExercise 폴더 클릭 → 실습 결과를 저장할 파일 이름 입력(예: MyExercise3-2) → 저

장 버튼 클릭

앞으로 실습을 수행한 결과가 위에서 지정한 파일에 저장된다(예: MyExercise3-2.mxd).

(3) Cu-PXRF 레이어 마우스 오른쪽 클릭 → Properties 선택 → Symbology 클릭

Cu-PXRF 레이어의 심벌 옵션 선택창을 불러온다(그림 3-20). 그림 3-19에서 Cu 샘플링 지점의 위치를 명확하게 표시하고자 Symbol Selector를 이용하여 포인트 자료의 적절한 크기와 색상을 설정한다(그림 3-21). 여기서는 Circle 3번을 선택하고, Size를 15로 변경한 후 OK 버튼을 클릭한다.

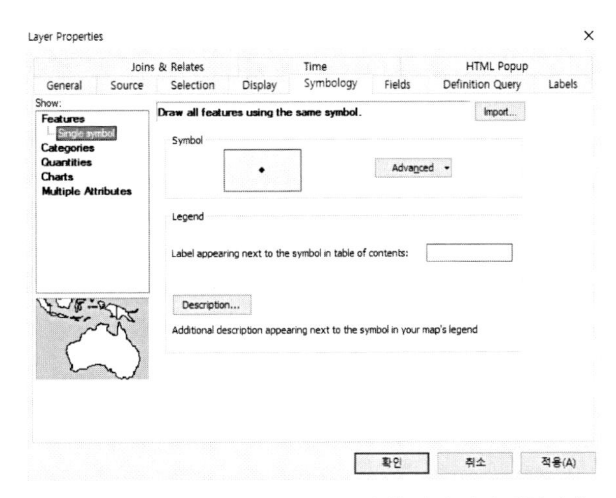

그림 3-20 Layer Properties를 이용한 심벌 선택 대화상자

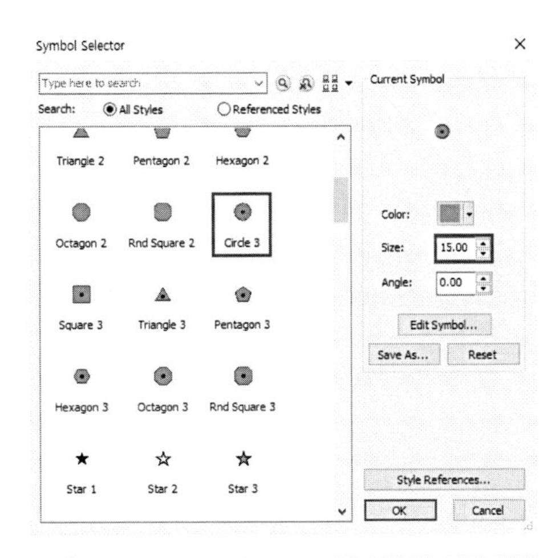

그림 3-21 Symbol Selector를 이용한 심벌 설정

(4) Cu-PXRF 레이어 마우스 오른쪽 클릭 → Properties 선택 → Label 클릭

Cu-PXRF 레이어의 Label 대화상자를 불러온다(그림 3-22). ArcMap 화면에 표시할 레이블 속성(Label Field)으로는 ID(샘플링 번호)를 선택하고, 표시될 레이블의 폰트와 크기 등을 설정한 후 좌측 상단의 Label features in this layer 옵션을 체크한다.

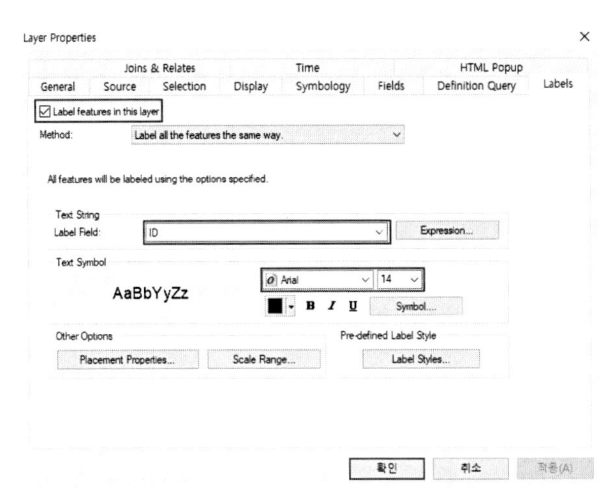

그림 3-22 Cu 농도 자료의 Label 표시 옵션 설정

(5) Table of Contents에서 그리드1, 그리드2 클릭

지구화학자료 조사 시 적절한 간격 또는 영역별로 샘플링을 수행하기 위해 설정해놓은 그리드1과 그리드2를 클릭한다.

(6) Cu 샘플링 지점의 위치와 번호 가시화 확인

앞의 두 단계의 옵션 설정을 통해 Cu 샘플링 위치가 연두색 원형 심벌로 표현된 것과 샘플링 번호가 나타난 것을 확인할 수 있다(그림 3-23). 이를 통해, 샘플링 지점의 위치와 번호를 명확하게 확인할 수 있다. 그러나 이러한 자료를 Cu 농도값의 분포나 변화 패턴을 파악하기는 어렵다.

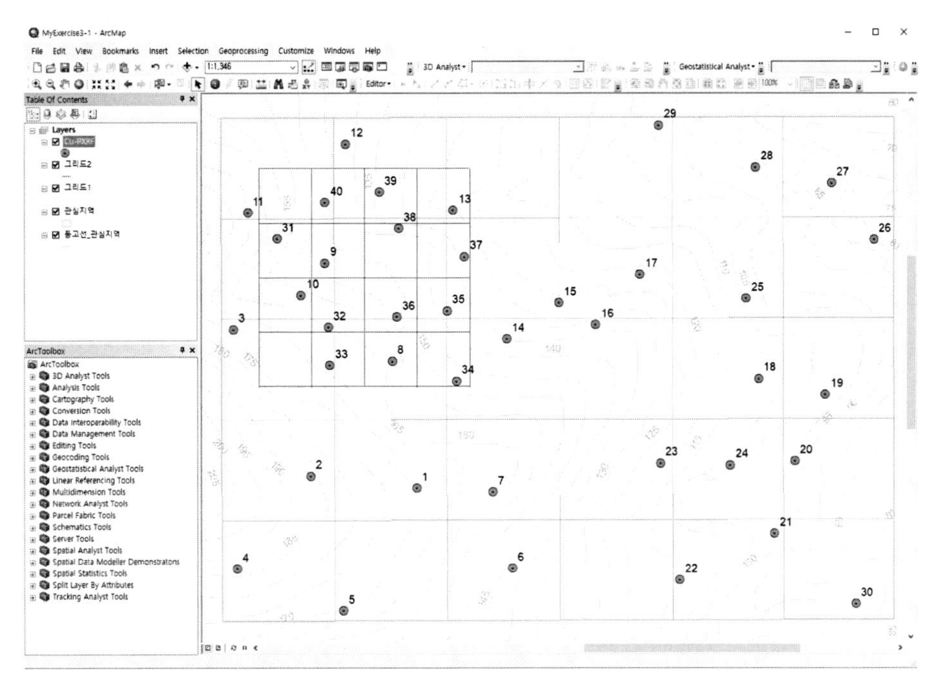

그림 3-23 Cu 농도 자료의 Symbol 및 Label 설정 결과

(7) Cu-PXRF 레이어 마우스 오른쪽 클릭 → Properties 선택 → Symbology 선택 → Quantities 선택 → Graduated symbols 클릭

이번에는 Cu 샘플링 자료의 양(농도)에 따라 포인트 자료의 크기를 다르게 가시화해보고자 한다. Graduated symbols 대화상자에서 Fields Values로는 Cu 필드를 선택한다(그림 3-24).

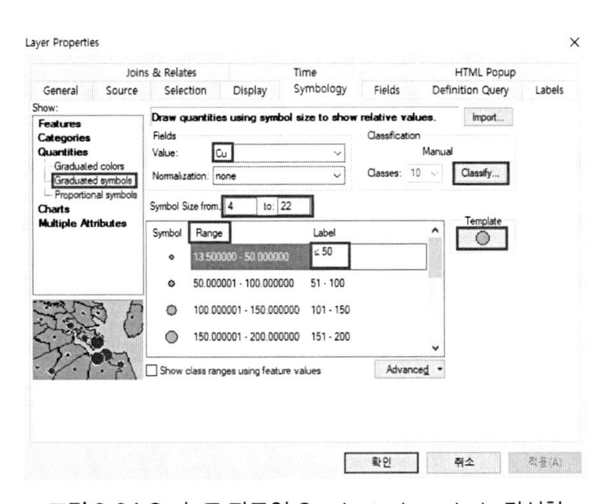

그림 3-24 Cu 농도 자료의 Graduated symbols 가시화

그러고 나서 우측 상단의 Classify 버튼을 클릭하면 Classification 대화상자가 호출된다(그림 3-25). 여기서 Classification method로는 Manual을, Classes 개수는 10개로 설정한다. 또한 우측의 Break Values(구분 값)에 그림 3-25와 같이 입력한 후 OK 버튼을 클릭한다.

다시 그림 3-24의 우측의 Template을 클릭하여 연두색 원형 심벌을 선택하고, 중간 부분의 심벌 사이즈를 4~22로 입력한다.

중간 부분의 Range 필드를 마우스 오른쪽을 클릭하고, Cu 농도값을 표시할 자리수를 그림 3-26과 같이 소수점 자리수를 0으로 입력한 후 OK 버튼을 클릭한다. 그러면 그림 3-24 중간 부분의 Label 값이 Range의 그것과는 다르게 정수로 표현된 것을 확인할 수 있다.

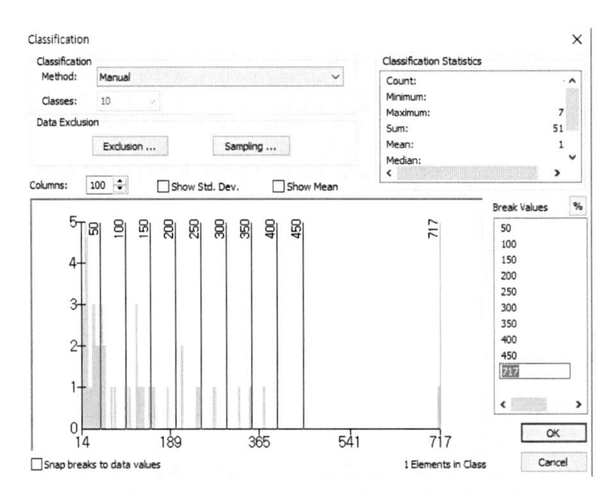

그림 3-25 Classification 기법과 개수의 설정

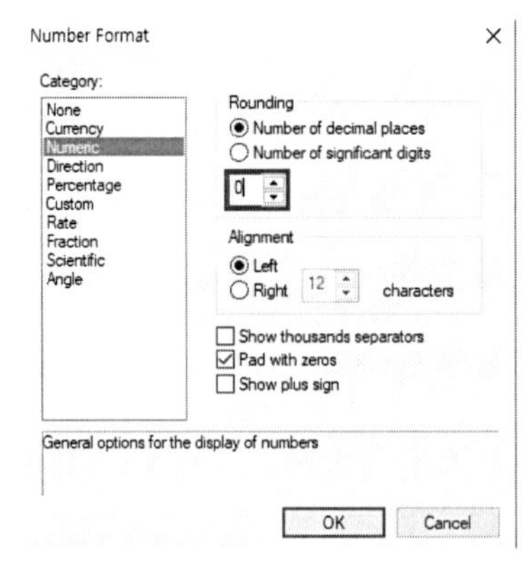

그림 3-26 Label 숫자 소수점 표시 설정

마지막으로 그림 3-24 중간 부분의 Label 맨 위 칸에 14-50으로 표시되어 있는 칸의 값을 그림 3-24와 같이 '≤50'으로, Label 맨 아래 칸에는 '>450'으로 변경해준다(그림 3-27).

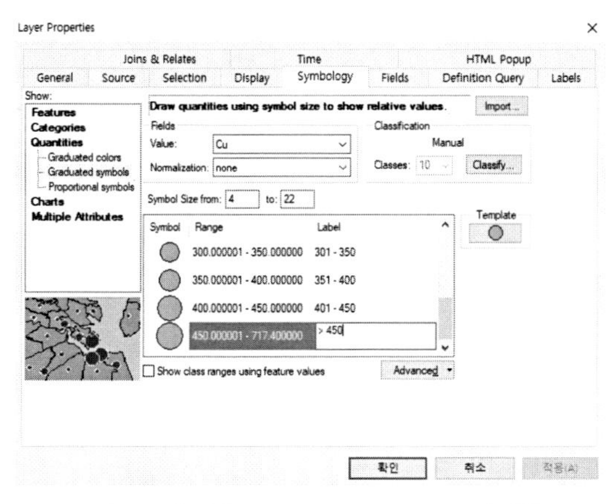

그림 3-27 Cu 농도 자료의 Graduated symbols 가시화 Label 설정

(8) Cu 샘플링 자료의 농도값의 변화에 따른 가시화 확인

앞의 과정을 통해 Cu 샘플링 자료가 농도값에 따라 다른 크기의 원으로 표시된 것을 확인할 수 있다(그림 3-28). 또한 (설정 과정은 생략되었으나) 앞의 예제에서 샘플링 번호가 Label로

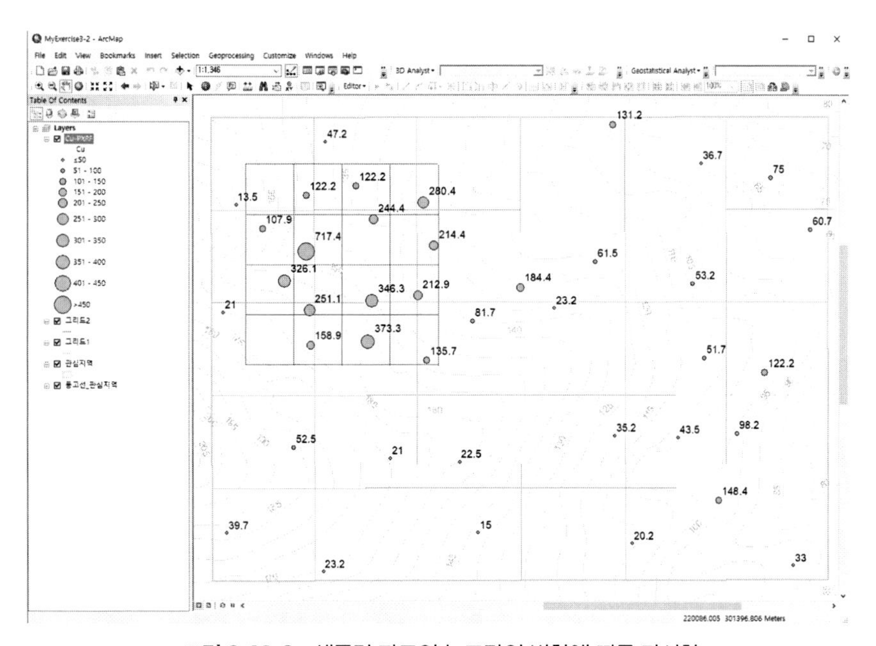

그림 3-28 Cu 샘플링 자료의 농도값의 변화에 따른 가시화

표시되던 것을 Cu 농도 수치로 변경하여 표시하였다. 즉, Cu 샘플링 위치별로 농도값을 Label로 표시하고, 농도값에 따라 포인트 자료의 크기를 적절하게 표시한 것이다.

4) 목적에 맞는 Cu-PXRF 레이어의 가시화 2. PXRF 장비를 통해 조사한 Cu-PXRF 레이어를 광산지역의 중금속 농도에 따른 우려 기준 및 대책 기준 수치에 맞게 다른 색상으로 표현한다.

(1) ArcMap 프로그램 메뉴바에서 File 선택 → Save as 클릭

다른 이름으로 저장 대화상자가 나타난다.

(2) MyExercise 폴더 클릭 → 실습 결과를 저장할 파일 이름 입력(예: MyExercise3-3) → 저장 버튼 클릭

앞으로 실습을 수행한 결과가 위에서 지정한 파일에 저장된다(예: MyExercise3-3.mxd).

(3) Cu-PXRF 레이어 마우스 오른쪽 클릭 → Properties 선택 → Symbology 선택 → Quantities 선택 → Graduated colors 클릭

이번에는 Cu 샘플링 자료를 광산지역의 중금속 농도에 따른 우려 기준 및 대책 기준의 수치에 따라 다른 색상으로 표현하고자 한다. Graduated colors 대화상자에서 Fields Values로는 Cu 필드를 선택한다(그림 3-29).

우측 상단의 Classify 버튼을 클릭하면 Classification 대화상자가 호출된다(그림 3-30). 여기서 Classification method로는 Manual을, Classes 개수는 3개로 설정한다. 국내의 경우 광산지역의 토양 내 Cu 함량이 150ppm 이하일 경우 안전, 150ppm을 넘을 경우 우려 기준에 해당하고, 450ppm을 넘을 경우 대책 기준에 해당한다. 따라서 우측의 Break Values(구분 값)에 그림 3-30와 같이 입력한 후 OK 버튼을 클릭한다.

다시 그림 3-29의 중간 부분에 Symbol 필드를 마우스 오른쪽을 클릭한 후, 세 개의 클래스별로 포인트의 색상을 각각 연두색, 노란색, 빨간색으로 선택한다. 또한 Label에 표시될 값 대신 아래 그림처럼 안전(<150ppm), 우려 기준(150~450ppm), 대책 기준(>450ppm)을 입력한 후 OK 버튼을 클릭한다.

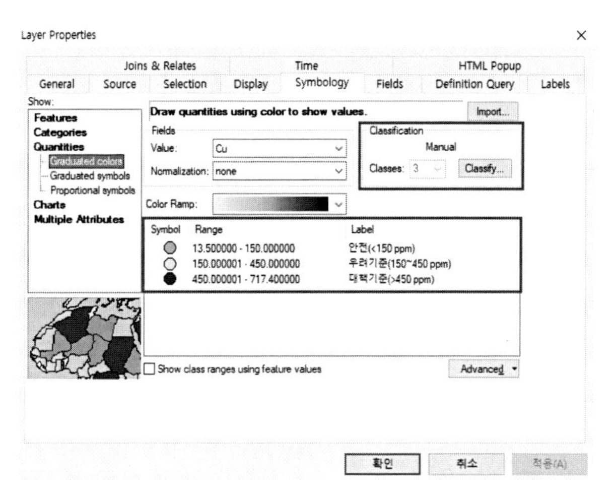

그림 3-29 Cu 농도 자료의 Graduated colors 가시화 설정

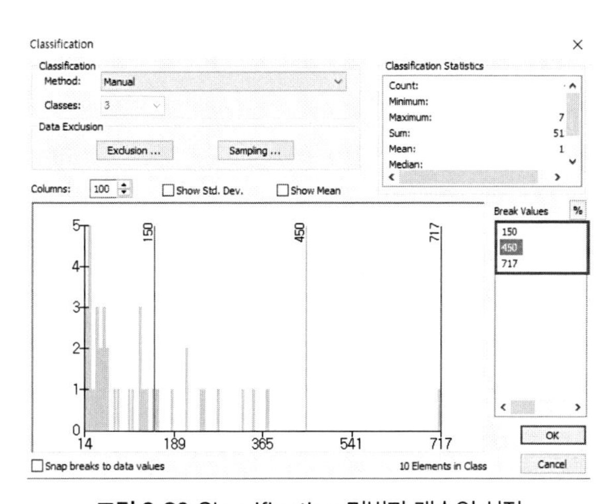

그림 3-30 Classification 기법과 개수의 설정

(4) 광산지역의 Cu 농도의 우려 기준 및 대책 기준에 따른 Cu 샘플링 자료의 가시화 확인

앞의 과정을 통해 Cu 샘플링 자료가 광산지역의 중금속 우려 기준 및 대책 기준에 따라 각각 연두색(안전 : <150ppm), 노란색(우려 기준 : 150~450ppm), 빨간색(대책 기준 : >450ppm) 등의 다른 색상으로 표시된 것을 확인할 수 있다(그림 3-31).

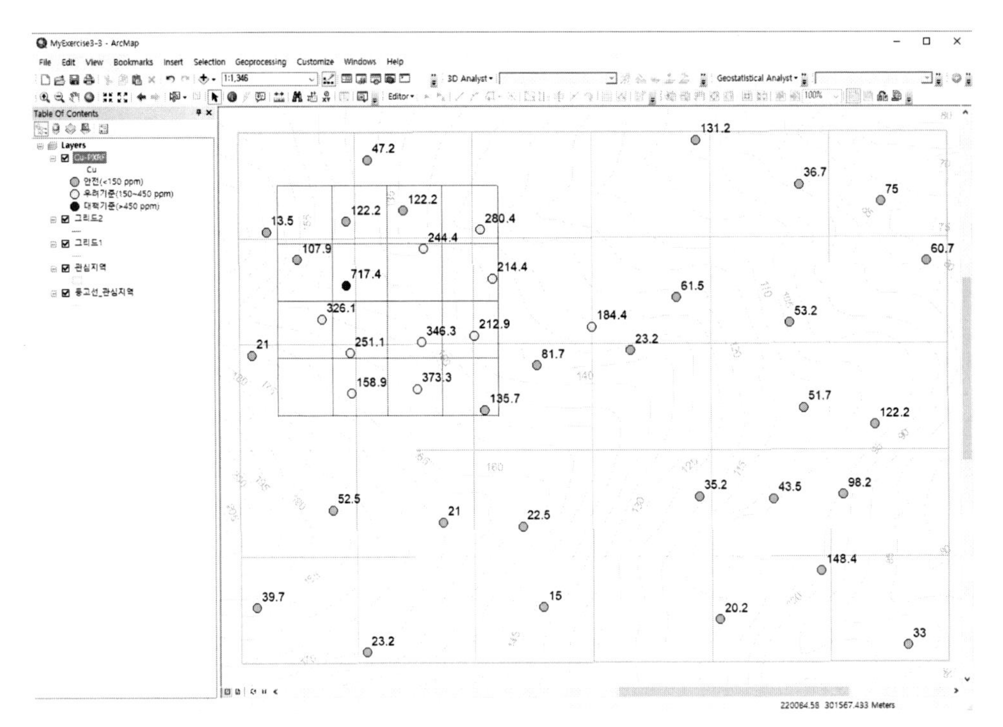

그림 3-31 Cu 샘플링 자료의 광산지역의 중금속 우려 기준 및 대책 기준에 따른 가시화(컬러 도판 325쪽 참조)

3.4 확장해보기

이 장에서 새로 습득한 개념들을 응용해서 다음과 같이 확장해보자.

• 본 장에서 제공된 레이어 자료들을 활용하여 그림 3-32와 같은 지구화학 지도를 제작해본다.

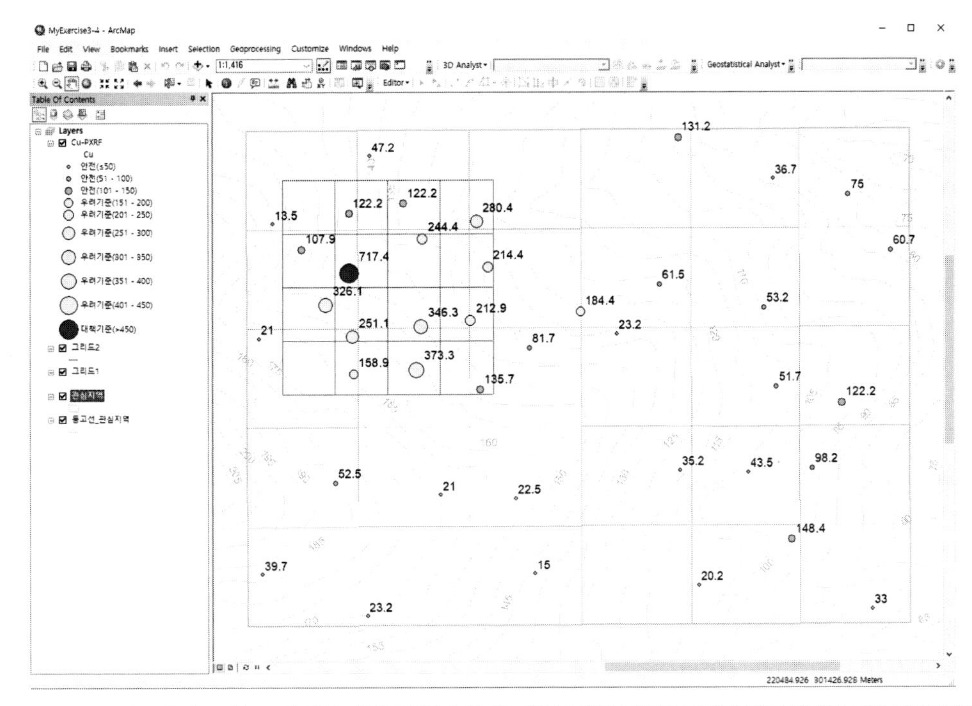

그림 3-32 Cu 샘플링 자료의 농도와 광산지역의 중금속 우려 기준 및 대책 기준을 고려한 가시화(컬러 도판 326쪽 참조)

3.5 요 약

이번 장에서 공부한 내용은 다음과 같다.

- Microsoft Excel로 구축된 지구화학자료를 ArcMap 프로그램에서 포인트 자료로 가시화하고, 이를 영구적인 레이어로 생성할 수 있다.
- ArcMap 프로그램의 ToolBox 도구(Define Projection)를 사용하여 포인트 등의 벡터 자료에 실세계 좌표계를 설정할 수 있다.
- ArcMap 프로그램의 ToolBox 도구(Project)를 사용하여 특정 레이어의 좌표계와 동일하도록 해당 레이어의 좌표계를 변환시킬 수 있다.
- ArcMap 프로그램에서 벡터 레이어 자료의 심벌을 목적에 따라 다양하게 변화시키고, 용도에 맞는 레이블을 지도에 조정 및 표시할 수 있다.

참고문헌

국토지리정보원(이동하, 황진상)(2015), (국가지도의 이해와 활용) 지도의 이해. 경기도 수원, 대한민국, p.79.

Suh, J., Lee, H., Choi, Y. (2016), A rapid, accurate and efficient method to map heavy metal contaminated soils of abandoned mine sites using converted portable XRF data and GIS, International Journal of Environmental Research and Public Health, Vol.13, No.12, pp.1191～1208.

CHAPTER 04

지반침하에 의한 광해 분석

C·H·A·P·T·E·R

04 지반침하에 의한 광해 분석

광산 지반침하(mining subsidence)는 석탄, 금속, 비금속 등의 지하자원 채굴로 인해 형성된 지하공동의 상반이 시간이 경과함에 따라 붕괴되고, 그 붕락이 점차 상부로 발달되면서 지표까지 연결되어 발생하는 지표붕괴 및 지반의 균열을 의미한다. 지반침하는 지상 구조물의 안정성에 부정적인 영향을 미칠 뿐만 아니라 휴·폐광산지역의 경제적 진흥을 위한 지역개발에도 장애요인으로 작용해 폐광산지역의 공동화를 더욱 가속화시키고 있다. 또한 그림 4-1과 같이 도로나 철도, 주거지역 등에 지반침하가 발생할 경우 인명 또는 재산에 큰 피해를 줄 수 있는 문제점이 있다. 따라서 광산 지반침하 발생으로 인한 피해를 최소화하기 위해서는 이를 사전에 예측하고 평가할 수 있는 기술이 요구된다(서장원 외, 2010).

그림 4-1 광산 지반침하 사진(충청북도 무극광산 소망의 집 지역)

본 장에서는 폐광산지역의 지반침하 발생 위험도를 상대적 순위 관점에서 평가할 수 있는 지반침하 발생 위험성 지도를 작성한다. 폐광산지역의 다양한 지형공간자료(수치갱내도, 수치지형도, 수치지질도, 시추공 자료 등)로부터 지반침하 발생에 영향을 미치는 8가지 인자를 추출하고(4.3.1 실습), 통계적 분석 기법의 하나인 빈도비(frequency ratio, FR) 모델을 이용하여 각 인자값과 과거 지반침하 발생과의 공간적 상관성을 분석한 다음, 이로부터 연구지역의 모든 격자셀에 대한 지반침하 발생 위험지수(subsidence hazard index, SHI)를 산정한다(4.3.2 실습).

4.1 무엇을 배우는가?

이 장에서 습득할 개념은 다음과 같다.

- 빈도비 모델을 이용한 상관성 분석
- ArcMap 프로그램의 실행 방법
- ArcMap Document 파일의 저장 방법
- 신규 Shapefile의 생성 방법
- ArcMap Editor 툴바 사용 및 폴리곤 디지타이징 방법
- Polyline to Raster 모듈을 이용한 자료 변환 방법
- Line density 모듈을 이용한 폴리라인(Polyline) 자료의 선밀도 계산 방법
- Euclidean distance 모듈을 이용한 폴리라인(Polyline) 자료로부터의 최소거리 계산 방법
- Kriging 모듈을 이용한 포인트(Point) 자료의 보간 방법
- Environment Settings을 이용한 결과 파일의 분석영역 설정 방법
- TIN 모듈을 이용한 불규칙삼각망(Triangulated Irregular Network, TIN) 생성
- TIN 자료의 래스터(Raster) 형식 변환을 통한 수치고도모델(Digital Elevation Model, DEM) 생성 방법
- Raster Calculator를 이용한 래스터 레이어의 지도 연산(Map algebra)
- Slope 모듈을 이용한 지형경사 추출 방법
- Flow direction과 Flow accumulation 모듈을 이용한 강우흐름방향 및 강우누적흐름량 계산 방법

- Create Random Raster를 이용한 난수 래스터 레이어 생성 방법 및 훈련지역 분할 방법
- Reclassify 모듈을 이용한 속성값 재분류 방법
- 벡터/래스터 레이어 자료의 심벌 조정 방법

4.2 이론적 배경

4.2.1 빈도비 모델

빈도비 모델은 통계적 기법의 하나로서, 다양한 지형공간자료들의 결합을 통해 과거에 발생한 사건(본 실습에서는 지반침하)과 이에 영향을 미치는 영향인자들의 상관관계를 정량적으로 평가하고 미래에 발생할 사건을 예측할 수 있다. 이 모델은 어떤 사건의 발생은 특정한 요소나 조건에 의해 결정되며, 미래의 사건도 과거에 발생된 사건의 환경과 동일한 조건에서 발생된다는 가정을 두고 있다(Yilmaz and Keskin, 2009).

빈도비를 계산하기 위해서는 먼저 영향인자 레이어 자료의 히스토그램(histogram) 분포를 고려하여 전체 격자셀(또는 포인트) 값을 구간이나 종류에 따라 몇 개의 등급(구간)으로 분류해야 한다. 영향인자 레이어가 이산형 자료(categorical data)일 경우에는 속성 데이터의 개수만큼 등급을 나눈다. (본 실습에서) 빈도비는 어떤 영향인자 등급의 지반침하 격자셀 비율을 해당 등급의 전체 격자셀 비율로 나눈 값으로 정의되며, 아래와 같은 식에 의해 계산될 수 있다.

$$\text{빈도비(Frequency ratio, FR)} = \frac{\text{Subsidence grids(\%)}}{\text{Domain grids(\%)}} = \frac{\dfrac{\text{등급 지반침하 발생 격자셀 개수}}{\text{전체 지반침하 발생 격자셀 개수}}}{\dfrac{\text{등급 격자셀 개수}}{\text{전체 격자셀 개수}}}$$

따라서 빈도비를 계산하기 위해서는 등급별 격자셀 개수 비율(Domain grids(%))과 등급별 지반침하 발생 격자셀 개수 비율(Subsidence grids(%))을 먼저 계산해야 한다. Domain grids(%)는 어떤 영향인자 등급의 격자셀 개수를 해당 영향인자의 전체 격자셀 개수로 나눠준 값이고, Subsidence grids(%)는 어떤 영향인자 등급의 지반침하 격자셀 개수를 해당 영향인자의 전체

지반침하 격자셀 개수로 나눠준 값이다.

그림 4-2는 래스터 자료로부터 빈도비를 계산한 예를 도시한 것이다. 빈도비는 양의 값을 갖는데 값이 1 이상이면 어떤 사건과 관련된 영향인자가 양의 상관관계를 갖는 것을 의미하며 빈도비 값이 증가할수록 미래의 사건 발생확률도 증가한다는 것으로 해석할 수 있다. 반대로 빈도비 값이 1보다 작은 경우에는 음의 상관관계로서 미래의 사건 발생확률이 낮음을 의미한다(서장원 외, 2015). 그림 4-2에서와 같이 연구대상지역 전체 격자에 대한 영향인자별 빈도비가 할당되고 나면, 아래 식과 같이 다중 레이어의 덧셈연산을 통해 연구지역 전체 격자에 대한 지반침하 발생 위험성 지수를 산정한다.

$$SHI_{fr} = \sum_{i=1}^{n} \text{Frequency ratio}_{i}$$

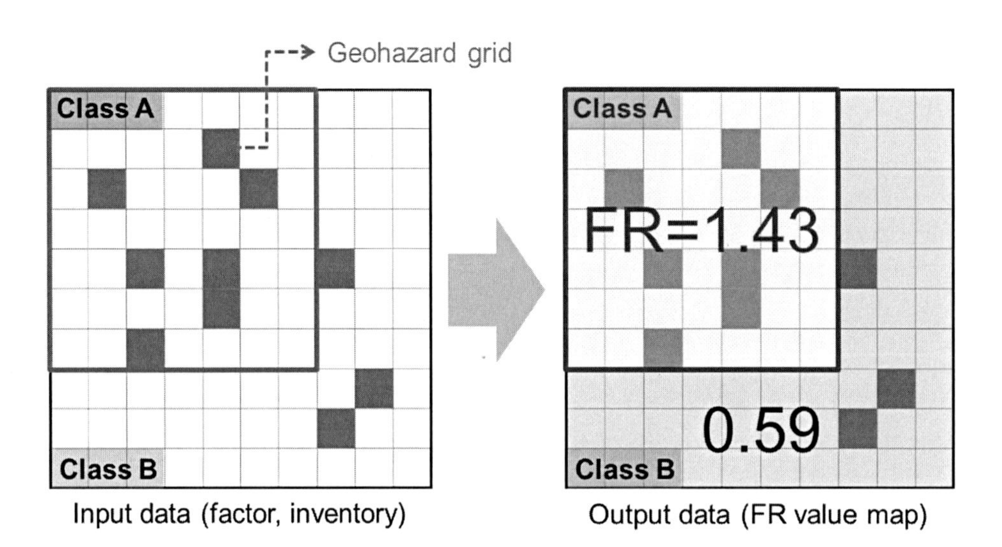

FR model	Total grids (%)	Geohazard grids (%)	Frequency ratio
Class A	49 (49%)	7 (70%)	70% / 49% ≒ 1.43
Class B	51 (51%)	3 (30%)	30% / 51% ≒ 0.59
Total	100 (100%)	10 (100%)	

그림 4-2 래스터 자료의 등급별 빈도비 계산 방법 예시(서장원, 2013)

이때 SHI_{fr}은 빈도비 모델에 근거한 지반침하 발생 위험성 지수를, n은 영향인자의 개수를 의미한다.

4.3 GIS 실습

4.3.1 지반침하 발생 영향인자 레이어 추출

4.3.1 실습에서는 지반침하 발생 위험도 평가에 입력되는 영향인자 레이어 생성을 위한 전처리를 수행한다. ArcMap 소프트웨어의 다양한 공간분석 및 자료변환 기능을 이용하여 폐광산지역의 갱도, 등고선, 철도, 시추공 벡터(vector) 자료로부터 8개의 래스터(raster) 영향인자 주제도를 생성한다. 4.3.1 실습에서 생성된 영향인자 주제도는 4.3.2 실습에서 입력자료로 활용된다.

GIS 데이터베이스 구축

광산 지반침하 영향인자를 추출하기 위해 연구대상 폐광산지역의 다양한 지형공간자료를 구축한다. 표 4-1은 본 실습에서 사용할 GIS 자료 목록을 정리한 것이다. 원 자료 모두 점선면의 형태를 갖는 벡터 자료이며, 이로부터 래스터 형식의 8개 영향인자 레이어와 지반침하지 레이어를 추출할 것이다.

표 4-1 영향인자 레이어 추출을 위해 활용되는 원 자료

원 자료	자료 유형	설명
지반침하지	Vector(Polygon)	현장조사를 통해 구축한 지반침하 발생 위치도
갱도	Vector(Polyline)	1:1200 축척의 지하 갱내도
등고선	Vector(Polyline)	1:5000 축척의 등고선
철도	Vector(Polyline)	1:5000 축척의 철도선
시추공	Vector(Point)	시추공 자료(암반등급, 지하수위 등의 정보 포함)

지반침하 발생 영향인자 선정

지반침하 발생 위험도 평가를 위해 먼저 광산 지반침하 발생에 영향을 미치는 인자를 선정할 필요가 있다. 일반적으로 지하자원 채굴작업에 의해 공동이 형성되고, 공동 상부 암반이

점진적으로 파괴되면서 지표까지 침하가 발생하게 된다. 이러한 지반침하는 공동 상부의 암반 특성이나 강우 및 지하수 조건, 외부의 동적 하중이나 진동 등의 복합적인 상호 작용에 의해서 가속화될 수 있다. 따라서 본 실습에서는 지반침하를 유발하는 다양한 조건을 고려하기 위해 표 4-2와 같이 8개의 영향인자를 선정하였다. 8개 영향인자 레이어 추출을 위한 자세한 전처리 과정은 다음과 같다.

표 4-2 지반침하 발생 영향인자 목록, 파일명 및 설명

영향인자	파일명	파일유형	설명
갱도 심도	영향인자1－갱도심도.tif	Raster(.tif)	지표 고도와 갱도 고도의 차이
갱도 밀도	영향인자2－갱도밀도.tif	Raster(.tif)	갱도의 수평적 선밀도
갱도부터의 거리	영향인자3－갱도부터의거리.tif	Raster(.tif)	가장 가까운 갱도까지의 거리
철도부터의 거리	영향인자4－철도부터의거리.tif	Raster(.tif)	가장 가까운 철도까지의 거리
암반등급	영향인자5－암반등급.tif	Raster(.tif)	지하 공동 상부의 암반등급
지하수 심도	영향인자6－지하수심도.tif	Raster(.tif)	지표에서 지하수위까지의 깊이
지형경사	영향인자7－지형경사.tif	Raster(.tif)	지표 경사도
강우누적흐름량	영향인자8－강우누적흐름량.tif	Raster(.tif)	강우 시 지표누적흐름량

1) ArcMap 실행. 실습을 수행할 PC에서 ArcMap 프로그램을 실행한다.

(1) Windows **시작** 버튼 클릭 → **모든 프로그램** 선택 → **ArcGIS** 선택 → **ArcMap 10.x** 선택

ArcMap 프로그램이 실행되며, Getting Started 대화상자가 나타난다(그림 4-3).

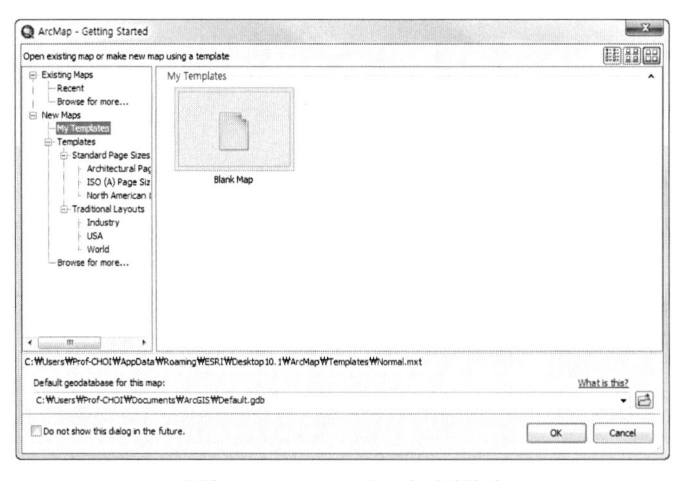

그림 4-3 ArcMap 구동 시 시작화면

(2) **Getting Started 대화상자 왼쪽 패널에서 Existing Maps 선택 → Browse for more.. 클릭**

Open ArcMap Document 대화상자가 나타난다(그림 4-4).

그림 4-4 ArcMap 실행 파일과 실습 GIS 파일

(3) **Open ArcMap Document 대화상자에서 예제 파일을 설치한 폴더로 이동 → Chapter4-1.mxd[5] 파일 선택 → 열기 버튼 클릭**

ArcMap 프로그램에 Chapter4-1.mxd 파일이 열리면서 이번 실습에 사용될 자료들이 화면에 나타난다.

- 관심지역 레이어(직사각형)는 자료구축 및 분석을 수행할 영역을 나타낸다(그림 4-5).

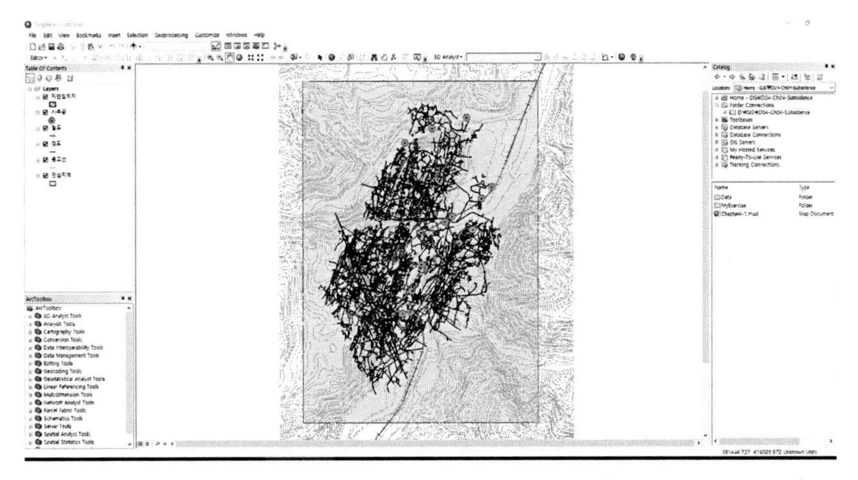

그림 4-5 ArcMap에서 불러온 Chapter4-1의 실습자료 화면(컬러 도판 326쪽 참조)

---

5 ArcMap Documents 파일.

- 등고선 레이어는 불규칙삼각망과 수치고도모델을 생성하기 위해 사용되며, 관심지역 경계선지역의 고도값 예측 시 오차를 줄이기 위해 관심지역보다 영역을 크게 설정한다.

(4) ArcMap 프로그램 메뉴바에서 File 선택 → Save as 클릭

다른 이름으로 저장 대화상자가 나타난다(그림 4-6).

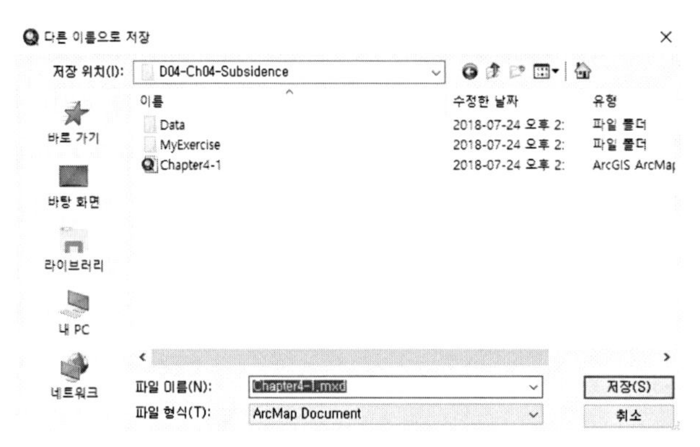

그림 4-6 실습 결과 저장 파일명 지정

(5) MyExercise 폴더 클릭 → 실습 결과를 저장할 파일 이름 입력(MyExercise4-1) → 저장 버튼 클릭

앞으로 실습을 수행한 결과가 위에서 지정한 파일에 저장된다(MyExercise4-1.mxd).

2) 관심지역(연구지역 또는 분석영역) 설정. 연구지역의 분석영역(processing extent)을 설정하기 위해서는 연구지역의 자료 분포를 먼저 파악해야 할 필요가 있다.

(1) ArcMap 프로그램 Catalog 하단 창에서 마우스 오른쪽 버튼 클릭 → New 클릭 → Shapefile 클릭

새로운 Shapefile을 생성한다(그림 4-7).

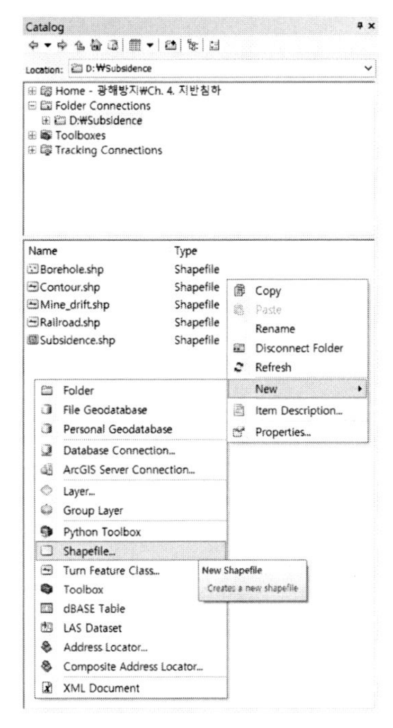

그림 4-7 분석영역 정의를 위한 Shapefile 생성

(2) Create New Shapefile 창에서 파일 이름 입력(관심지역) → 파일 유형 선택(Polygon) → OK 버튼 클릭

연구지역의 분석영역은 점·선·면 중 2차원 면(Polygon)의 형태로 정의한다(그림 4-8).

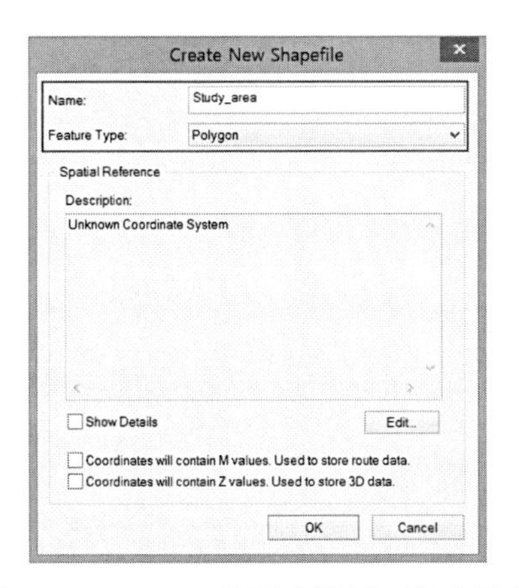

그림 4-8 Shapefile 파일명 설정 및 피처 유형 선택

(3) ArcMap 프로그램 메뉴바 빈 공간에서 마우스 오른쪽 클릭 → 팝업메뉴에서 Editor 클릭

ArcMap 프로그램에 Editor 툴바가 추가되었다(그림 4-9).

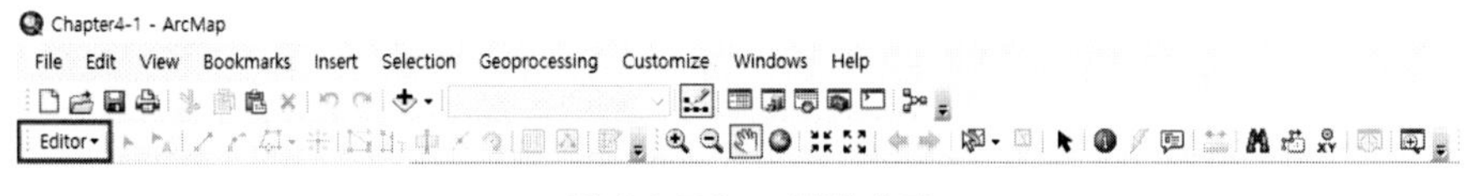

그림 4-9 Editor 툴바 추가

(4) Editor > Start Editing > Create Feature 순서로 클릭 → Create Features 창에서 '연구지역' 클릭 → Construction Tools에서 'Rectangle' 클릭

그리기 도구(Construction Tools)를 이용하여 Shapefile을 사각형으로 결정한다(그림 4-10).

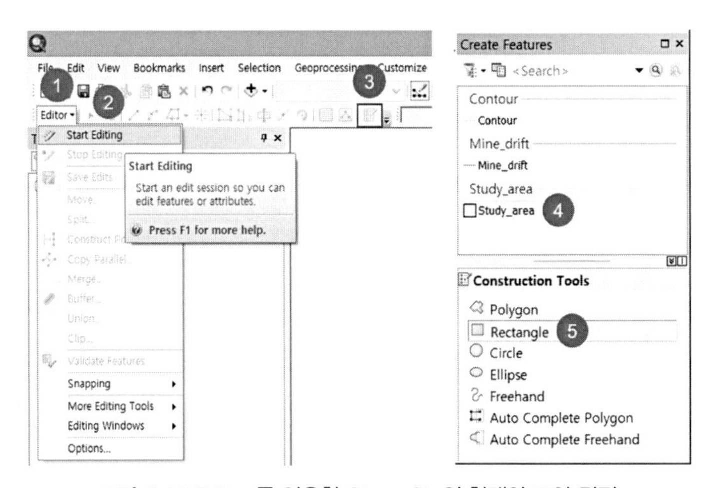

그림 4-10 Editor를 이용한 Shapefile의 형태와 모양 결정

(5) 사각형 그리기 툴로 분석영역을 그린 후 마우스 왼쪽 버튼 더블클릭

그림 4-11과 같이 갱도가 분포한 지역을 포함하는 연두색의 분석영역이 설정된 것을 확인할 수 있다. 이는 앞으로 추출 또는 생성할 수치고도모델, 영향인자 레이어 등의 영역 크기와 동일하다.

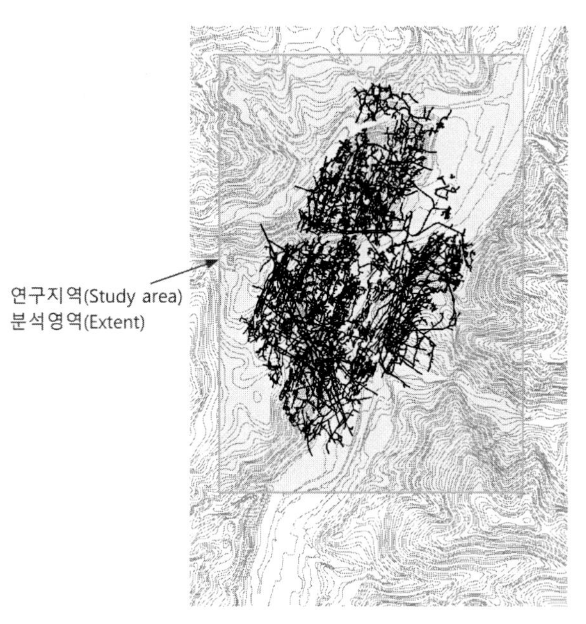

그림 4-11 관심지역 설정 결과

(6) Editor의 Save Edits 클릭 → Stop Editing 클릭

관심지역 설정이 끝났으면 이를 저장하고, 편집 작업을 종료한다.

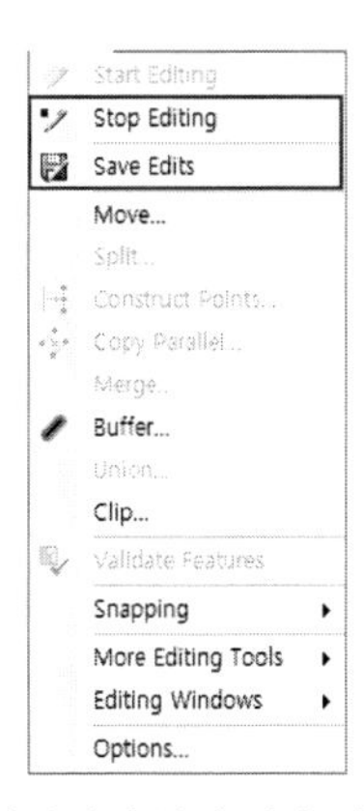

그림 4-12 관심지역 설정 저장 및 Editor 종료

3) 영향인자 레이어 추출 1 – 갱도심도. 갱도심도는 어떤 격자셀의 '지표 고도 – 갱도 고도'로 정의된다. 따라서 갱도심도를 계산하기 위해서는 관심지역의 지표 고도를 보여주는 수

치고도모델과 갱도 고도 자료가 필요하다. 본 실습에서 (1)~(6) 단계는 벡터 형식의 등고선 자료로부터 래스터 형식의 수치고도모델을 추출하는 과정을, (7)~(9) 단계는 갱도 고도 자료의 벡터-래스터 변환 과정을, (10)~(11) 단계는 수치고도모델과 갱도 고도 자료로부터 갱도심도 래스터 레이어를 생성하는 과정을 보여준다.

(1) Table of Contents의 **등고선 레이어 선택 → 마우스 오른쪽 버튼 클릭 →** Open Attribute Table **클릭**

등고선 자료의 속성 테이블의 CNT_VAL 필드에 각 등고선 고도 값이 있는 것을 확인한다(그림 4-13).

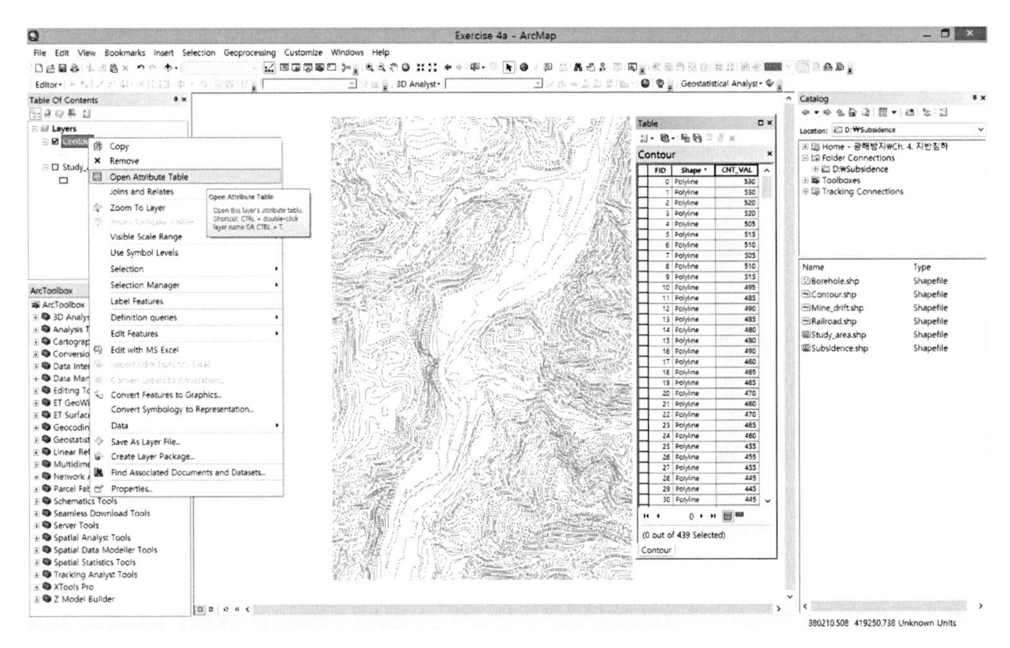

그림 4-13 등고선 자료 속성 테이블의 고도 정보 확인

(2) ArcToolbox > 3D Analyst Tools > Data Management > TIN > Create TIN**을 차례로 클릭**

Create TIN 모듈을 불러온다(그림 4-14).

(3) Input Feature Class **선택 (등고선) → 결과 파일명 입력 (불규칙삼각망) →** Height Field **선택** (CNT_VAL) **→** OK **버튼 클릭**

Create TIN 모듈을 이용하여 등고선 자료로부터 TIN을 생성한다(그림 4-14).

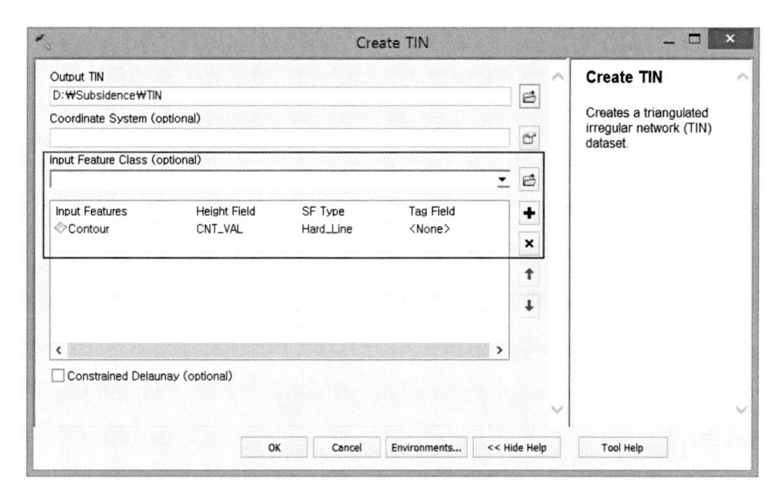

그림 4-14 TIN 추출을 위한 Create TIN 모듈의 옵션 및 변수 설정

(4) ArcToolbox> 3D Analyst Tools> Conversion> From TIN> TIN to Raster을 차례로 클릭

앞의 (3)에서 생성한 '불규칙삼각망'을 수치고도모델로 변환시키기 위해 TIN to Raster 모듈을 호출한다.

(5) TIN to Raster 모듈의 파일, 변수, 옵션 설정(그림 4-15) → Environment Settings 클릭 → Processing Extent 클릭 → Extent를 Same as layer 관심지역 선택 → Environment Settings 창의 OK 버튼 클릭 → TIN to Raster 창의 OK 버튼 클릭

입력자료(Input TIN)로는 불규칙삼각망을 선택하고, 결과 파일명(Output Raster)은 '수치고도모델.tif'로 입력한다. 여기서 '.tif'로 저장하는 이유는 일반적인 래스터 자료는 13개 이내의 영문자 또는 한글로 저장해야 하는 반면, '.tif' 형식의 경우 ArcMap에서 파일명 길이를 훨씬 길게 설정할 수 있기 때문이다.

결과 파일 유형(Output Data Type)은 FLOAT를, 변환 방법(Method)은 LINEAR을 설정한다. 생성될 수치고도모델의 격자셀 크기(Sampling Distance)는 1(m)로 할당되며, 생성될 수치고도모델이 그림 4-11에 제시된 관심지역과 동일한 크기를 갖도록 설정한다.

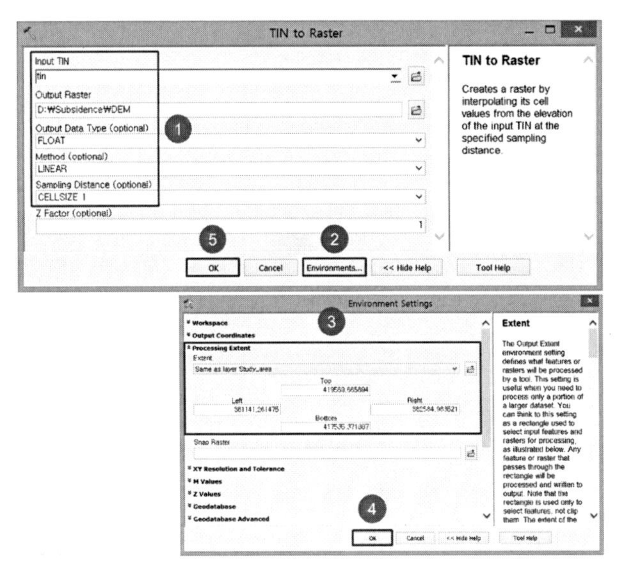

그림 4-15 TIN-DEM 변환을 위한 TIN to Raster 모듈의 옵션 및 변수 설정

(6) Table of Contents의 수치고도모델 레이어 선택 → 마우스 오른쪽 버튼 클릭 → Properties 클릭 → Source 클릭

Layer Properties 창에서 격자셀이 1,444 × 2,034개(=2,937,096개)이고, 단위 격자셀의 크기는 1m × 1m임을 확인할 수 있다(그림 4-16). 즉, 관심지역의 크기는 1,444m × 2,034m이다.

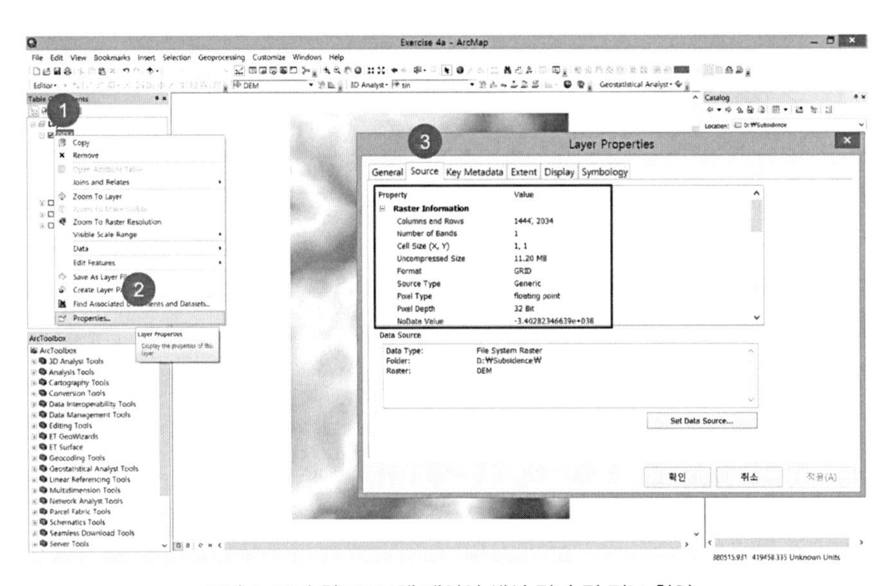

그림 4-16 수치고도모델 레이어 생성 결과 및 정보 확인

(7) Table of Contents의 갱도 레이어 선택 → 마우스 오른쪽 버튼 클릭 → Open Attribute Table 클릭

그림 4-17과 같이 Elevation 필드에 갱도 고도 정보가 있는 것을 확인할 수 있다.

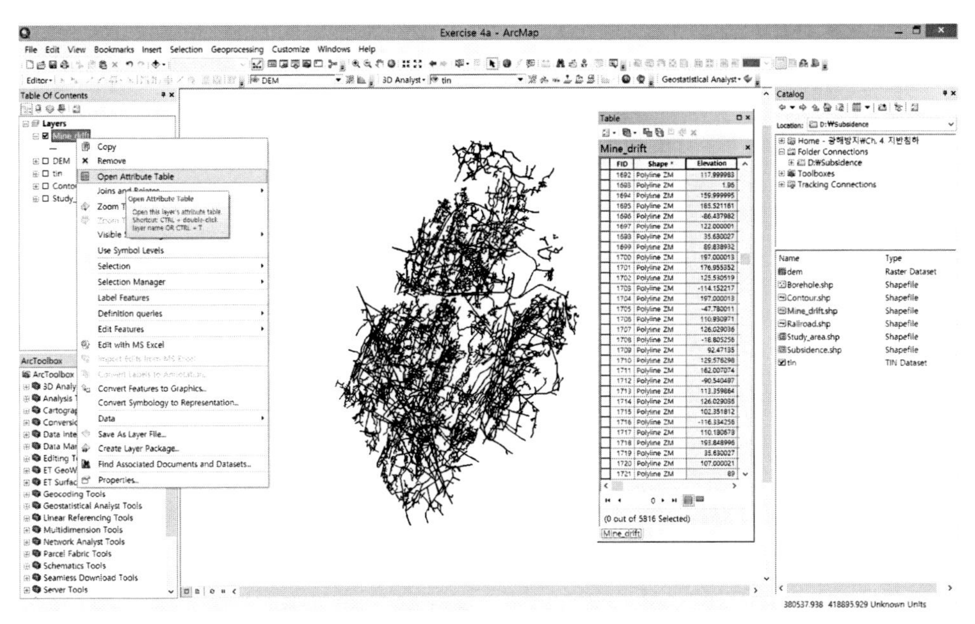

그림 4-17 갱도 자료 속성 테이블의 고도 정보 확인

(8) ArcToolbox > Conversion tools > To Raster > Polyline to Raster 순서로 클릭

Polyline to Raster 모듈을 이용하여 벡터 형식의 갱도 자료를 래스터 형식의 갱도 고도 자료로 변환한다.

(9) Polyline to Raster 모듈의 파일, 변수, 옵션 설정(그림 4-18) → Environment Settings 클릭 → Processing Extent 클릭 → Extent를 Same as layer 수치고도모델 선택 → Environment Settings 창의 OK 버튼 클릭 → TIN to Raster 창의 OK 버튼 클릭

벡터 형식의 갱도 자료로부터 갱도 고도를 속성값으로 갖는 래스터 자료를 생성한다(그림 4-18). 이를 위해 Value field를 갱도 고도값이 있는 Elevation 필드로 선택하고, 격자셀 크기는 수치고도모델과 동일하게 1(m)로, 결과 파일 이름은 '갱도고도.tif'로 입력한다. 생성될 결과 파일의 자료처리(분석) 영역을 수치고도모델과 동일하게 설정한다. 만약 이 설정을 하지 않으면 결과 파일의 분석 영역은 벡터 형식의 갱도가 존재하는 지역만으로 할당되기 때문에 수치고도모델 등과 같은 래스터 자료와의 공간분석을 수행할 수 없다.

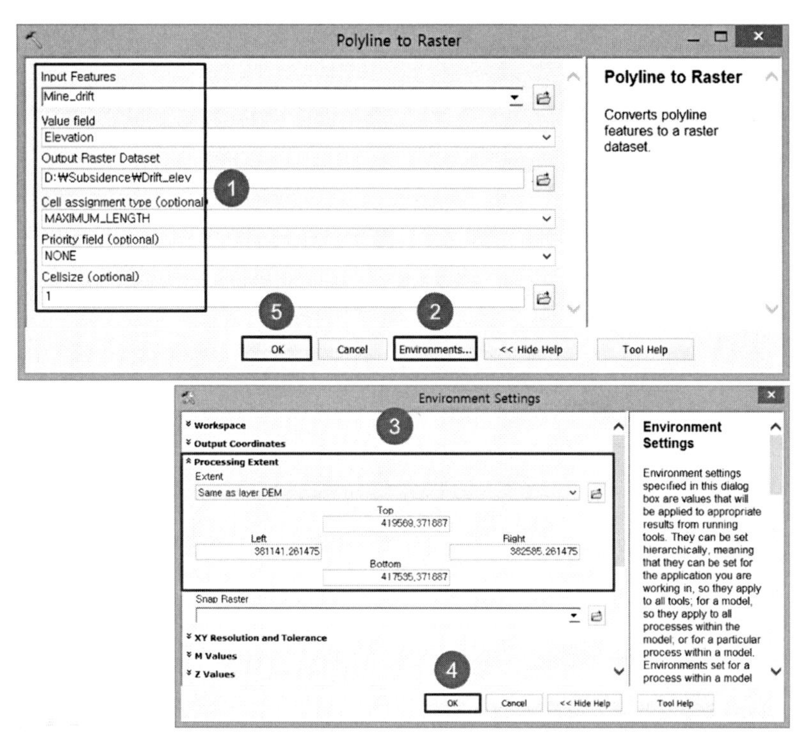

그림 4-18 갱도 자료의 벡터-래스터 변환을 위한 Polyline to Raster 모듈의 옵션 및 변수 설정

(10) ArcToolbox > Spatial Analyst Tools > Map algebra > Raster Calculator **순서로 클릭 → 입력창에 수식 입력("수치고도모델" - "갱도고도") → 결과 파일 이름 입력(영향인자 1-갱도심도.tif) → OK 버튼 클릭**

Raster Calculator 모듈을 이용하여 수치고도모델과 갱도고도 레이어의 뺄셈 연산을 통해 갱도심도 레이어를 생성한다(그림 4-19). Raster Calculator는 래스터 자료끼리의 연산만 가능하기 때문에 좌측 상단의 Layers and variables에는 연산 가능한 래스터 자료만 표시된다(즉, 벡터 자료는 나타나지 않는다). 입력창에 수식을 입력할 때는 직접 타이핑하기보다는 Layers and variables에 있는 레이어를 더블클릭하거나 중간 상단에 있는 연산기호를 더블클릭하여 쉽게 입력할 수 있다.

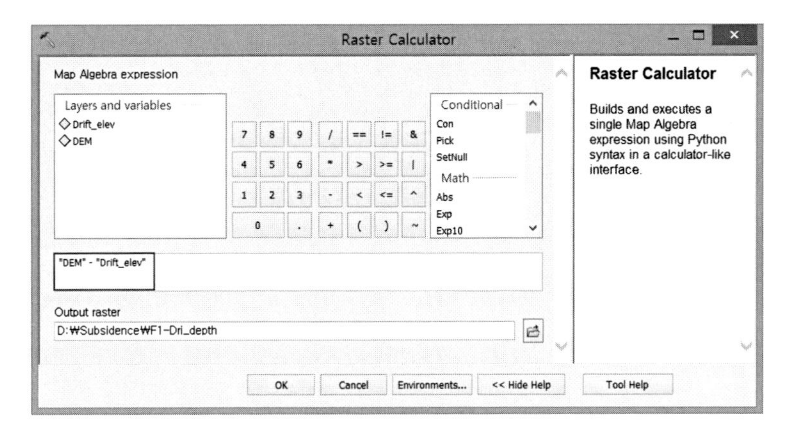

그림 4-19 갱도심도 레이어 생성을 위한 Raster Calculator 모듈의 수식 입력

(11) 생성된 갱도심도 레이어의 특성 확인

그림 4-20과 같은 래스터 형식의 갱도심도 레이어가 생성되었다. 갱도심도 최댓값은 약 423m, 최솟값은 −2m인 것을 확인할 수 있다. 갱도가 위치한 지역의 벡터 자료만 래스터 자료로 변환됐기 때문에 그 외에 갱도가 존재하지 않는 흰색 지역은 갱도심도 값이 존재하지 않는다(NoData).

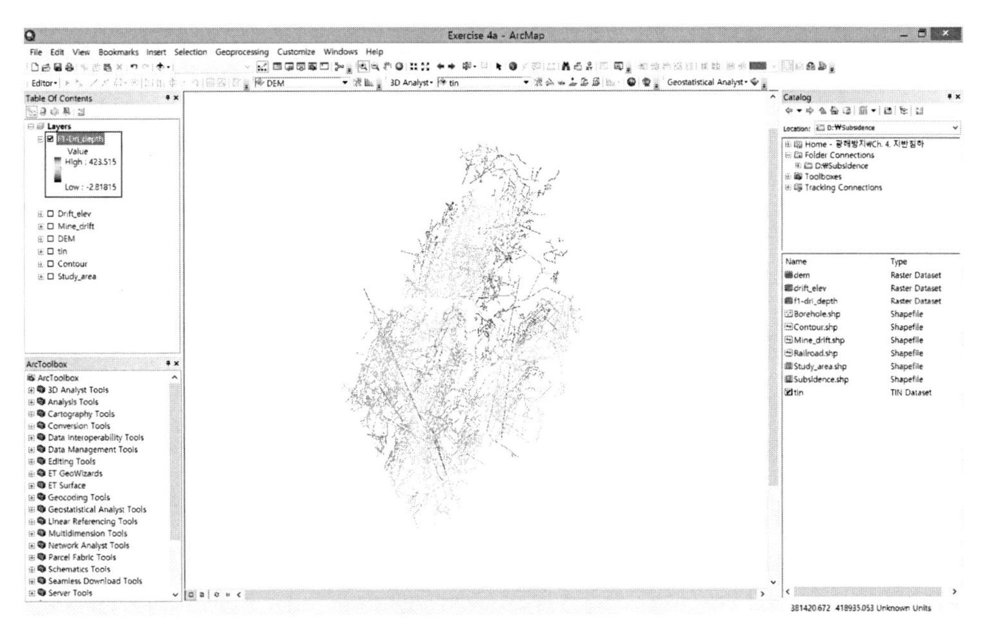

그림 4-20 갱도심도 레이어 생성 결과

4) 영향인자 레이어 추출 2 – 갱도밀도. 그림 4-21은 Line density 모듈의 선(polyline) 밀도 산정 원리를 보여준다. 갱도는 선으로 이루어져 있기 때문에 이러한 원리를 적용하면 갱도의 밀도를 계산해낼 수 있다. 여기서 어떤 격자셀의 갱도밀도는 해당 격자셀로부터 임의의 반경(search radius) 내에 위치한 갱도 길이의 합을 원의 면적으로 나눈 값으로 정의된다 (Suh et al., 2013).

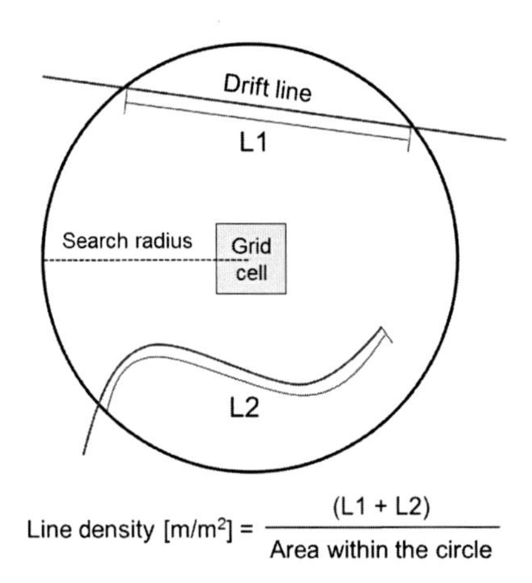

$$\text{Line density [m/m}^2\text{]} = \frac{(L1 + L2)}{\text{Area within the circle}}$$

그림 4-21 Line density 모듈을 이용한 선 밀도 산정 원리

(1) ArcToolbox > Spatial Analyst Tools > Density > Line Density 순서로 클릭

(2) Line Density 모듈의 파일, 변수, 옵션 설정(그림 4-22) → Environment Settings 클릭 → Processing Extent 클릭 → Extent를 Same as layer 수치고도모델 선택 → Environment Settings 창의 OK 버튼 클릭 → Line Density 창의 OK 버튼 클릭

선밀도를 계산하고자 하는 대상(Input polyline features)으로는 갱도 자료를 선택하고, 결과 파일 이름(Output raster)은 '영향인자2 – 갱도밀도.tif'로 입력하며, 결과 파일의 격자셀 크기(Output cell size)는 수치고도모델과 동일하게 1(m)로 설정한다. 관심지역의 갱도 분포를 고려하여 임의의 반경값(Search radius)을 50(m)로 입력하고, 면적의 단위(Area units)는 SQUARE_METERS(m^2)로 선택한다. 그리고 생성될 결과 파일의 자료처리 영역을 정의하기 위해 [Environment Settings]의 Processing Extent를 'Same as layer 수치고도모델'로 선택한 다음 OK 버튼을 클릭한다.

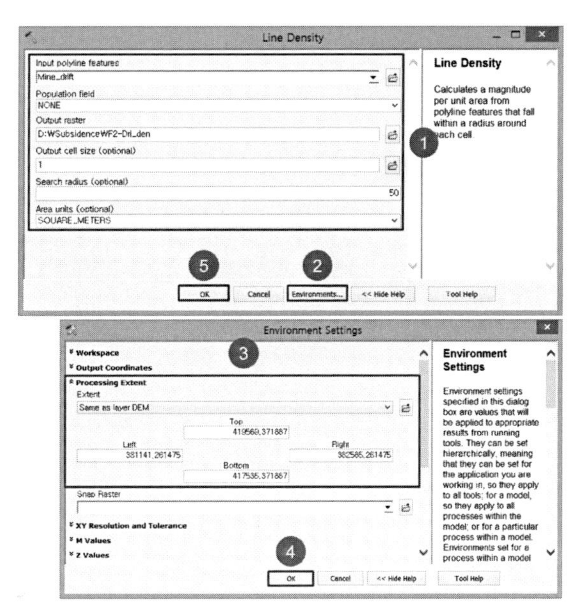

그림 4-22 갱도 밀도 추출을 위한 Line density 모듈의 옵션 및 변수 설정

(3) 생성된 갱도밀도 레이어의 확인

생성된 갱도밀도 레이어를 확인한다(그림 4-23). 갱도밀도 값은 대략 0~0.76의 분포를 보인다. 적색으로 표시된 지역은 갱도의 수평적 밀집도가 높은 반면, 청색지역은 갱도밀도 값이 0으로 격자셀 반경 50m 내에 갱도가 존재하지 않는 것으로 해석할 수 있다.

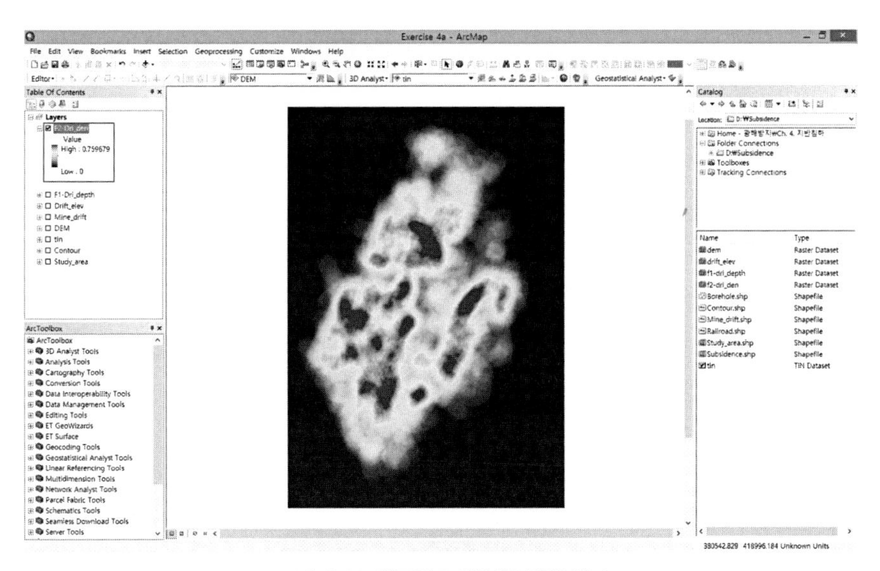

그림 4-23 갱도밀도 레이어 생성 결과

5) 영향인자 레이어 추출 3 - 갱도로부터의 거리.

(1) ArcToolbox > Spatial Analyst Tools > Distance > Euclidean Distance 순서로 클릭

(2) Euclidean Distance 모듈의 파일, 변수, 옵션 설정(그림 4-24) → Environment Settings 클릭 → Processing Extent 클릭 → Extent를 Same as layer 수치고도모델 선택 → Environment Settings 창의 OK 버튼 클릭 → Euclidean Distance 창의 OK 버튼 클릭

거리를 계산하고자 하는 대상(Input raster or feature source data)으로는 갱도 자료를 선택하고, 결과 파일 이름(Output distance raster)은 '영향인자3-갱도로부터의거리.tif'로 입력하며, 결과 파일의 격자셀 크기(Output cell size)는 수치고도모델과 동일하게 1(m)로 설정한다. 최대 계산 거리(Maximum distance)에는 값을 비워둠으로써 제한을 두지 않는다. 그리고 생성될 결과 파일의 자료처리 영역을 정의하기 위해 [Environment Settings]의 Processing Extent를 'Same as layer 수치고도모델'로 선택한 다음 OK 버튼을 클릭한다.

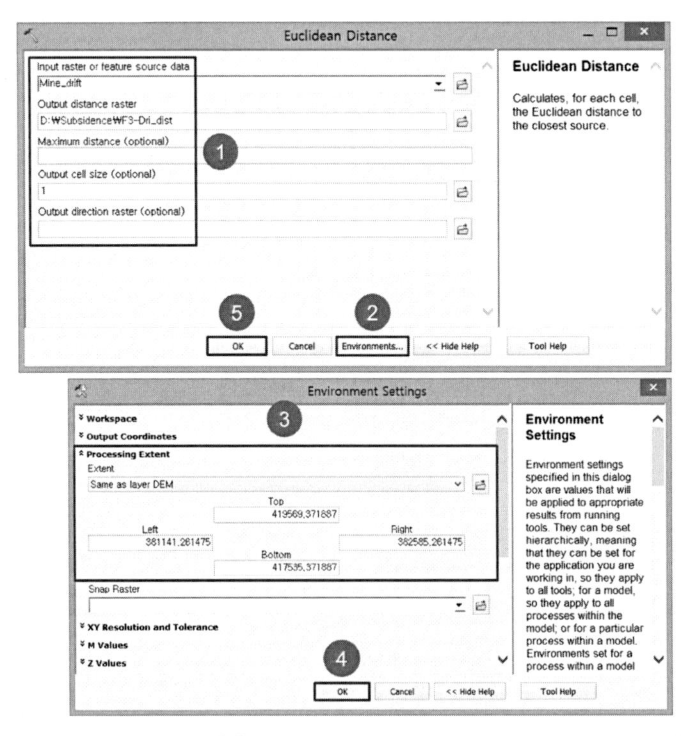

그림 4-24 갱도로부터의 거리 추출을 위한 Euclidean Distance 모듈의 옵션 및 변수 설정

(3) 생성된 갱도로부터의 거리 레이어의 확인

갱도로부터의 거리가 가장 작은 격자셀의 값(최솟값)은 0(m)이고, 최댓값은 약 717(m)인 것을 확인할 수 있다(그림 4-25).

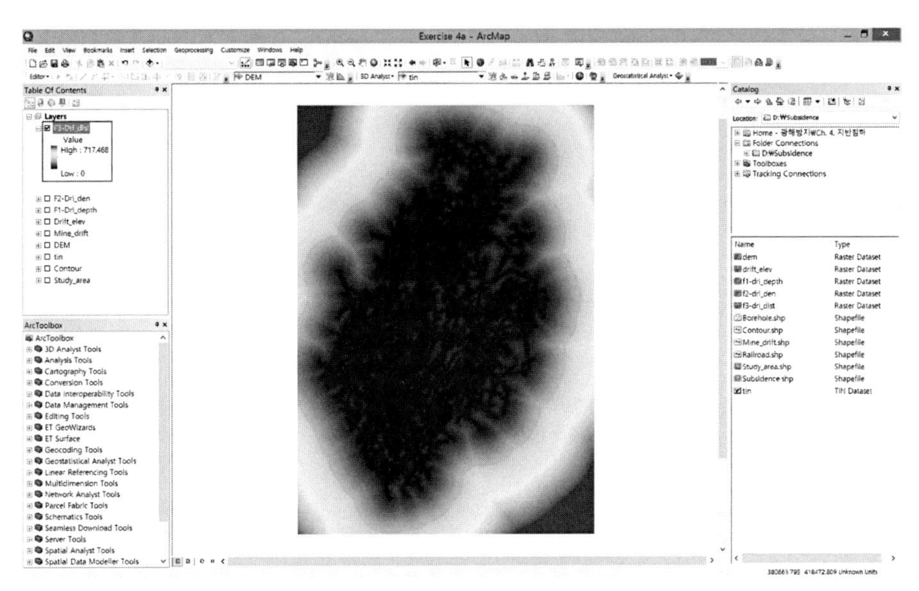

그림 4-25 갱도로부터의 거리 레이어 생성 결과

6) 영향인자 레이어 추출 4 – 철도로부터의 거리.

(1) ArcToolbox > Spatial Analyst Tools > Distance > Euclidean Distance 순서로 클릭

(2) Euclidean Distance 모듈의 파일, 변수, 옵션 설정(그림 4-26) → Environment Settings 클릭 → Processing Extent 클릭 → Extent를 Same as layer 수치고도모델 선택 → Environment Settings 창의 OK 버튼 클릭 → Euclidean Distance 창의 OK 버튼 클릭

거리를 계산하고자 하는 대상(Input raster or feature source data)으로는 철도 자료를 선택하고, 결과 파일 이름(Output distance raster)은 '영향인자4 – 철도로부터의거리.tif'로 입력하며, 결과 파일의 격자셀 크기(Output cell size)는 수치고도모델과 동일하게 1(m)로 설정한다. 최대 계산 거리(Maximum distance)에는 값을 비워둠으로써 제한을 두지 않는다. 그리고 생성될 결과 파일의 자료처리 영역을 정의하기 위해 [Environment Settings]의 Processing Extent를 'Same as layer 수치고도모델'로 선택한 다음 OK 버튼을 클릭한다.

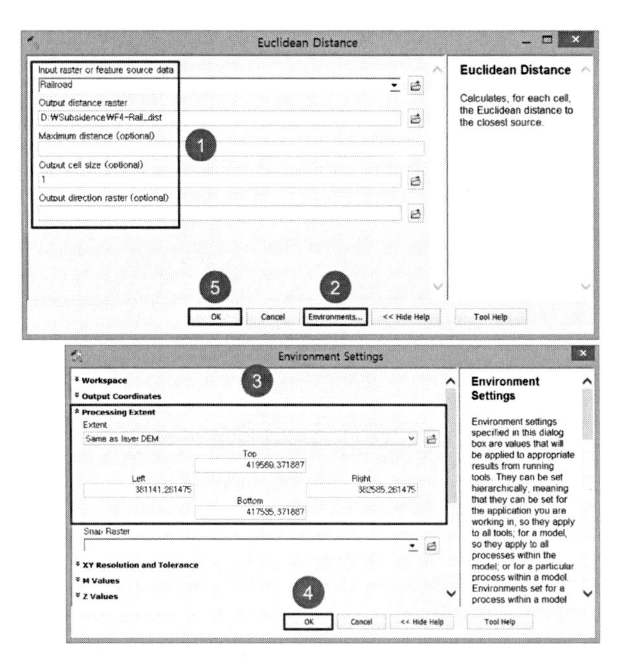

그림 4-26 철도로부터의 거리 추출을 위한 Euclidean Distance 모듈의 옵션 및 변수 설정

(3) 생성된 철도로부터의 거리 레이어의 확인

철도로부터의 거리가 가장 작은 격자셀의 값(최솟값)은 0(m)이고, 최댓값은 약 1,154(m)인 것을 확인할 수 있다(그림 4-25).

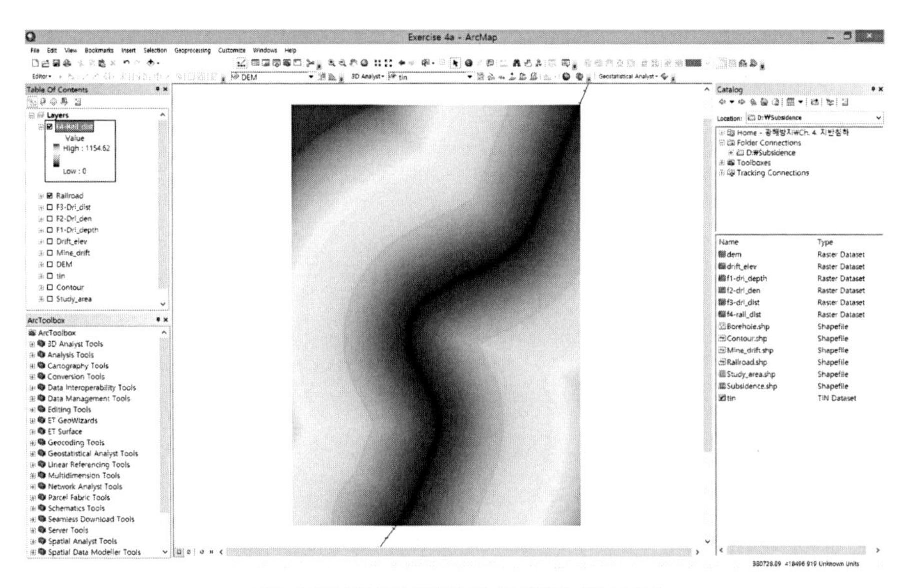

그림 4-27 철도로부터의 거리 레이어 생성 결과

7) **영향인자 레이어 추출 5 - 암반등급.** 폐광산지역의 암반등급은 일반적으로 시추 자료의 해석을 통해 획득할 수 있다. 그러나 시추공 자료가 2차원 평면 지도에서는 점(point)의 형태로 나타나기 때문에 연구지역 전체 격자셀에 대한 암반등급 값을 얻기 위해서는 보간법(interpolation)의 적용이 필요하다. 보간법의 종류로는 Kriging, Inverse distance weight(IDW), Natural neighbor, Spline 등이 있으나, 본 실습에서는 가장 널리 활용되고 있는 Kriging 기법을 이용하여 연구지역의 암반등급 분포를 파악하고자 한다. ArcMap에서는 ArcToolbox의 Kriging 모듈이나 Geostatistical Analyst Extension의 Geostatistical Wizard를 통해 Kriging을 적용할 수 있다. 후자가 전자에 비해 보다 다양한 옵션을 제공하지만, 본 실습에서는 영향인자 추출 과정의 통일성을 위하여 상대적으로 쉽고 간단한 ArcToolbox의 Kriging 모듈을 이용하고자 한다.

자료의 보간을 통해 획득한 예측값이나 결과는 불확실성을 포함하고 있기 때문에 보다 신뢰할 수 있는 암반등급 결과를 얻기 위해서는 입력자료의 분포 특성 및 베리오그램 모델 선택 단계에 있어서 다양한 해석과 신중한 고찰이 요구된다. 그러나 본 실습에서 이러한 과정을 모두 다루기에는 한계가 있으므로 간단히 시추공 자료로부터 2차원 영역의 암반등급을 추정하는 절차만을 소개하고자 한다.

(1) **Table of Contents의 Borehole 레이어 선택 → 마우스 오른쪽 버튼 클릭 → Open Attribute Table 클릭**

시추공 자료 테이블의 암반등급(RMR) 정보를 확인한다(그림 4-28).

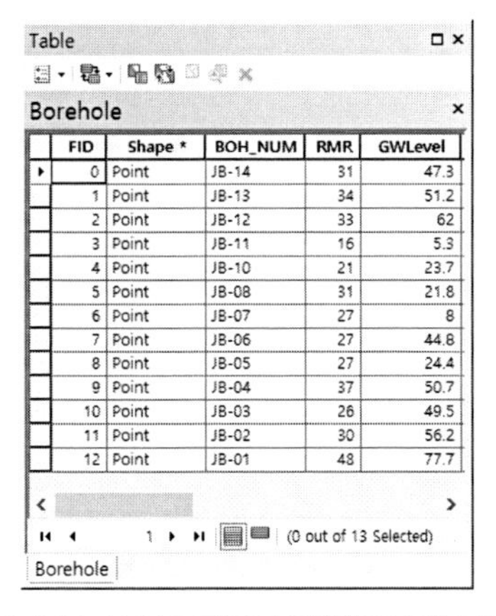

Table

Borehole

FID	Shape *	BOH_NUM	RMR	GWLevel
0	Point	JB-14	31	47.3
1	Point	JB-13	34	51.2
2	Point	JB-12	33	62
3	Point	JB-11	16	5.3
4	Point	JB-10	21	23.7
5	Point	JB-08	31	21.8
6	Point	JB-07	27	8
7	Point	JB-06	27	44.8
8	Point	JB-05	27	24.4
9	Point	JB-04	37	50.7
10	Point	JB-03	26	49.5
11	Point	JB-02	30	56.2
12	Point	JB-01	48	77.7

(0 out of 13 Selected)

Borehole

그림 4-28 시추공 자료의 암반등급 정보 확인

(2) ArcToolbox>Spatial Analyst Tools>Interpolation>Kriging을 차례로 클릭

(3) Kriging 모듈의 파일, 변수, 옵션 설정(그림 4-29)→Environment Settings 클릭→Processing Extent 클릭→Extent를 Same as layer 수치고도모델 선택→Environment Settings 창의 OK 버튼 클릭→Kriging 창의 OK 버튼 클릭

입력 점 자료(Input point features)로는 시추공 자료를, 보간의 대상이 되는 속성값(Z value field)으로는 RMR 필드를 선택하고, 결과 파일 이름(Output surface raster)은 '영향인자5-암반등급.tif'로 입력한다. 크리깅 보간법(Kriging method)으로는 정규크리깅(Ordinary Kriging) 기법을, 베리오그램 모델(Semivariogram model)은 구형(Spherical) 모델을 선택한다. 결과 파일의 격자셀 크기(Output cell size)는 수치고도모델과 동일하게 1(m)로 설정한다. 보간을 수행하기 위해 값을 알고 있는 점과의 최대 거리(Maximum distance)는 비워둠으로써 제한을 두지 않는 반면, 보간에 이용될 점의 개수(Number of points)는 12개로 한정한다. 그리고 생성될 결과 파일의 자료처리 영역을 정의하기 위해 [Environment Settings]의 Processing Extent를 'Same as layer 수치고도모델'로 선택한 다음 OK 버튼을 클릭한다.

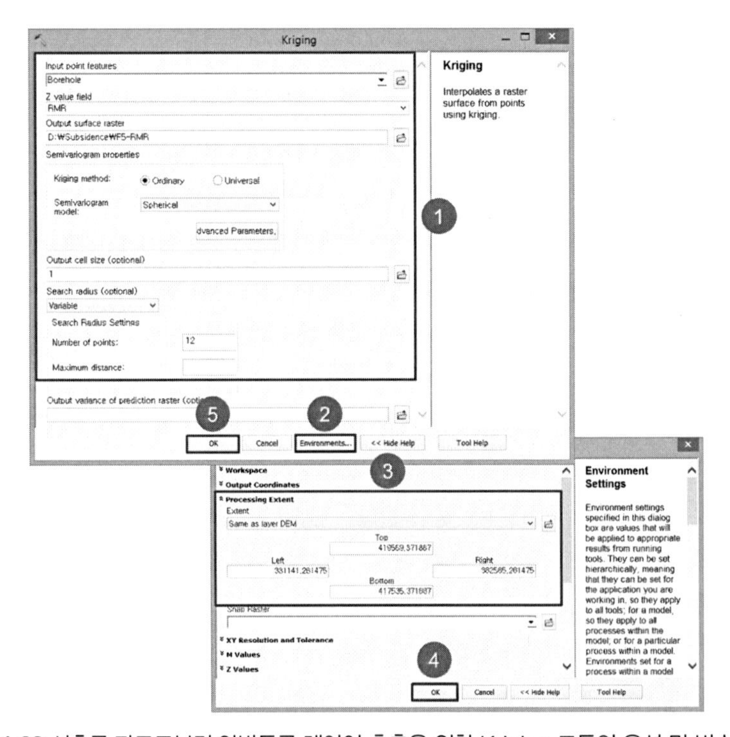

그림 4-29 시추공 자료로부터 암반등급 레이어 추출을 위한 Kriging 모듈의 옵션 및 변수 설정

(4) 생성된 암반등급 레이어의 확인

예측된 암반등급의 최솟값은 21.18, 최댓값은 37.52인 것을 확인할 수 있다(그림 4-30).

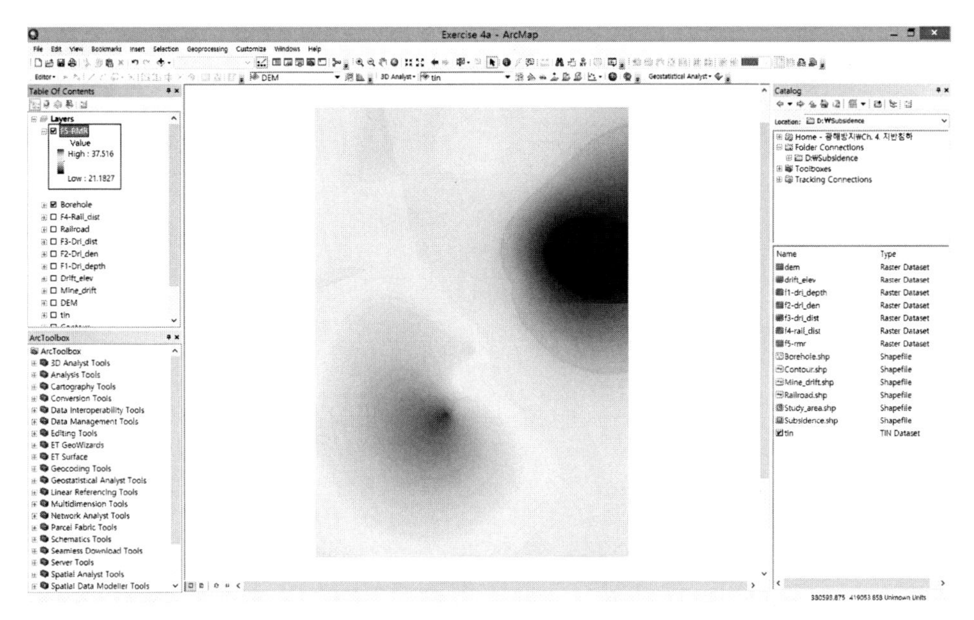

그림 4-30 암반등급 레이어 생성 결과

8) 영향인자 레이어 추출 6 – 지하수심도. 지하수 심도는 어떤 격자셀에서의 '지표 고도 – 지하수위'로 정의된다. 따라서 지하수 심도를 계산하기 위해서는 연구지역의 수치고도모델과 지하수위 자료가 필요하다. 수치고도모델은 갱도심도 레이어를 생성하는 과정에서 이미 추출되었고, 지하수위 자료는 시추 자료로부터 획득 가능하다. 따라서 본 실습에서는 시추공 자료에 Kriging 기법을 적용하여 관심지역의 전체 격자셀에 대한 지하수위 값을 보간한 후에 수치고도모델과 지하수위 레이어의 뺄셈 연산을 통해 지하수심도 레이어를 추출하고자 한다.

(1) Table of Contents의 Borehole 레이어 선택 → 마우스 오른쪽 버튼 클릭 → Open Attribute Table 클릭

시추공 자료 테이블의 지하수위(GWLevel) 정보를 확인한다(그림 4-31).

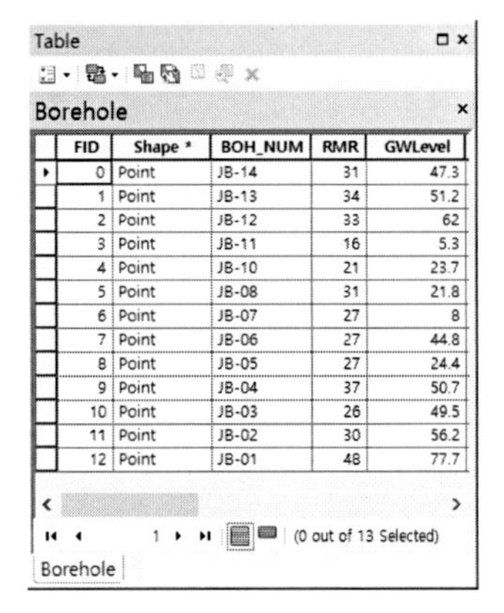

FID	Shape *	BOH_NUM	RMR	GWLevel
0	Point	JB-14	31	47.3
1	Point	JB-13	34	51.2
2	Point	JB-12	33	62
3	Point	JB-11	16	5.3
4	Point	JB-10	21	23.7
5	Point	JB-08	31	21.8
6	Point	JB-07	27	8
7	Point	JB-06	27	44.8
8	Point	JB-05	27	24.4
9	Point	JB-04	37	50.7
10	Point	JB-03	26	49.5
11	Point	JB-02	30	56.2
12	Point	JB-01	48	77.7

그림 4-31 시추공 자료의 지하수위 정보 확인

(2) ArcToolbox > Spatial Analyst Tools > Interpolation > Kriging을 차례로 클릭

(3) Kriging 모듈의 파일, 변수, 옵션 설정(그림 4-32) → Environment Settings 클릭 → Processing Extent 클릭 → Extent를 Same as layer 수치고도모델 선택 → Environment Settings 창의 OK 버튼 클릭 → Kriging 창의 OK 버튼 클릭

입력 점 자료(Input point features)로는 시추공 자료를, 보간의 대상이 되는 속성값(Z value field)으로는 GWLevel 필드를 선택하고, 결과 파일 이름(Output surface raster)은 '지하수위.tif'로 입력한다. 크리깅 보간법(Kriging method)으로는 정규크리깅(Ordinary Kriging) 기법을, 베리오그램 모델(Semivariogram model)은 구형(Spherical) 모델을 선택한다. 결과 파일의 격자셀 크기(Output cell size)는 수치고도모델과 동일하게 1(m)로 설정한다. 보간을 수행하기 위해 값을 알고 있는 점과의 최대 거리(Maximum distance)는 비워둠으로써 제한을 두지 않는 반면, 보간에 이용될 점의 개수(Number of points)는 12개로 한정한다. 그리고 생성될 결과 파일의 자료 처리 영역을 정의하기 위해 [Environment Settings]의 Processing Extent를 'Same as layer 수치고도모델'로 선택한 다음 OK 버튼을 클릭한다.

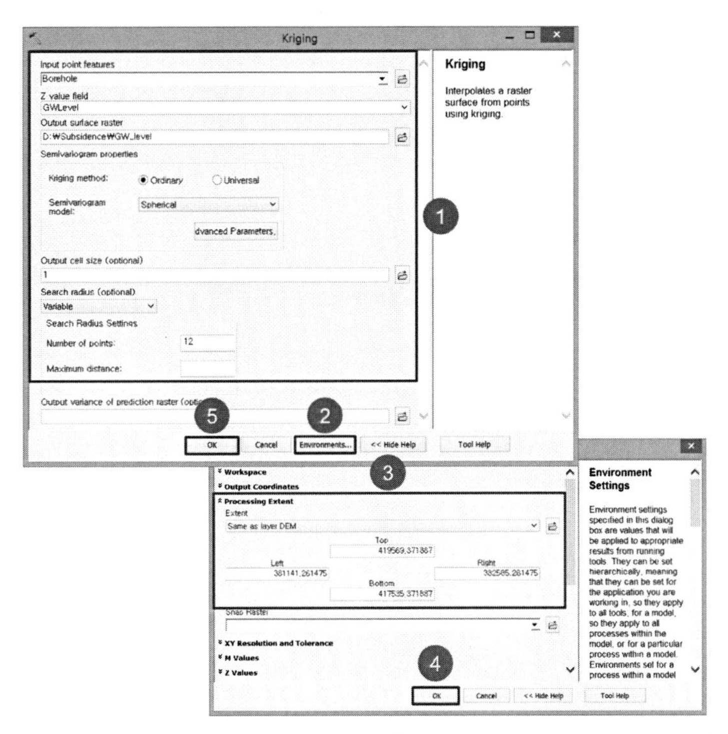

그림 4-32 시추공 자료로부터 지하수위 레이어 추출을 위한 Kriging 모듈의 옵션 및 변수 설정

(4) ArcToolbox > Spatial Analyst Tools > Map algebra > Raster Calculator을 차례로 클릭 → 입력창에 수식 입력("수치고도모델" - "지하수위") → 결과 파일 이름 입력(영향인자6 - 지하수심도.tif) → OK 버튼 클릭

(갱도심도 레이어 추출 방식과 유사하게) Raster Calculator 모듈을 이용하여 수치고도모델과 지하수위 레이어의 뺄셈 연산을 통해 지하수심도 레이어를 생성한다(그림 4-33).

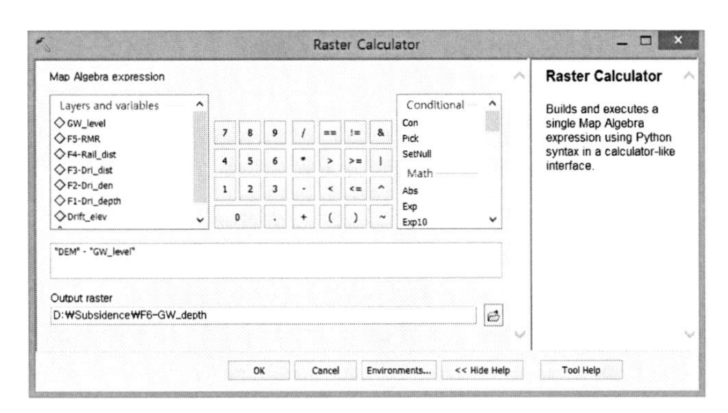

그림 4-33 지하수심도 레이어 생성을 위한 Raster Calculator 모듈의 수식 입력

(5) 생성된 지하수심도 레이어의 확인

예측된 지하수 심도의 최솟값은 약 128(m), 최댓값은 약 459(m)인 것을 확인할 수 있다(그림 4-34).

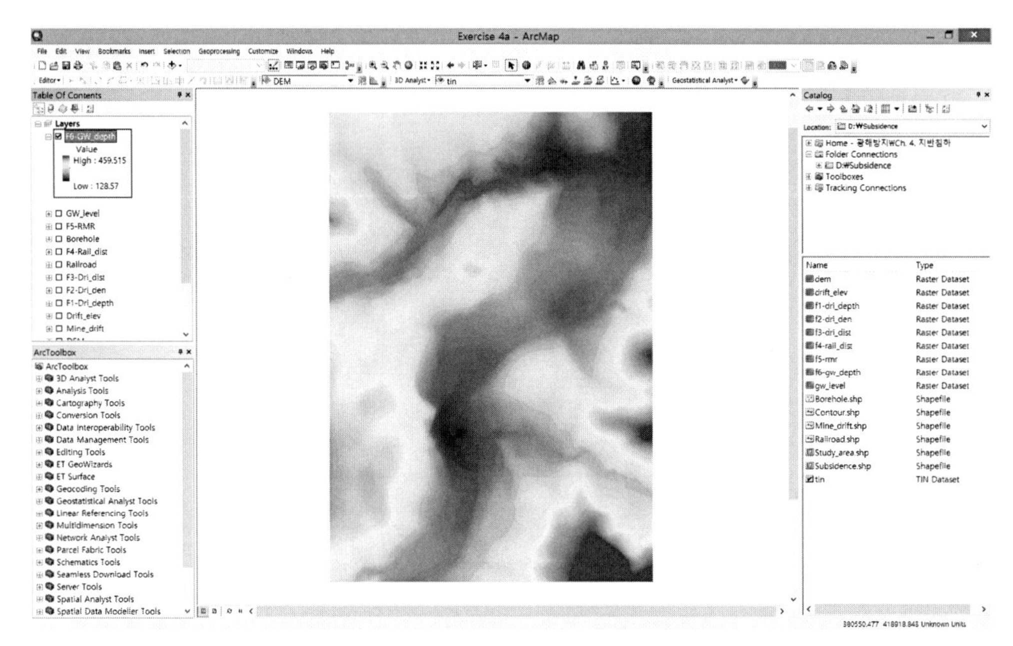

그림 4-34 지하수심도 레이어 생성 결과

9) 영향인자 레이어 추출 7 – 지형경사.

(1) ArcToolbox > Spatial Analyst Tools > Surface > Slope을 차례로 클릭

지형경사 레이어를 생성하기 위해 Slope 모듈을 호출한다.

(2) Slope 모듈의 파일, 변수, 옵션 설정(그림 4-35) → OK 버튼 클릭

입력자료(Input raster)로는 수치고도모델을 선택하고, 결과 파일 이름(Output raster)은 '영향인자7 – 지형경사.tif'로 입력하며, 결과값 형식(Output measurement)은 DEGREE로 설정한다.

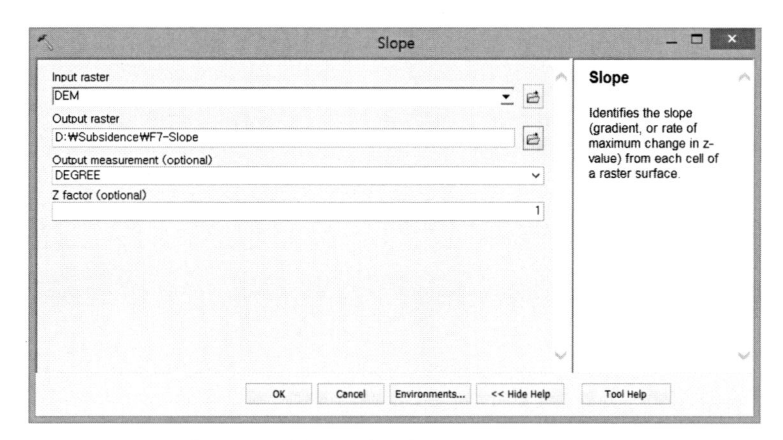

그림 4-35 지형경사 레이어 생성을 위한 Slope 모듈의 옵션 및 변수 설정

(3) 생성된 지형경사 레이어의 확인

지형경사의 최솟값은 0°, 최댓값은 약 80°인 것을 확인할 수 있다(그림 4-36).

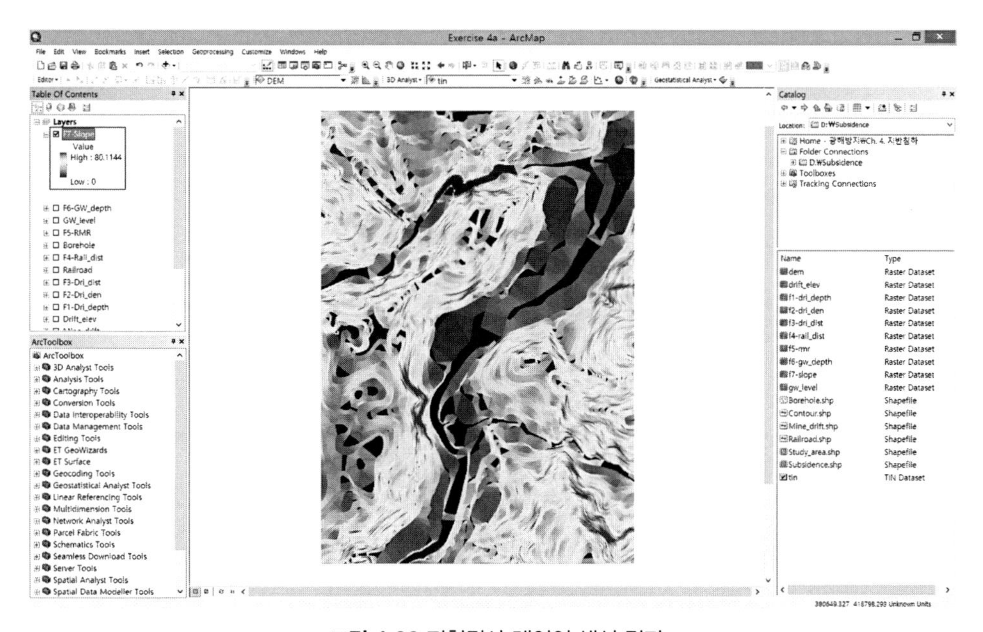

그림 4-36 지형경사 레이어 생성 결과

10) 영향인자 레이어 추출 8 – 강우누적흐름량. 그림 4-37은 수치고도모델을 이용한 강흐름방향(flow direction) 및 강우누적흐름량(flow accumulation)의 산정 원리를 보여준다. 강

우흐름방향은 임의의 격자로부터 인접한 8개 격자 중 최대 경사방향(주변 격자셀의 지형고도에 의해 정의)에 근거하여 강우 시 빗물이 흘러가는 방향을 의미하며, 강우누적흐름량은 모든 격자셀에 단위 강우가 발생했을 때, 더 높은 고도의 격자들로부터 어떤 격자에 유입되는 (혹은 지나가는) 빗물 누적량을 의미한다. 강우누적흐름량을 계산하기 위해서는 강우흐름방향 자료가 입력되어야 하고, 강우흐름방향 자료는 수치고도모델로부터 추출할 수 있다.

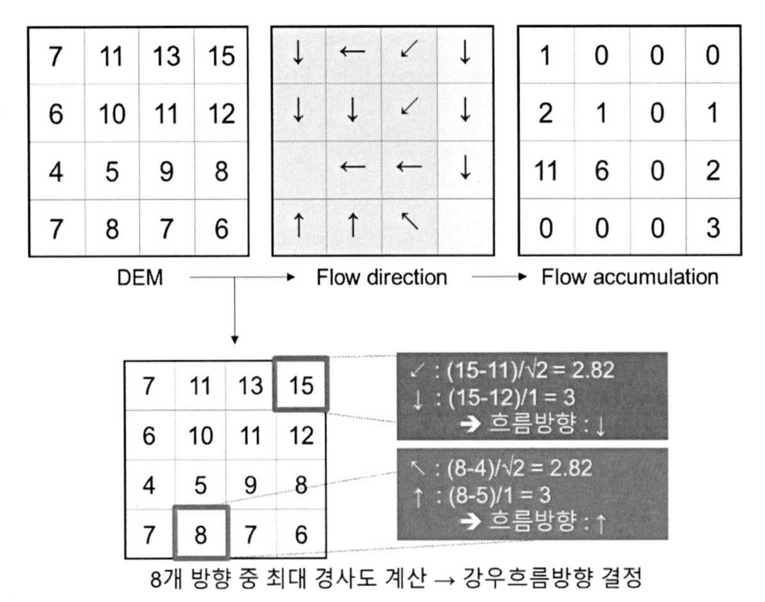

그림 4-37 수치고도모델을 이용한 강우흐름방향 및 강우누적흐름량 산정 원리

(1) ArcToolbox > Spatial Analyst Tools > Hydrology > Flow Direction을 차례로 클릭

강우흐름방향을 모델링하기 위해 Flow Direction 모듈을 호출한다.

(2) Flow Direction 모듈의 파일, 변수, 옵션 설정(그림 4-38) → OK 버튼 클릭

입력자료(Input surface raster)로는 수치고도모델을 선택하고, 결과 파일 이름(Output flow direction raster)은 '강우흐름방향.tif'로 입력한다.

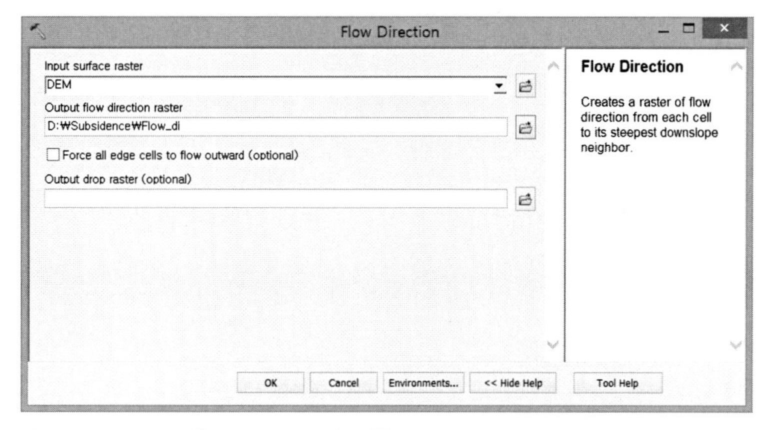

그림 4-38 강우흐름방향 레이어 생성을 위한 Flow Direction 모듈의 옵션 및 변수 설정

(3) ArcToolbox > Spatial Analyst Tools > Hydrology > Flow Accumulation을 차례로 클릭

강우누적흐름량을 모델링하기 위해 Flow Accumulation 모듈을 호출한다.

(4) Flow Accumulation 모듈의 파일, 변수, 옵션 설정(그림 4-39) → OK 버튼 클릭

입력자료(Input flow direction raster)로는 강우흐름방향 자료를 선택하고, 결과 파일 이름(Output accumulation raster)은 '강우누적흐름량.tif'로 입력한다. 결과 파일 유형(Output data type)은 INTEGER를 선택한다.

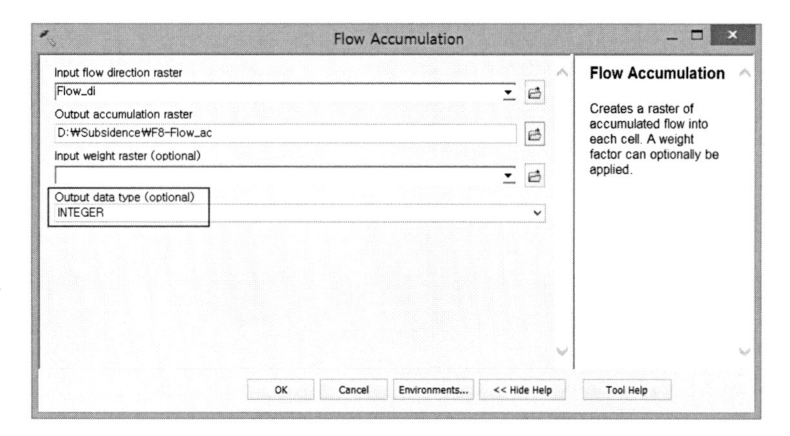

그림 4-39 강우누적흐름량 레이어 생성을 위한 Flow Accumulation 모듈의 옵션 및 변수 설정

(5) 생성된 강우누적흐름량 레이어의 확인

연구지역의 강우누적흐름량 최솟값은 0, 최댓값은 1,849,702인 것을 확인할 수 있다(그림 4-40). 대부분의 격자셀의 강우누적흐름량 값이 0이고, 계곡부나 분지 지형의 경우에만 강우누적흐름량 값이 크기 때문에 레이어가 청색으로 표시된다.

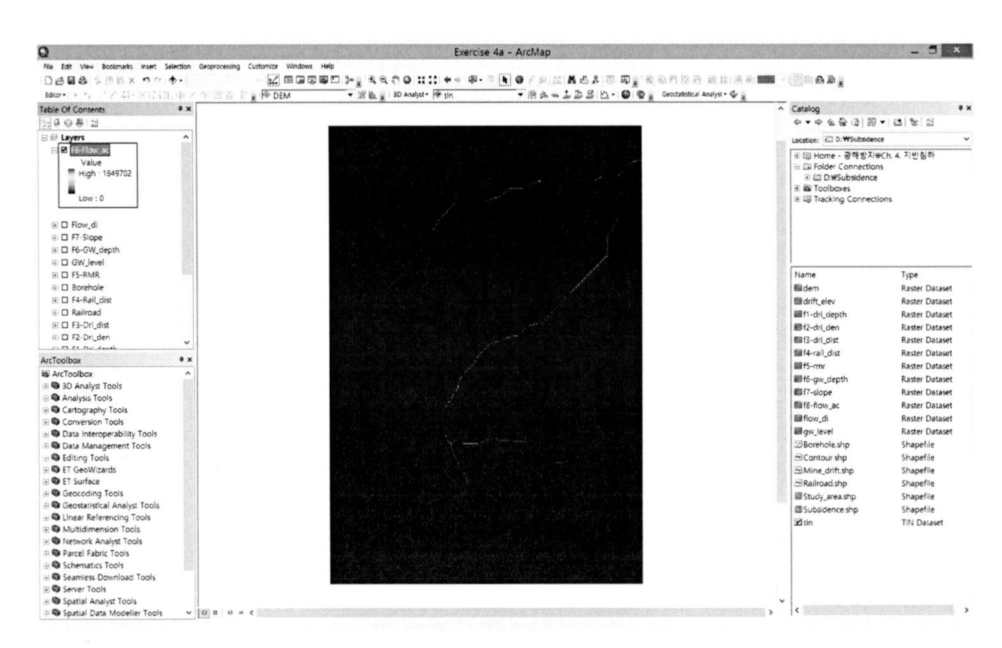

그림 4-40 강우누적흐름량 레이어 생성 결과

11) 지반침하지 자료의 래스터 변환

(1) ArcToolbox > Conversion Tools > Polygon to Raster을 차례로 클릭

벡터 폴리곤 형식의 지반침하지 자료를 래스터 자료로 변환하기 위해 Polygon to Raster 모듈을 호출한다.

(2) Polygon to Raster 모듈의 파일, 변수, 옵션 설정(그림 4-41) → Environment Settings 클릭 → Processing Extent 클릭 → Extent를 Same as layer 수치고도모델 선택 → Environment Settings 창의 OK 버튼 클릭 → Polygon to Raster 창의 OK 버튼 클릭

입력자료(Input Features)로는 지반침하지 자료를, 래스터 변환 시 지정할 속성값(Value field)로는 subsidence 필드를 선택하고, 결과 파일 이름(Output Raster Dataset)은 '지반침하지.tif'로 입력한다(그림 4-41). 자료 변환 시 할당될 속성값의 위치(Cell assignment type)로는 CELL_CENTER를 선택하고, 결과 파일의 격자셀크기(Cellsize)는 1(m)로 입력한다. 지반침하지 벡터 자료의 영역이 관심지역 영역보다 작기 때문에 이를 동일하게 맞춰주기 위해 [Environment Settings]의 Processing Extent를 'Same as layer 수치고도모델'로 선택한 다음 OK 버튼을 클릭한다.

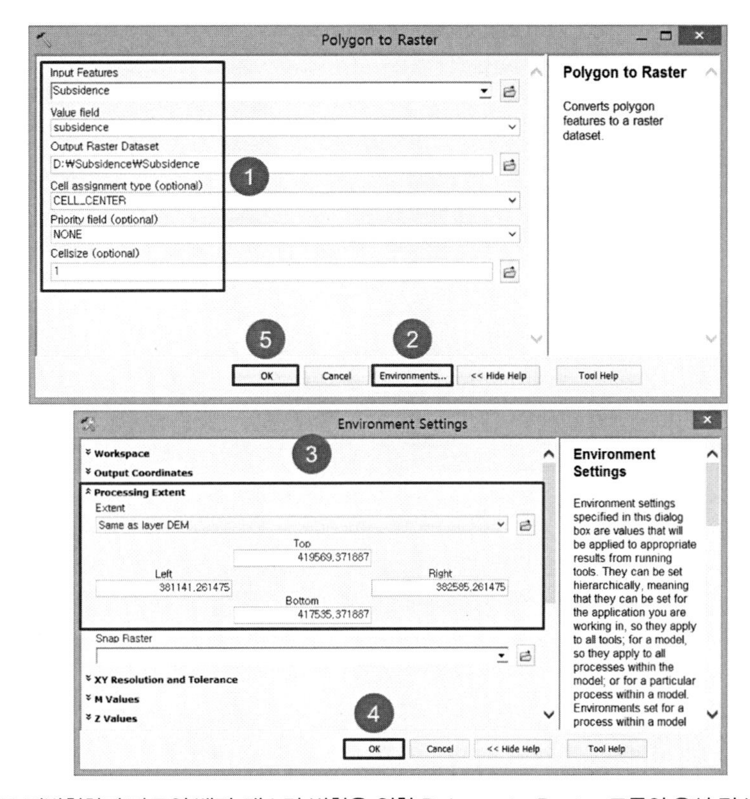

그림 4-41 지반침하지 자료의 벡터-래스터 변환을 위한 Polygon to Raster 모듈의 옵션 및 변수 설정

(3) Table of Contents의 Subsidence 레이어 선택 → 마우스 오른쪽 버튼 클릭 → Properties 클릭 → Symbology 클릭 → Unique Values 클릭

생성된 래스터 형식의 지반침하지 자료를 확인한다. 그림 4-42에서 연구지역의 지반침하 발생 격자셀이 11,142개인 것을 확인할 수 있다. 지반침하지 자료의 경우 벡터 형태였던 원자료를 래스터로 변환하면서 지반침하가 발생한 격자셀에만 속성값(1)을 부여하고, 그렇지 않은 격자셀은 NoData로 처리되었다. 따라서 자료의 영역(Extent)은 수치고도모델의 영역과 동일하지만 자료값이 존재하지 않는 NoData 격자셀이 다수 존재하기 때문에 수치고도모델의

격자셀 개수(2,937,096개)와는 확연히 차이가 난다. 이는 다수의 NoData 격자셀을 포함하고 있는 갱도심도 자료도 마찬가지라고 볼 수 있다.

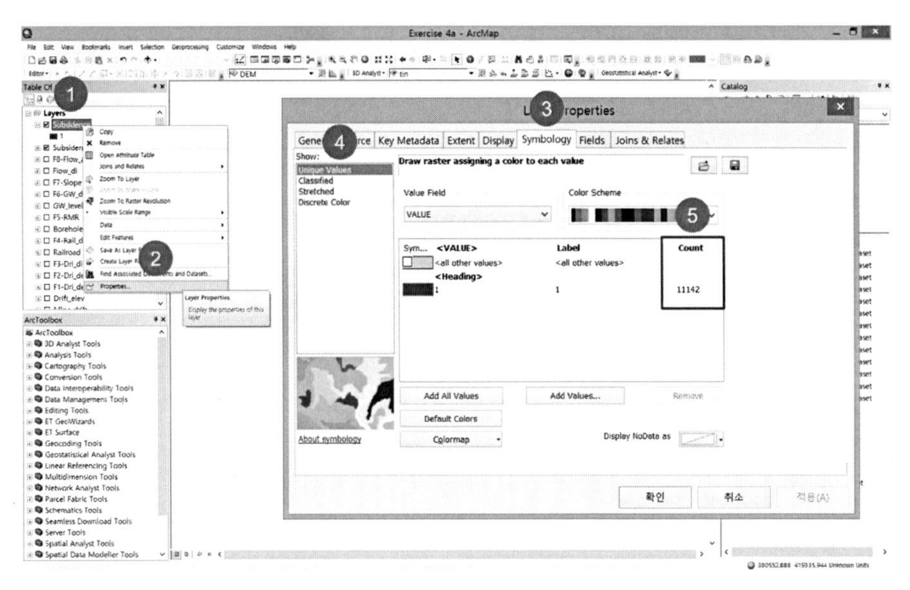

그림 4-42 지반침하지 래스터 자료의 지반침하 발생 격자셀 및 NoData 격자셀 개수 확인

4.3.2 빈도비 모델을 이용한 상대적 지반침하 발생 위험성 지도 작성

'3-나' 실습에서는 재해 예측 분야에서 널리 활용되고 있는 통계적 기법의 하나인 빈도비 모델을 이용하여 지반침하 발생 가능성을 상대적 순위 관점에서 평가할 수 있는 지반침하 발생 위험성 지도를 작성하고자 한다. '3-가' 실습에서 생성한 래스터 형식의 8가지 영향인자 레이어와 기발생 지반침하지 레이어(subsidence inventory map)의 공간적 상관관계를 분석하여 영향인자별 빈도비를 계산하고, 8개의 빈도비 레이어를 덧셈중첩연산(선형조합)하여 지반침하 발생 위험지수를 산정하고자 한다.

1) ArcMap 실행. 실습을 수행할 PC에서 ArcMap 프로그램을 실행한다.

(1) Windows **시작 버튼 클릭 → 모든 프로그램 선택 → ArcGIS 선택 → ArcMap 10.x 선택**
ArcMap 프로그램이 실행되며, Getting Started 대화상자가 나타난다(그림 4-43).

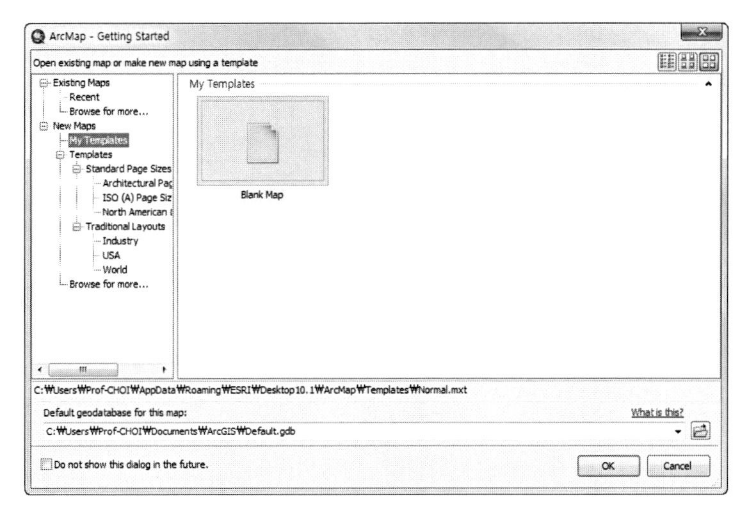

그림 4-43 ArcMap 구동 시 시작화면

(2) Getting Started 대화상자에서 Blank Scene 선택 → OK 버튼 클릭

(3) ArcMap 프로그램 File 메뉴 선택 → Save 버튼 클릭 → 다른 이름으로 저장 대화상자에서 MyExercise 폴더 클릭 → 실습 결과를 저장할 파일 이름 입력(예: MyExercise4-2) → 저장 버튼 클릭

앞으로 실습을 수행한 결과가 위에서 지정한 파일에 저장된다(MyExercise4-2.mxd).

2) '3-가'에서 생성한 수치고도모델, 지반침하 영향인자 및 지반침하지 레이어 불러오기.

(1) ArcMap 프로그램 메뉴바에서 File 선택 → Add Data 선택 → Add Data.. 클릭 → Add Data 대화상자에서 수치고도모델, 영향인자, 지반침하지 파일이 위치한 폴더로 이동 → 수치고도모델.tif, 영향인자 레이어 8개, 지반침하지.tif 파일 선택(그림 4-44) → Add 버튼 클릭

선택한 파일들이 ArcMap 프로그램의 화면에 나타난다(그림 4-44). 여기서 수치고도모델은 빈도비 모델 분석에 직접적으로 활용되지는 않으나 관심지역(분석영역) 설정 시 기준으로 활용된다.

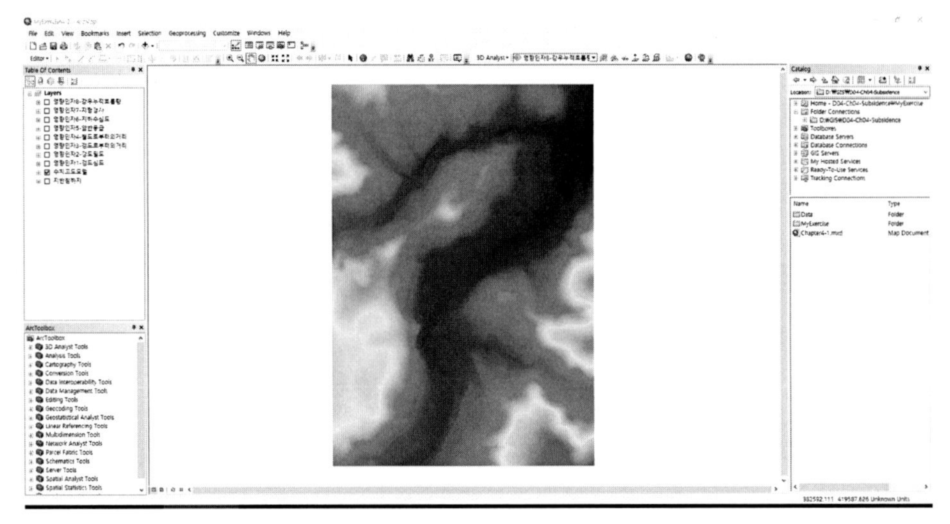

그림 4-44 수치고도모델, 지반침하 영향인자, 지반침하지 레이어를 불러온 화면

3) **훈련지역 및 검증지역 분할.** 지반침하 영향인자 레이어 8개와 지반침하지 레이어를 훈련지역(training area)과 검증지역(validation area)으로 분할한다.

(1) ArcToolbox＞Data Management Tools＞Raster＞Raster Dataset＞Create Random Raster**을 차례로 클릭**

임의의 래스터 자료를 생성하여 위의 9개 레이어에 대한 훈련지역과 검증지역을 일정한 비율로 분할하기 위해 Create Random Raster 모듈을 호출한다.

(2) Create Random Raster **모듈의 파일, 변수, 옵션 설정(그림 4-45)** → Environment Settings **클릭** → Processing Extent **클릭** → Extent**를** Same as layer **수치고도모델 선택** → Environment Settings **창의** OK **버튼 클릭** → Create Random Raster **창의** OK **버튼 클릭**

훈련지역과 검증지역을 일정한 비율로 분할하기 위해 랜덤값의 유형(Distribution type)은 Uniform을 선택하고, 결과 파일명(Raster Dataset Name with Extension)은 '난수래스터.tif'로, 격자셀 크기(Cellsize)는 1(m)로 입력한다. 본 모듈을 통해 생성할 랜덤 래스터 자료의 영역과 격자셀 크기는 앞에서 불러온 영향인자 또는 지반침하지 레이어의 그것들과 동일해야 한다. 본 실습에서는 생성될 랜덤 래스터 자료가 수치고도모델과 동일한 크기의 영역을 갖도록 [Environment Settings]의 Processing Extent를 'Same as layer 수치고도모델'로 선택한 다음 OK 버튼을 클릭한다.

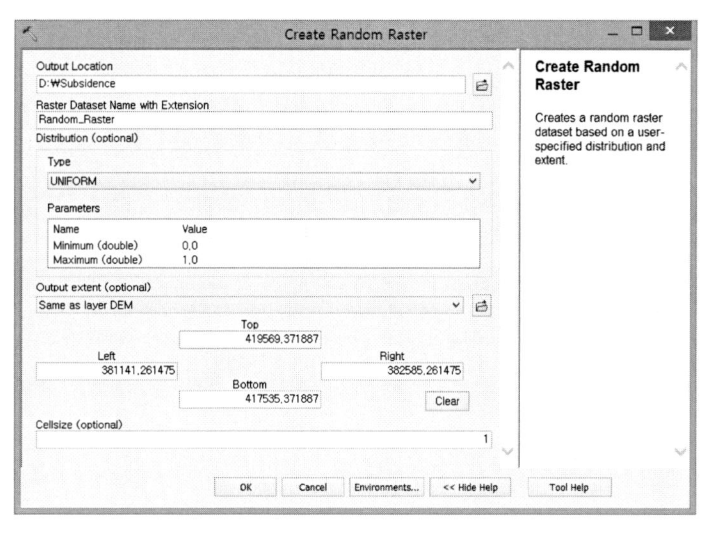

그림 4-45 임의의 래스터 자료 생성을 위한 Create Random Raster 모듈의 옵션 선택 및 변수 입력

(3) 생성된 랜덤 래스터 자료 확인

0.0-1.0 범위의 실수값을 갖는 래스터 자료가 생성된 것을 확인할 수 있다(그림 4-46).

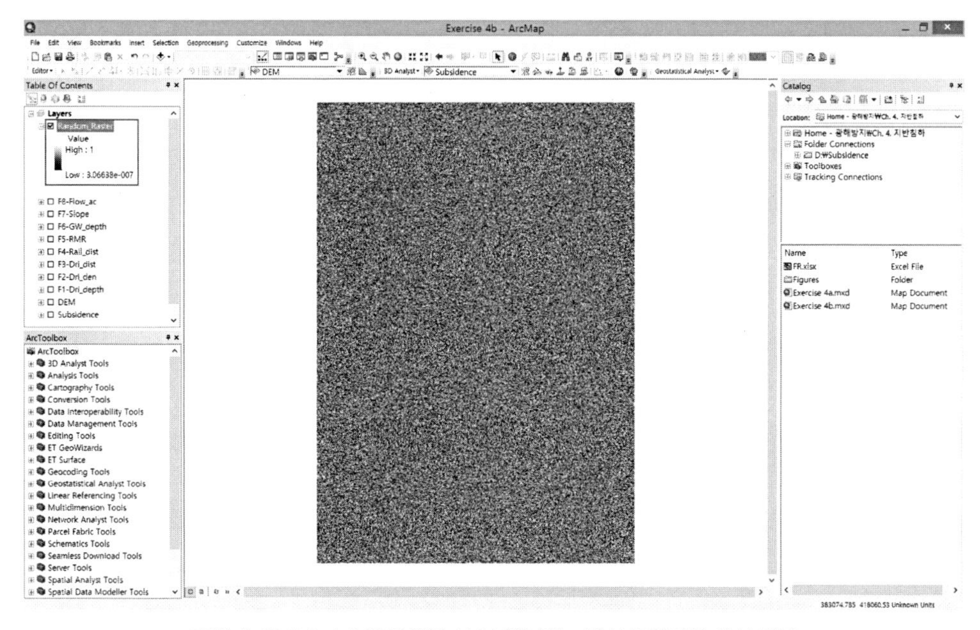

그림 4-46 0.0-1.0의 임의의 실수값을 갖는 래스터 레이어 생성 결과

(4) ArcToolbox>Spatial Analyst Tools>Reclass>Reclassify을 차례로 클릭

(5) Reclassify 모듈의 파일, 변수, 옵션 설정(그림 4-47) → OK 버튼 클릭

입력 파일(Input raster) 창에는 앞에서 생성된 래스터 자료(난수래스터.tif)를 입력하고, 결과 파일 이름(Output raster)에는 '훈련지역.tif'로 입력한다. Reclassification에는 훈련지역과 검증지역이 각각 전체 영역의 70%, 30%가 되도록 난수래스터.tif 레이어에서 0~0.7 범위의 값을 갖는 셀은 1(훈련지역)로, 0.7~1 범위의 값을 갖는 셀은 NoData(검증지역)로 설정한 다음 OK 버튼을 클릭한다.

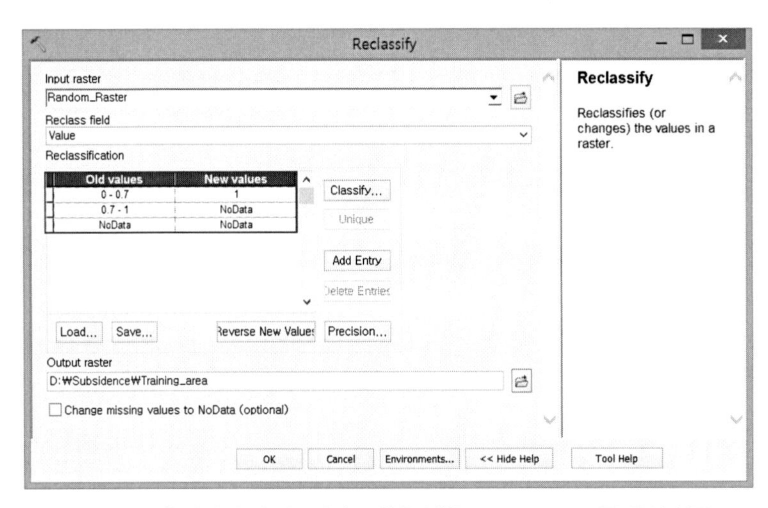

그림 4-47 훈련지역 및 검증지역 분할을 위한 Reclassify 모듈 옵션 설정

(6) 난수래스터 레이어의 훈련지역 및 검증지역 분할 결과 확인

그림 4-48은 Reclassify 모듈을 통해 분할된 훈련지역의 어떤 부분을 확대한 것이다. 흑색 격자셀은 훈련지역을, 흰색 격자셀은 검증지역을 나타내는데 이는 앞에서 검증지역이 NoData로 처리되어 값을 할당받지 못했기 때문이다. 또한 Layer Properties에 보이는 바와 같이 훈련지역과 검증지역의 격자셀은 각각 2,055,573개, 881,523개로 전체지역 격자셀(그림 4-16 참조) 대비 약 70%, 30%에 해당한다.

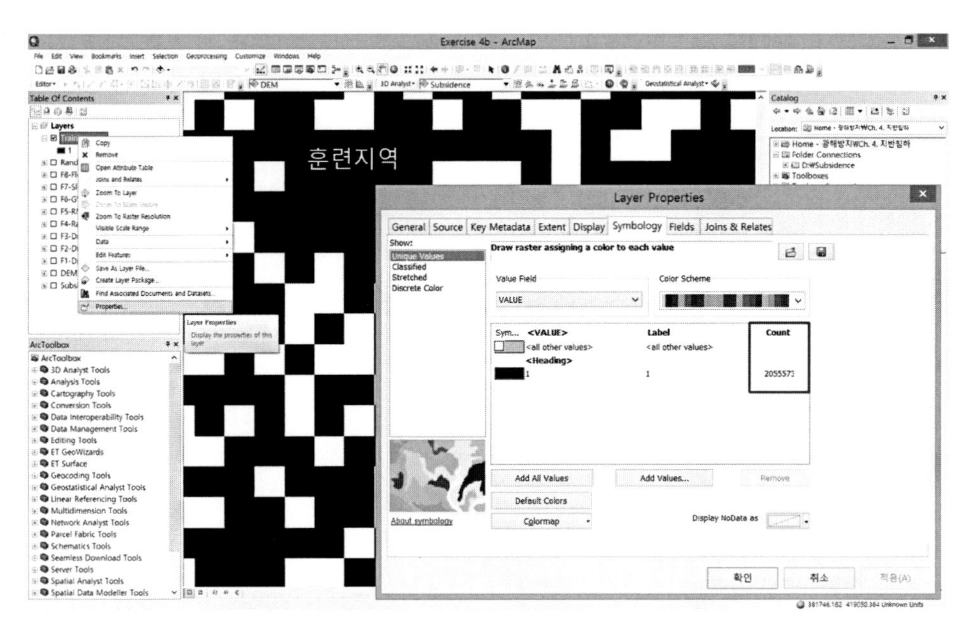

그림 4-48 관심지역의 훈련지역 및 검증지역 분할 결과

(7) ArcToolbox > Spatial Analyst Tools > Map Algebra > Raster Calculator 순서로 클릭 → 입력창에 수식 입력("훈련지역" * "지반침하지") → 결과 파일 이름 입력(훈련지역-지반침하지.tif)

Raster Calculator 모듈을 이용하여 훈련지역 레이어와 지반침하지 레이어의 곱셈 연산을 통해 지반침하지.tif 자료를 훈련지역과 검증지역으로 분할한다(그림 4-49).

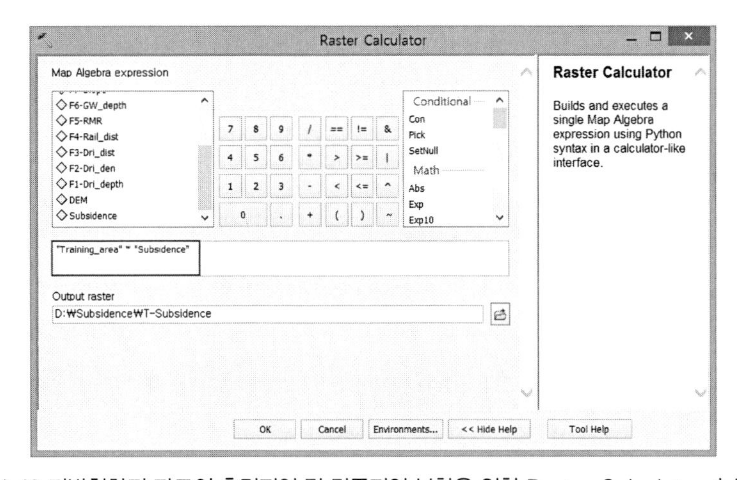

그림 4-49 지반침하지 자료의 훈련지역 및 검증지역 분할을 위한 Raster Calculator 수식 입력

(8) 지반침하지 레이어의 훈련지역 및 검증지역 분할 결과 확인

그림 4-50은 지반침하지 자료의 훈련지역 및 검증지역 분할 결과의 일부 지역을 보여준다. 청색 격자셀은 지반침하 발생지를, 흰색(배경) 격자셀은 지반침하 미발생지(NoData)를 의미한다. Table of Contents의 훈련지역－지반침하지 레이어 선택한 후 마우스 오른쪽 버튼> Properties> Symbology>Unique Values 순서로 클릭하면 '훈련지역－지반침하지' 레이어에서 1로 표시되는 지반침하 발생 격자셀 개수를 확인할 수 있다. 훈련지역의 지반침하 격자셀은 7,789개이며, 이는 전체 지반침하 격자셀(11,142개)의 약 70%에 해당한다.

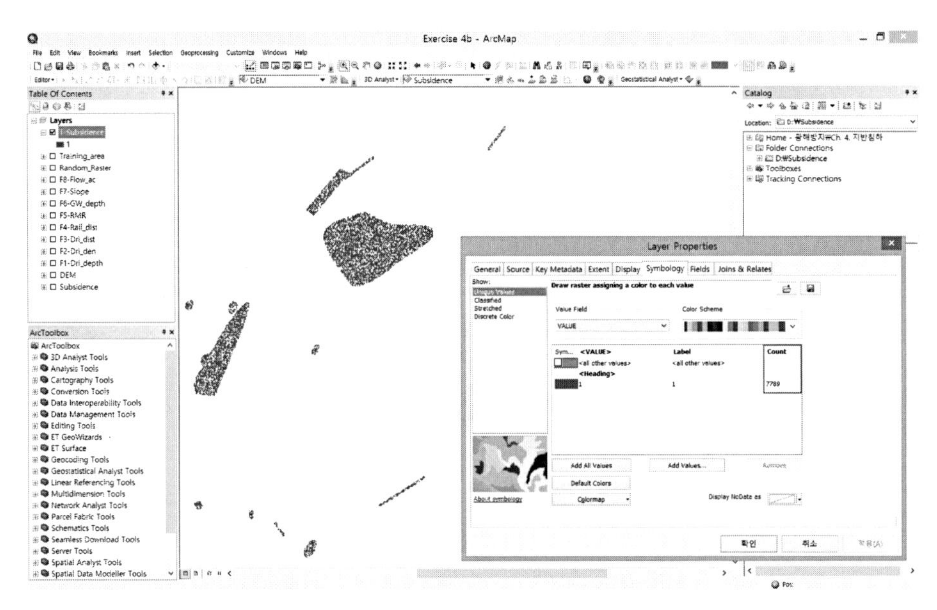

그림 4-50 지반침하지 자료의 훈련지역 및 검증지역 분할 결과

(9) 8개 영향인자 레이어의 훈련지역 및 검증지역 분할

앞의 (7)~(8) 단계에서 지반침하지 자료의 훈련지역과 검증지역을 분할하였다. 이제 8개 영향인자 레이어의 훈련지역과 검증지역을 분할하기 위해 표 4-3에 제시된 수식과 파일명을 Raster Calculator 모듈에 각각 입력하는 (7) 단계를 반복 수행한다. 물론 이는 유사한 연산을 반복하는 것이기 때문에 Raster Calculator 대신 ArcMap 내의 Model builder나 Python 프로그래밍을 이용하면 작업 시간을 줄일 수 있다. 추출된 영향인자별 훈련지역 자료는 영향인자의 등급을 분할하고 빈도비를 계산하는 데 활용된다.

표 4-3 훈련지역과 검증지역 분할을 위한 영향인자별 Raster Calculator 입력 수식 및 결과 파일명

영향인자	수식	결과 파일명
갱도 심도	"훈련지역" * "영향인자1 – 갱도심도"	"훈련지역1 – 갱도심도.tif"
갱도 밀도	"훈련지역" * "영향인자2 – 갱도밀도"	"훈련지역2 – 갱도밀도.tif"
갱도로부터의 거리	"훈련지역" * "영향인자3 – 갱도로부터의거리"	"훈련지역3 – 갱도로부터의거리.tif"
철도로부터의 거리	"훈련지역" * "영향인자4 – 철도로부터의거리"	"훈련지역4 – 철도로부터의거리.tif"
암반등급	"훈련지역" * "영향인자5 – 암반등급"	"훈련지역5 – 암반등급.tif"
지하수 심도	"훈련지역" * "영향인자6 – 지하수심도"	"훈련지역6 – 지하수심도.tif"
지형경사	"훈련지역" * "영향인자7 – 지형경사"	"훈련지역7 – 지형경사.tif"
강우누적흐름량	"훈련지역" * "영향인자8-강우누적흐름량"	"훈련지역8 – 강우누적흐름량.tif"

4) 영향인자 등급(클래스) 분할 및 등급별 격자셀 개수 확인. 본 실습에서 활용되고 있는 영향인자들은 연속적인 값으로 이루어진 연속형(continuous) 자료이다. 그러나 빈도비를 계산하기 위해서는 이산형(discrete) 또는 범주형(categorical) 자료가 필요하기 때문에 각 영향인자별 훈련지역 레이어가 몇 개의 등급(혹은 구간, 범위, 클래스)을 갖도록 값을 재분류할 필요가 있다. 예를 들어, 0~100의 값을 갖는 영향인자 레이어가 있다면 0~10, 10~30, 30~60, 60~100 등의 몇 개의 등급으로 나누는 것이다. 일반적으로 제안되는 등급 분할 개수는 6~10개이고, 등급 분할 기법은 Manual, Equal interval, Defined interval, Quantile, Natural break(Jenks), Geometrical interval, Standard deviation 등이 있으며, 등급 분할 기법의 선택은 목적에 따라 달라진다.

본 실습에서는 영향인자의 등급별 격자셀 개수를 유사하게 함으로써 각 등급별 빈도비 계산 시 격자 개수에 의한 과대/과소 산정 효과를 최소화하여 객관적인 비교를 가능하게 하는 분위수(quantile) 기법을 이용한다. 이는 통계학에서 통계적 수치가 의미를 갖기 위해서 사건의 시행횟수가 충분해야 하고, 수치 간 비교를 위해서는 모집단의 크기가 비슷해야 하듯이 빈도비 또한 등급별 격자셀 개수를 충분히 확보하는 동시에 등급 간의 격자셀 개수도 비슷하도록 설정해줘야 한다.

빈도비 계산을 위한 과정은 여러 단계로 구성되어 있으며, 이러한 작업들은 8개의 각 영향인자에 반복적으로 적용되어야 한다. 따라서 본 실습에서는 먼저 갱도심도 인자의 훈련지역 자료(훈련지역 – 갱도심도.tif)를 대상으로 빈도비 계산을 위한 전체 분석을 수행한다.

(1) ArcToolbox > Spatial Analyst Tools > Reclass > Reclassify **순서로 클릭**

(2) Reclassify 모듈의 파일, 변수, 옵션 설정(그림 4-51)→OK 버튼 클릭

Reclassify 모듈에서 입력자료(Input raster)는 훈련지역1－갱도심도.tif를 선택하고 입력하고, Classify 버튼을 클릭하여 등급 분할 기법(Classification Method)으로는 Quantile을, 등급 분할 개수(Classification Classes)는 6(개)을 선택한 다음 히스토그램과 각 등급의 속성값 범위를 확인한다. 재분류될 결과 파일명을 '클래스재분류1－갱도심도.tif'로 입력한 후, OK 버튼을 클릭한다.

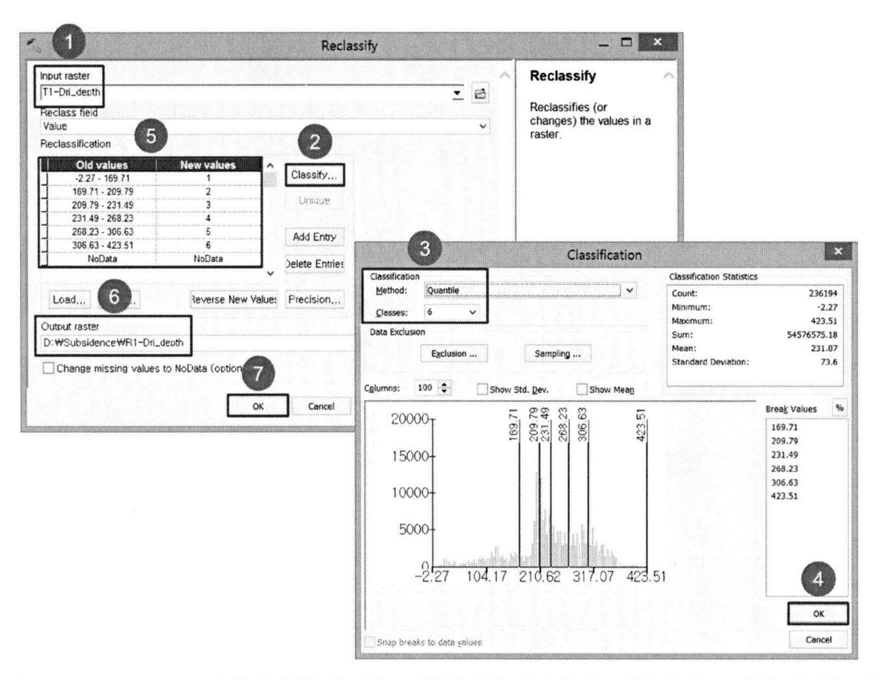

그림 4-51 Reclassify 모듈을 이용한 갱도심도 영향인자 훈련지역 자료의 등급 분류 기법 및 개수 선택

(3) 갱도심도 레이어의 훈련지역 등급 분류 결과 확인

그림 4-52와 같이 기존의 연속적인 실수값(Old values)이 아닌 1, 2, 3, 4, 5, 6의 이산적인 정수값(New values)을 갖는 레이어를 생성할 수 있다. 예를 들어, －2.27～169.71의 값을 갖던 격자셀들이 클래스재분류1-갱도심도.tif 파일에서는 1의 값을 할당받게 된다.

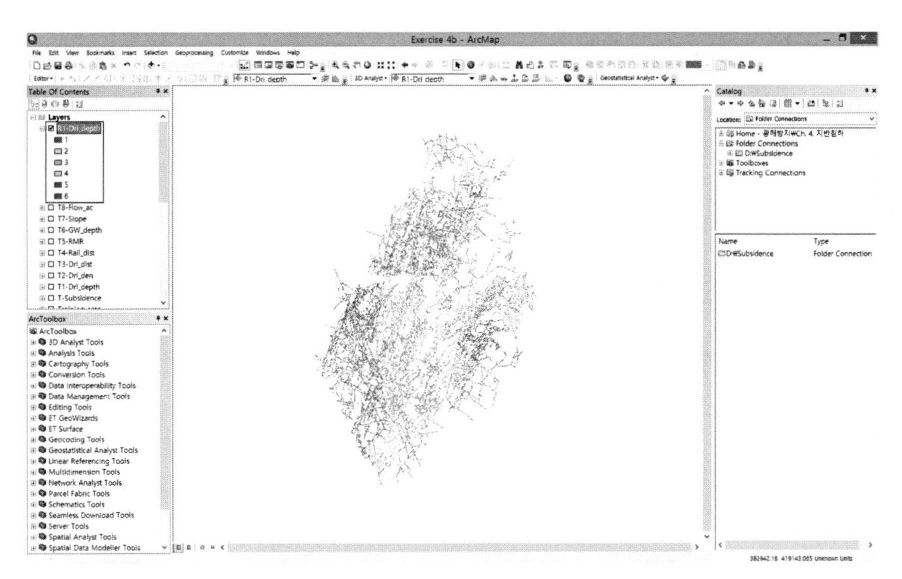

그림 4-52 갱도심도 영향인자 등급 분류 결과

(4) Excel을 이용한 영향인자의 등급별 구간값 입력(예: 갱도심도)

마이크로소프트 엑셀(Microsoft Excel) 프로그램을 이용하여 그림 4-53과 같이 빈도비 계산용 파일을 구성하고, Reclassify 모듈에서 적용했던 6개 등급의 범위값을 입력해준다. 본 실습에서 타 영향인자와는 달리 갱도심도의 경우 훈련지역 외에도 갱도 바깥 지역에 다수의 NoData 격자셀이 존재한다. 그러나 추후에 NoData 격자셀의 빈도비도 계산해야 하기 때문에 그림 4-53와 같이 6개 등급 아래에 'NoData' 등급을 입력해준다.

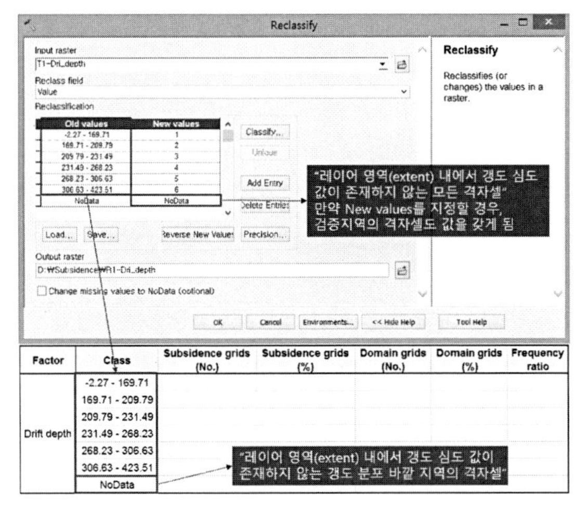

Factor	Class	Subsidence grids (No.)	Subsidence grids (%)	Domain grids (No.)	Domain grids (%)	Frequency ratio
Drift depth	-2.27 - 169.71					
	169.71 - 209.79					
	209.79 - 231.49					
	231.49 - 268.23					
	268.23 - 306.63					
	306.63 - 423.51					
	NoData					

그림 4-53 빈도비 계산용 Excel의 갱도심도 영향인자 등급 구간 입력

(5) Excel을 이용한 영향인자의 등급별 전체 격자셀 개수 입력(예: 갱도심도)

앞의 (1)~(2) 과정을 통해 재분류된 갱도심도 레이어(클래스재분류1-갱도심도.tif)의 Layer Properties > Symbology > Unique Values 순서로 클릭하면 그림 4-54처럼 등급별 격자셀 개수(domain grids)를 확인할 수 있다. 예를 들어, 재분류된 갱도심도 레이어(클래스재분류1-갱도심도.tif)에서 속성값이 1인 격자셀은 38,979개이다. 6개 등급별 격자셀 개수를 빈도비 계산용 Excel 파일에 입력한다. 앞에서 언급한 바와 같이 갱도심도 훈련지역 자료의 경우 다수의 NoData 격자셀이 존재하는데, 이는 훈련지역 전체 격자셀 개수(2,055,573개)에서 6개 등급 격자셀 개수의 합을 뺄셈 연산하면 계산할 수 있다.

$$
\begin{aligned}
\text{NoData 격자셀 개수} &= 2,055,573-(38,979+38,859+44,632+37,602+37,723+38,399) \\
&= 1,819,379
\end{aligned}
$$

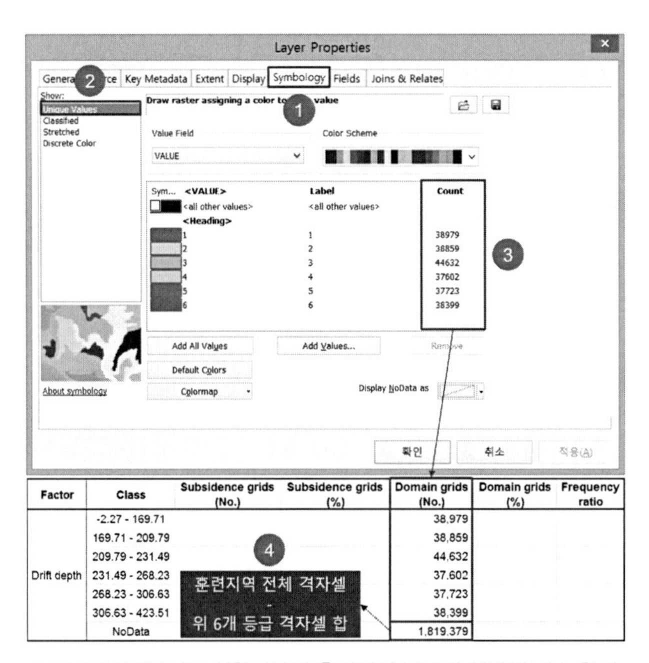

Factor	Class	Subsidence grids (No.)	Subsidence grids (%)	Domain grids (No.)	Domain grids (%)	Frequency ratio
Drift depth	-2.27 - 169.71			38,979		
	169.71 - 209.79			38,859		
	209.79 - 231.49			44,632		
	231.49 - 268.23			37,602		
	268.23 - 306.63			37,723		
	306.63 - 423.51			38,399		
	NoData			1,819,379		

그림 4-54 갱도심도 영향인자의 훈련지역 등급별 격자셀 개수 확인

(6) 8개 영향인자 훈련지역 레이어에 대한 (1)~(5) 과정의 반복

앞의 (1)~(5) 단계를 통해 갱도심도 훈련지역 레이어의 등급을 분할하고, 등급별 격자셀 개수를 확인 및 Excel에 입력하였다. 이제 남은 7개 영향인자 훈련지역 레이어에 (1)~(4) 단

계((5)의 경우 NoData가 존재하는 갱도심도에만 적용)를 동일하게 적용(Quantile 기법을 이용하여 6개 등급으로 분할)하여 각 영향인자 훈련지역 레이어의 등급별 격자셀 개수를 Excel 파일에 입력한다. 이때 재분류될 영향인자 훈련지역 자료의 결과 파일명은 표 4-4와 같이 입력한다.

표 4-4 등급 분할 기법과 등급별 격자셀 개수 파악을 위해 재분류된 영향인자 훈련지역 레이어 파일명

영향인자	등급 분할 기법	등급 개수	결과 파일명
갱도 심도	Quantile	7 (NoData 포함)	"클래스재분류1 - 갱도심도.tif"
갱도 밀도		6	"클래스재분류2 - 갱도밀도.tif"
갱도로부터의 거리			"클래스재분류3 - 갱도로부터의거리.tif"
철도로부터의 거리			"클래스재분류4 - 철도로부터의거리.tif"
암반등급			"클래스재분류5 - 암반등급.tif"
지하수 심도			"클래스재분류6 - 지하수심도.tif"
지형경사			"클래스재분류7 - 지형경사.tif"
강우누적흐름량			"클래스재분류8 - 강우누적흐름량.tif"

5) 영향인자 등급(클래스)별 지반침하 격자셀 개수 확인.

(1) ArcToolbox > Spatial Analyst Tools > Zonal > Tabulate Area 순서로 클릭

Tabulate Area 모듈을 이용하여 영향인자 훈련지역의 등급별 지반침하 발생 격자셀 개수를 파악한다.

(2) Tabulate Area 모듈의 파일, 변수, 옵션 설정(그림 4-55) → OK 버튼 클릭

알아내고자 하는 속성값 자료(Input raster or feature zone data)에는 지반침하지 훈련지역 레이어(훈련지역 - 지반침하지.tif)를, 등급 또는 구간을 보여주는 입력자료(Input raster or feature class data)에는 6개 등급으로 재분류된 갱도심도 레이어(클래스재분류1 - 갱도심도.tif)를 선택한다. 결과 파일 이름(Output table)은 'SG1'로 입력하고, 격자셀 크기는 1(m)로 입력한 다음 OK 버튼을 클릭한다.

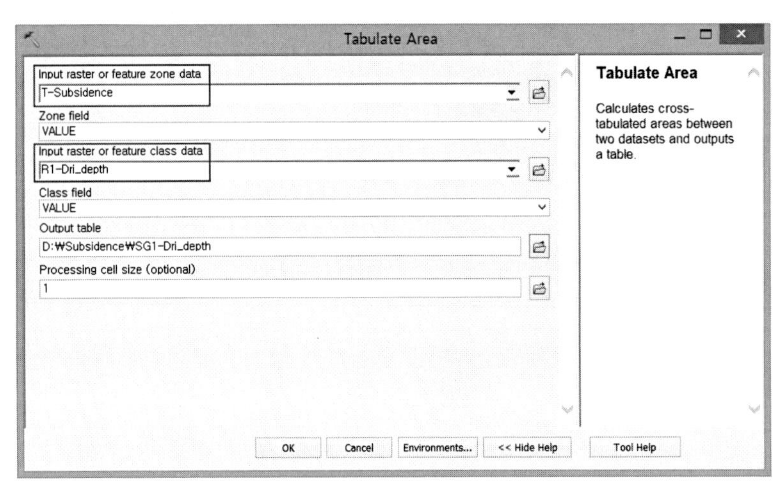

그림 4-55 영향인자의 훈련지역 등급별 지반침하 격자셀 개수 파악을 위한 Tabulate Area 모듈 자료 입력

(3) Tabulate Area 결과 확인

앞의 (2) 단계에서 생성된 Table은 (갱도심도 영향인자의 훈련지역이 재분류된) 6개 등급별 지반침하 격자셀 면적 정보를 담고 있다(그림 4-56). 예를 들어, 그림 상단의 VALUE_1은 첫 번째 등급에 포함되는 지반침하 격자셀의 총 면적을 의미한다. 다만 본 실습에서의 단위 격자셀 면적이 1(m^2)이므로, 여기서는 Tabulate Area에 제시된 면적이 곧 지반침하 격자셀 개수와 같다고 볼 수 있다. (여기서 주의할 것은 모듈명에서 알 수 있듯이 Tabulate Area는 '면적'을 결과로 제시한다. 만약 단위 격자셀의 크기가 5m라면 면적은 25m^2이므로, 등급별 지반침하 격자셀 개수를 계산하기 위해서는 Tabulate Area에 제시된 값을 25로 나눠줘야 한다). 실제로 갱도심도 영향인자 훈련지역의 등급은 6개지만, 결과 Table에 VALUE_3, 4, 5, 6은 표시되지 않았는데 이는 해당 등급(그림 4-54의 위에서 3~6번째 등급)에 포함되는 지반침하 격자셀이 없다는 것을 의미한다.

(4) 등급별 지반침하 격자셀 개수를 Excel 파일에 입력

Table 결과 값을 Excel 파일의 Subsidence grids(No.) 필드에 입력한다(그림 4-56).

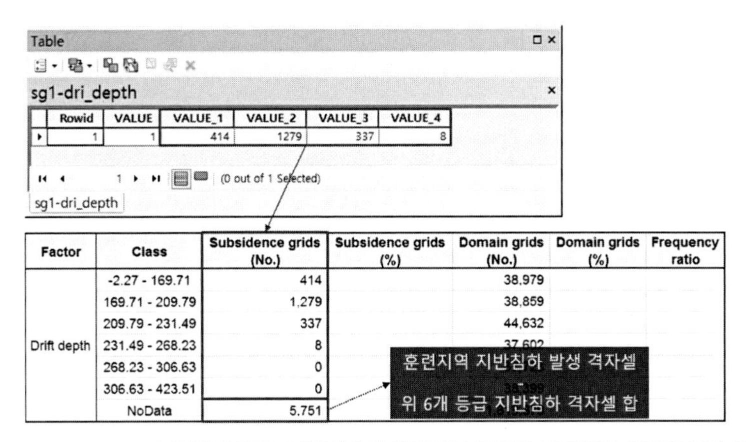

그림 4-56 Tabulate Area 모듈을 이용한 영향인자의 훈련지역 등급별 지반침하 격자셀 개수 확인 및 입력

(5) 등급별 지반침하 격자셀 개수를 Excel 파일에 입력

앞의 (1)~(4) 단계로부터 갱도심도 훈련지역 레이어의 등급별 지반침하 격자셀 개수를 확인할 수 있었다. 이제 남은 7개의 재분류된 영향인자 훈련지역 자료와 지반침하 훈련지역 자료를 각각 Tabulate Area 모듈에 입력하여 (1)~(4) 단계를 반복 수행하고, 등급별 지반침하 격자셀 개수를 빈도비 Excel에 입력한다. 이때 생성될 지반침하 격자셀 테이블 자료의 결과 파일명은 표 4-5와 같이 입력한다.

표 4-5 영향인자의 훈련지역 등급별 지반침하 격자셀 개수 파악을 위한 입력자료 및 결과 파일명

영향인자	Zone data	Class data	결과 파일명
갱도 심도	훈련지역 – 지반침하지.tif	"클래스재분류1 – 갱도심도.tif"	SG1
갱도 밀도		"클래스재분류2 – 갱도밀도.tif"	SG2
갱도로부터의 거리		"클래스재분류3 – 갱도로부터의거리.tif"	SG3
철도로부터의 거리		"클래스재분류4 – 철도로부터의거리.tif"	SG4
암반등급		"클래스재분류5 – 암반등급.tif"	SG5
지하수 심도		"클래스재분류6 – 지하수심도.tif'	SG6
지형경사		"클래스재분류7 – 지형경사.tif"	SG7
강우누적흐름량		"클래스재분류8 – 강우누적흐름량.tif"	SG8

6) 영향인자 등급(클래스)별 빈도비 계산. (본 실습에서) 빈도비는 어떤 영향인자 등급의 지반침하 격자셀 비율을 해당 등급의 전체 격자셀 비율로 나눈 값으로, 다음 식과 같이 정의된다.

$$\text{빈도비(Frequency ratio, FR)} = \frac{\text{Subsidence grids(\%)}}{\text{Domain grids(\%)}}$$

$$= \frac{\dfrac{\text{등급 지반침하 발생 격자셀 개수}}{\text{전체 지반침하 발생 격자셀 개수}}}{\dfrac{\text{등급 격자셀 개수}}{\text{전체 격자셀 개수}}}$$

따라서 빈도비를 계산하기 위해서는 등급별 격자셀 개수 비율(Domain grids(%))과 등급별 지반침하 발생 격자셀 개수 비율(Subsidence grids(%))을 먼저 계산해야 한다. Domain grids(%)는 어떤 영향인자 등급의 격자셀 개수를 해당 영향인자의 전체 격자셀 개수(여기서는 6개 등급별 격자셀 개수의 합)로 나눠준 값이고, Subsidence grids(%)는 어떤 영향인자 등급의 지반침하 격자셀 개수를 해당 영향인자의 전체 지반침하 격자셀 개수(6개 등급별 지반침하 격자셀 개수의 합)로 나눠준 값이다.

(1) Excel을 이용한 갱도심도 훈련지역 레이어의 등급별 전체 격자셀 및 지반침하 격자셀 비율 계산

그림 4-57과 같이 빈도비 Excel을 이용하여 갱도심도 훈련지역 레이어(훈련지역1－갱도심도.tif)의 등급별 Domain grids(%)와 Subsidence grids(%)를 계산한다. 예를 들어, 갱도심도 훈련지역 레이어의 첫 번째 등급(－2.27～169.71)의 Domain grids(%)와 Subsidence grids(%)는 각각 다음과 같이 계산할 수 있다.

$$\text{Domain grids(\%)}_{\text{Class}(-2.27-169.71)}$$

$$= \frac{38979}{38979+38859+44632+37602+37723+38399+1819379} = \frac{38979}{2055573} = 1.9\%$$

Frequency ratio		Classification : Quantile		(Training area) Domain grids	2,055,573
				(Training area) Subsidence grids	7,789

Factor	Class	Subsidence grids (No.)	Subsidence grids (%)	Domain grids (No.)	Domain grids (%)	Frequency ratio
Drift depth	-2.27 - 169.71	414	5.32	38,979	1.90	
	169.71 - 209.79	1,279	16.42	38,859	1.89	
	209.79 - 231.49	337	4.33	44,632	2.17	
	231.49 - 268.23	8	0.10	37,602	1.83	
	268.23 - 306.63	0	0.00	37,723	1.84	
	306.63 - 423.51	0	0.00	38,399	1.87	
	NoData	5,751	73.83	1,819,379	88.51	
	Sum	7,789	100	2,055,573	100	

그림 4-57 갱도심도 훈련지역 레이어의 등급별 격자셀 및 지반침하 격자셀 개수 비율 계산

(2) 영향인자 훈련지역 레이어의 등급별 빈도비 계산

영향인자 등급별로 Subsidence grids(%)를 Domain grids(%)로 나누어 빈도비(Frequency ratio)를 계산한다. 표 4-6은 8개 영향인자의 훈련지역 등급별 빈도비 산정 결과를 보여준다.

표 4-6 지반침하 영향인자 훈련지역 자료의 빈도비 계산 결과

영향인자	등급	지반침하 격자셀		전체 격자셀		빈도비
		(No.)	(%)	(No.)	(%)	
갱도 심도	−2.27∼169.71	414	5.32	38,979	1.90	2.80
	169.71∼209.79	1,279	16.42	38,859	1.89	8.69
	209.79∼231.49	337	4.33	44,632	2.17	1.99
	231.49∼268.23	8	0.10	37,602	1.83	0.06
	268.23∼306.63	0	0.00	37,723	1.84	0.00
	306.63∼423.51	0	0.00	38,399	1.87	0.00
	NoData	5,751	73.83	1,819,379	88.51	0.83
갱도 밀도	0	0	0.00	1,097,751	53.40	0.00
	0∼0.07	6	0.08	201,718	9.81	0.01
	0.07∼0.19	2,337	30.00	189,137	9.20	3.26
	0.19∼0.32	2,886	37.05	190,384	9.26	4.00
	0.32∼0.45	1,836	23.57	186,650	9.08	2.60
	0.45∼0.76	724	9.30	189,933	9.24	1.01
갱도로부터의 거리	0∼1.41	3,266	41.93	371,512	18.07	2.32
	1.41∼9.85	3,587	46.05	314,491	15.30	3.01
	9.85∼67.21	936	12.02	341,764	16.63	0.72
	67.21∼157.99	0	0.00	342,586	16.67	0.00
	157.99∼275.22	0	0.00	342,608	16.67	0.00
	275.22∼716.85	0	0.00	342,612	16.67	0.00
철도로부터의 거리	0∼99.61	7,359	94.48	338,626	16.47	5.74
	99.61∼208.28	383	4.92	343,674	16.72	0.29
	208.28∼326.01	47	0.60	345,106	16.79	0.04
	326.01∼452.79	0	0.00	342,138	16.64	0.00
	452.79∼597.69	0	0.00	346,352	16.85	0.00
	597.69∼1154.62	0	0.00	339,677	16.52	0.00
암반등급	21.18∼28.23	215	2.76	339,492	16.52	0.17
	28.23∼30.92	2,629	33.75	336,145	16.35	2.06
	30.92∼31.94	2,509	32.21	356,117	17.32	1.86
	31.94∼32.65	228	2.93	328,610	15.99	0.18
	32.65∼33.54	1,985	25.48	369,502	17.98	1.42
	33.54∼37.52	223	2.86	325,707	15.85	0.18

표 4-6 지반침하 영향인자 훈련지역 자료의 빈도비 계산 결과(계속)

영향인자	등급	지반침하 격자셀		전체 격자셀		빈도비
		(No.)	(%)	(No.)	(%)	
지하수 심도	128.62~170.15	2,403	30.85	331,607	16.13	1.91
	170.15~189.61	4,878	62.63	346,527	16.86	3.71
	189.61~220.75	506	6.50	346,807	16.87	0.39
	220.75~254.49	2	0.03	341,749	16.63	0.00
	254.49~292.12	0	0.00	345,214	16.79	0.00
	292.12~459.52	0	0.00	343,669	16.72	0.00
지형경사	0~5.66	5,990	76.90	329,766	16.04	4.79
	5.66~13.2	1,154	14.82	359,715	17.50	0.85
	13.2~21.05	267	3.43	351,288	17.09	0.20
	21.05~28.28	226	2.90	335,622	16.33	0.18
	28.28~36.76	111	1.43	341,147	16.60	0.09
	36.76~80.11	41	0.53	338,035	16.44	0.03
강우누적흐름량	0~6	819	10.51	379,275	18.45	0.57
	6~15	738	9.47	317,623	15.45	0.61
	15~29	1,158	14.87	336,567	16.37	0.91
	29~53	1,539	19.76	344,517	16.76	1.18
	53~106	1,071	13.75	335,601	16.33	0.84
	106~1849702	2,464	31.63	341,990	16.64	1.90

표 4-6의 영향인자 훈련지역 레이어의 등급별 격자셀 개수의 합은 2,055,573개이며, 지반침하 발생 격자셀 개수의 합은 7,789개이다. 이는 전술한 전체 격자셀 개수, 전체 지반침하 격자셀 개수와 동일하다. 또한 등급별 Domain grids(%)를 살펴보면 등급별 격자셀 개수가 유사한 것을 확인할 수 있다. 다만, 갱도심도가 값이 존재하지 않는 지역이나 갱도 밀도가 0인 지역의 격자셀 개수는 전체 격자셀의 6분의 1을 넘기 때문에 비율이 상이할 수 있다.

(3) 영향인자 훈련지역 레이어의 등급별 빈도비 가시화

그림 4-58은 표 4-6의 빈도비 산정 결과를 Excel을 이용하여 막대그래프로 나타낸 것이다. 빈도비를 막대그래프로 도시하면 빈도비 결과에 대한 보다 용이한 해석이 가능하다.

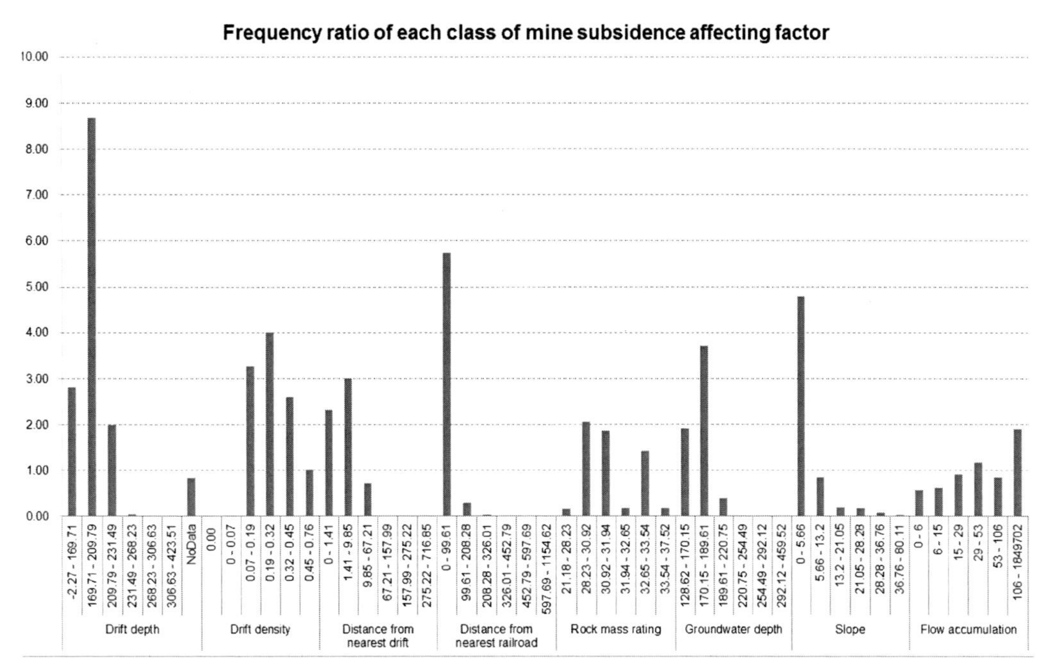

그림 4-58 막대그래프를 이용한 영향인자 훈련지역 레이어의 등급별 빈도비 가시화

7) **영향인자별 빈도비 레이어 생성.** 앞의 6)번 과정에서 8개 영향인자의 훈련지역 자료와 기 지반침하 훈련지역 자료의 공간적 상관성을 기반으로 8개 영향인자의 등급별 빈도비를 계산하였다. 이제 계산한 빈도비를 영향인자 레이어의 전체 영역(훈련지역+검증지역)에 적용하여 영향인자별 빈도비 레이어를 생성하고자 한다.

(1) ArcToolbox>Spatial Analyst Tools>Reclass>Reclassify 순서로 클릭

각 영향인자 레이어의 속성값을 6)에서 계산한 빈도비로 재할당하기 위해 Reclassify 모듈을 호출한다.

(2) Reclassify 모듈의 파일, 변수, 옵션 설정(그림 4-59)→OK 버튼 클릭 (예: 갱도심도)

입력자료(Input raster)에는 갱도심도 레이어(영향인자1－갱도심도.tif)를 선택하고, 그림 4-59와 같이 Old values와 New values, 결과 파일 이름(Output raster)을 '빈도비1－갱도심도.tif'로 입력한 다음 OK 버튼을 클릭한다. 이때 Old values에 입력한 등급 구간은 (그림 4-53)에 나타난 구간과 거의 동일하다. 그러나 갱도심도 훈련지역(훈련지역1-갱도심도.tif)의 속성값 범위

(최대/최소)가 해당 영향인자(영향인자1 - 갱도심도.tif)의 속성값을 모두 포함하지 못할 수도 있기 때문에 이를 염두에 두어야 한다. 즉, 영향인자 레이어의 최댓/최솟값과 비교해서 영향인자의 모든 속성값이 재분류 대상이 될 수 있도록 해야 한다. 그렇기 때문에 첫 번째 등급의 최솟값보다 조금 더 작은 값을 입력해서 '영향인자1 - 갱도심도.tif'의 최솟값이 포함되도록 하고, 마지막 등급의 최댓값보다 조금 더 큰 값을 입력해서 '영향인자1 - 갱도심도.tif'의 최댓값도 재분류 대상에 포함되도록 해야 한다. New values에 입력할 숫자는 표 4-6의 갱도심도 훈련지역 레이어의 등급별 빈도비 값이다. 그러나 New values에는 정수만 입력 가능하므로 빈도비에 100을 곱한 값을 입력해준다. 즉, 영향인자 레이어의 속성값을 빈도비로 변경한 '빈도비 레이어'를 생성하는 과정이라고 볼 수 있다.

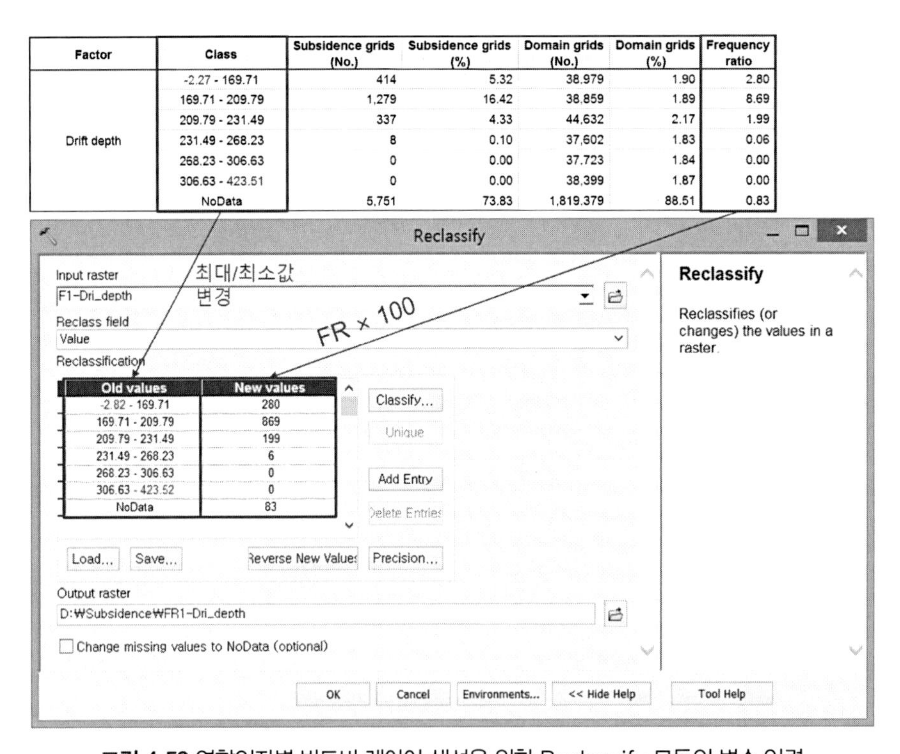

Factor	Class	Subsidence grids (No.)	Subsidence grids (%)	Domain grids (No.)	Domain grids (%)	Frequency ratio
Drift depth	-2.27 - 169.71	414	5.32	38.979	1.90	2.80
	169.71 - 209.79	1,279	16.42	38.859	1.89	8.69
	209.79 - 231.49	337	4.33	44.632	2.17	1.99
	231.49 - 268.23	8	0.10	37.602	1.83	0.06
	268.23 - 306.63	0	0.00	37.723	1.84	0.00
	306.63 - 423.51	0	0.00	38.399	1.87	0.00
	NoData	5,751	73.83	1,819.379	88.51	0.83

그림 4-59 영향인자별 빈도비 레이어 생성을 위한 Reclassify 모듈의 변수 입력

(3) 생성된 갱도심도 영향인자의 빈도비 레이어 확인(그림 4-60)

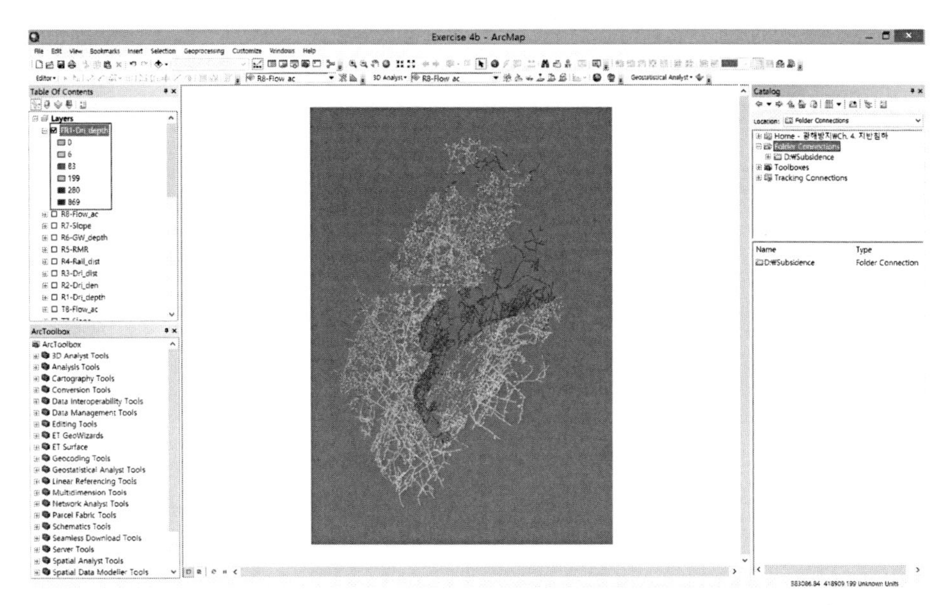

그림 4-60 갱도심도 영향인자의 빈도비 레이어 생성 결과(컬러 도판 327쪽 참조)

(4) 8개 영향인자 레이어에 대한 (1)~(3) 과정의 반복

앞의 (1)~(3) 단계로부터 갱도심도 영향인자의 빈도비 레이어를 생성할 수 있었다. 이제 남은 7개 영향인자 레이어를 각각 Reclassify 모듈에 입력하여 (1)~(3) 단계를 반복 수행하고, 7개 영향인자에 대한 빈도비 레이어를 생성한다. 이때 입력할 자료와 생성될 결과의 파일명은 표 4-7과 같이 입력한다.

표 4-7 영향인자별 빈도비 레이어 생성을 위한 Reclassify 모듈의 입력자료 및 결과 파일명

영향인자	입력자료	결과 파일명
갱도 심도	"영향인자1－갱도심도.tif"	"빈도비1－갱도심도.tif"
갱도 밀도	"영향인자2－갱도밀도.tif"	"빈도비2－갱도밀도.tif"
갱도로부터의 거리	"영향인자3－갱도로부터의거리.tif"	"빈도비3－갱도로부터의거리.tif"
철도로부터의 거리	"영향인자4－철도로부터의거리.tif"	"빈도비4－철도로부터의거리.tif"
암반등급	"영향인자5－암반등급.tif"	"빈도비5－암반등급.tif"
지하수 심도	"영향인자6－지하수심도.tif"	"빈도비6－지하수심도.tif"
지형경사	"영향인자7－지형경사.tif"	"빈도비7－지형경사.tif"
강우누적흐름량	"영향인자8－강우누적흐름량.tif"	"빈도비8－강우누적흐름량.tif"

8) 지반침하 발생 위험성 지도 작성. 앞의 7) 단계에서 생성된 8개 영향인자 빈도비 레이어를 덧셈연산하여 종합적인 지반침하 발생 위험성 지수를 계산하고, 이를 기반으로 지반침하 발생 위험성 지도를 작성한다.

(1) ArcToolbox> Spatial Analyst Tools> Map algebra> Raster Calculator **순서로 클릭**

8개 영향인자별 빈도비 레이어를 덧셈연산하기 위해 Raster Calculator 모듈을 호출한다.

(2) 수식창에 ("빈도비1-갱도심도"+"빈도비2-갱도밀도"+"빈도비3-갱도로부터의거리"+"빈도비4-철도로부터의거리"+"빈도비5-암반등급"+"빈도비6-지하수심도"+"빈도비7-지형경사"+"빈도비8-강우누적흐름량")/100.0 입력 → 결과 파일(Output raster)에 '위험지수-빈도비.tif'라고 입력 → OK 버튼 클릭

앞의 7) 단계에서 생성한 8개의 영향인자별 빈도비 레이어를 덧셈연산하기 위한 수식과 결과 파일명을 그림 4-61과 같이 입력한다. 앞에서 빈도비에 100을 곱해서 New values에 입력했기 때문에 본 수식에서는 8개 영향인자 빈도비 레이어를 덧셈연산 후 100으로 나눠준다. 이때 수식에 100이 아닌 '100.0'을 입력한 이유는 생성될 결과 자료가 소수점을 갖도록 자료 유형을 설정해주기 위함이다. 만약 '100'을 입력할 경우 결과 자료는 정수형(integer) 레이어를 갖게 되고, 격자셀들의 속성값이 소수점에서 반올림되게 된다.

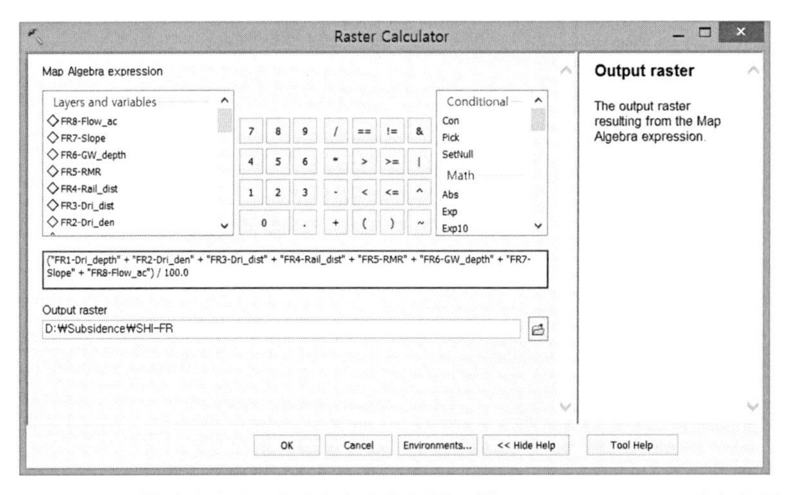

그림 4-61 8개 영향인자의 빈도비 레이어 덧셈연산을 위한 Raster Calculator의 수식 입력

(3) Table of Contents에서 위험지수-빈도비.tif 레이어 선택→Properties 클릭→Symbology 클릭→Show: Stretched 클릭→Color Ramp: 원하는 컬러 램프 선택

그림 4-62는 본 실습의 최종 결과물인 지반침하 발생 위험성 지도를 보여준다. 지반침하 발생 위험도가 상대적으로 높은 지역은 적색으로, 낮은 지역은 청색으로 보여주는 컬러 팔레트를 선택한다.

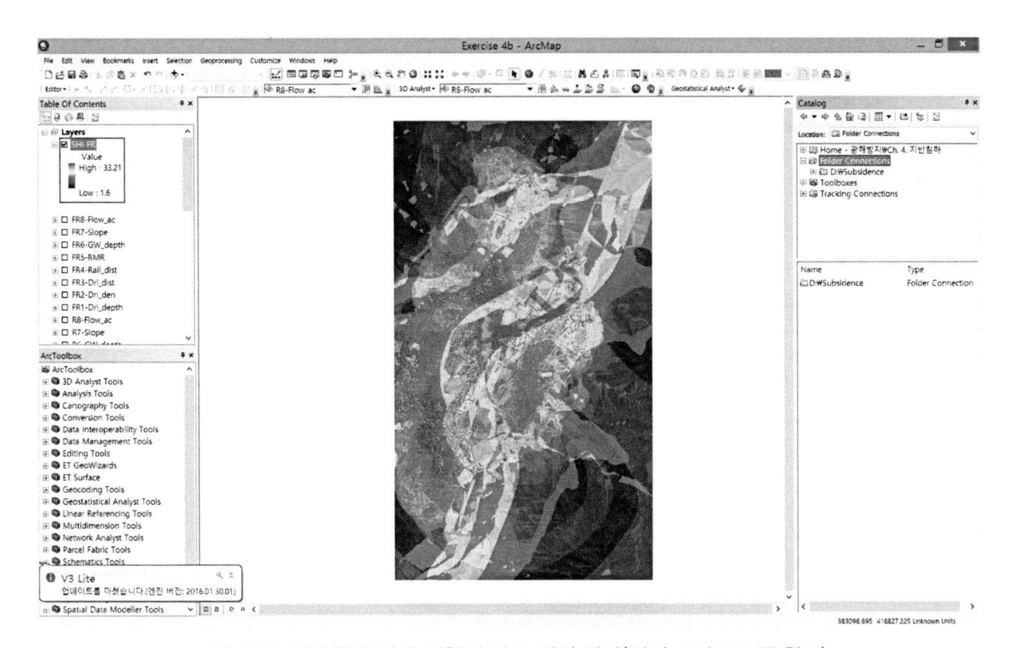

그림 4-62 지반침하 발생 위험성 지도 생성 결과(컬러 도판 327쪽 참조)

(4) 메뉴바의 Add Data 버튼 클릭→벡터 폴리곤 형식의 지반침하지 자료 선택→Add 버튼 클릭→Table of Contents의 지반침하지 자료 하단의 Symbol 더블클릭→Symbol Selector에서 Symbol을 그림 4-63과 같이 변경→OK 버튼 클릭

그림 4-64는 지반침하 발생 위험성 지도와 기 지반침하지 위치(흰색 빗금 표시)를 함께 나타낸 최종 결과물의 일부를 확대한 것이다. 지반침하 위험지수가 높게 예측된 지역(적색)에서 실제 지반침하지가 위치한 것으로 미루어볼 때, 본 실습을 통해 생성한 지반침하 발생 위험성 지도가 지반침하 위험도를 잘 평가할 수 있음을 확인할 수 있다.

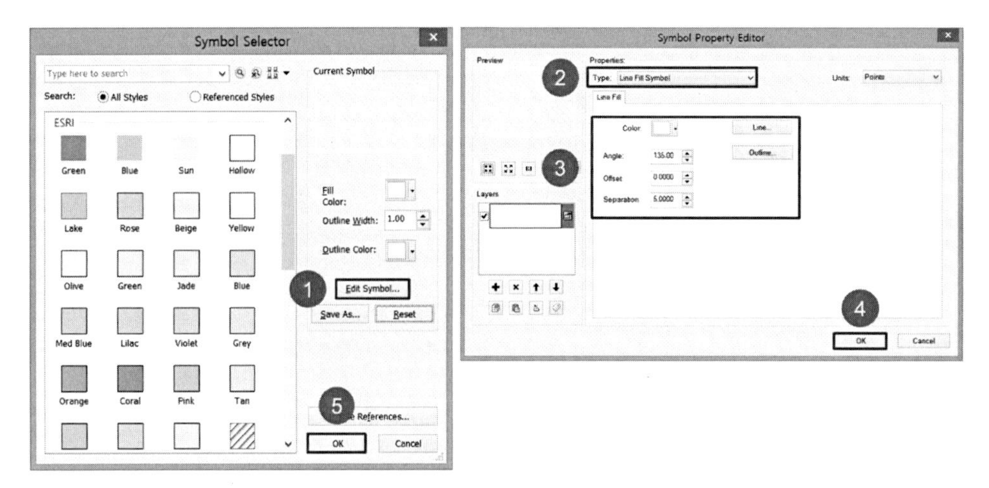

그림 4-63 지반침하지 벡터 폴리곤 자료의 심벌 설정

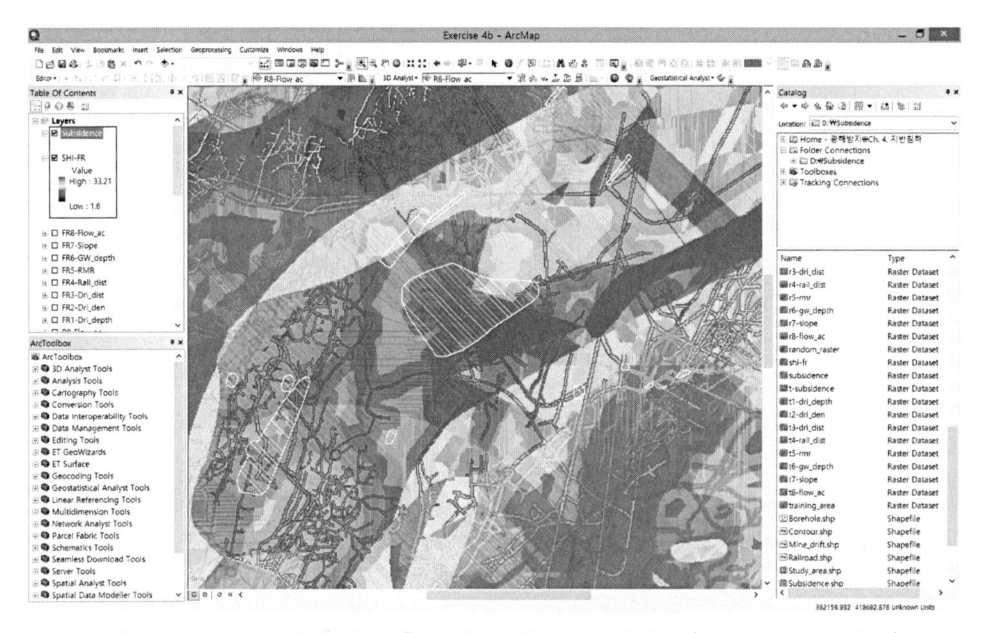

그림 4-64 지반침하 발생 고위험 예측지역에 위치한 실제 지반침하지(컬러 도판 328쪽 참조)

4.4 확장해보기

이 장에서 새로 습득한 개념들을 응용해서 다음과 같이 확장해보자.

• 본 실습에서는 8개 영향인자에 대한 상대적 중요도(가중치)가 동일하다는 가정하에 Raster Calculator에서 8개 영향인자 빈도비 레이어를 단순 덧셈연산하였다. 만약 8개 영향인자의 상대적 중요도(가중치)가 아래 표 4-8과 같이 다르다고 할 때 이를 반영하여 지반침하 발생 위험성 지도를 생성해보자.

표 4-8 영향인자별 빈도비 레이어 생성을 위한 Reclassify 모듈의 입력자료 및 결과 파일명

영향인자	상대적 중요도(가중치)
갱도 심도	0.25
갱도 밀도	0.15
갱도로부터의 거리	0.15
철도로부터의 거리	0.05
암반등급	0.15
지하수 심도	0.10
지형경사	0.05
강우누적흐름량	0.10
합계=	1.00

• 8개 영향인자 간의 상대적 중요도(가중치)를 반영한/반영하지 않은 2개의 지반침하 위험성 지도(파일명 : 위험지수-가중치.tif / 위험지수-빈도비.tif)에서 어떤 격자셀의 위험지수가 얼마나 변화했는지 Raster Calculator 모듈을 이용해 알아보자.

4.5 요 약

이번 장에서 공부한 내용은 다음과 같다.

• ArcMap 프로그램에서 Shapefile을 신규로 생성하고, Editor 툴바를 사용하여 관심지역(분석영역) 폴리곤을 디지타이징할 수 있다.
• ArcMap 프로그램에서 Environment Settings의 Extent 설정을 통해 결과 파일의 범위 및 경계(분석영역)를 사용자가 설정할 수 있다.
• ArcMap 프로그램의 ArcToolbox의 Conversion Tools의 Polyline to Raster 모듈을 사용하여

폴리라인 형식의 갱도 자료로부터 갱도고도를 속성값으로 갖는 래스터 자료로 변환할 수 있다.

- ArcMap 프로그램의 ArcToolbox의 Spatial Analyst Tools의 Line density 모듈을 사용하여 폴리라인 갱도 자료의 선밀도를 계산할 수 있다.
- ArcMap 프로그램의 ArcToolbox의 Spatial Analyst Tools의 Euclidean distance 모듈을 사용하여 폴리라인 갱도 및 철도 자료로부터의 최소거리를 계산할 수 있다.
- ArcMap 프로그램의 ArcToolbox의 Spatial Analyst Tools의 Kriging 모듈을 사용하여 포인트 형식의 시추공 자료로부터 보간을 통해 래스터 형식의 암반등급 및 지하수심도 레이어를 생성할 수 있다.
- ArcMap 프로그램의 ArcToolbox의 Raster Calculator 모듈에 수식을 입력하여 2개 이상의 래스터 레이어 간의 다양한 연산을 수행할 수 있다.
- ArcMap 프로그램의 ArcToolbox의 Spatial Analyst Tools의 Slope 모듈을 사용하여 지형경사도를 추출할 수 있다.
- ArcMap 프로그램의 ArcToolbox의 Spatial Analyst Tools의 Flow direction과 Flow accumulation 모듈을 사용하여 강우흐름방향과 강우누적흐름량을 모델링할 수 있다.
- ArcMap 프로그램의 ArcToolbox의 Spatial Analyst Tools의 Create Random Raster 모듈을 사용하여 난수 래스터 레이어를 생성하고, 이로부터 래스터 레이어의 훈련지역과 검증지역을 분할할 수 있다.
- ArcMap 프로그램의 ArcToolbox의 Spatial Analyst Tools의 Reclassify 모듈을 사용하여 영향인자 레이어를 속성값에 따라 몇 개의 등급으로 분할하거나, 속성값을 다른 값으로 대체 또는 재분류할 수 있다.
- ArcMap 프로그램의 벡터/래스터 레이어 자료의 심벌을 조정할 수 있다.

참고문헌

서장원, 최요순, 박형동, 권현호, 윤석호, 고와라(2010), 폐광산지역의 광역적 지반침하 위험도 평가를 위한 빈도비모델과 계층분석기법의 적용, 한국지구시스템공학회지, 제47권, 제5호, pp.690~7074.

서장원(2013), 폐광산지역의 지반침하 발생 리스크 평가를 위한 GIS 공간분석, 서울대학교 대학원 박사학위 논문, p.116.

서장원, 최요순, 박형동, 이승호(2015), GIS와 빈도비 모델, 퍼지 소속 함수, 계층분석기법을 결합한 상대적 광산 지반침하 발생 위험도 평가 프로그램 개발, 한국자원공학회지, 제52권, 제4호, pp.364~379.

Suh, J., Choi, Y., Park, H.D., Yoon, S.H. and Go, W.R. (2013), Subsidence hazard assessment at the Samcheok coalfield, South Korea: a case study using GIS, Environmental & Engineering Geoscience, Vol.19, No.1, pp.69~83.

Yilmaz, I. and Keskin, I. (2009), "GIS based statistical and physical approaches to landslide susceptibility mapping (Sebinkarahisar, Turkey)", Bulletin of Engineering Geology and the Environment, Vol.68, pp.459~471.

CHAPTER 05

광산배수에 의한 광해 분석

C·H·A·P·T·E·R

05 광산배수에 의한 광해 분석

강우로 인해 광산폐기물에서 발생한 침출수나 갱구를 통해 배출된 갱내수는 광산지역 인근의 수계와 토양으로 유입되어 다양한 환경 문제의 원인이 될 수 있다(그림 5-1). 광산 침출수에 의한 피해를 방지하기 위해서는 폐광산의 현지실정을 충분히 감안하여 차수시설을 설치하거나 복토, 식재 등을 통한 친환경적인 복구가 필요하다. 이를 위해 침출수의 오염 정도와 범위, 오염원의 특성, 이동경로 등을 종합적으로 분석할 필요가 있다. 그러나 대부분의 국내 폐광산지역은 접근성이 좋지 않고 침출수의 영향 범위가 넓기 때문에 현장에서 직접 침출수의 이동경로를 파악하는 것이 어려운 실정이다. 5장에서는 GIS를 이용하여 광산 침출수의

그림 5-1 광산폐기물에서 발생한 침출수나 갱구를 통해 배출된 갱내수에 의한 광해 발생 사례

이동경로를 예측하는 방법에 대해 학습한다. 지형 기복에 따라서 물이 흐르는 방향을 분석하는 흐름방향 분석 기법을 이용하여 침출수가 이동하는 경로를 분석한다. 버퍼분석과 토지이용도를 활용하여 이동경로 주변의 환경적 피해 정도를 평가할 수 있다. 또한 오염원의 위치를 모르는 경우에는 집수구역 분석을 통해 오염된 수계로부터 역으로 오염원의 영역을 추정하는 과정을 수행한다.

5.1 무엇을 배우는가?

이 장에서 새로 습득할 개념은 다음과 같다.

- 수계분석의 기본 개념 이해
- Flow Direction을 이용한 흐름방향 분석
- Flow Accumulation을 이용한 누적흐름량 및 이동경로 분석
- Expand를 이용한 특정 거리 내의 정보 분석(버퍼 분석)
- Watershed 기능을 이용한 집수구역 분석

5.2 이론적 배경

5.2.1 흐름방향 분석

광산폐기물에서 유출되는 침출수의 이동을 모델링하기 위해서는 지표에서 유체가 흐르는 방향을 분석할 필요가 있다. 넓은 지역에 대해서 이를 효율적이고 정확하게 분석하기 위하여 수치지형모델(DEM)을 이용한 8방향(D8) 방법(O'Callaghan and Mark, 1984)이 가장 일반적으로 사용되고 있다. D8 방법은 매트릭스 형태의 격자구조에서 중심격자와 중심격자 주변에 있는 8개 격자 사이의 기울기를 각각 계산한 후 그중 하강하는 방향으로 경사도가 가장 큰 방향을 빗물이 흐르는 방향으로 정의한다. 경사도를 구하기 위해서는 동서남북 방향의 경우 두 격자 사이의 높이 차이를 격자의 길이로 나누어 구하고, 대각선 방향의 경우 격자길이에 $\sqrt{2}$를 곱한 값으로 높이 차이를 나누어 구한다. 그림 5-2a와 같은 DEM에서 5의 높이를 가지

는 중심격자로부터 하강하는 방향은 중심격자보다 낮은 1, 2, 3, 4 격자를 향한 방향이며, 유체가 흐르는 방향은 하강경사도가 3으로 가장 큰 값을 가지는 북쪽 방향이다(그림 5-2).

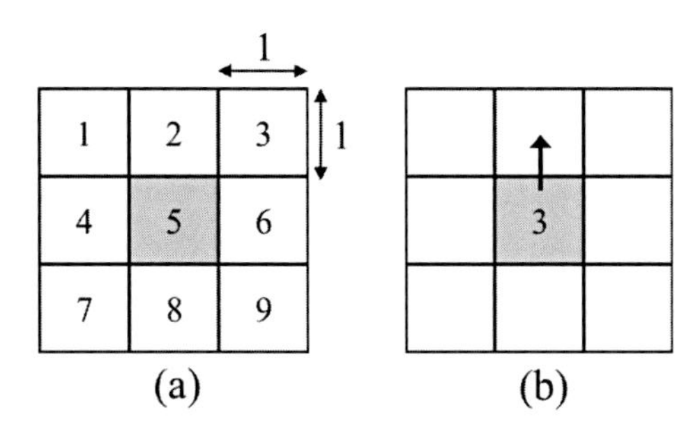

그림 5-2 지표수 흐름방향 분석의 원리

5.2.2 누적흐름량 및 집수구역 분석

흐름방향 분석은 대상지역의 모든 격자에 대해 적용하여 각 격자의 흐름방향을 정의할 수 있다. 흐름방향이 계산된 뒤에는 흐름방향을 따라 이동하는 유체의 누적흐름량을 계산할 수 있다. 그림 5-3의 예제의 경우 적색과 청색으로 표시된 2개의 집수지점이 DEM에 존재한다

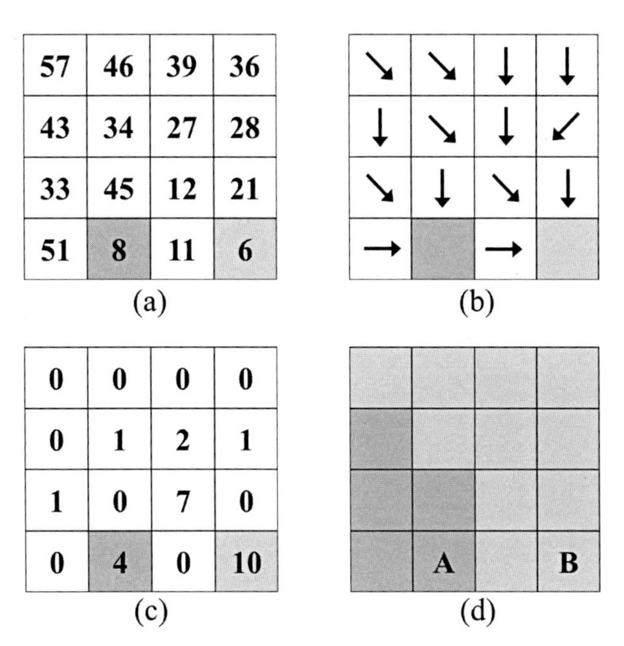

그림 5-3 지표수 누적흐름량 및 집수구역 분석의 원리

(그림 5-3a). 이때 각 격자의 흐름방향 분석 결과는 그림 5-3b와 같다. 흐름방향을 토대로 누적 흐름량 분석을 수행하면 적색의 집수지점에는 4개의 상부 격자로부터 빗물이 누적되어 유입되고, 청색의 집수지점에는 10개의 상부 격자로부터 빗물이 누적되어 유입된다(그림 5-3c). 이 분석 결과는 모든 격자에 대해 동일한 빗물이 떨어지는 것으로 가정한 결과이며 특정 격자에 대해서만 가중치를 주고 다른 격자에는 0의 값을 할당한다면 특정 격자에서부터 흘러가는 유체의 이동경로를 파악할 수 있다. 집수구역은 집수지점으로의 빗물 유입에 영향을 주는 상부격자의 분포를 의미하며 해당 예제에 대한 집수구역 분석 결과는 그림 5-3d와 같다. 수계 분석 알고리즘에 대한 보다 자세한 설명은 Jenson and Domingue(1988)의 연구를 참고할 수 있다.

5.3 GIS 실습

5.3.1 데이터 확인 및 분석을 위한 데이터 처리

1) ArcMap의 실행. 실습을 수행할 PC에서 ArcMap 프로그램을 실행한다.

(1) Windows 시작 버튼 클릭 → 모든 프로그램 선택 → ArcGIS 선택 → ArcMap 10.x 선택
ArcMap 프로그램이 실행되며, Getting Started 대화상자가 나타난다(그림 5-4).

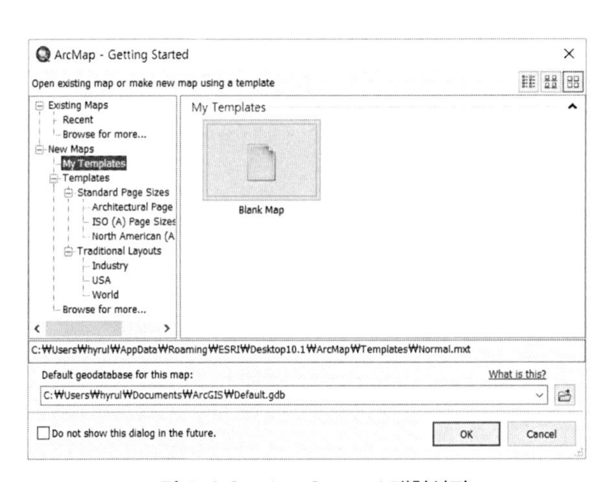

그림 5-4 Getting Started 대화상자

(2) Getting Started **대화상자 왼쪽 패널에서** Existing Maps **선택** → Browse for more.. **클릭**

Open ArcMap Document 대화상자가 나타난다(그림 5-5).

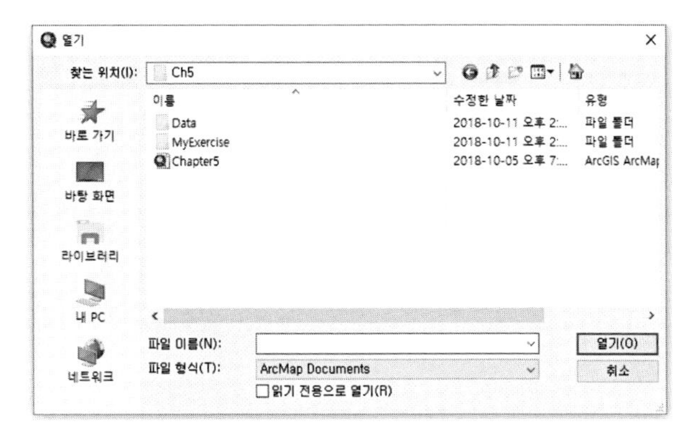

그림 5-5 Open ArcMap Document 대화상자

(3) Open ArcMap Document **대화상자에서 예제 파일을 설치한 폴더로 이동** → Chapter5.mxd[6] **파일을 선택** → **열기 버튼 클릭**

ArcMap 프로그램에 Chapter5.mxd 파일이 열리면서 이번 실습에 사용된 자료들이 화면에 나타난다(그림 5-6).

- 관심지역 레이어는 자료구축 및 분석을 수행할 영역을 나타낸다.
- 오염원 레이어는 오염을 유발할 수 있는 오염원 영역을 벡터(폴리곤) 레이어로 나타낸다.
- 수치지형모델 레이어는 관심지역의 고도를 래스터 레이어로 나타낸다.
- 토지피복도 레이어는 관심지역의 토지피복분류를 래스터 레이어로 나타낸다(그림 5-7). (1 : 수역, 2 : 시가화 지역, 3 : 나지, 4 : 습지, 5 : 초지, 6 : 산림지역, 7 : 논, 8 : 밭)
- 하천 레이어는 관심지역 내에 흐르는 하천을 벡터(라인) 레이어로 나타낸다.
- 샘플위치 레이어는 하천에서 샘플링을 수행한 위치를 벡터(포인트) 레이어로 나타낸다.

6 ArcMap Documents 파일.

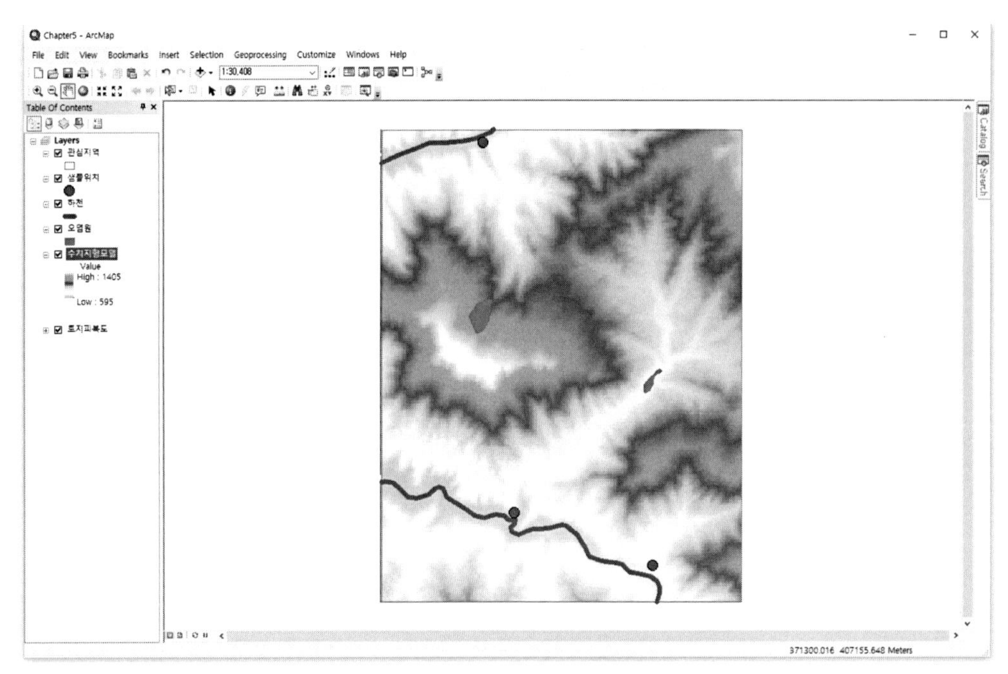

그림 5-6 실습에 사용된 자료들

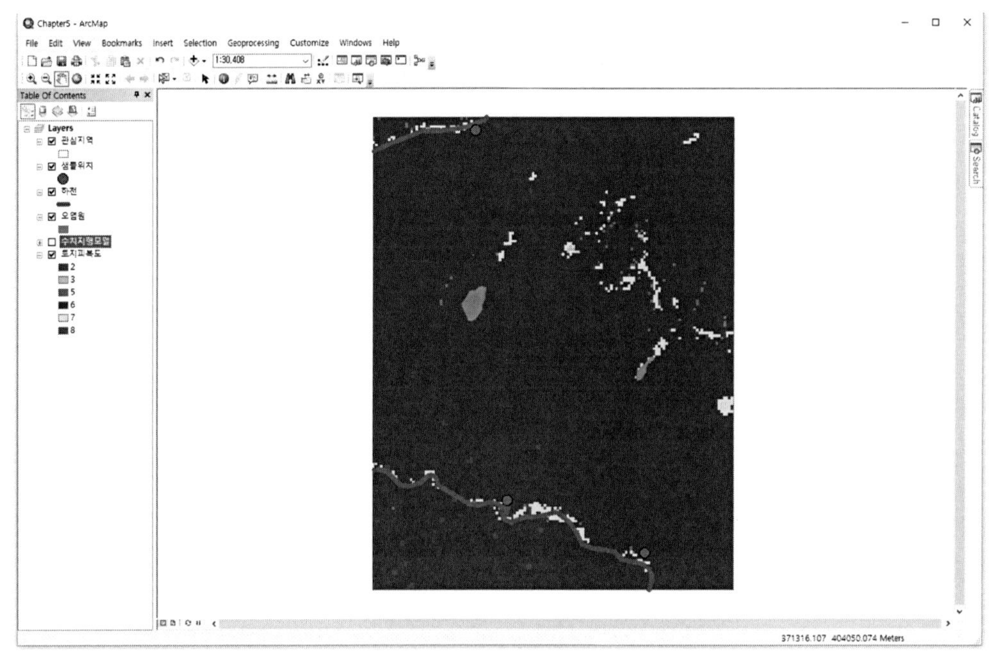

그림 5-7 토지피복분류 래스터 레이어(컬러 도판 328쪽 참조)

(4) ArcMap 프로그램 메뉴바에서 File 선택 → Save as 클릭

다른 이름으로 저장 대화상자가 나타난다(그림 5-8).

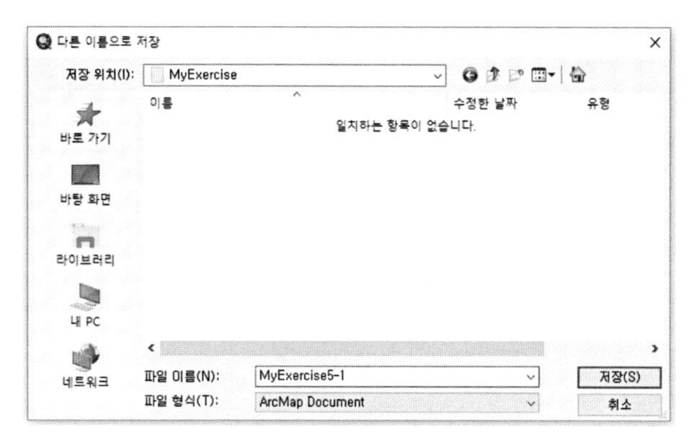

그림 5-8 다른 이름으로 저장 대화상자

(5) MyExercise 폴더 클릭 → 실습 결과를 저장할 파일 이름 입력(예: MyExercise5-1) → 저장 버튼 클릭

앞으로 실습을 수행한 결과가 위에서 지정한 파일에 저장된다(예: MyExercise5-1.mxd).

2) 오염원 벡터 레이어의 레스터 변환. 벡터 레이어 형태인 오염원 레이어를 래스터 형태의 레이어로 변환한다.

(1) ArcMap 프로그램 Table of Contents 패널에서 오염원 레이어 선택 → 마우스 오른쪽 버튼 클릭 → 팝업메뉴가 나타나면 Open Attribute Table 버튼 클릭

오염원 Shapefile의 속성 테이블이 나타난다(그림 5-9). 두 개의 오염원 객체가 존재하는 것을 확인할 수 있다. 누적흐름량 분석의 가중치로 활용하기 위한 새로운 필드를 추가한다.

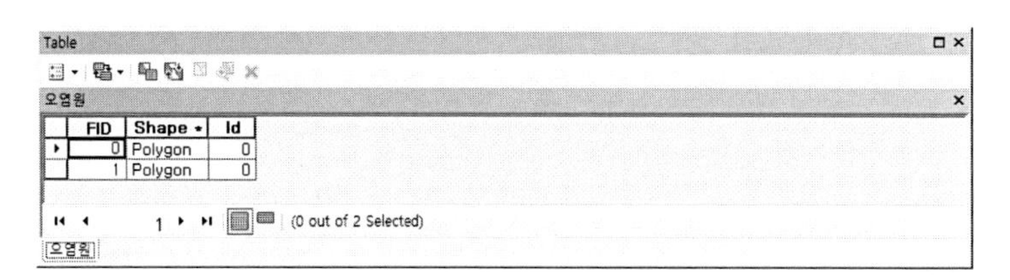

그림 5-9 오염원 Shapefile의 속성 테이블

(2) Table에서 [icon] 버튼을 클릭 → 메뉴가 나타나면 Add Field... 버튼 클릭 → Add Field 대화상자가 나타나면 새로 추가할 필드의 이름을 입력(예: 가중치) → Type으로 'Short Integer' 선택(그림 5-10) → OK 버튼 클릭

오염원 Shapefile의 속성 테이블에 정수 형식의 '가중치' 필드가 추가되었다(그림 5-11).

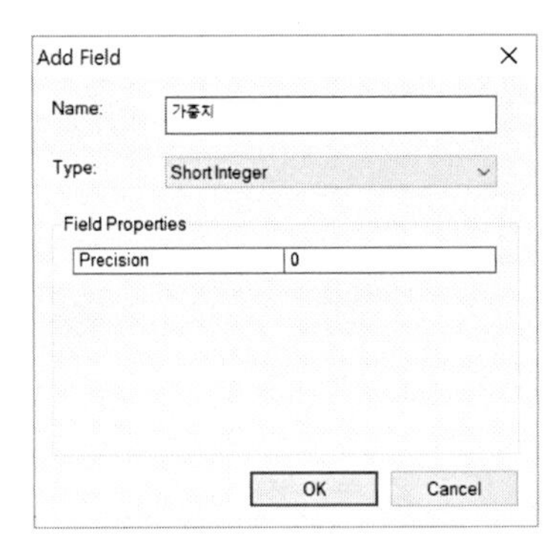

그림 5-10 '가중치' 필드 추가

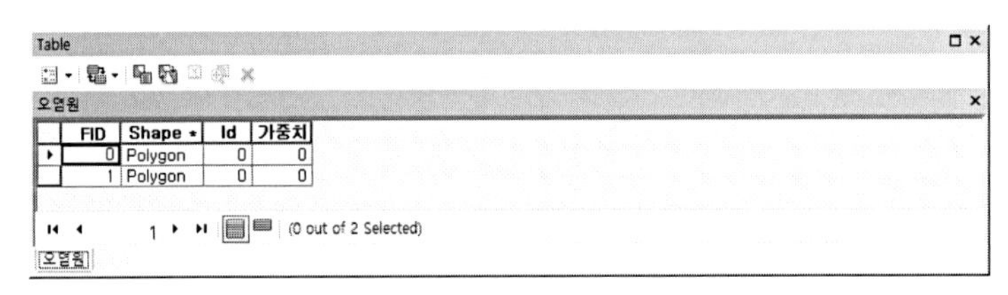

	FID	Shape *	Id	가중치
▸	0	Polygon	0	0
	1	Polygon	0	0

그림 5-11 '가중치' 필드의 추가 결과

(3) 가중치 필드 우 클릭 → Field Calculator 클릭

입력창에 '1'을 입력 후 OK 버튼을 클릭하면(그림 5-12) 가중치 필드 값이 1로 계산된다(그림 5-13).

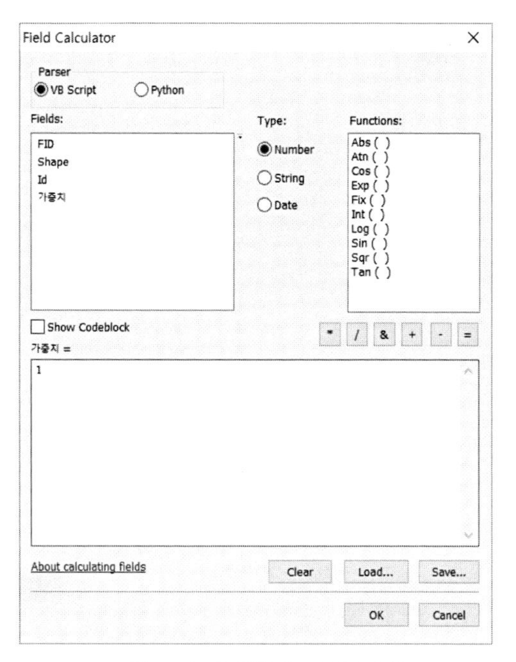

그림 5-12 가중치 필드 값의 계산

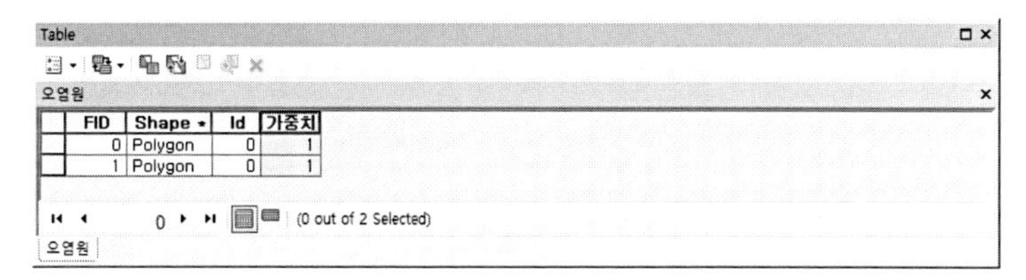

FID	Shape	Id	가중치
0	Polygon	0	1
1	Polygon	0	1

그림 5-13 가중치 필드 값의 계산 결과

(4) ArcMap 프로그램 우측의 Search 메뉴에서 Feature to Raster 검색

Feature to Raster 대화상자가 나타나면 그림 5-14와 같이 입력한다. 각 항목에 대한 설명은 다음과 같다.

- Input features : 입력 파일 선택
- Field : 래스터 레이어의 값으로 할당할 벡터 레이어 필드
- Output raster : 저장 파일명 및 경로 설정
- Output cell size(optional) : 30(수치지형모델의 해상도)

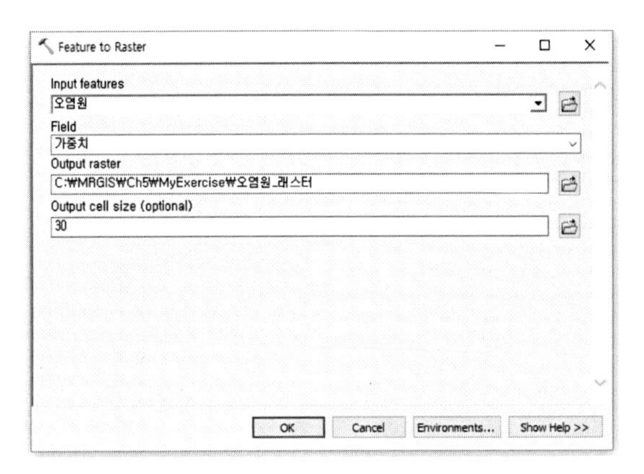

그림 5-14 Feature to Raster 대화상자

(5) Feature to Raster 대화상자에서 Environments 버튼 클릭 → Processing Extent에서 수치지형모델 선택 후 OK 버튼 클릭(그림 5-15)

수치지형모델과 동일한 해상도, 동일한 범위 및 픽셀 개수를 가지는 오염원 래스터 레이어가 생성된다(그림 5-16).

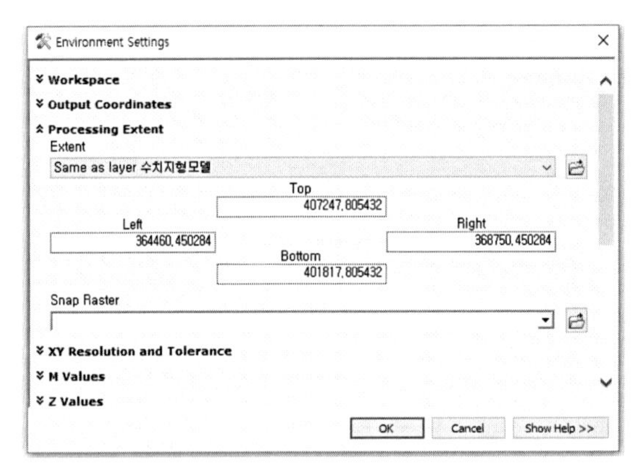

그림 5-15 Processing Extent의 설정

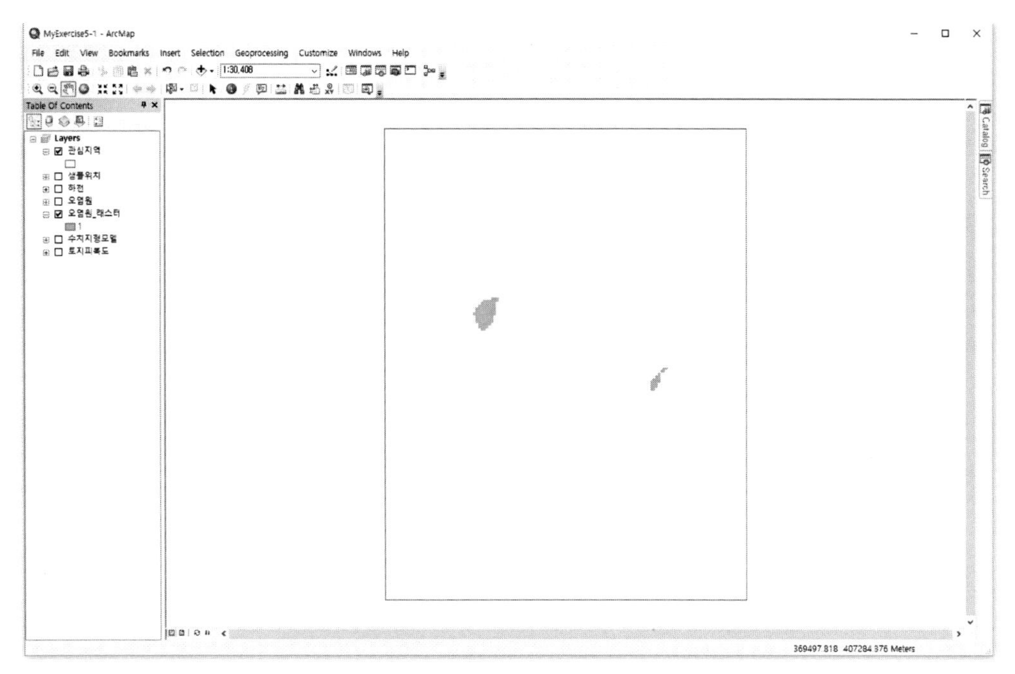

그림 5-16 오염원 래스터 레이어의 생성

(6) **ArcMap 프로그램 메뉴에서 File 선택 → Save as... 버튼 클릭 → 실습 결과를 저장할 파일 이름 입력(예: MyExercise5-2) → 저장 버튼 클릭**

실습을 수행한 결과가 위에서 지정한 파일에 저장된다(예: MyExercise5-2.mxd).

5.3.2 오염원의 이동경로 분석

1) 흐름방향 분석. 수치지형모델 자료로부터 흐름방향을 분석한다. 본 장에서는 D8 방법을 이용한다.

(1) **ArcMap 프로그램 우측의 Search 메뉴에서 Flow Direction 검색**

Flow Direction 대화상자에서 그림 5-17과 같이 입력한다. 수치지형모델의 고도 값으로부터 각 격자의 흐름방향을 계산한 결과가 출력된다(그림 5-18). 이때 출력된 수치에 따른 흐름방향은 다음과 같다(1 : 동, 2 : 남동, 4 : 남, 8 : 남서, 16 : 서, 32 : 북서, 64 : 북, 128 : 북동).

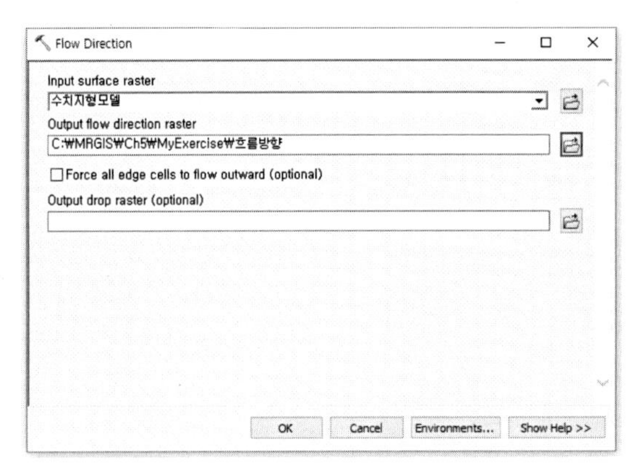

그림 5-17 Flow Direction 대화상자의 설정

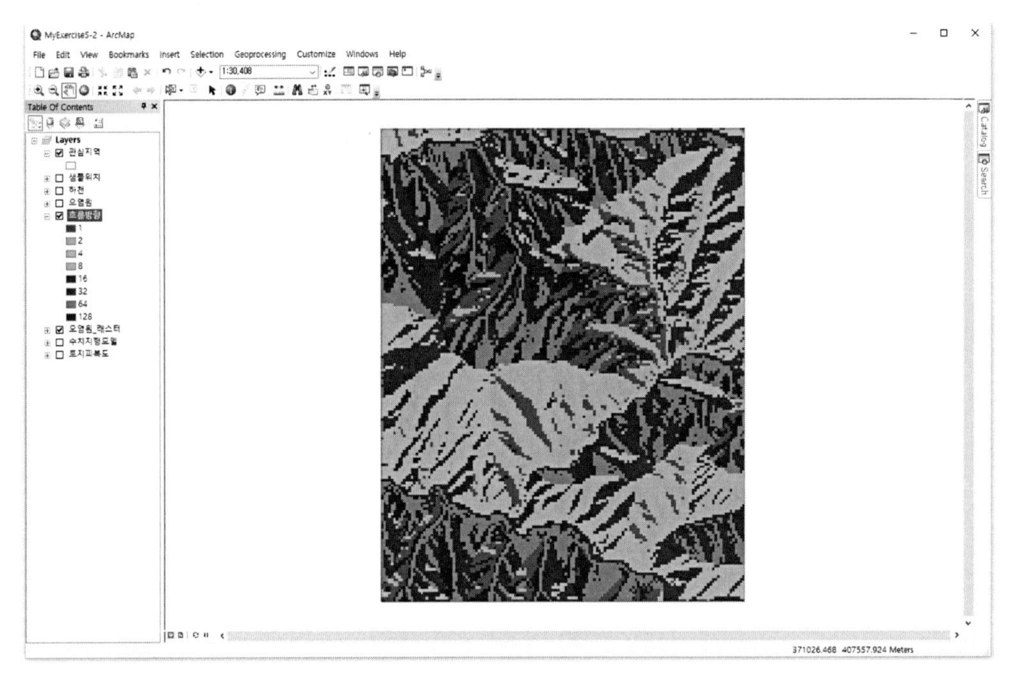

그림 5-18 흐름방향을 계산한 결과(컬러 도판 329쪽 참조)

2) 오염원의 이동경로 분석. 대상지역 격자들의 흐름방향을 토대로 오염원에서 유출된 침출수의 이동경로를 분석한다.

(1) ArcMap 프로그램 우측의 Search 메뉴에서 Flow Accumulation 검색

Flow Accumulation 대화상자가 나타나면 그림 5-19와 같이 앞서 생성한 흐름방향 레이어와 래스터 형태의 오염원 레이어를 입력자료로서 이용한다. OK 버튼을 클릭하면 그림 5-20과 같은 래스터 레이어가 생성된다. 이 결과는 오염원에 해당하는 픽셀에만 1의 가중치를 주고 누적흐름량을 계산한 결과이다.

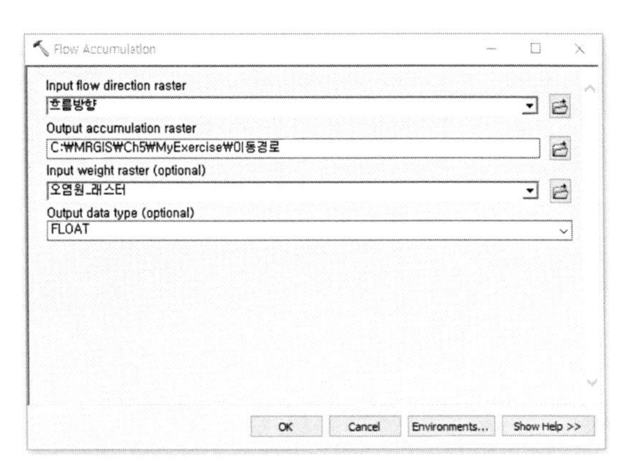

그림 5-19 Flow Accumulation 대화상자의 설정

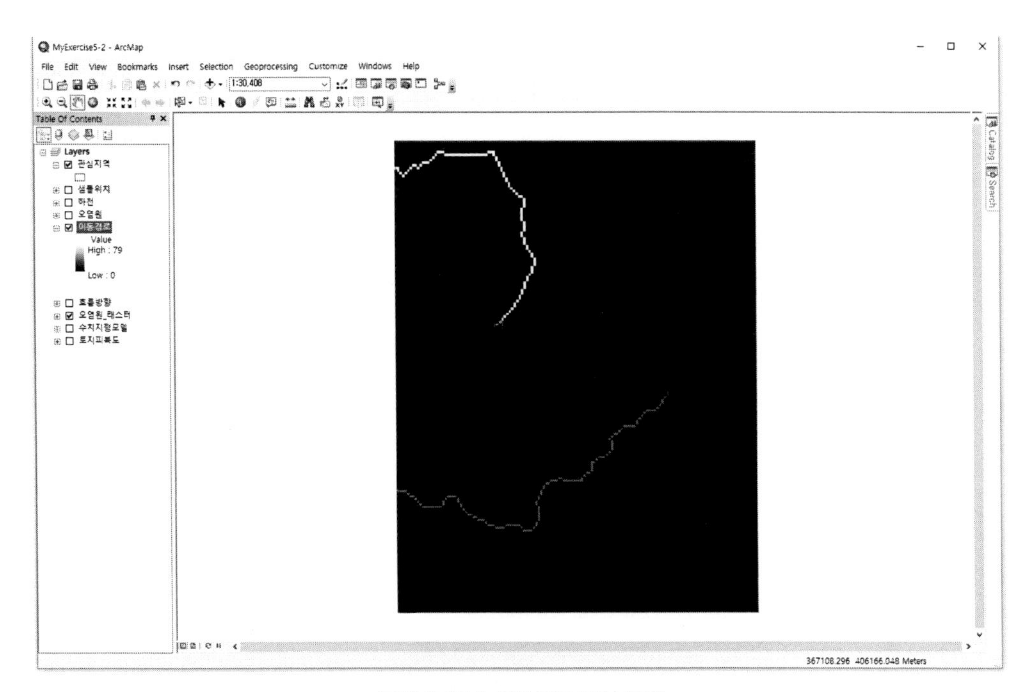

그림 5-20 누적흐름량 계산 결과

(2) **이동경로 레이어에 마우스 오른쪽 클릭 → Properties 버튼 클릭 → Symbolgy 탭 클릭 → Color Ramp 설정 → Display Background Value 0 값 입력 및 체크 → 확인 버튼 클릭**

이동경로 레이어의 Layer Properties 대화상자(그림 5-21)에서 Symbology 속성값을 변경하면 그림 5-22와 같이 오염원에서 발생한 침출수의 이동경로를 효과적으로 확인할 수 있다. 침출수가 경사를 따라 흐르며 하천으로 유입되는 것을 알 수 있다.

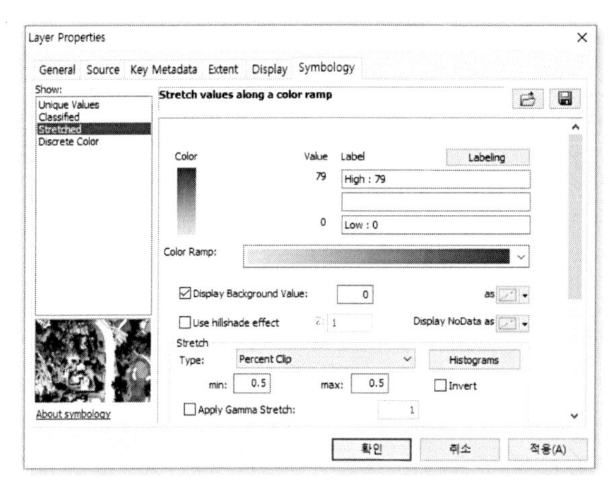

그림 5-21 이동경로 레이어의 Layer Properties 대화상자

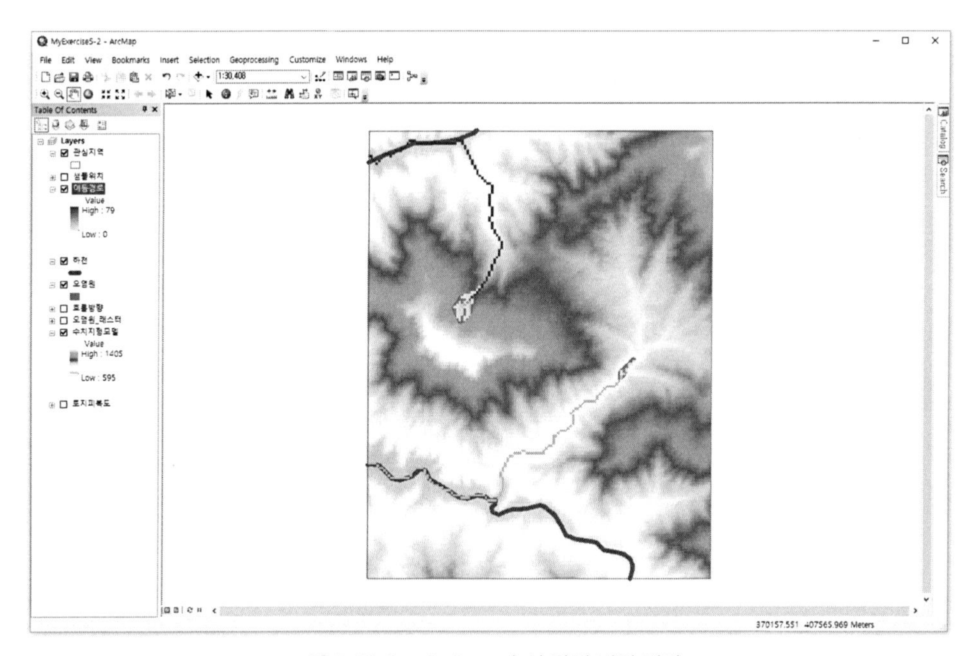

그림 5-22 Symbology 속성 값의 변경 결과

3) 이동경로 주변환경 분석. 앞서 생성한 이동경로 레이어와 토지피복도를 활용하여 이동경로 주변의 환경을 분석한다.

(1) ArcMap 프로그램 우측의 Search 메뉴에서 Raster Calculator 검색

Raster Calculator 대화상자가 나타난다(그림 5-23). 이동경로에 해당하는 픽셀은 1, 해당하지 않는 픽셀은 0의 값으로 변환하기 위해서 아래와 같은 수식을 입력한다. 여기서 A는 이동경로에 해당하는 레이어를 의미하며 ! = 0 부분은 0이 아니면 1(True), 0이면 0(False)의 값을 할당하는 조건문을 의미한다.

"A" ! = 0

그림 5-23 Raster Calculator 대화상자

(2) ArcMap 프로그램 우측의 Search 메뉴에서 Expand 검색

Expand 대화상자가 나타난다(그림 5-24). 앞 단계에서 생성한 이동경로 레이어(0과 1로 구분)를 입력자료로 사용하고 Number of cells에는 3, Zone values에는 1 값을 입력한다. 1의 값을 가지는 이동경로 픽셀 주변으로 픽셀 3개만큼 확장한 결과를 산출한다. 본 예제의 픽셀 해상도는 30m이므로 이동경로 주변으로 90m에서 약 127m(대각선 방향)의 영역을 표시한다. 이동경로와 그 주변 영역에 대한 산출 결과는 레이어의 색상을 조절하여 그림 5-25와 같이 표현할 수 있다.

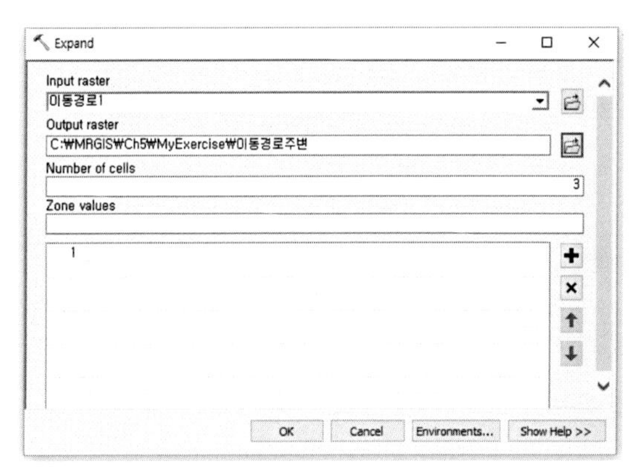

그림 5-24 Expand 대화상자

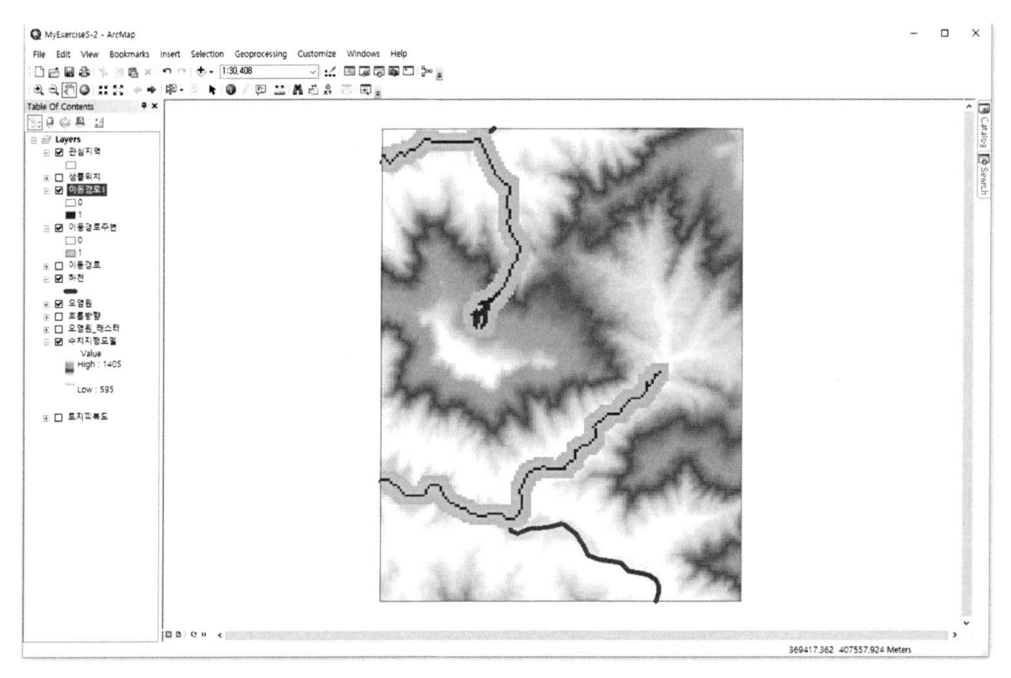

그림 5-25 레이어의 색상 조절 결과(컬러 도판 329쪽 참조)

(3) ArcMap 프로그램 우측의 Search 메뉴에서 Times 검색

Times 대화상자가 나타나면 그림 5-26과 같이 입력 후 실행한다. 앞 단계에서 생성한 이동경로 주변 영역 레이어와 토지피복도를 곱셈 연산하여 이동경로 주변부에 대한 토지피복 결과를 산출할 수 있다.

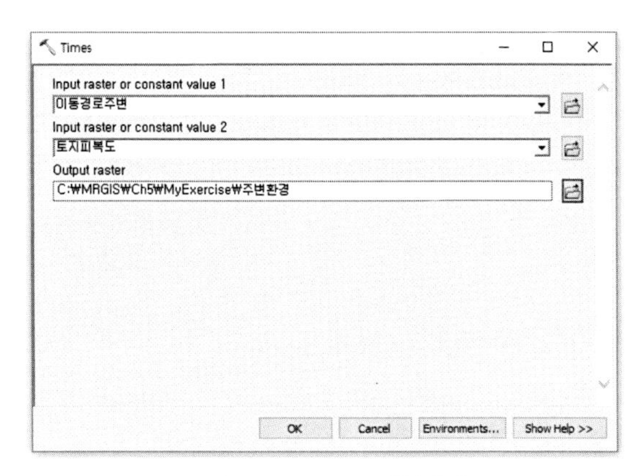

그림 5-26 Times 대화상자

(4) 주변환경 레이어에 마우스 오른쪽 클릭 → Properties 버튼 클릭 → Symbolgy 탭 클릭 → Unique Values 클릭 → 우측 상단 Import 버튼 클릭 → 토지피복도 선택 및 OK 버튼 클릭

토지피복도의 레이어 설정을 불러오면(그림 5-27) 이동경로 주변에 대한 토지피복의 색상을 기존의 토지피복도와 동일하게 설정할 수 있다(그림 5-28).

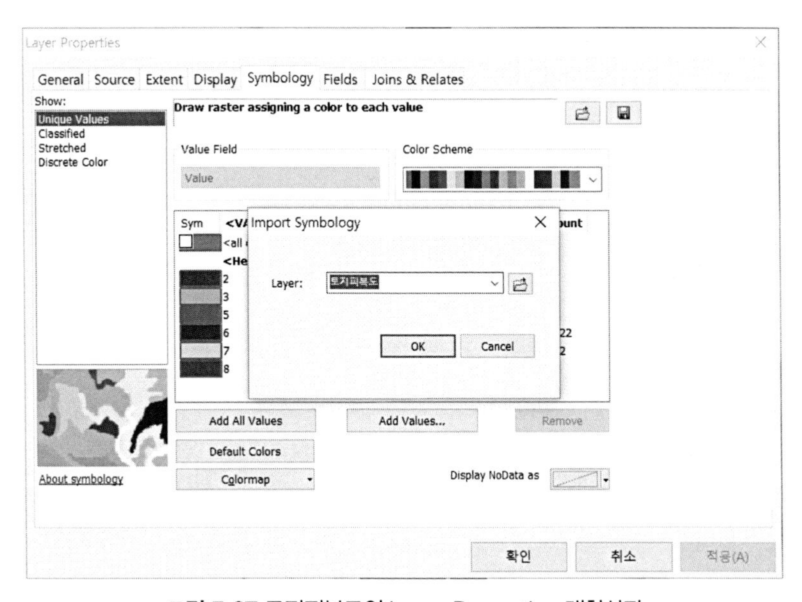

그림 5-27 토지피복도의 Layer Properties 대화상자

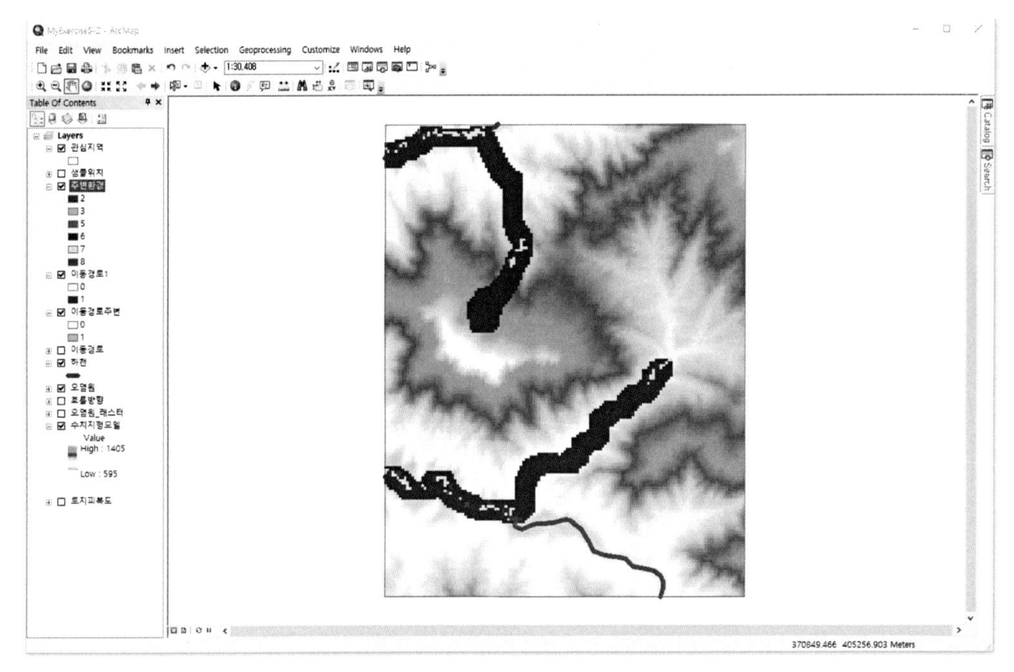

그림 5-28 토지피복도 색상의 설정 결과

(5) 주변환경 레이어에 마우스 오른쪽 클릭 → Open Attribute Table 버튼 클릭

테이블의 Value와 Count 값을 통해서 이동경로 주변 토지피복의 픽셀 수를 확인할 수 있다(그림 5-29). 대부분 산림지역이지만 논과 밭의 픽셀 개수가 각각 122개, 27개로서 109,800m^2, 24,300m^{2}의 면적에 해당한다(1 : 수역, 2 : 시가화지역, 3 : 나지, 4 : 습지, 5 : 초지, 6 : 산림지역, 7 : 논, 8 : 밭).

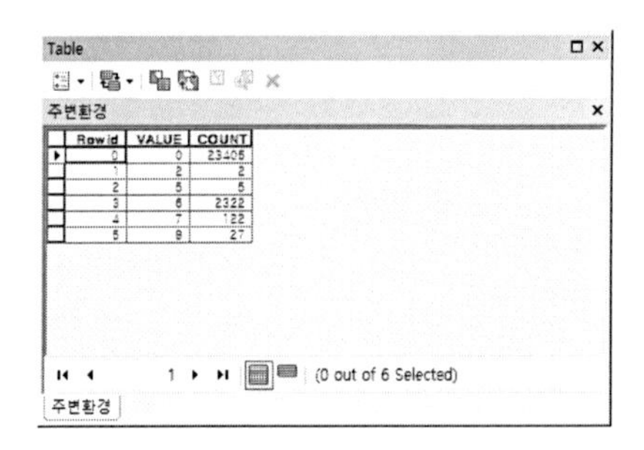
Table

주변환경

Rowid	VALUE	COUNT
0	0	23405
1	2	2
2	5	5
3	6	2322
4	7	122
5	8	27

(0 out of 6 Selected)

주변환경

그림 5-29 토지피복의 픽셀 수 확인

(6) ArcMap 프로그램 File 메뉴 선택 → Save 버튼 클릭 → 다른 이름으로 저장 대화상자에서 MyExercise 폴더 클릭 → 실습 결과를 저장할 파일 이름 입력(예: MyExercise5-3) → 저장 버튼 클릭

실습을 수행한 결과가 위에서 지정한 파일에 저장된다(예: MyExercise5-3.mxd).

5.3.3 오염원의 영역 추정

1) **분석 샘플 위치 조정.** 오염물질이 검출된 샘플의 집수구역을 분석하기에 앞서 샘플의 위치를 조정한다. 그림 5-30에서 현재의 샘플 위치를 확인하면 하천 레이어에서 약간 벗어난 곳에 위치한 것을 확인할 수 있다. GPS 측정 오차, 지도 레이어의 정확도 문제 등 다양한 원인으로 인해 샘플의 위치에는 오차가 포함될 수밖에 없다. 집수구역 분석은 DEM의 흐름방향 분석에 기반을 두기 때문에 적절한 집수구역 분석을 위해서는 흐름방향을 고려한 샘플 위치의 조정이 필요하다.

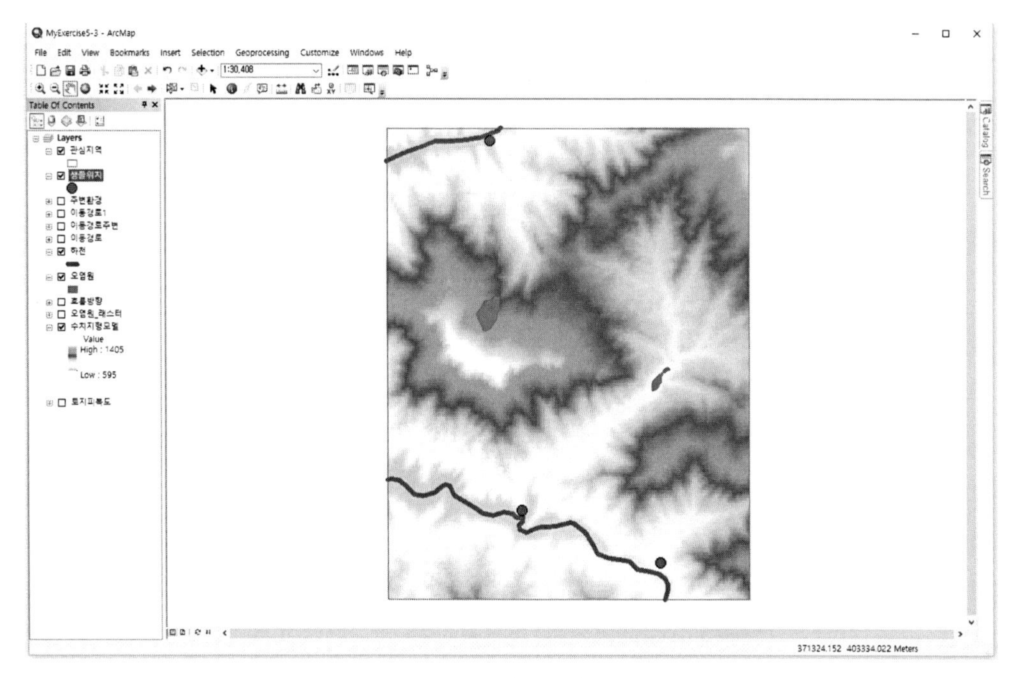

그림 5-30 현재의 샘플 위치 확인

(1) ArcMap 프로그램 우측의 Search 메뉴에서 Watershed 검색

샘플의 위치를 조정하기에 앞서 현재의 샘플위치 자료를 가지고 집수구역 분석을 수행해 본다. 그림 5-31과 같이 입력한 후 OK 버튼을 클릭한다. Pour point field는 분석된 집수구역을 샘플(Pour point)에 따라 구분하기 위한 코드를 의미하며 본 예제에서는 0, 1, 2로 구분되는 FID 필드를 선택한다. 집수구역 분석 결과는 그림 5-32와 같다. 집수구역이 하나의 픽셀 혹은 몇 개의 픽셀로 계산되어 적절한 분석이 이루어지지 않았음을 알 수 있다.

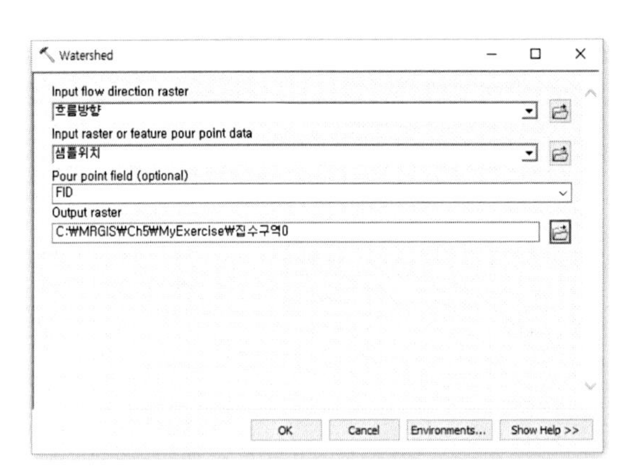

그림 5-31 Watershed 대화상자의 설정

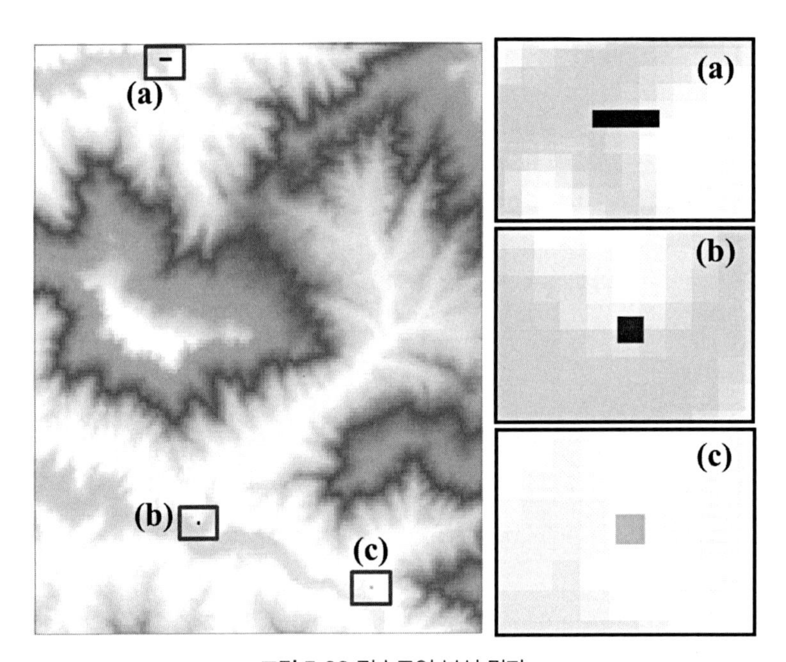

그림 5-32 집수구역 분석 결과

(2) ArcMap 프로그램 우측의 Search 메뉴에서 Flow Accumulation 검색

샘플의 위치를 조정하는 과정은 누적흐름량이 주변보다 높은 곳으로 위치를 이동시켜주는 개념이 포함된다. 이를 위해 전체 영역에 대한 Flow Accumulation 분석을 수행한다. 대화상자가 나타나면 그림 5-33과 같이 입력 후 OK 버튼을 클릭한다. 이동경로 분석 때와 달리 별도의 가중치를 주지 않기 때문에 모든 격자에 동일한 가중치가 적용된다. 분석 결과는 그림 5-34와 같다.

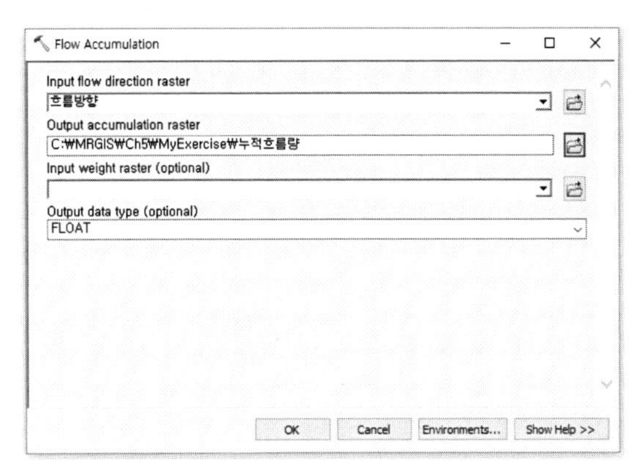

그림 5-33 Flow Accumulation 대화상자 설정

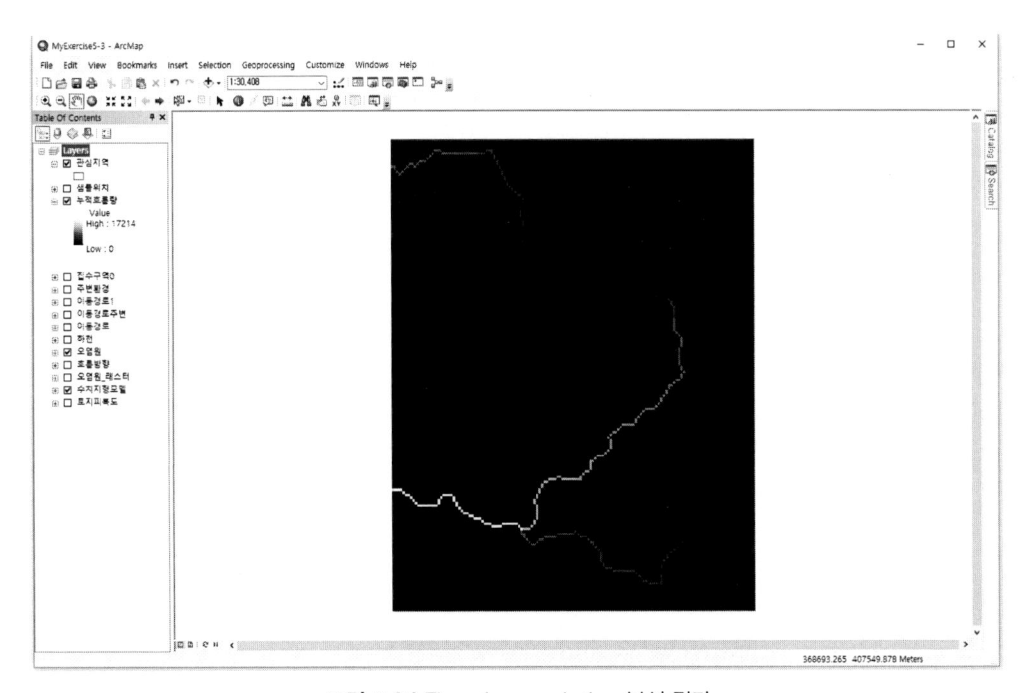

그림 5-34 Flow Accumulation 분석 결과

(3) ArcMap 프로그램 우측의 Search 메뉴에서 Snap Pour Point 검색

Snap Pour Point 도구는 대상지역의 누적흐름량을 고려하여 샘플(Pour point)의 위치를 조정하는 기능을 제공한다. 대화상자가 나타나면 그림 5-35와 같이 입력한 후 OK 버튼을 클릭한다. Snap distance로 설정한 거리 내에서 누적흐름량이 가장 높은 곳으로 샘플의 위치가 조정된다. 본 예제에서는 Snap distance를 100m로 설정하였다. 그림 5-36과 같이 누적흐름량이 높은 곳으로 샘플의 위치가 조정된 것을 확인할 수 있다.

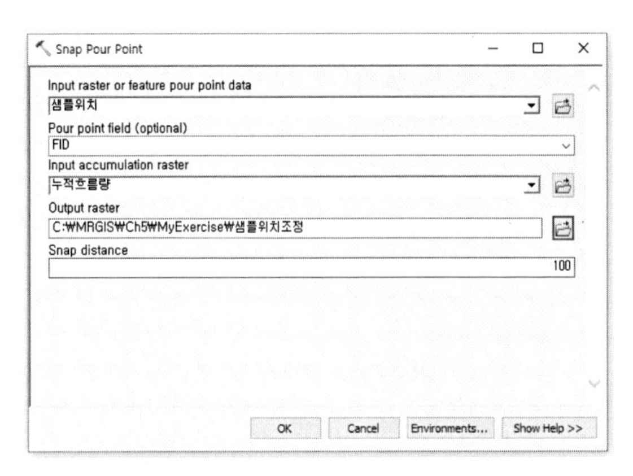

그림 5-35 Snap Pour Point 대화상자

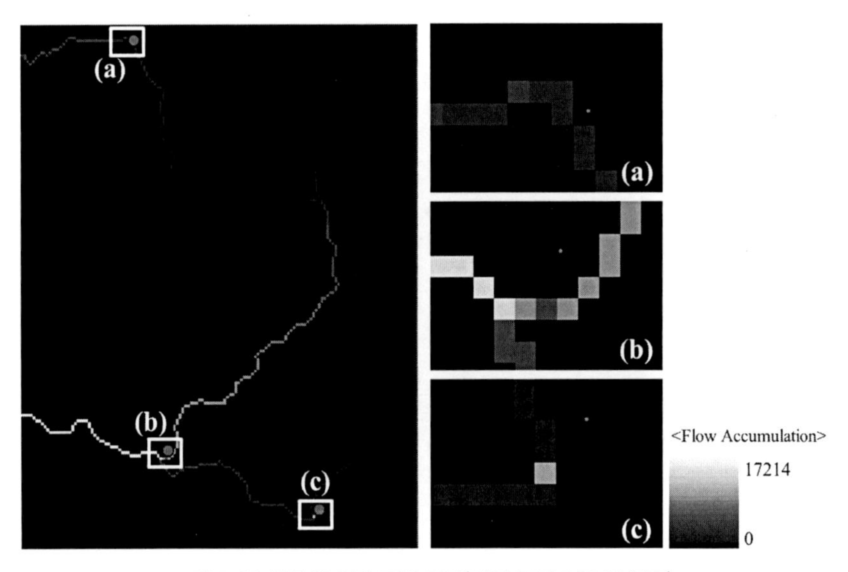

그림 5-36 샘플의 위치 조정 결과(컬러 도판 330쪽 참조)

2) **집수구역 분석을 통한 오염 분포 추정.** 위치를 조정한 샘플에 대해서 집수구역 분석을 수행함으로써 해당 샘플에 대해서 오염물이 유입되는 영역을 추정한다.

(1) ArcMap 프로그램 우측의 Search 메뉴에서 Watershed 검색

조정된 샘플 위치에 대해서 집수구역 분석을 수행한다. 그림 5-37과 같이 입력한 후 OK 버튼을 클릭한다. 집수구역, 오염원, 이동경로 등을 함께 표시한 결과는 그림 5-38과 같다. 각 샘플들에 대한 집수구역을 확인함으로써 오염원의 분포 영역을 대략적으로 추정할 수 있다. 하천을 따라가며 충분한 양의 샘플을 취득해나가면 오염원의 위치를 더욱 상세하게 추정할 수 있다.

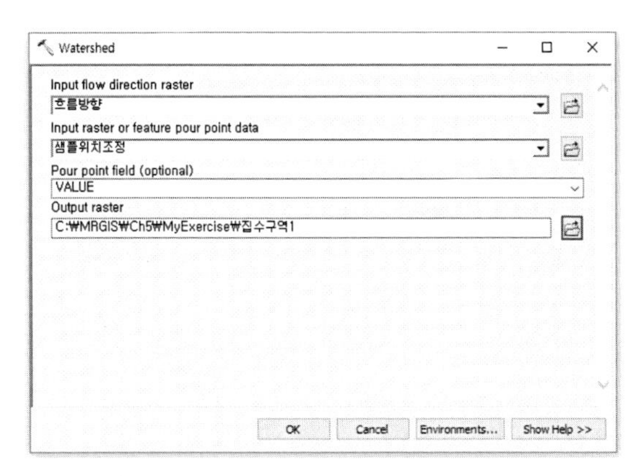

그림 5-37 Watershed 대화상자의 설정

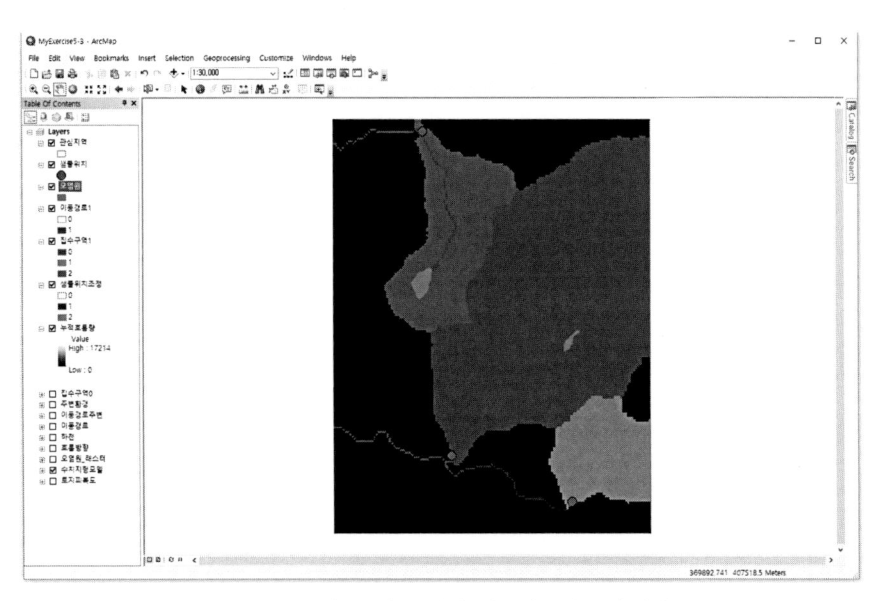

그림 5-38 집수구역, 오염원, 이동경로의 표시 결과

(2) ArcMap 프로그램 우측의 Search 메뉴에서 Raster to Polygon 검색

그림 5-39와 같이 입력하여 집수구역 분석 결과를 폴리곤 형태의 벡터 레이어로 변환한다. 변환 결과는 그림 5-40과 같다.

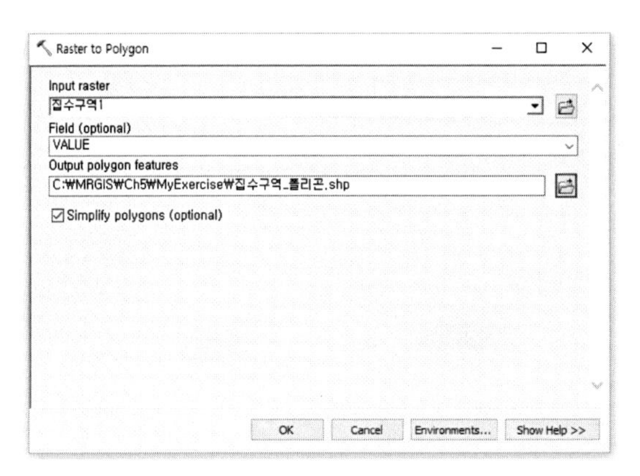

그림 5-39 Raster to Polygon 대화상자의 설정

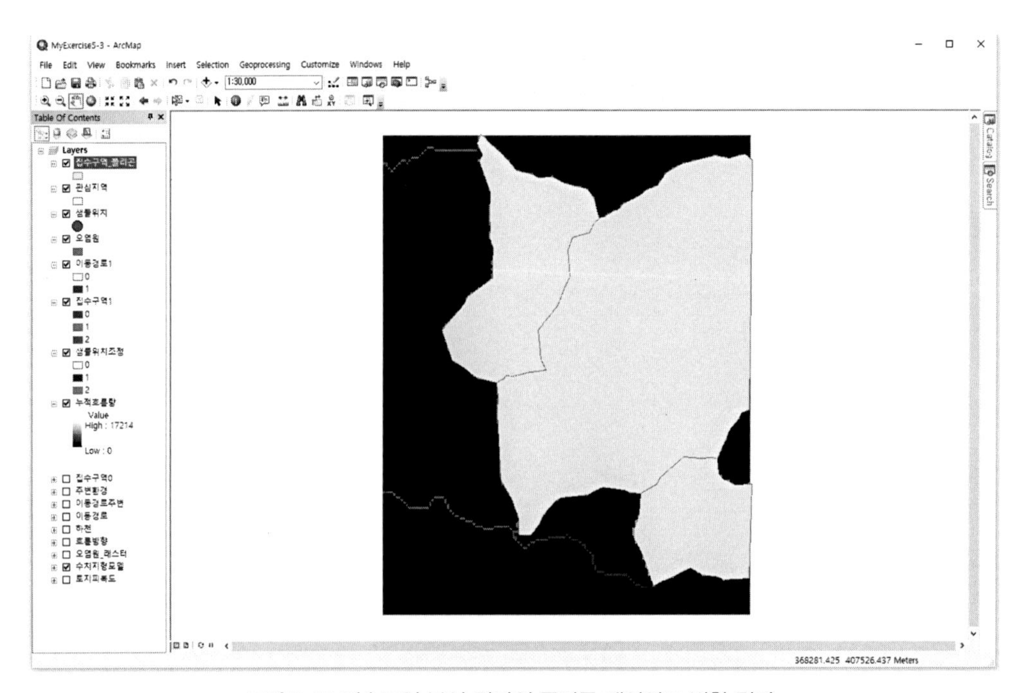

그림 5-40 집수구역 분석 결과의 폴리곤 레이어로 변환 결과

(3) ArcMap 프로그램 File 메뉴 선택 → Save 버튼 클릭 → 다른 이름으로 저장 대화상자에서 MyExercise 폴더 클릭 → 실습 결과를 저장할 파일 이름 입력(예: MyExercise5-4) → 저장 버튼 클릭

실습을 수행한 결과가 위에서 지정한 파일에 저장된다(예: MyExercise5-4.mxd).

5.3.4 오염경로 및 집수구역 3차원 가시화 실습

1) ArcScene의 실행. 실습을 수행할 PC에서 ArcScene 프로그램을 실행한다.

(1) Windows 시작 버튼 클릭 → 모든 프로그램 선택 → ArcGIS 선택 → ArcScene 10.x 선택

ArcScene 프로그램이 실행되며, Getting Started 대화상자가 나타난다(그림 5-41).

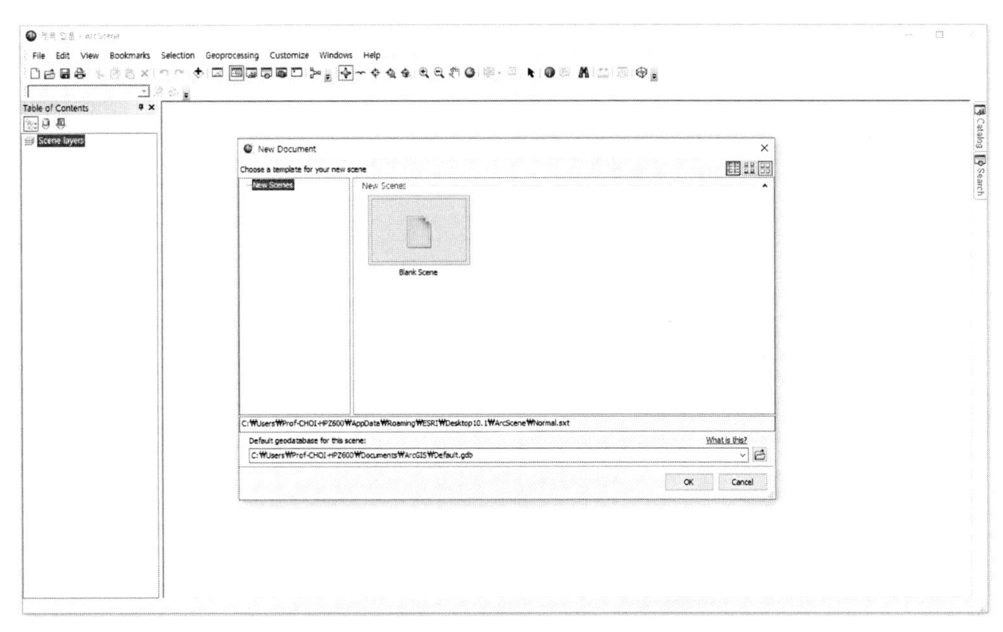

그림 5-41 Getting Started 대화상자

(2) Getting Started 대화상자에서 Blank Scene 선택 → OK 버튼 클릭

(3) ArcScene 프로그램 File 메뉴 선택 → Save 버튼 클릭 → 다른 이름으로 저장 대화상자에서 MyExercise 폴더 클릭 → 실습 결과를 저장할 파일 이름 입력(예: MyExercise5-1) →

저장 버튼 클릭

앞으로 실습을 수행한 결과가 위에서 지정한 파일에 저장된다(예: MyExercise5-1.sxd).

2) 수치지형모델의 3차원 가시화. 래스터 형식의 수치지형모델(DEM) 자료를 ArcScence 프로그램에 불러온 후 3차원으로 가시화한다.

1) ArcMap 프로그램 메뉴바에서 File 선택 → Add Data 선택 → Add Data.. 클릭 → Add Data 대화상자에서 수치지형모델.tif 파일이 위치한 폴더로 이동 → 수치지형모델.tif 파일 선택 → Add 버튼 클릭

수치지형모델.tif 파일이 ArcScene 프로그램의 화면에 나타난다(그림 5-42). 현재 2차원으로 가시화된 상태이다.

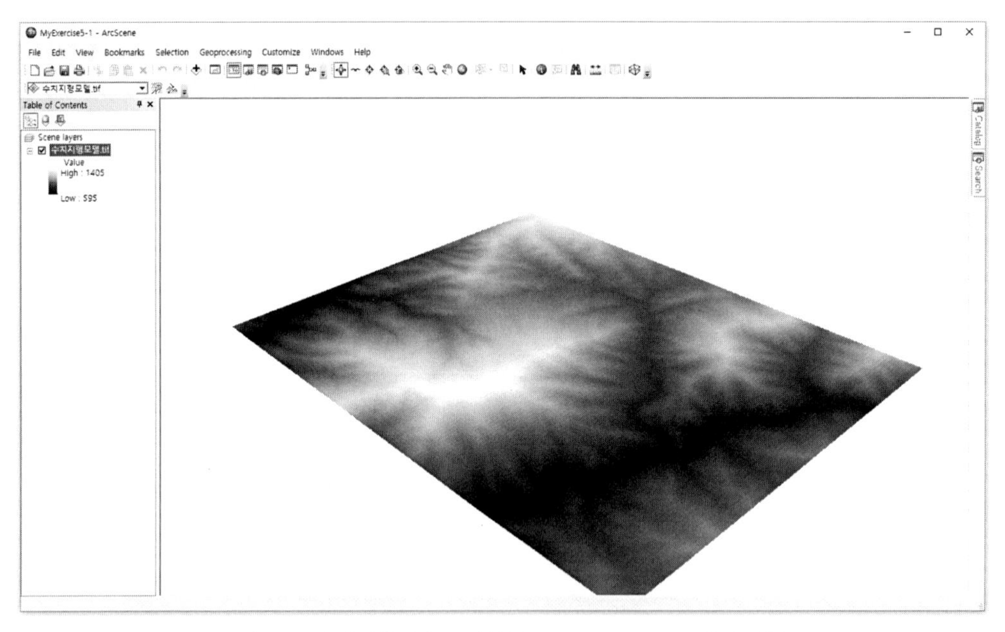

그림 5-42 수치지형모델.tif 파일의 ArcScene 프로그램 가시화

(2) Table of Contents에서 수치지형모델.tif 레이어를 더블 클릭 → Symbology 탭 선택 → 적절한 Color Ramp 설정 → Base Heights 탭 선택 → Elevation from surfaces 그룹에서 Floating on a custom surface 옵션 선택 → Floating on a custom surface 드롭다운 리스트에서 수치지형모델.tif 레이어 선택(그림 5-43) → 확인 버튼 클릭

수치지형모델.tif 파일이 ArcScene 프로그램의 화면에 3차원으로 가시화되었다(그림 5-44).

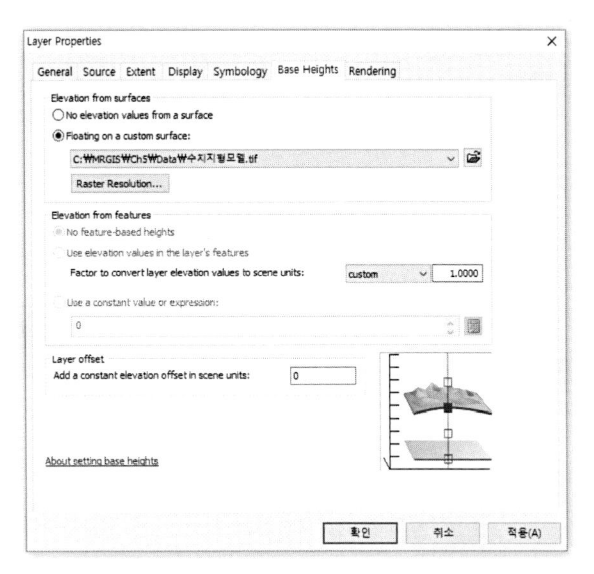

그림 5-43 수치지형모델 Layer Properties 설정

그림 5-44 수치지형모델 레이어의 3차원 가시화 결과

(3) ArcScene 프로그램 File 메뉴 선택 → Save 버튼 클릭 → 다른 이름으로 저장 대화상자에서 MyExercise 폴더 클릭 → 실습 결과를 저장할 파일 이름 입력(예: MyExercise5-2) → 저장 버튼 클릭

실습을 수행한 결과가 위에서 지정한 파일에 저장된다(예: MyExercise5-2.sxd).

3) 오염물 이동경로의 3차원 가시화. 래스터 형식의 이동경로 분석 결과 자료를 ArcScence 프로그램에 불러온 후 3차원으로 가시화한다.

(1) ArcMap 프로그램 메뉴바에서 File 선택 → Add Data 선택 → Add Data.. 클릭 → Add Data 대화상자에서 이동경로1 파일이 위치한 폴더로 이동 → 이동경로1 파일 선택 → Add 버튼 클릭

이동경로1 파일이 ArcScene 프로그램의 화면에 나타난다. Table of Contents에서 레이어의 색상 부분을 클릭하면 Symbol Selector 대화상자가 활성화된다(그림 5-45). 0 값의 Fill Color는 No Color, 1 값의 Fill Color는 원하는 색으로 선택한다. 현재 2차원으로 가시화된 상태이다(그림 5-46).

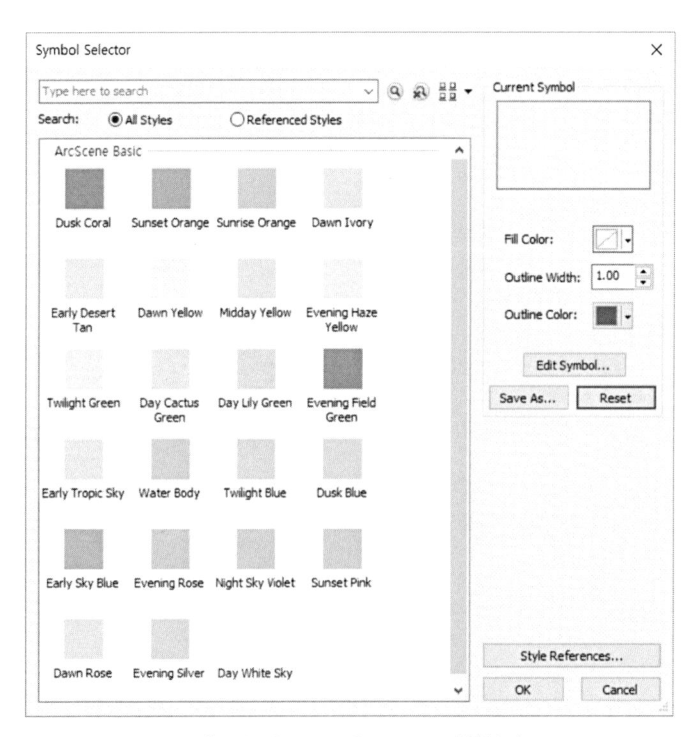

그림 5-45 Symbol Selector 대화상자

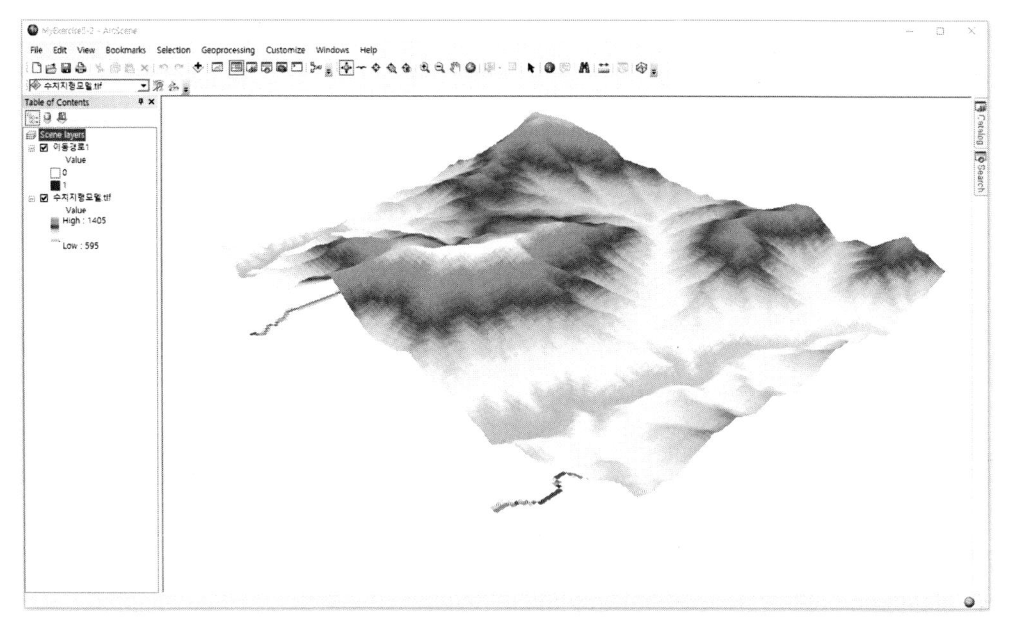

그림 5-46 이동경로1 파일의 2차원 가시화 결과

(2) Table of Contents에서 이동경로1 레이어를 더블 클릭 → Base Heights 탭 선택 → Elevation from surfaces 그룹에서 Floating on a custom surface 옵션 선택 → Floating on a custom surface 드롭다운 리스트에서 수치지형모델.tif 레이어 선택 → Layer offset 값에 20 입력(그림 5-47) → 확인 버튼 클릭

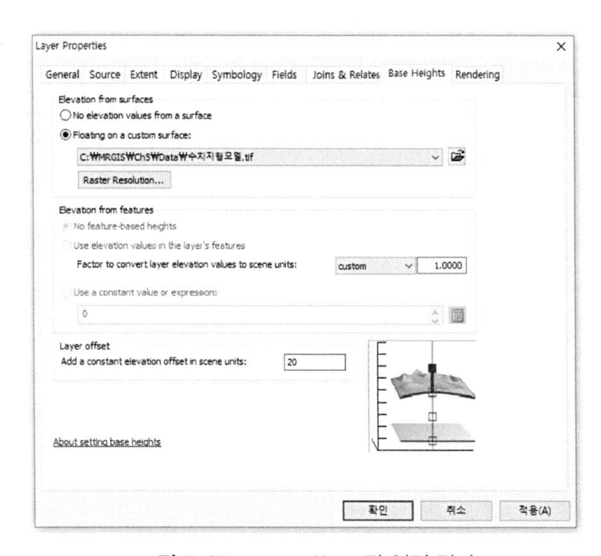

그림 5-47 Layer offset 값 입력 결과

이동경로1 파일이 ArcScene 프로그램의 화면에 3차원으로 가시화되었다(그림 5-48). 수치지형모델과 높이를 동일하게 설정하면 겹쳐서 보이지 않는 부분이 발생하므로 효과적인 가시화를 위해 Layer offset 값(본 예제에서는 20m)을 입력한다.

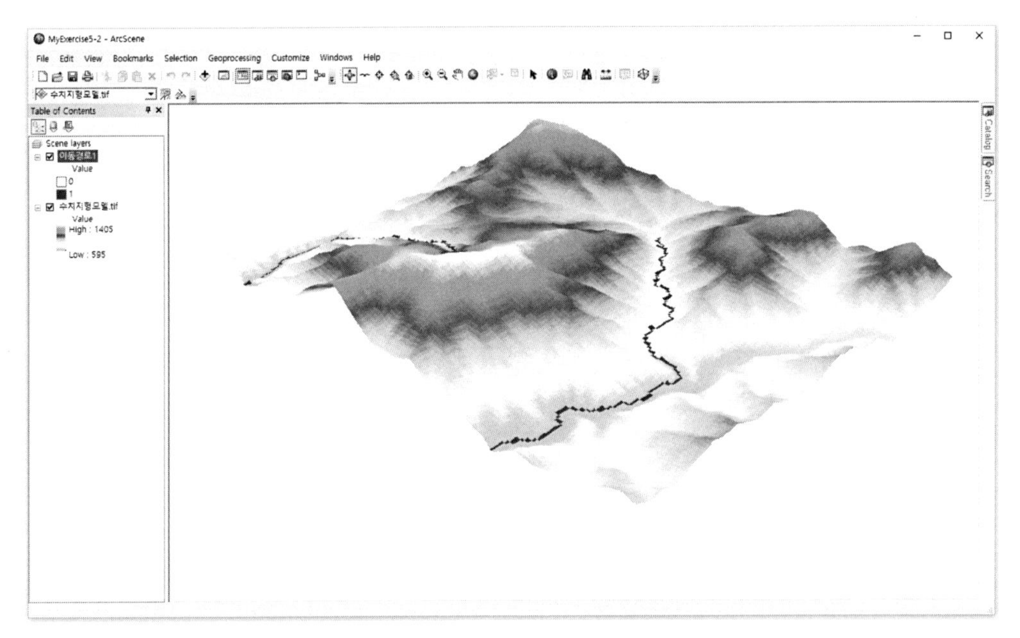

그림 5-48 이동경로1 파일의 3차원 가시화 결과

(3) **ArcScene 프로그램 File 메뉴 선택 → Save 버튼 클릭 → 다른 이름으로 저장 대화상자에서 MyExercise 폴더 클릭 → 실습 결과를 저장할 파일 이름 입력(예: MyExercise5-3) → 저장 버튼 클릭**

실습을 수행한 결과가 위에서 지정한 파일에 저장된다(예: MyExercise5-3.sxd).

4) 샘플 집수구역의 3차원 가시화. 폴리곤 벡터 형식의 집수구역 분석 결과 자료를 ArcScence 프로그램에 불러온 후 3차원으로 가시화한다.

(1) **ArcMap 프로그램 메뉴바에서 File 선택 → Add Data 선택 → Add Data.. 클릭 → Add Data 대화상자에서 집수구역_폴리곤 파일이 위치한 폴더로 이동 → 집수구역_폴리곤 파일 선택 → Add 버튼 클릭**

집수구역_폴리곤 파일이 ArcScene 프로그램의 화면에 나타난다. 현재 2차원으로 가시화된 상태이다.

(2) Table of Contents에서 **집수구역_폴리곤 레이어를 더블 클릭** → Base Heights **탭 선택** → Elevation from surfaces **그룹에서** Floating on a custom surface **옵션 선택** → Floating on a custom surface **드롭다운 리스트에서 수치지형모델**.tif **레이어 선택** → Layer offset **값에** 20 **입력** → **확인 버튼 클릭**

폴리곤 형태의 집수구역 파일이 ArcScene 프로그램의 화면에 3차원으로 가시화되었다(그림 5-49).

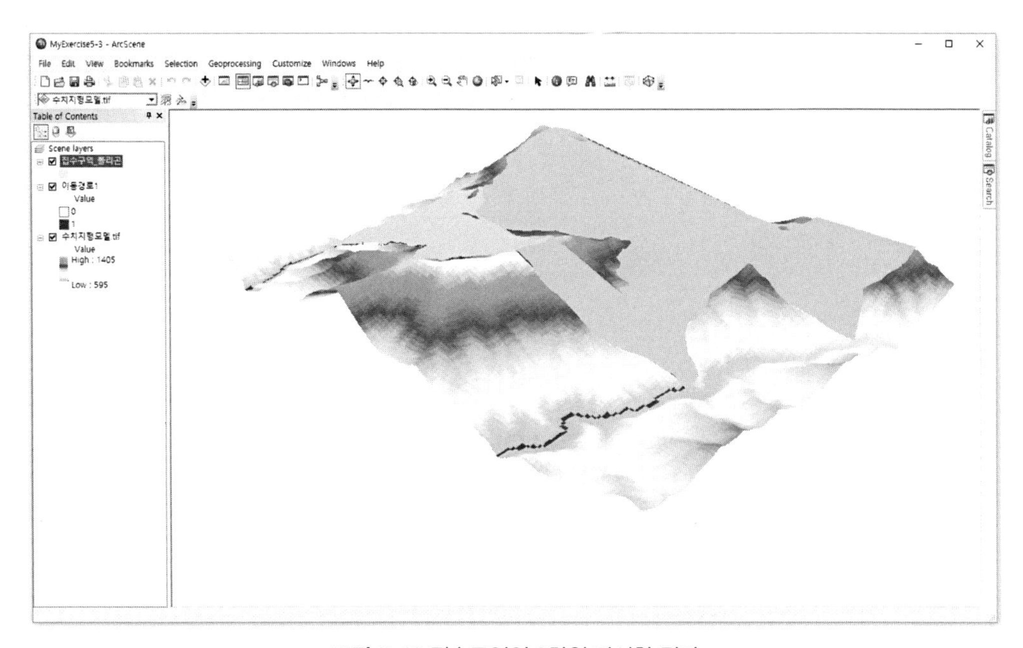

그림 5-49 집수구역의 3차원 가시화 결과

(3) Table of Contents에서 **레이어 색상 부분 클릭** → Symbol Selector **대화상자에서** Fill Color**는** No Color, Outline Width**는** 3.00, Outline Color**는 검정색으로 설정(그림 5-50)** → OK **버튼 클릭**

집수구역의 내부는 투명하게, 경계선은 분명하게 표시함으로써 각 샘플들의 집수구역이 효과적으로 가시화되었다(그림 5-51). 하천 레이어나 샘플위치 레이어 등을 동일한 방식으로 함께 가시화할 수 있다.

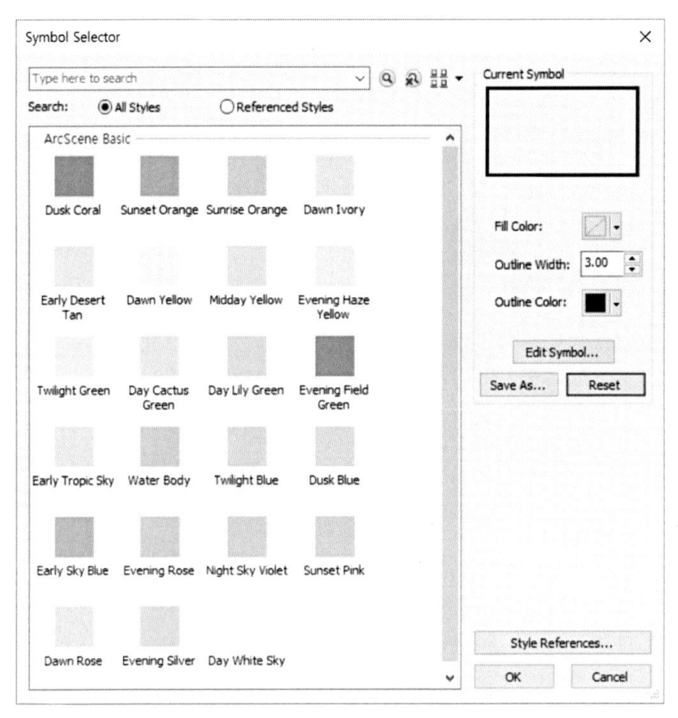

그림 5-50 Symbol Selector 대화상자

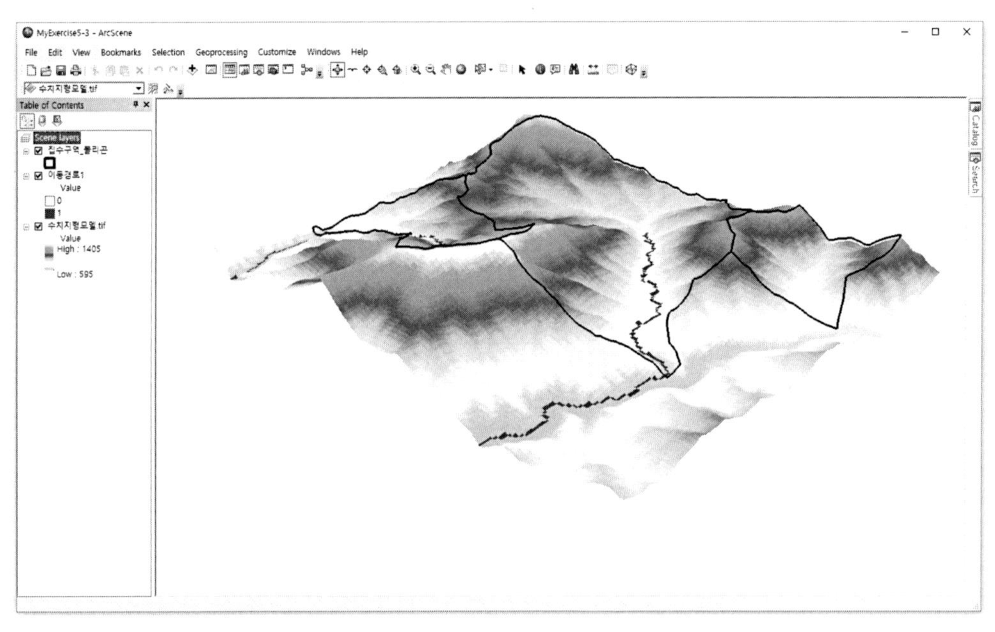

그림 5-51 집수구역의 효과적인 가시화 결과(컬러 도판 330쪽 참조)

(5) ArcScene 프로그램 File 메뉴 선택 → Save 버튼 클릭 → 다른 이름으로 저장 대화상자에서 MyExercise 폴더 클릭 → 실습 결과를 저장할 파일 이름 입력(예: MyExercise5-4) → 저장 버튼 클릭

실습을 수행한 결과가 위에서 지정한 파일에 저장된다(예: MyExercise5-4.sxd).

5.4 요 약

이번 장에서 공부한 내용은 다음과 같다.

- ArcMap 프로그램의 Flow Direction을 이용하여 래스터 형태의 흐름방향 분석을 수행할 수 있다.
- ArcMap 프로그램의 Flow Accumulation을 이용하여 래스터 형태의 누적흐름량 분석을 수행하고 오염물의 이동경로를 예측할 수 있다.
- ArcMap 프로그램의 Snap Pour Point 기능을 활용하여 빗물의 흐름이 집중되는 지점으로 샘플 위치를 조정할 수 있다.
- ArcMap 프로그램의 Watershed 기능을 활용하여 포인트 형태의 샘플에 대한 집수구역 분석을 수행할 수 있다.
- ArcMap 프로그램의 Raster to Polygon을 이용하여 래스터 자료를 폴리곤 자료로 변환할 수 있다.
- ArcScene 프로그램을 이용하여 수치지형모델, 오염물 이동경로, 샘플의 집수구역 등을 3차원으로 가시화할 수 있다.

참고문헌

Jenson, S.K. and Domingue, J.O. (1988), Extracting topographic structure from digital elevation data for geographic information system analysis, Photogrammetric Engineering & Remote Sensing, Vol.54, pp.1593～1600.

O'Callaghan, J.F. and Mark, D.M. (1984), The extraction of drainage networks from digital elevation data, Computer Vision Graphics Image Processes, Vol.28, pp.328～344.

CHAPTER 06

토양오염에 의한 광해 분석

C·H·A·P·T·E·R

06 토양오염에 의한 광해 분석

토양오염지도(soil contamination map)는 광산지역에서 조사된 지구화학자료(geochemical data) 성분(원소)의 종류와 양(농도)을 2D 지도의 형태로 나타낸 것이다. 본 도서의 3장에서 전술한 바와 같이 토양오염지도를 생성하기 위해서는 현장에서 조사한 위치별 토양 내 중금속 종류 및 함량 등의 지구화학자료가 필요하다. 이러한 자료를 이용하여 샘플링 포인트별로 중금속의 함량을 벡터(vector) 자료의 형태로 가시화할 수도 있고(그림 6-1), 포인트별 중금속 함량 자료의 지구통계학적 보간(geostatistical interpolation)을 통해 분석지역 전체 격자셀에 대한

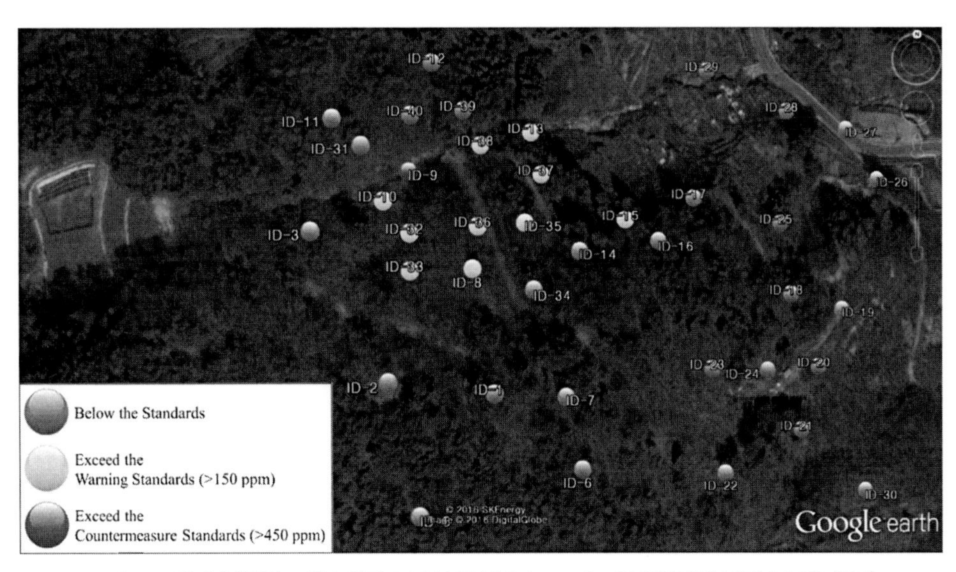

그림 6-1 벡터 형식의 토양오염지도 작성 예시(Suh et al., 2016)(컬러 도판 331쪽 참조)

중금속 함량 예측값을 래스터(raster) 자료의 형태로 가시화할 수도 있다. 이를 통해 관심지역 또는 분석지역에 대한 토양 내 중금속 함량 분포 및 변화 패턴을 파악할 수 있다. 6장에서는 ArcMap 소프트웨어에서 포인트별로 구축된 토양 내의 구리(Cu) 함량 자료로부터 래스터 기반의 토양오염지도를 작성하는 방법에 대해 학습한다.

6.1 무엇을 배우는가?

이 장에서 새로 습득할 개념은 다음과 같다.

- ArcMap 프로그램의 실행 방법
- ArcMap Document 파일의 저장 방법
- 실세계 좌표계 설정 방법
- 신규 Shapefile의 생성 방법
- Shapefile 속성 테이블의 필드 정의 방법
- Field Calculator를 이용한 벡터 자료의 필드값 생성 및 계산 방법
- IDW 모듈을 이용한 포인트(Point) 자료의 보간 방법
- Environment Settings을 이용한 결과 파일의 분석영역 설정 방법
- Reclassify 모듈을 이용한 속성값 재분류 방법
- 벡터/래스터 레이어 자료의 심벌 및 레이블 조정 방법

6.2 이론적 배경

6.2.1 보간법

보간법(interpolation)은 이미 값을 알고 있는 주위값들을 이용하여 관심지역의 값을 예측하는 기법이다. 예를 들어, 주변 지역의 등고선 자료를 이용해서 등고선이 없는 지점의 높이값을 예측하거나, 인근 지역의 광물 시추 자료로부터 시추 자료가 없는 지역의 광물 함량을 예측할 때 유용하게 활용될 수 있다. 보간 기법의 종류는 다음과 같이 다양하며, 적용하는 방법

에 따라 예측값(모델링)이 달라질 수 있기 때문에 관심지역 또는 자료 등의 특성을 고려하여 적합한 보간 기법을 선택하는 것이 중요하다. 또한 보간 기법 선택 시에는 적용 목적이 무엇인지, 실측 자료의 특성이 등방성을 보이는지 혹은 이방성을 보이는지 알아야 할 필요가 있으며, 예측 대상 자료의 범위를 적절하게 선택하는 것도 중요하다.

- Inverse distance to a power(IDW)
- Minimum curvature
- Modified Shepard's method
- Natural neighbor
- Nearest neighbor
- Polynomial regression
- Radial basis function
- Triangulation with linear interpolation
- Kriging
- 기타

6.2.2 Inverse Distance to a Power(IDW) 보간법

IDW 보간법은 다양한 보간법 중 가장 간단하고 적용하기 쉬운 기법의 하나로 주변의 실측값들을 이용하여 예측값을 추정할 때, 실측지점과 예측지점 사이의 거리에 반비례하는 가중치를 적용한다. 즉, 관심지점으로부터 일정 거리 내에 있는 실측값들의 가중합산을 통해 관심지점의 예측값을 추정하는데, 이때 실측지점의 값을 반영하는 정도인 가중치가 관심지점-실측지점 간의 거리에 반비례하여 계산된다는 의미이다. 만약 예측지점을 j, 실측지점(n개)들을 i라고 가정하면 관심지역에서의 예측값(Z_j)은 아래와 같은 공식을 이용하여 계산할 수 있다. IDW 보간법의 경우 예측력이 뛰어난 보간법은 아니지만 본 장에서는 보간법을 이용하여 토양오염지도를 작성하는 절차에 초점을 두고자 하였다.

$$Z_j = \frac{\sum_{i=1}^{n} \frac{z_i}{h_{ij}^{\beta}}}{\sum_{i=1}^{n} \frac{1}{h_{ij}^{\beta}}}, \quad h_{ij} = \sqrt{d_{ij}^2 + \delta^2}$$

- Z_j : 관심지역 j에서의 예측값
- h_{ij} : 관심지역 j와 실측지점 i 사이의 연산거리
- z_i : 실측값
- d_{ij} : 관심지역 j와 실측지점 i 사이의 실제거리
- β : Power 변수
- δ : Smoothing 변수

여기서 β 값이 클수록 관심지역의 값을 예측할 때 주변 실측값의 영향력이 커지며, 반대로 δ 값이 클수록 관심지역과 실측지점 간의 연산거리 값을 크게 함으로써 관심지역에서 매우 근접한 실측지점 값의 영향력을 줄이는 효과가 있다.

6.3 GIS 실습

6.3.1 수치갱내도 데이터베이스 구축 실습

1) ArcMap의 실행. 실습을 수행할 PC에서 ArcMap 프로그램을 실행한다.

(1) Windows 시작 버튼 클릭 → 모든 프로그램 선택 → ArcGIS 선택 → ArcMap 10.x 선택
ArcMap 프로그램이 실행되며, Getting Started 대화상자가 나타난다(그림 6-2).

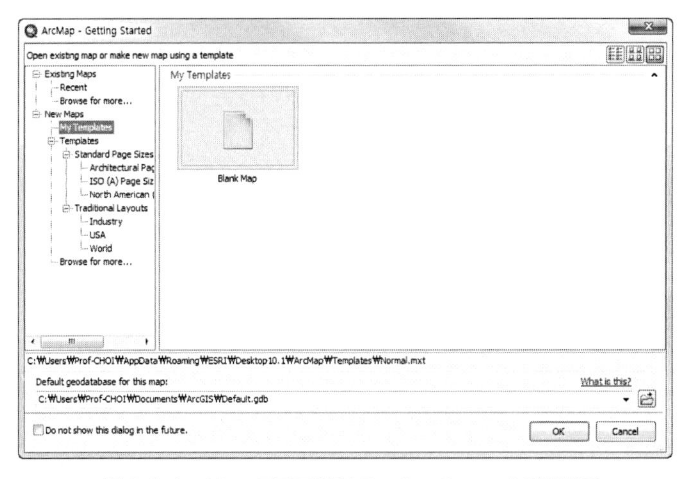

그림 6-2 ArcMap 프로그램의 Getting Started 대화상자

(2) Getting Started 대화상자 왼쪽 패널에서 Existing Maps 선택 → Browse for more... 클릭

Open ArcMap Document 대화상자가 나타난다(그림 6-3).

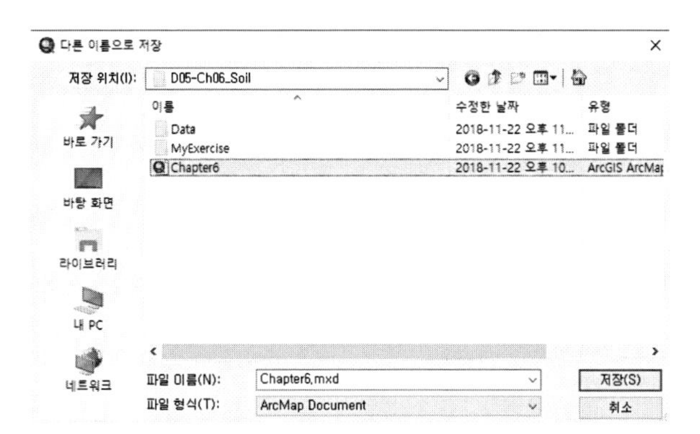

그림 6-3 Open ArcMap Document 대화상자

(3) Open ArcMap Document 대화상자에서 예제 파일을 설치한 폴더로 이동 → Chapter6.mxd[7] 파일 선택 → 열기 버튼 클릭

ArcMap 프로그램에 Chapter6.mxd 파일이 열리면서 이번 실습에 사용될 자료들이 화면에 나타난다(그림 6-4).

- Cu 레이어는 광산지역에서 조사된 토양 내 구리 함량(ppm)을 나타낸다.
- 그리드 1과 그리드 2 레이어는 지구화학자료 샘플링 위치의 공간 영역을 나타낸다.
- 관심지역 레이어는 자료구축 및 분석을 수행할 영역을 나타낸다.
- 등고선_관심지역 레이어는 관심지역의 지형을 등고선으로 나타낸다.

7 ArcMap Documents 파일.

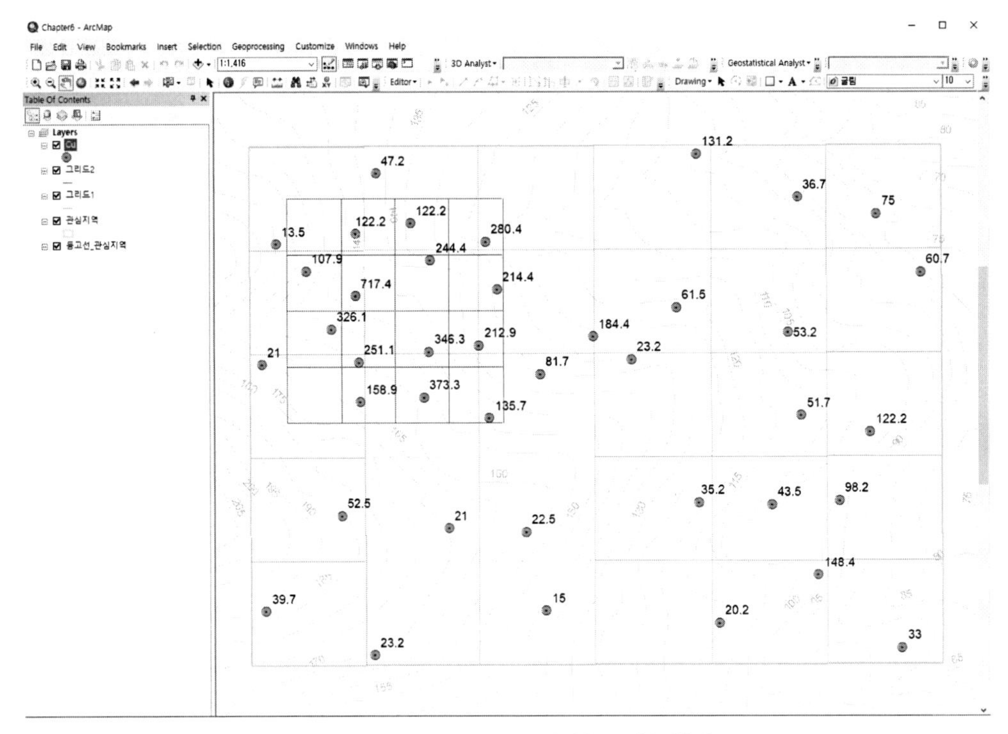

그림 6-4 Chapter6.mxd 파일을 불러온 화면

(4) ArcMap 프로그램 메뉴바에서 File 선택 → Save as 클릭

다른 이름으로 저장 대화상자가 나타난다(그림 6-5).

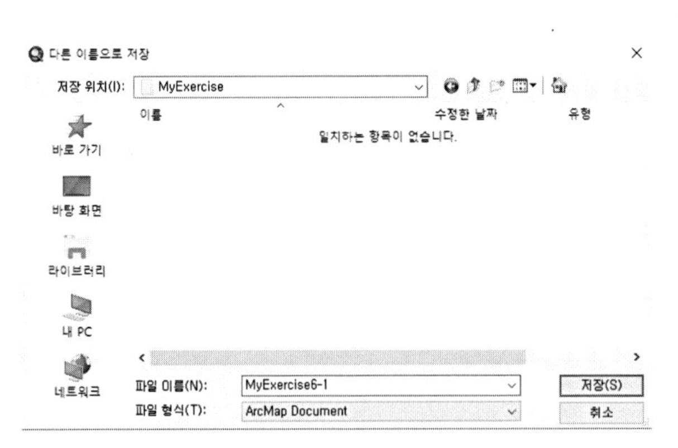

그림 6-5 다른 이름으로 저장 대화상자

(5) MyExercise 폴더 클릭 → 실습 결과를 저장할 파일 이름 입력(예: MyExercise6-1) → 저장 버튼 클릭

앞으로 실습을 수행한 결과가 위에서 지정한 파일에 저장된다(예: MyExercise6-1.mxd).

2) PXRF로 조사된 Cu 함량 정보의 수정. PXRF 장비를 이용하여 Cu 함량을 조사할 경우 일반적으로 그 함량이 과대 측정된다고 알려져 있다. 따라서 보다 정확한 측정 기법인 유도결합 플라즈마-원자방출분광기(Inductively Coupled Plasma-Atomic Emission Spectrometer, ICP-AES)로 측정했을 때와의 상관성 분석을 통해 Cu 레이어의 함량 정보를 수정한다.

(1) Table of Contents의 Cu 레이어 마우스 오른쪽 클릭 → Open Attribute Table 클릭

Cu 레이어의 Table을 불러온다(그림 6-6). 그림 6-7과 같이 자료의 형태(Point), 번호(ID), 경도(LAT_Y), 위도(LONG_X), PXRF를 이용한 Cu 함량 정보(Cu_PXRF) 필드가 있는 것을 확인할 수 있다.

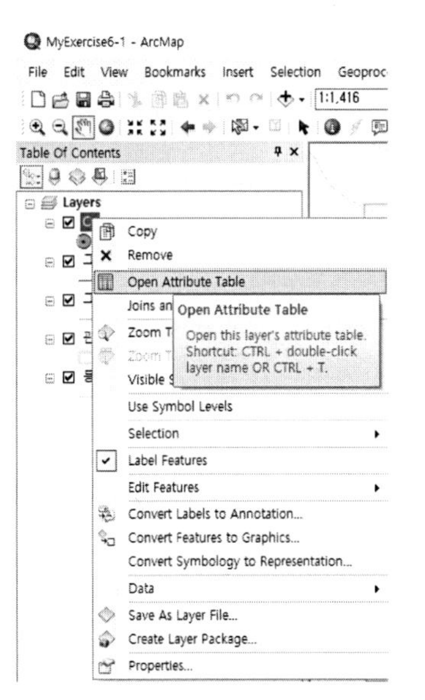

그림 6-6 Open Attribute Table 호출

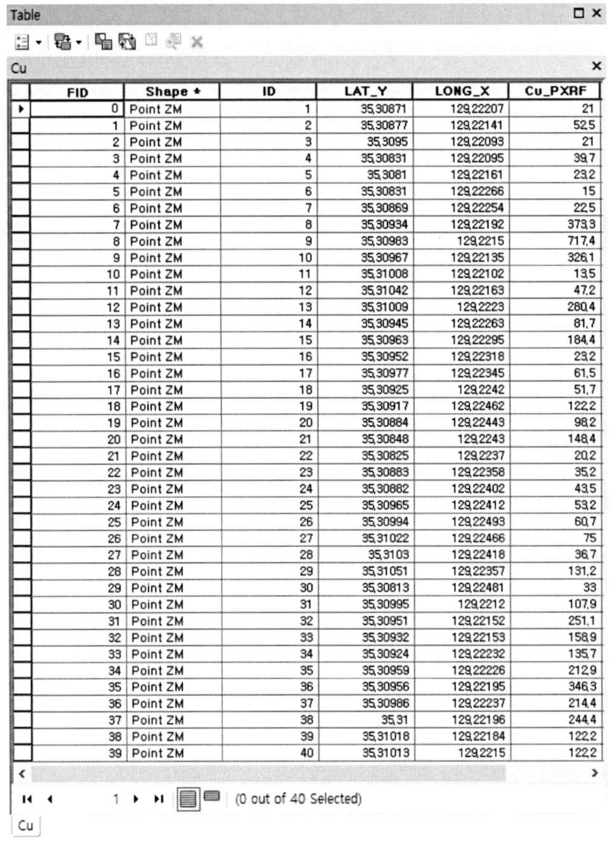

Table

Cu

FID	Shape *	ID	LAT_Y	LONG_X	Cu_PXRF
0	Point ZM	1	35.30871	129.22207	21
1	Point ZM	2	35.30877	129.22141	52.5
2	Point ZM	3	35.3095	129.22093	21
3	Point ZM	4	35.30831	129.22095	39.7
4	Point ZM	5	35.3081	129.22161	23.2
5	Point ZM	6	35.30831	129.22266	15
6	Point ZM	7	35.30869	129.22254	22.5
7	Point ZM	8	35.30934	129.22192	373.3
8	Point ZM	9	35.30983	129.2215	717.4
9	Point ZM	10	35.30967	129.22135	326.1
10	Point ZM	11	35.31008	129.22102	13.5
11	Point ZM	12	35.31042	129.22163	47.2
12	Point ZM	13	35.31009	129.2223	280.4
13	Point ZM	14	35.30945	129.22263	81.7
14	Point ZM	15	35.30963	129.22295	184.4
15	Point ZM	16	35.30952	129.22318	23.2
16	Point ZM	17	35.30977	129.22345	61.5
17	Point ZM	18	35.30925	129.2242	51.7
18	Point ZM	19	35.30917	129.22462	122.2
19	Point ZM	20	35.30884	129.22443	98.2
20	Point ZM	21	35.30848	129.2243	148.4
21	Point ZM	22	35.30825	129.2237	20.2
22	Point ZM	23	35.30883	129.22358	35.2
23	Point ZM	24	35.30882	129.22402	43.5
24	Point ZM	25	35.30965	129.22412	53.2
25	Point ZM	26	35.30994	129.22493	60.7
26	Point ZM	27	35.31022	129.22466	75
27	Point ZM	28	35.3103	129.22418	36.7
28	Point ZM	29	35.31051	129.22357	131.2
29	Point ZM	30	35.30813	129.22481	33
30	Point ZM	31	35.30995	129.2212	107.9
31	Point ZM	32	35.30951	129.22152	251.1
32	Point ZM	33	35.30932	129.22153	158.9
33	Point ZM	34	35.30924	129.22232	135.7
34	Point ZM	35	35.30959	129.22226	212.9
35	Point ZM	36	35.30956	129.22195	346.3
36	Point ZM	37	35.30986	129.22237	214.4
37	Point ZM	38	35.31	129.22196	244.4
38	Point ZM	39	35.31018	129.22184	122.2
39	Point ZM	40	35.31013	129.2215	122.2

(0 out of 40 Selected)

Cu

그림 6-7 Cu 레이어의 속성 테이블

(2) Table 좌측 상단의 Table Options 클릭 → Add Field 클릭

Add Field를 클릭하여 Table에서 새로운 필드를 추가한다(그림 6-8). 새로운 필드명(Name)에는 Cu_ICPAES를 입력하고, 유형(Type)으로는 Double을 선택한 후 OK 버튼을 클릭한다(그림 6-9). 그러면 Cu_ICPAES라는 새로운 필드가 생성된 것을 확인할 수 있다(그림 6-10).

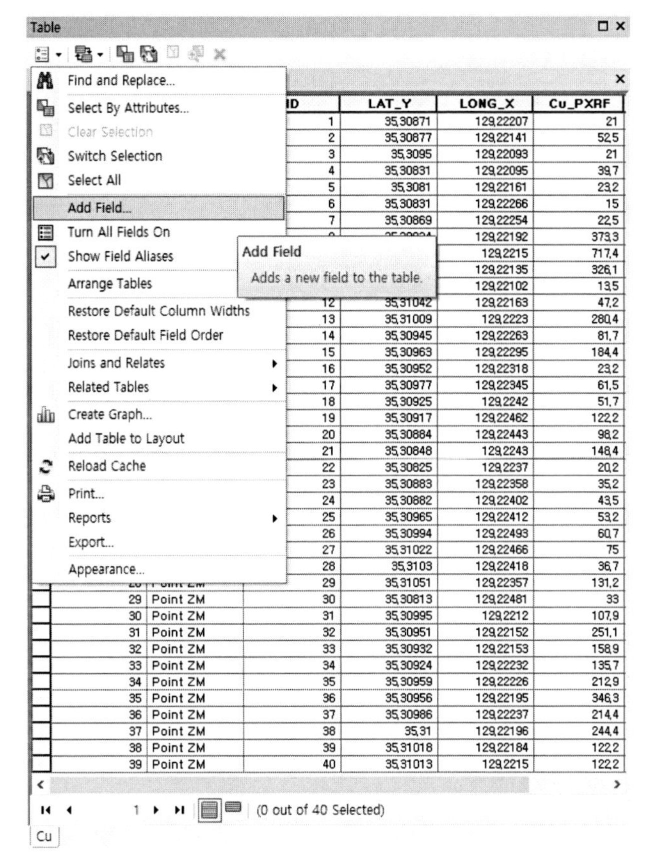

그림 6-8 Table에서 Add Field 호출

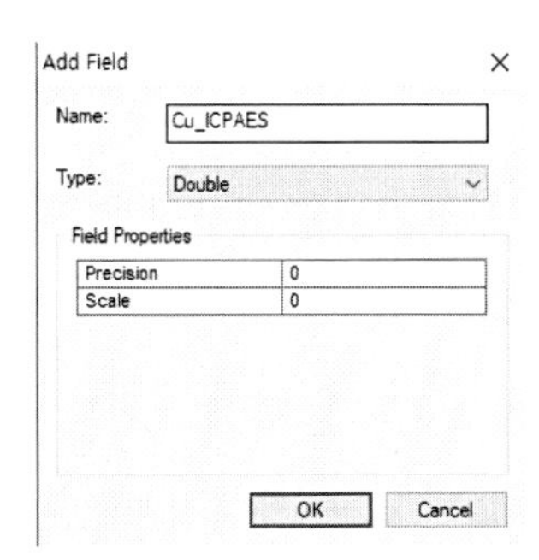

그림 6-9 Table에서 새 필드명 및 유형 설정

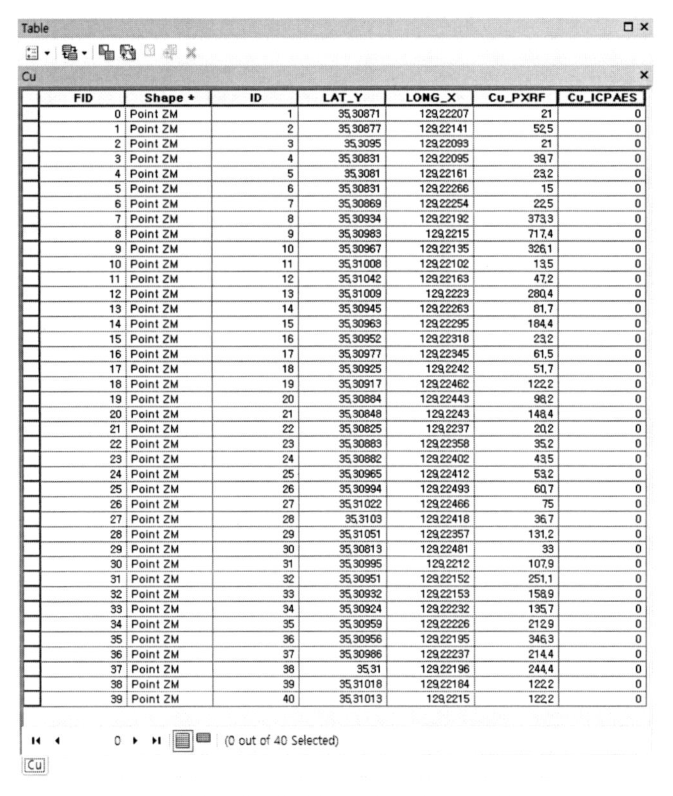
Table

Cu

FID	Shape *	ID	LAT_Y	LONG_X	Cu_PXRF	Cu_ICPAES
0	Point ZM	1	35,30871	129,22207	21	0
1	Point ZM	2	35,30877	129,22141	52,5	0
2	Point ZM	3	35,3095	129,22093	21	0
3	Point ZM	4	35,30831	129,22095	39,7	0
4	Point ZM	5	35,3081	129,22161	23,2	0
5	Point ZM	6	35,30831	129,22266	15	0
6	Point ZM	7	35,30869	129,22254	22,5	0
7	Point ZM	8	35,30934	129,22192	373,3	0
8	Point ZM	9	35,30983	129,2215	717,4	0
9	Point ZM	10	35,30967	129,22135	326,1	0
10	Point ZM	11	35,31008	129,22102	13,5	0
11	Point ZM	12	35,31042	129,22163	47,2	0
12	Point ZM	13	35,31009	129,2223	280,4	0
13	Point ZM	14	35,30945	129,22263	81,7	0
14	Point ZM	15	35,30963	129,22295	184,4	0
15	Point ZM	16	35,30952	129,22318	23,2	0
16	Point ZM	17	35,30977	129,22345	61,5	0
17	Point ZM	18	35,30925	129,2242	51,7	0
18	Point ZM	19	35,30917	129,22462	122,2	0
19	Point ZM	20	35,30884	129,22443	98,2	0
20	Point ZM	21	35,30848	129,2243	148,4	0
21	Point ZM	22	35,30825	129,2237	20,2	0
22	Point ZM	23	35,30883	129,22358	35,2	0
23	Point ZM	24	35,30882	129,22402	43,5	0
24	Point ZM	25	35,30965	129,22412	53,2	0
25	Point ZM	26	35,30994	129,22493	60,7	0
26	Point ZM	27	35,31022	129,22466	75	0
27	Point ZM	28	35,3103	129,22418	36,7	0
28	Point ZM	29	35,31051	129,22357	131,2	0
29	Point ZM	30	35,30813	129,22481	33	0
30	Point ZM	31	35,30995	129,2212	107,9	0
31	Point ZM	32	35,30951	129,22152	251,1	0
32	Point ZM	33	35,30932	129,22153	158,9	0
33	Point ZM	34	35,30924	129,22232	135,7	0
34	Point ZM	35	35,30959	129,22226	212,9	0
35	Point ZM	36	35,30956	129,22195	346,3	0
36	Point ZM	37	35,30986	129,22237	214,4	0
37	Point ZM	38	35,31	129,22196	244,4	0
38	Point ZM	39	35,31018	129,22184	122,2	0
39	Point ZM	40	35,31013	129,2215	122,2	0

0 (0 out of 40 Selected)

Cu

그림 6-10 새롭게 생성된 필드 : Cu_ICPAES

(3) Cu 함량에 대한 PXRF 측정 자료와 ICP-AES 측정 자료의 상관(회귀)식 확인

토양 내 중금속 함량을 가장 정확하게 파악하는 방법으로 ICP-AES를 이용한 측정 기법이 사용되고 있다. 반면에 PXRF 장비의 경우 신속하고 편리하게 측정이 가능한 반면 ICP-AES에 비해 Cu 함량을 다소 과대 추정하는 경향이 있다고 한다. PXRF 기기로부터 측정한 Cu 값들과 ICP-AES 장비로부터 측정된 Cu 값 간의 상관성을 통계적으로 분석한 결과 상관성이 매우 높게 나타났으며($R^2=0.9962$) 상관식은 다음과 같다. 즉, 참값에 가깝다고 알려진 ICP-AES 장비 기반의 Cu 함량값으로 변환하기 위해서는 PXRF 기기로 측정된 Cu 함량값에 0.7496을 곱하면 된다.

$$Cu_{ICP\text{-}AES} = Cu_{PXRF} \times 0.7496$$

(4) Cu_ICPAES 필드 마우스 오른쪽 클릭 → Field Calculator 클릭

Cu_ICPAES 필드의 값을 계산하기 위해 Field Calculator를 클릭한다(그림 6-11).

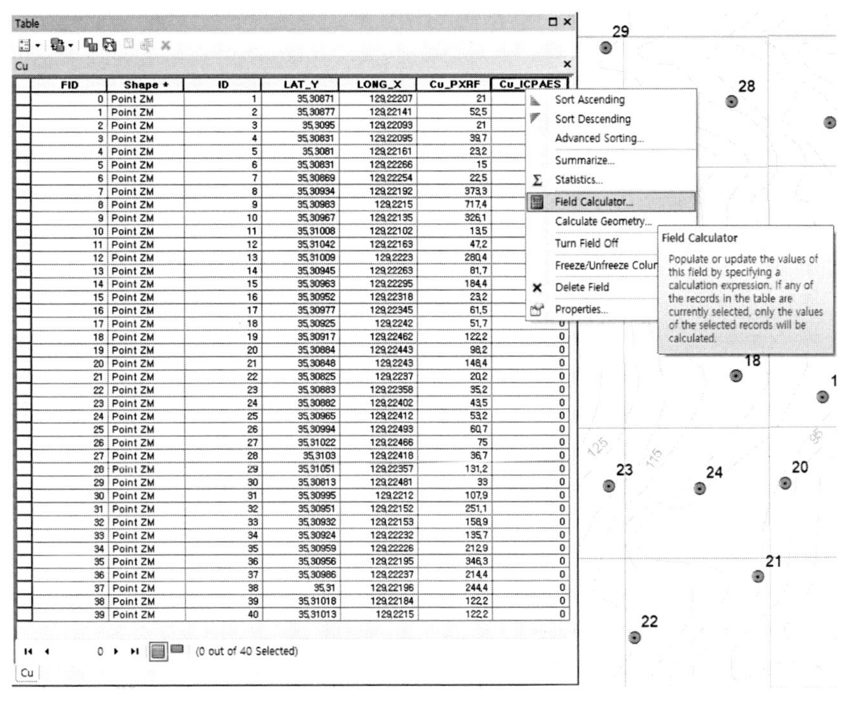

FID	Shape *	ID	LAT_Y	LONG_X	Cu_PXRF	Cu_ICPAES
0	Point ZM	1	35,30871	129,22207	21	
1	Point ZM	2	35,30877	129,22141	52,5	
2	Point ZM	3	35,3095	129,22093	21	
3	Point ZM	4	35,30831	129,22095	39,7	
4	Point ZM	5	35,3081	129,22161	23,2	
5	Point ZM	6	35,30831	129,22266	15	
6	Point ZM	7	35,30869	129,22254	22,5	
7	Point ZM	8	35,30934	129,22192	373,3	
8	Point ZM	9	35,30983	129,2215	717,4	
9	Point ZM	10	35,30967	129,22135	326,1	
10	Point ZM	11	35,31008	129,22102	13,5	
11	Point ZM	12	35,31042	129,22163	47,2	
12	Point ZM	13	35,31009	129,2223	280,4	
13	Point ZM	14	35,30945	129,22263	81,7	
14	Point ZM	15	35,30963	129,22295	184,4	
15	Point ZM	16	35,30952	129,22318	23,2	
16	Point ZM	17	35,30977	129,22345	61,5	
17	Point ZM	18	35,30925	129,2242	51,7	0
18	Point ZM	19	35,30917	129,22462	122,2	0
19	Point ZM	20	35,30884	129,22443	98,2	0
20	Point ZM	21	35,30848	129,2243	148,4	0
21	Point ZM	22	35,30825	129,2237	20,2	0
22	Point ZM	23	35,30883	129,22358	35,2	0
23	Point ZM	24	35,30882	129,22402	43,5	0
24	Point ZM	25	35,30965	129,22412	53,2	0
25	Point ZM	26	35,30994	129,22493	60,7	0
26	Point ZM	27	35,31022	129,22466	75	0
27	Point ZM	28	35,3103	129,22418	36,7	0
28	Point ZM	29	35,31051	129,22357	131,2	0
29	Point ZM	30	35,30813	129,22481	33	0
30	Point ZM	31	35,30995	129,2212	107,9	0
31	Point ZM	32	35,30951	129,22152	251,1	0
32	Point ZM	33	35,30932	129,22153	158,9	0
33	Point ZM	34	35,30924	129,22232	135,7	0
34	Point ZM	35	35,30959	129,22226	212,9	0
35	Point ZM	36	35,30956	129,22195	346,3	0
36	Point ZM	37	35,30986	129,22237	214,4	0
37	Point ZM	38	35,31	129,22196	244,4	0
38	Point ZM	39	35,31018	129,22184	122,2	0
39	Point ZM	40	35,31013	129,2215	122,2	0

그림 6-11 Cu_ICPAES 필드 값 계산을 위한 Field Calculator 호출

(5) Field Calculator에서 수식 입력 : "Cu_PXRF * 0.7496" → OK 버튼 클릭

앞의 상관식에 근거하면 $Cu_{ICP-AES}$ 값은 Cu_{PXRF}에 0.7496을 곱한 것과 같다. 그림 6-12와 같이 수식을 입력한 후 OK 버튼을 클릭한다.

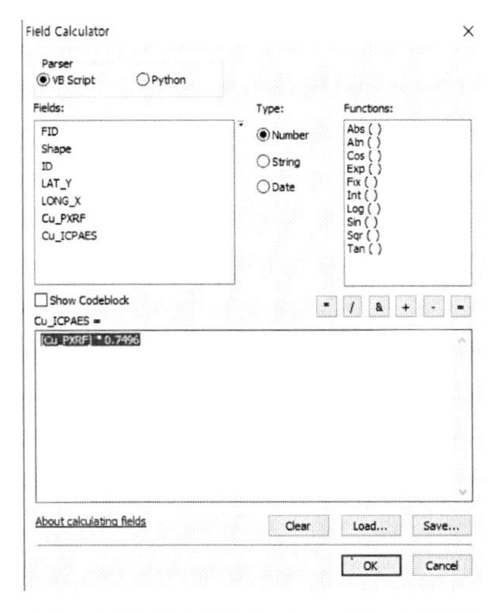

그림 6-12 Field Calculator의 수식 입력

(6) Cu_ICPAES 필드에 생성된 Cu 함량 확인

40개 샘플링 지점에 대한 구리 농도가 그림 6-13과 같이 수정된 것을 확인할 수 있다. 앞으로는 Cu의 농도를 가시화하거나 분석에 활용할 때는 맨 우측 필드(Cu_ICPAES) 값을 이용한다.

Table

Cu

FID	Shape *	ID	LAT_Y	LONG_X	Cu_PXRF	Cu_ICPAES
0	Point ZM	1	35,30871	129,22207	21	15,7416
1	Point ZM	2	35,30877	129,22141	52,5	39,354
2	Point ZM	3	35,3095	129,22093	21	15,7416
3	Point ZM	4	35,30831	129,22095	39,7	29,75912
4	Point ZM	5	35,3081	129,22161	23,2	17,39072
5	Point ZM	6	35,30831	129,22266	15	11,244
6	Point ZM	7	35,30869	129,22254	22,5	16,866
7	Point ZM	8	35,30934	129,22192	373,3	279,82568
8	Point ZM	9	35,30983	129,2215	717,4	537,76304
9	Point ZM	10	35,30967	129,22135	326,1	244,44456
10	Point ZM	11	35,31008	129,22102	13,5	10,1196
11	Point ZM	12	35,31042	129,22163	47,2	35,38112
12	Point ZM	13	35,31009	129,2223	280,4	210,18784
13	Point ZM	14	35,30945	129,22263	81,7	61,24232
14	Point ZM	15	35,30963	129,22295	184,4	138,22624
15	Point ZM	16	35,30952	129,22318	23,2	17,39072
16	Point ZM	17	35,30977	129,22345	61,5	46,1004
17	Point ZM	18	35,30925	129,2242	51,7	38,75432
18	Point ZM	19	35,30917	129,22462	122,2	91,60112
19	Point ZM	20	35,30884	129,22443	98,2	73,61072
20	Point ZM	21	35,30848	129,2243	148,4	111,24064
21	Point ZM	22	35,30825	129,2237	20,2	15,14192
22	Point ZM	23	35,30883	129,22358	35,2	26,38592
23	Point ZM	24	35,30882	129,22402	43,5	32,6076
24	Point ZM	25	35,30965	129,22412	53,2	39,87872
25	Point ZM	26	35,30994	129,22493	60,7	45,50072
26	Point ZM	27	35,31022	129,22466	75	56,22
27	Point ZM	28	35,3103	129,22418	36,7	27,51032
28	Point ZM	29	35,31051	129,22357	131,2	98,34752
29	Point ZM	30	35,30813	129,22481	33	24,7368
30	Point ZM	31	35,30995	129,2212	107,9	80,88184
31	Point ZM	32	35,30951	129,22152	251,1	188,22456
32	Point ZM	33	35,30932	129,22153	158,9	119,11144
33	Point ZM	34	35,30924	129,22232	135,7	101,72072
34	Point ZM	35	35,30959	129,22226	212,9	159,58984
35	Point ZM	36	35,30956	129,22195	346,3	259,58648
36	Point ZM	37	35,30986	129,22237	214,4	160,71424
37	Point ZM	38	35,31	129,22196	244,4	183,20224
38	Point ZM	39	35,31018	129,22184	122,2	91,60112
39	Point ZM	40	35,31013	129,2215	122,2	91,60112

0 (0 out of 40 Selected)

Cu

그림 6-13 상관식을 이용한 ICPAES 장비 기반의 Cu 함량 계산 결과

(7) Cu 레이어 마우스 오른쪽 클릭 → Properties 선택

그림 6-14와 같이 Cu 레이어의 Properties를 클릭한다. 그리고 Cu 레이어에서 가시화할 레이블 속성값 필드(Label Field)로 Cu_ICPAES를 선택한 후 확인 버튼을 클릭한다(그림 6-15).

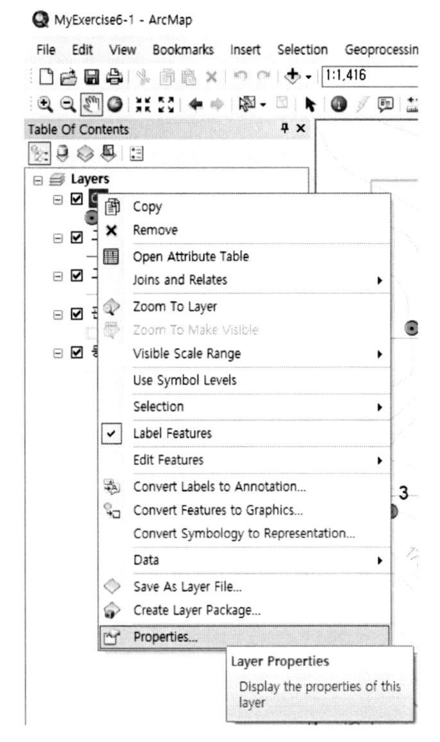

그림 6-14 Cu 레이어의 속성 메뉴 클릭

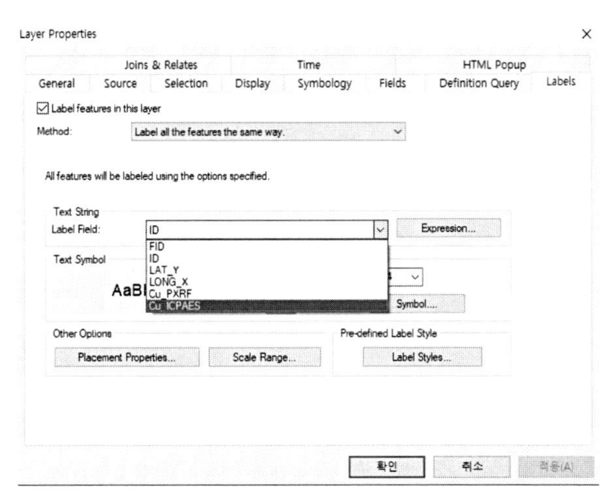

그림 6-15 Cu 레이어의 가시화를 위한 속성값 필드 선택

(8) Cu_ICPAES 필드값의 가시화 확인

40개 샘플링 지점 우측 상단에 ICP-AES 장비 기반의 Cu 함량값이 도시된 것을 확인할 수 있다(그림 6-16).

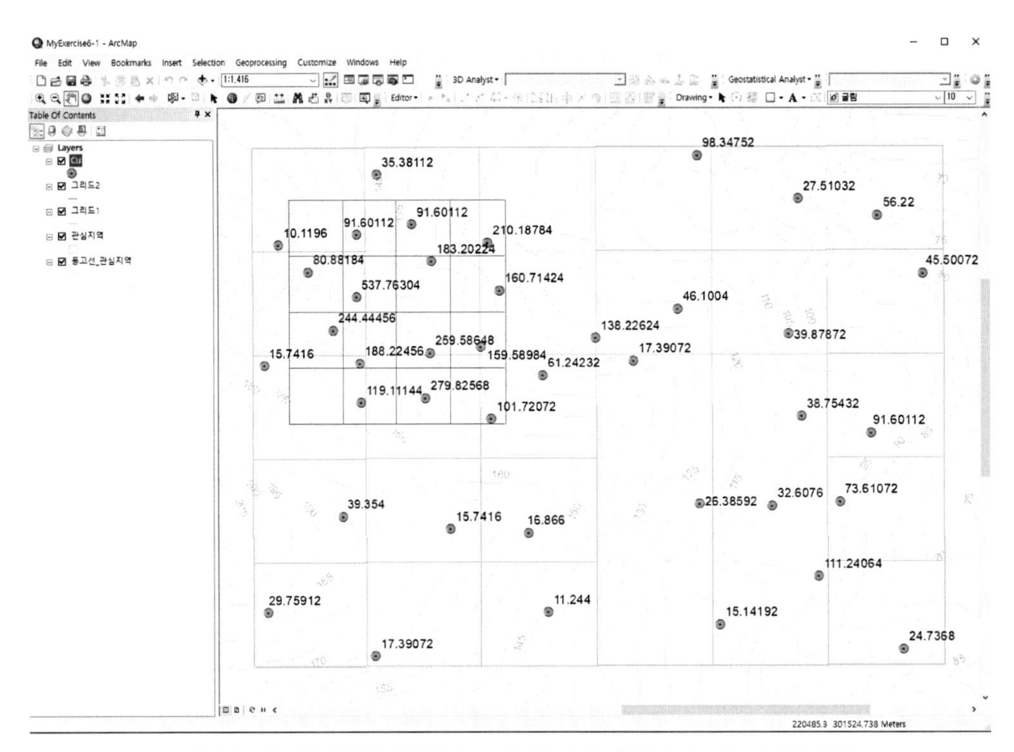

그림 6-16 샘플링 위치와 위치별 Cu_ICPAES 속성값을 Label로 불러온 화면

3) 보간 결과(토양오염지도)를 도출할 분석영역 설정. 토양오염지도를 작성할 분석영역을 설정한다. 만약 이 과정을 거치지 않고 보간법을 수행할 경우, 결과 영역은 입력자료의 분포와 위치에 영향을 받게 된다.

(1) ArcMap 프로그램 메뉴바에서 File 선택 → Save as 클릭

다른 이름으로 저장 대화상자가 나타난다.

(2) MyExercise 폴더 클릭 → 실습 결과를 저장할 파일 이름 입력(예: MyExercise6-2) → 저장 버튼 클릭

앞으로 실습을 수행한 결과가 위에서 지정한 파일에 저장된다(예: MyExercise6-2.mxd).

(3) ArcMap **프로그램 메뉴바에서** Windows **선택** → Catalog **클릭**

Catalog 대화상자가 프로그램 우측에 나타난다.

(4) Catalog **대화상자에서** Home **디렉터리 선택** → **마우스 오른쪽 버튼 클릭** → **팝업메뉴가 나타나면** New **버튼 선택** → Shapefile... **버튼 마우스 왼쪽 버튼 클릭**

Create New Shapefile 대화상자가 나타난다(그림 6-17).

그림 6-17 신규 Shapefile 생성

(5) Create New Shapefile **대화상자에서 생성할 파일 이름 입력(예: 분석지역)** → Feature Type**을** Polygon**으로 선택(그림 6-18)** → Spatial Reference**에서** Edit... **버튼 클릭** → Spatial Reference Properties **대화상자에서** Korea 2000 Korea East Belt 2010 **선택 후 확인 버튼 클릭(그림 6-19)** → Create New Shapefile **대화상자에서** OK **버튼 클릭**

분석지역 Shapefile이 ArcMap 프로그램에 추가된다. 분석지역 Shapefile은 현재 아무 내용도 포함하지 않은 파일이다.

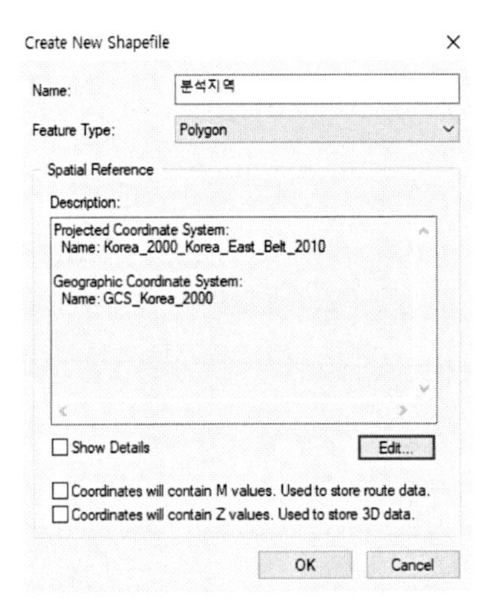

그림 6-18 Create New Shapefile 대화상자 설정

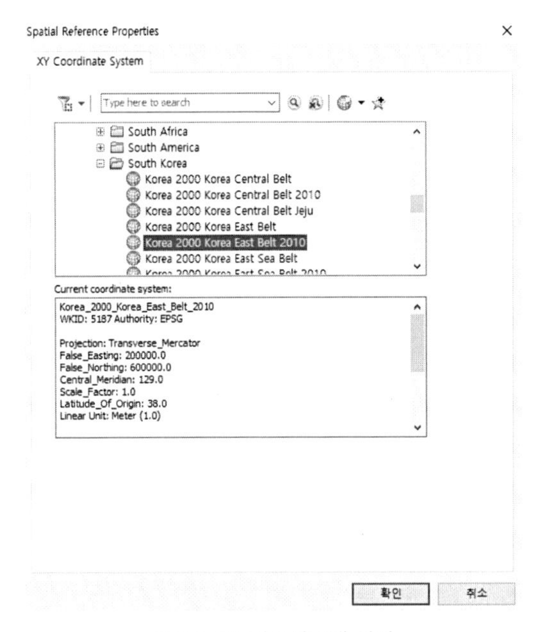

그림 6-19 기준좌표계 설정

(6) Table of Contents의 분석지역 레이어 마우스 오른쪽 클릭(그림 6-20) → Edit Features 선택 → Start Editing 선택 → Start Editing 대화상자에서 분석대상 레이어 선택(그림 6-21) → OK 버튼 클릭 → ArcMap 프로그램 오른쪽 Create Feature 버튼 클릭 → Create Feature 패널이 나타나면 분석대상 레이어 선택 → Create Feature 패널

Construction Tools에서 Rectangle 선택(그림 6-22)

ArcMap 프로그램의 좌측 화면에 분석지역 레이어가 나타나며, 아무 내용도 포함하지 않은 파일인 분석지역 레이어의 영역을 디지타이징하기 위해 준비한다.

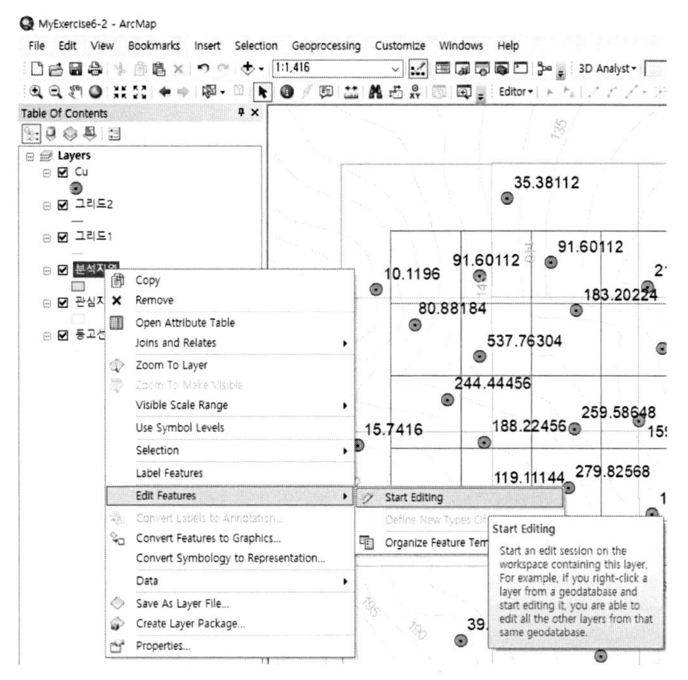

그림 6-20 분석지역 Shapefile의 모양 설정을 위한 Start Editing 호출

그림 6-21 Start Editing 대화상자 설정

그림 6-22 Create Features 대화상자 설정

(7) ArcMap 프로그램 화면에서 마우스 오른쪽 클릭 → Absolute X, Y 클릭(그림 6-23) → 사각형 좌측 상단의 X, Y 좌표 입력(그림 6-24) → ArcMap 프로그램 화면에서 마우스 우 클릭 → Horizontal 옵션 선택(그림 6-25) → 사각형 우측 하단의 X, Y 좌표 입력(그림 6-26)

사각형의 좌측 상단 X좌표=220112.068542, Y좌표=301539.308899

사각형의 우측 하단 X좌표=220424.122908, Y좌표=301307.858390

사각형의 좌측 상단 X, Y 좌표 입력 후 그림 6-23과 같이 Horizontal 옵션을 체크하면, 처음 입력한 좌표의 대각선 방향에 있는 사각형의 우측 하단 X, Y 좌표만 입력하면 사각형이 생성

된다. 이 외에도 사각형을 그리거나 정의하는 방법은 다양하며, 사용자의 편의에 따라 적절한 방법을 선택하면 된다.

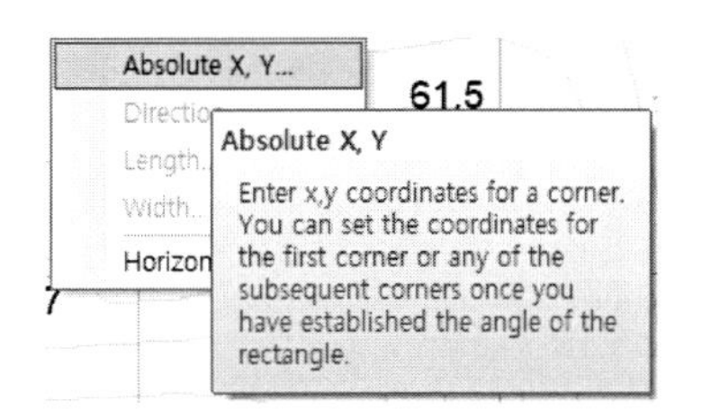

그림 6-23 사각형을 그리기 위한 X, Y 좌표 입력

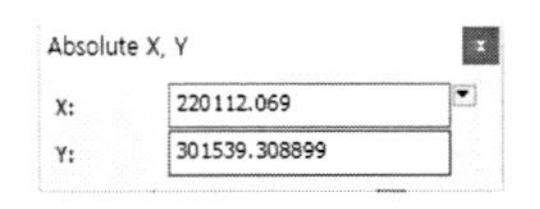

그림 6-24 사각형 좌측 상단의 X, Y 좌표 입력

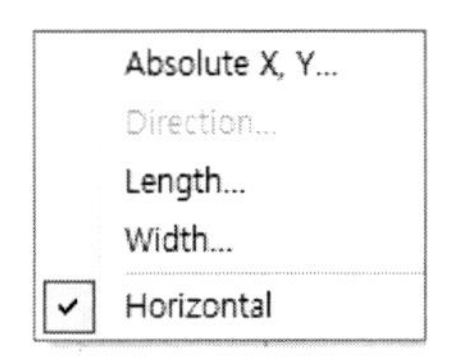

그림 6-25 사각형을 만들기 위한 Horizontal 옵션 체크

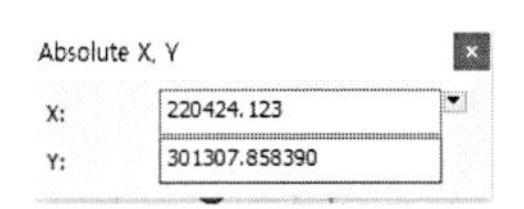

그림 6-26 사각형 우측 하단의 X, Y 좌표 입력

(8) Editor 클릭 → Save Edits 클릭(그림 6-27) → Stop Editing 클릭(그림 6-28)

앞의 과정을 통해 분석영역 레이어를 사각형 폴리곤 형태로 편집하여 저장하고, 편집을 종료한다.

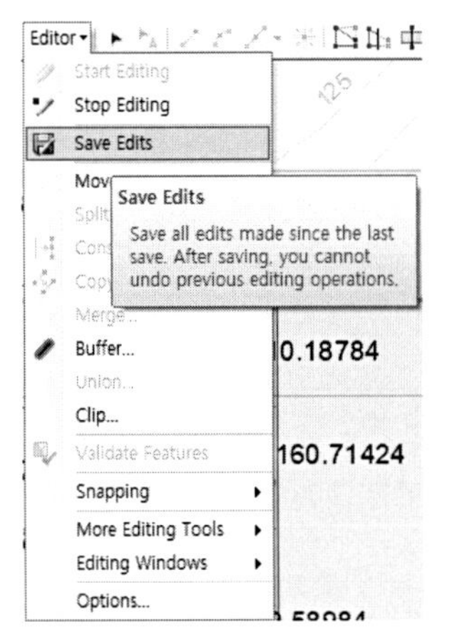

그림 6-27 분석영역 편집 Save Edits

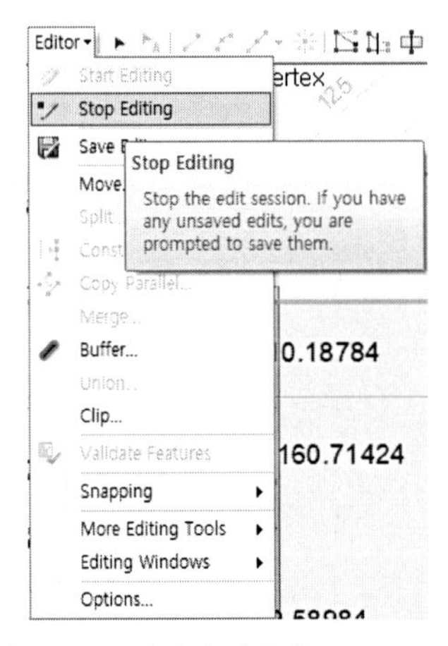

그림 6-28 분석영역 저장 후 Stop Editing

(9) 분석영역 레이어의 생성 확인

앞의 과정을 통해 사각형 모양의 분석영역 폴리곤 레이어가 생성된 것을 확인할 수 있다(그림 6-29).

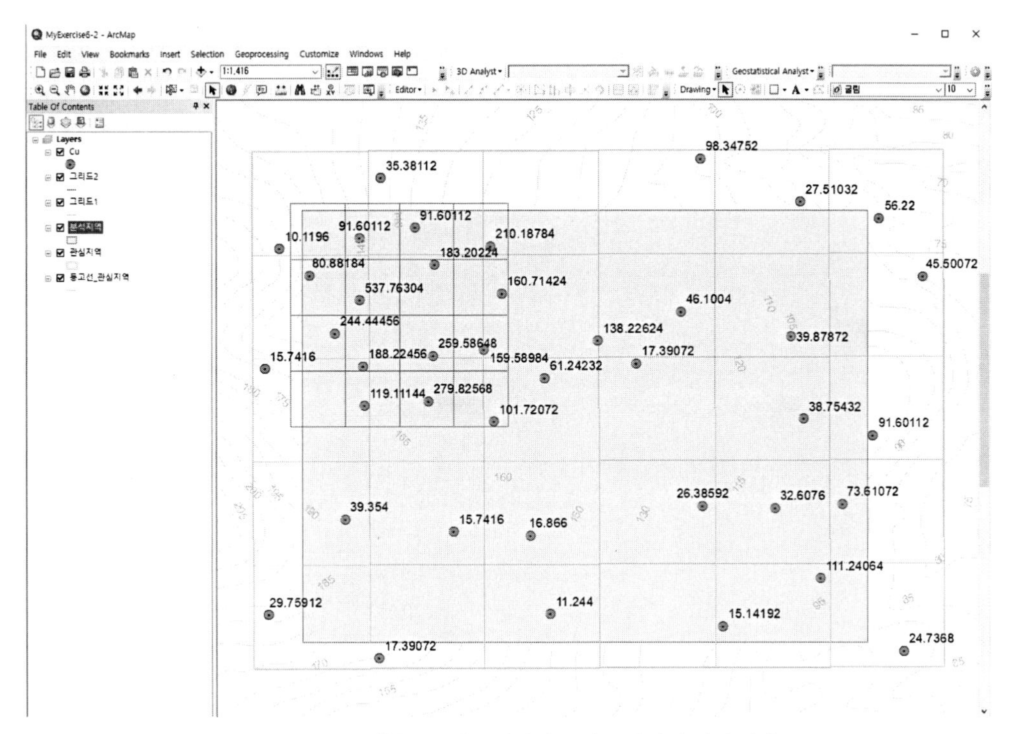

그림 6-29 사각형 모양의 분석영역 폴리곤 레이어 생성 결과

4) IDW 보간법을 이용한 토양오염지도 작성. 40개 Cu 함량 자료로부터 IDW 보간법을 적용하여 앞에서 생성한 분석영역에 대한 래스터 형식의 토양오염지도를 작성한다.

(1) ArcMap 프로그램 메뉴바에서 File 선택 → Save as 클릭

다른 이름으로 저장 대화상자가 나타난다(그림 6-30).

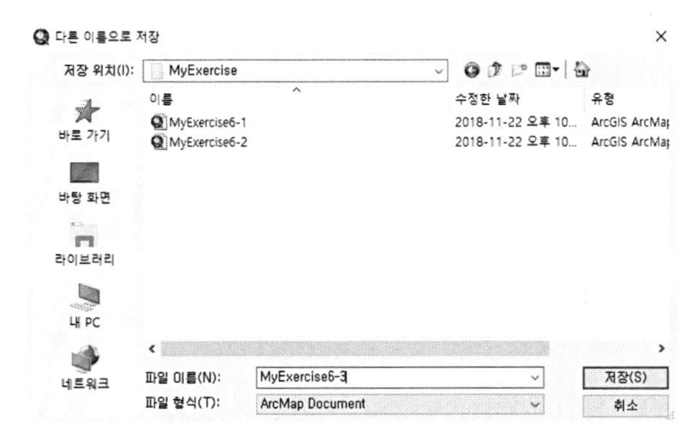

그림 6-30 다른 이름으로 저장 대화상자

(2) MyExercise 폴더 클릭 → 실습 결과를 저장할 파일 이름 입력(예: MyExercise6-3) → 저장 버튼 클릭

앞으로 실습을 수행한 결과가 위에서 지정한 파일에 저장된다(예: MyExercise6-3.mxd).

(3) ArcToolbox의 Geostatistical Analyst Tools 선택 → Interpolation 선택 → IDW 클릭

토양오염지도 작성을 위한 보간법으로 IDW 기법을 선택한다(그림 6-31).

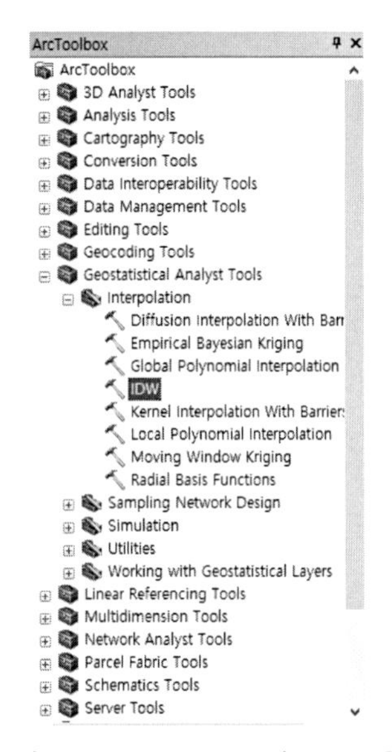

그림 6-31 ArcToolbox의 IDW 모듈

(4) Input features에는 Cu 레이어 선택(그림 6-32) → Z value field에는 Cu_ICPAES 선택 → Output raster에는 'Cu_ppm'을 입력 → Output cell size에는 1 입력 → 하단의 Environments 클릭 → Processing Extent의 Extent에 'Same as layer 분석지역' 선택(그림 6-33) → OK 버튼 클릭 → OK 버튼 클릭

40개 샘플링 자료의 Cu_ICPAES 값에 IDW 기법을 적용하며 보간을 수행한다. 생성될 결과 파일은 1m 크기의 격자를 갖는 래스터 형식이며, 모든 격자에 Cu 함량에 대한 예측값이 계산된다. 이때 결과가 생성될 영역은 앞에서 생성한 분석영역 레이어의 범위와 동일하다.

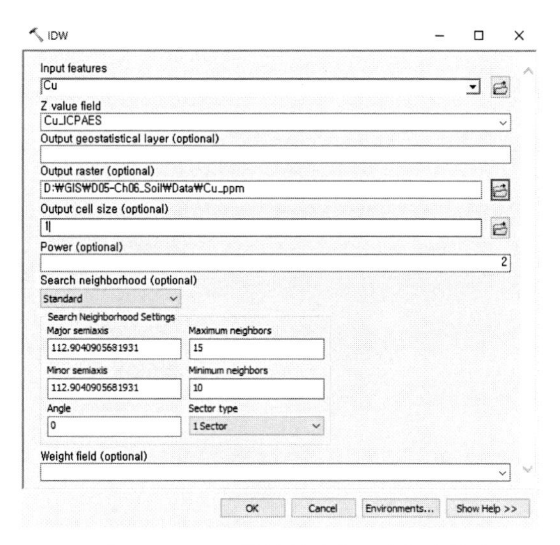

그림 6-32 IDW 모듈의 입력자료 및 옵션 설정

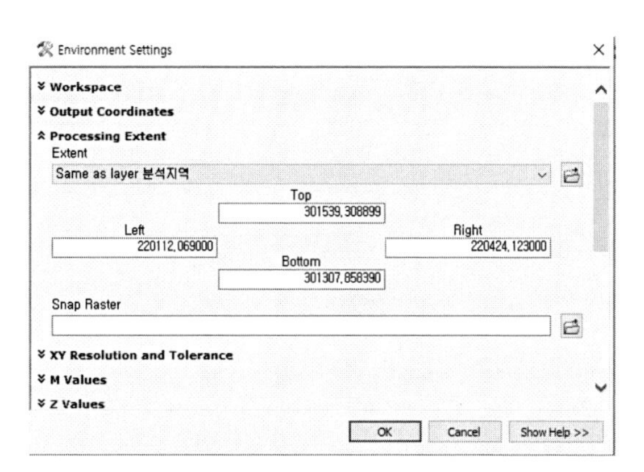

그림 6-33 보간법을 적용할 분석영역의 설정

(5) 토양오염지도 작성 결과 확인(그림 6-34)

보간을 통해 생성된 래스터 형식의 토양오염지도의 경우 Cu 최대 함량은 약 537ppm, 최소 함량은 11ppm으로 나타났다. 적색으로 보이는 좌측 상단 지역이 Cu 함량이 높은 지역이다.

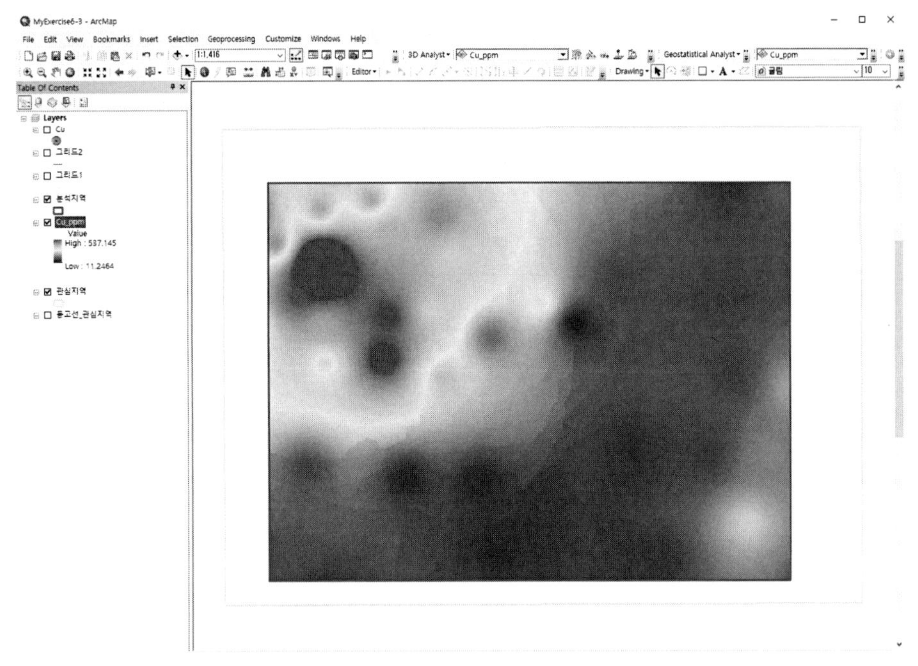

그림 6-34 IDW 보간법을 통해 생성된 Cu 토양오염지도 결과(컬러 도판 331쪽 참조)

5) 토양오염 우려 기준 및 대책 기준을 초과하는 영역을 보여주는 토양오염지도 작성. 국내의 경우 광산지역의 토양 내 Cu 함량이 150ppm을 초과하면 우려 기준에 해당하고, 450 ppm을 초과하면 대책 기준에 해당한다. 이러한 토양오염 우려 기준 및 대책 기준을 초과하는 영역을 보여주는 토양오염지도를 작성한다.

(1) ArcMap 프로그램 메뉴바에서 File 선택 → Save as 클릭

다른 이름으로 저장 대화상자가 나타난다(그림 6-35).

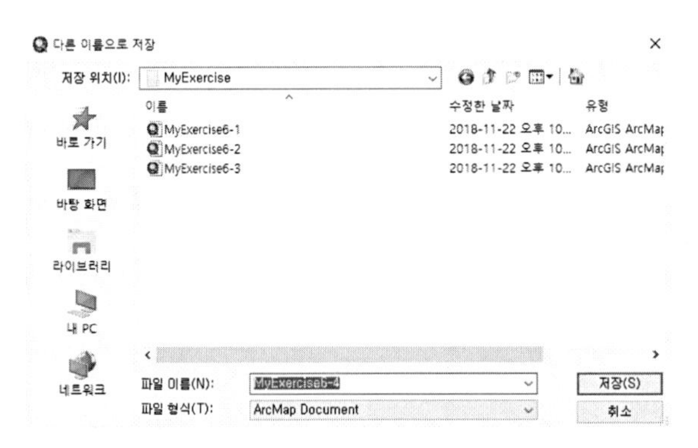

그림 6-35 다른 이름으로 저장 대화상자

(2) MyExercise 폴더 클릭 → 실습 결과를 저장할 파일 이름 입력(예: MyExercise6-4) → 저장 버튼 클릭

앞으로 실습을 수행한 결과가 위에서 지정한 파일에 저장된다(예: MyExercise6-4.mxd).

(3) ArcToolbox의 Spatial Analyst Tools 선택 → Reclass 선택 → Reclassify 클릭(그림 6-36)

토양오염 우려 기준과 대책 기준에 따라 토양오염지도를 3개의 클래스로 분류하기 위해 Reclassify 모듈을 호출한다(그림 6-36).

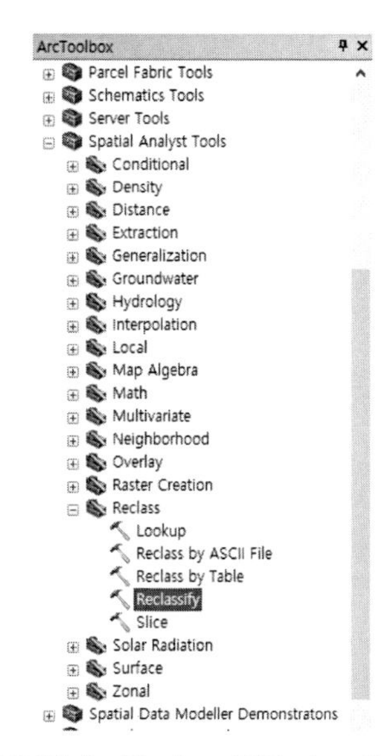

그림 6-36 ArcToolbox의 Reclassify 모듈

(4) Input raster에는 Cu_ppm 파일 선택 → Reclassification에서 하단의 노란색 영역 선택 → 우측의 Delete Entries 클릭(그림 6-37) → Old values와 New values를 그림 6-38과 같이 설정 → Output raster에는 'Cu_standard' 입력 → OK 버튼 클릭

토양오염 우려 기준과 대책 기준에 따라 토양오염지도를 3개의 클래스로 분류하기 위해 기본값으로 되어 있는 10개의 클래스 중 중간의 7개 클래스를 삭제한다. 그리고 3개의 클래스에 토양오염 우려 기준 이하 범위(<150ppm), 우려 기준 범위(150~450ppm), 대책 기준 범위(>450ppm) 값을 직접 입력해준다.

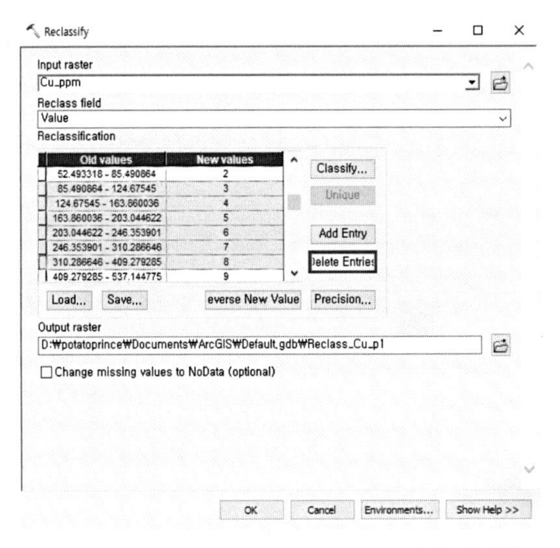

그림 6-37 Reclassify 모듈의 입력자료 및 옵션 설정

그림 6-38 Reclassify 모듈의 클래스 범위값 입력

(5) 생성된 Cu_standard 레이어 마우스 오른쪽 클릭 → Properties 선택 → Symbology 클릭 → Unique Values 선텍 → 3개 클래스에 대한 Symbol과 Label 설정(그림 6-39) → OK 버튼 클릭

각 클래스별 Symbol을 더블클릭하여 토양오염 안정지역은 연두색으로, 토양오염 우려 기준 지역은 노란색으로, 토양오염 대책 기준은 빨간색으로 설정한다. 또한 Label에는 각각 안정(<150ppm), 우려 기준(150~450ppm), 대책 기준(>450ppm)이라고 입력한다.

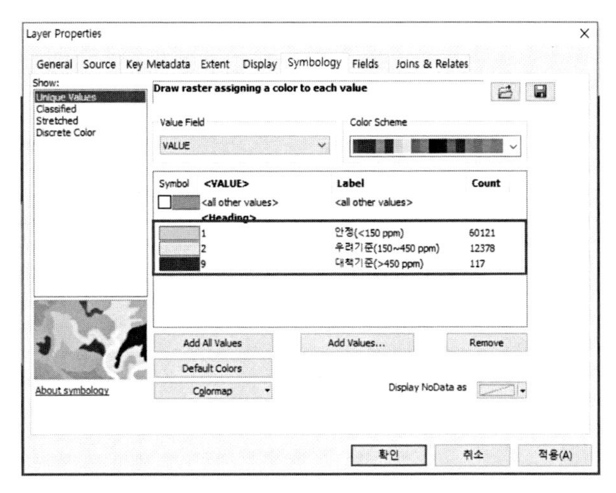

그림 6-39 토양오염 우려 기준 및 대책 기준에 근거한 영역별 심벌 및 레이블 설정

(6) 토양오염 우려 기준 및 대책 기준을 초과하는 영역을 보여주는 토양오염지도의 확인

그림 6-40에 나타난 토양오염지도는 본 장의 최종 결과물로서, 광산지역의 토양 내 Cu 함량에 대한 토양오염 우려 기준 및 대책 기준을 초과하는 영역을 보여준다.

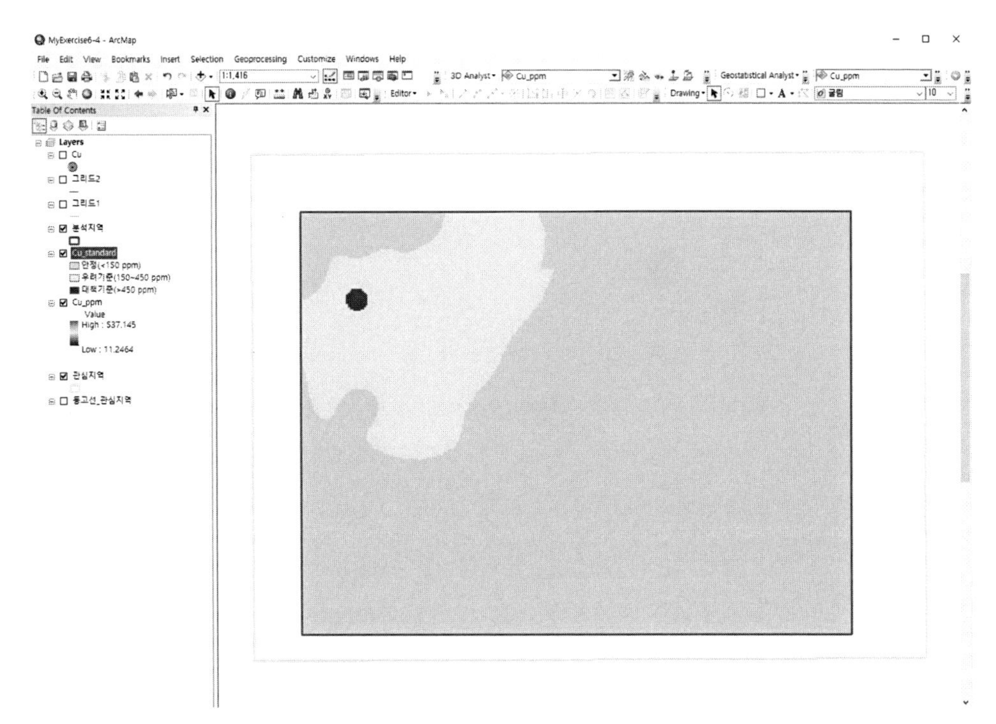

그림 6-40 Cu 함량에 근거한 토양오염 우려 기준 및 대책 기준 초과영역 지도(컬러 도판 332쪽 참조)

6.4 확장해보기

이 장에서 새로 습득한 개념들을 응용해서 다음과 같이 확장해보자.

- 래스터 형식의 토양오염지도를 이용하면 토양오염 우려 기준 또는 대책 기준 초과지역의 면적 등을 정량적으로 계산할 수 있다. 그림 6-32와 그림 6-39에 나타난 정보를 이용하여 아래 지역에 대한 면적을 계산해보자.
  - 분석영역
  - 토양오염 안정 지역
  - 토양오염 우려 기준 초과 지역
  - 토양오염 대책 기준 초과 지역
- 본 장에서 적용한 IDW 기법 대신 정규크리깅(Ordinary Kriging) 기법을 적용하여 래스터 형식의 토양오염지도를 작성해보자.

6.5 요 약

이번 장에서 공부한 내용은 다음과 같다.

- 분석영역을 나타내는 신규 사각형 폴리곤 Shapefile를 생성하고, 좌표계를 설정할 수 있다.
- ArcMap 프로그램의 ToolBox 도구(IDW)를 사용하여 포인트 자료의 보간을 수행할 수 있다.
- 벡터 자료의 Table에서 신규 Field를 생성 및 정의하고, 다양한 수식을 이용하여 Field 값을 계산할 수 있다.
- 보간 수행 시 Environment Settings을 통해 사용자가 원하는 분석영역을 설정할 수 있다.
- ArcMap 프로그램에서 래스터 레이어 자료의 심벌을 목적에 따라 다양하게 변화시키고, 용도에 맞는 레이블을 지도에 조정 및 표시할 수 있다.
- ArcMap 프로그램의 ToolBox 도구(Reclassify)를 사용하여 래스터 자료의 속성값을 재분류할 수 있다.

참고문헌

Suh, J., Lee, H., Choi, Y. (2016), A rapid, accurate and efficient method to map heavy metal contaminated soils of abandoned mine sites using converted portable XRF data and GIS, International Journal of Environmental Research and Public Health, Vol.13, No.12, pp.1191～1208.

CHAPTER 07

광물찌꺼기에 의한 광해 분석

C·H·A·P·T·E·R

07 광물찌꺼기에 의한 광해 분석

폐광산지역에는 광산 활동으로 인하여 배출된 광물찌꺼기가 적치되어 있는 경우가 많아 집중 강우나 강풍에 의해 유실된 광물찌꺼기가 하부로 분산될 수 있다(그림 7-1). 특히 광물찌꺼기는 유가금속만을 회수한 후에 자연상태에 배출되기 때문에 광석 중에 함유된 중금속의 농도가 높으며, 이에 따라 지하수와 토양의 오염원이 되고 있다. 광물찌꺼기에 의한 오염을 줄이기 위한 최적의 처리방법을 선택하려면 먼저 광물찌꺼기에 의한 오염물 발생정도를 파악할 필요가 있다. 7장에서는 GIS를 이용하여 광물찌꺼기 적치장에서의 유실량을 산정하는 방법에 대해 학습한다. 광물찌꺼기를 일종의 미세한 토양으로 가정하여 토양유실량 산정 시 일반적으로 사용되는 범용토양유실공식(Universal Soil Loss Equation, USLE)을 이용하여 유실량을 산정한다. 그리고 GIS 기반의 지형공간분석을 통해 수치고도모델, 토지이용도, 토양도 등으로부터 USLE에 입력되는 매개변수 값들을 GIS 레이어의 형식으로 추출하는 과정을 수행한다.

그림 7-1 집중 강우나 강풍에 의해 유실된 광물찌꺼기

7.1 무엇을 배우는가?

이 장에서 새로 습득할 개념은 다음과 같다.

- USLE의 기본 개념 및 인자들의 이해
- Raster Calculator를 이용한 단순 연산 방법(강우침식인자)
- Field Calculator를 이용한 벡터 레이어 필드 입력값 계산 방법(토양침식인자)
- Flow Accumulation, Slope 기능의 활용(지형인자)
- Times, Power, Sin 기능을 활용한 레이어 연산(지형인자)
- Reclassify 기능을 이용한 레이어 값 재분류(식생피복인자)
- Raster Calculator를 이용한 조건부 연산 방법(식생피복인자, 침식조절인자)

7.2 이론적 배경

7.2.1 USLE 인자 및 유실량 산정방법

USLE은 농경지에서의 토양손실 예측을 위해 미국의 Wischmeier와 Smith가 강우에 의한 토양 입자의 이탈 및 운송에 의한 개념을 1960년대에 처음 제안하였고, 1978년 수정식이 제안되었다. 이 식은 강우분포, 토양침식률, 사면길이와 사면경사, 식생분포, 경작지 형태라는 여섯 가지 인자들로 구성되며 다음과 같이 각각의 인자를 곱하여 연평균 유실량을 산출한다.

$$A = R \times K \times LS \times C \times P$$

여기서 A는 연평균 토양유실량(t/ha/yr), R은 강우침식인자(10^7J · mm/ha/hr/yr), K는 토양침식인자(t/ha/R), LS는 지형인자(dimensionless), C는 식생피복인자(dimensionless), P는 침식조절인자(dimensionless)를 의미한다.

1) 강우침식인자(R)

강우침식인자는 강우량과 강우강도에 따라 토양침식이 크게 달라지는 특성을 고려하는 인자로서, 정상 연강우의 침식능력을 의미한다. 강우침식인자에 대한 경험적인 산정 방법은 표 7-1과 같다.

표 7-1 강우침식인자에 대한 경험적 산정 방법

유형	방법
Wishemeier and Smith(1978)의 강우침식인자	$e_i = 0.119 + 0.0873 \log I$ (MJ ha^{-1}mm^{-1}, I=mm/hr) $e_i = 0.283$(I>76mm/hr) 여기서 e_i는 강우에너지(MJ ha^{-1}mm^{-1})이며, I는 강우강도(mm/hr)이다. $E_i = \sum(e_i P)$ E: 개별강우의 총강우에너지, P: 강우량 $R = \{\sum(EI_{30})_i/100\}/N$ I_{30} : 30분 최대강우강도, N: 측정기간(년)
Toxopeus(1998)의 강우침식인자	$R = 38.5 + 0.35P$ P: 연평균 강우량(mm/year)

7장에서는 GIS를 활용하기에 용이한 Toxopeus(1998)의 방법을 이용하여 강우침식인자를 계산한다. 이 방법으로 계산된 값은 Wishemeier and Smith(1978)의 강우침식인자에 비해 10배 큰 값이 계산되므로 계산한 값의 10분의 1만큼의 수치를 사용한다.

2) 토양침식인자(K)

토양침식인자 값은 토양의 특성에 따라 토양침식 정도가 달라지는 특성을 고려한 인자이다. 우리나라의 경우 토양통에 따른 대표적 K값(t·ha·hr/ha/10^7J/mm)들이 건설교통부(1992)와 농업기술연구소(1992)에 제시되어 있으므로, 정밀토양도를 이용하여 대상지역의 토양침식인자 값을 산정할 수 있다.

3) 지형인자(LS)

지형인자는 경사의 길이(경사장)와 경사도에 따른 토양유실량과 유거수량을 결정하는 중요한 인자이다. 다른 조건들이 동일하다면, 경사장이 길고 경사도가 클수록 토양유실량이 증가하게 된다. 지형인자 값을 산출하는 방법은 몇 개의 식들이 제안된 바 있으며 7장에서는

별도의 프로그래밍 작업 없이 계산이 가능한 Moore and Burch(1986)의 제안식(표 7-2)을 사용하여 지형인자를 산정한다.

표 7-2 지형인자의 산출 방법

유형	방법
Moore and Burch(1986)의 지형인자	$LS = (aL/22.13)^{0.4} \times (S/0.0896)^{1.3}$ a는 유역형태인자, L은 경사길이인자, S는 경사인자 이 방법은 Bernie Engel(1999)에 의해 GIS에 적용하는 식이 소개되었다. $LS = (\text{Flow accumulation CellSize}/22.13)^{0.3} \times (\sin \text{slope}/0.0896)^{1.3}$

4) 식생피복인자(C)

지표면이 작물로 피복되어 있을 경우 빗방울이 토양을 직접 타격할 수 없고, 식물체의 잎이나 줄기를 타격한 후 토양에 떨어지게 되므로 빗방울의 운동에너지가 매우 감소하게 된다. 특정 지역에서의 식생피복인자 값들은 식생의 종류, 식생이 성장하는 상태, 경작형태와 관리요소들에 의하여 좌우된다. 따라서 식생이 성장하기 전의 나지와 같은 지역에서는 약 1.0으로 높은 값을 갖지만 산림이 밀집된 지역은 0.1 이하의 낮은 값을 갖는다. 본 예제에서는 식생피복인자 값을 논의 경우 0.3, 밭은 0.4, 산림은 0.1, 초지는 0.2, 하천과 시가지지역은 0, 나지 및 광물찌꺼기는 1의 값을 적용하였다.

5) 침식조절인자(P)

침식조절인자는 토양관리방법에 따른 토양유실량을 고려한 인자로서, 강우나 지형조건이 같고 토양의 특성이 비슷하다고 해도 경운방법에 따라 토양유실량이 달라질 수 있는 특성을 반영한다. 토양에서 아무런 토양관리방법을 사용하지 않았을 때의 P값은 1에 해당되며 등고선 경작, 등고선대상경작, 테라스 경작 등의 관리방법으로 토양유실을 줄일 수 있다. 국립방재연구소(1998)는 표 7-3과 같이 경작지 형태와 경사도에 따라 침식조절인자를 구분하여 제시하였다. GIS 적용을 위해서 논은 테라스 경작, 밭은 등고선대상경작, 그 외의 지역은 등고선 경작으로 가정하고 이 식을 적용할 수 있다.

표 7-3 경작 형태에 따른 침식조절인자 값

경사도(%)	등고선 경작	등고선 대상 경작	테라스 경작
0~7	0.55	0.27	0.10
7~11.3	0.60	0.30	0.12
11.3~17.6	0.80	0.40	0.16
17.6~26.8	0.90	0.45	0.18
26.8 이상	1.00	0.50	0.20

7.3 GIS 실습

7.3.1 데이터 확인 및 래스터 연산을 위한 데이터 처리

1) ArcMap의 실행. 실습을 수행할 PC에서 ArcMap 프로그램을 실행한다.

(1) Windows 시작 버튼 클릭 → 모든 프로그램 선택 → ArcGIS 선택 → ArcMap 10.x 선택

ArcMap 프로그램이 실행되며, Getting Started 대화상자가 나타난다(그림 7-2).

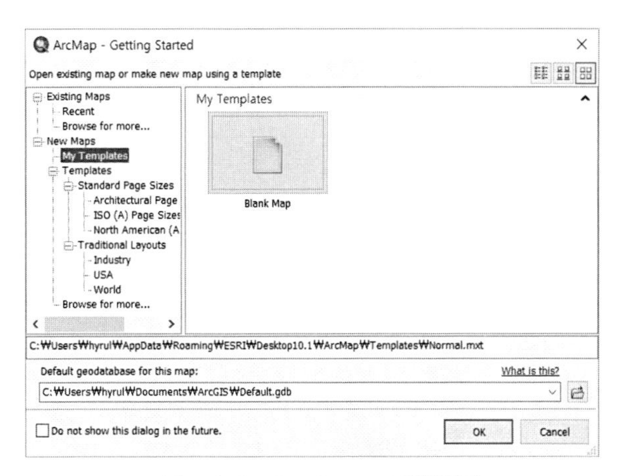

그림 7-2 Getting Started 대화상자

(2) Getting Started 대화상자 왼쪽 패널에서 Existing Maps 선택 → Browse for more.. 클릭

Open ArcMap Document 대화상자가 나타난다(그림 7-3).

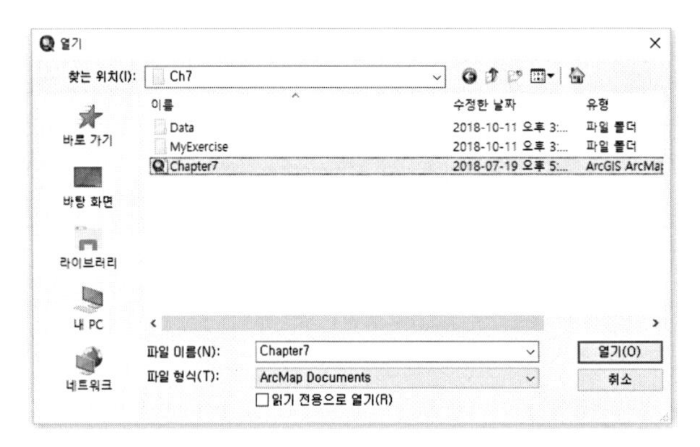

그림 7-3 Open ArcMap Document 대화상자

(3) Open ArcMap Document 대화상자에서 예제 파일을 설치한 폴더로 이동 → Chapter7.mxd[8] 파일을 선택 → 열기 버튼 클릭

ArcMap 프로그램에 Chapter7.mxd 파일이 열리면서 이번 실습에 사용된 자료들이 화면에 나타난다(그림 7-4).

- 관심지역 레이어는 자료구축 및 분석을 수행할 영역을 나타낸다.
- 광물찌꺼기 레이어는 광물찌꺼기가 적치되어 있는 영역을 벡터 레이어로 나타낸다.
- 수치고도모델 레이어는 관심지역의 고도를 래스터 레이어로 나타낸다.
- 토지피복도 레이어는 관심지역의 토지피복분류를 래스터 레이어로 나타낸다(그림 7-5). (1 : 수역, 2 : 시가화지역, 3 : 나지, 4 : 습지, 5 : 초지, 6 : 산림지역, 7 : 논, 8 : 밭)
- 정밀토양도 레이어는 관심지역을 포함하는 정밀토양도를 벡터 레이어로 나타낸다(그림 7-6).

8 ArcMap Documents 파일.

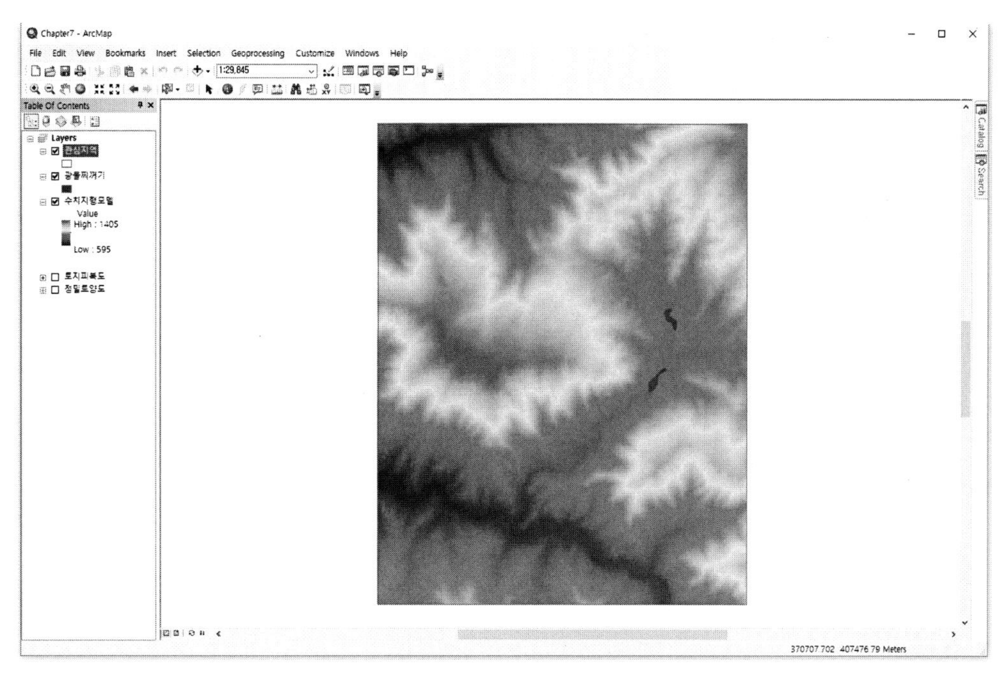

그림 7-4 실습에 사용될 자료들의 가시화 결과(컬러 도판 332쪽 참조)

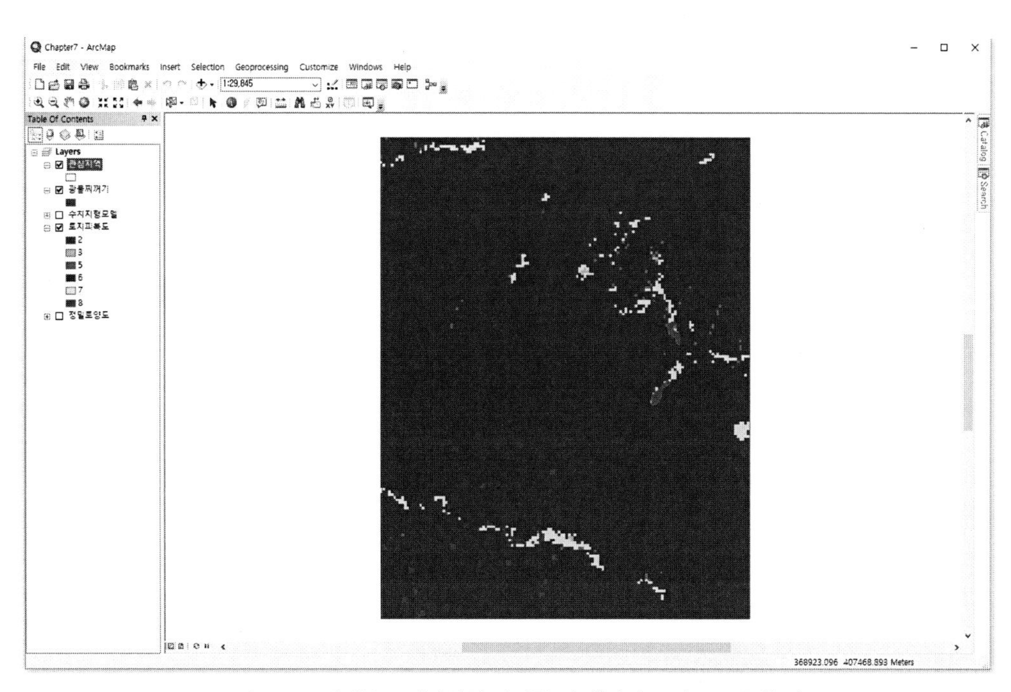

그림 7-5 토지피복도 레이어의 가시화 결과(컬러 도판 333쪽 참조)

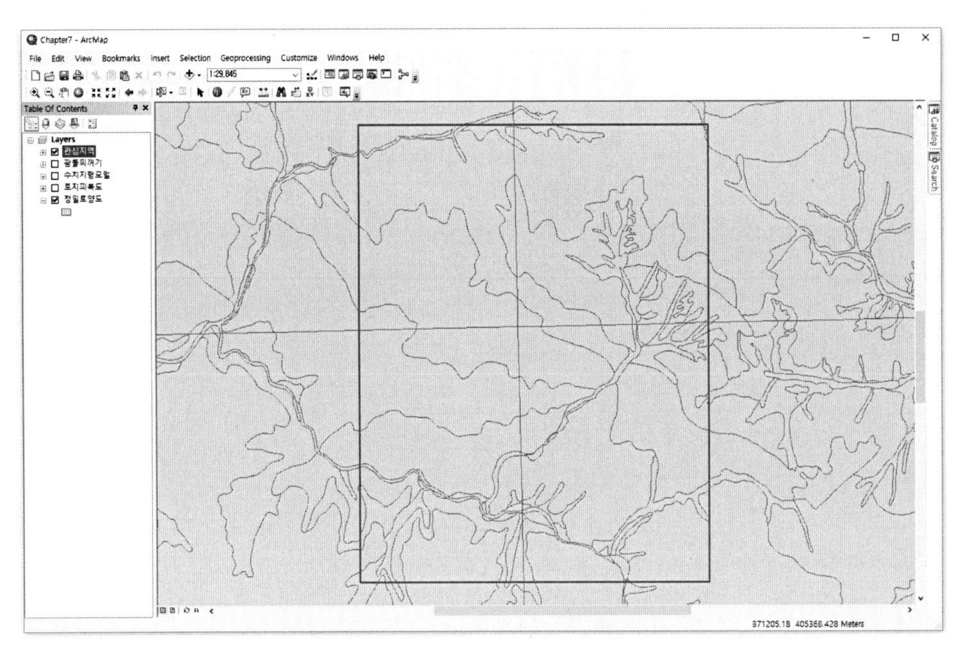

그림 7-6 정밀토양도 레이어의 가시화 결과

(4) ArcMap 프로그램 메뉴바에서 File 선택 → Save as 클릭

다른 이름으로 저장 대화상자가 나타난다(그림 7-7).

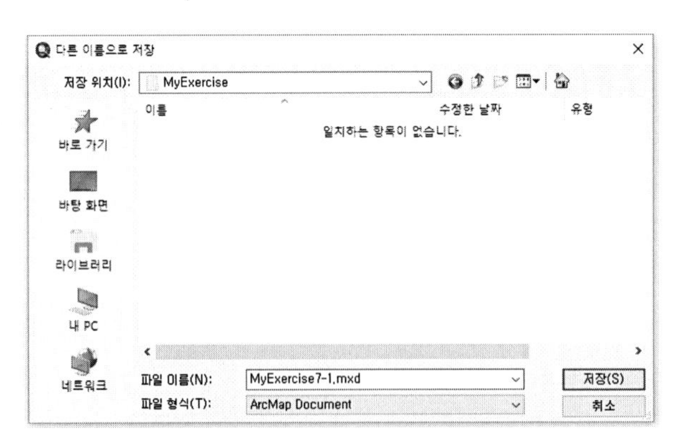

그림 7-7 다른 이름으로 저장 대화상자

(5) MyExercise 폴더 클릭 → 실습 결과를 저장할 파일 이름 입력(예: MyExercise7-1) → 저장 버튼 클릭

앞으로 실습을 수행한 결과가 위에서 지정한 파일에 저장된다(예: MyExercise7-1.mxd).

2) 광물찌꺼기 정보를 담은 토지피복도 제작. 벡터 레이어 형태인 광물찌꺼기 레이어를 이용하여 광물찌꺼기 정보를 담는 새로운 토지피복도를 제작한다.

(1) ArcMap 프로그램 Table of Contents 패널에서 광물찌꺼기 레이어 선택 → 마우스 오른쪽 버튼 클릭 → 팝업메뉴가 나타나면 Open Attribute Table 버튼 클릭

광물찌꺼기 Shapefile의 속성 테이블이 나타난다(그림 7-8). 두 개의 광물찌꺼기 객체가 존재하는 것을 확인할 수 있다. 토지피복도에 새로운 코드(9)를 추가할 예정이며 이를 위해서 새로운 필드를 추가한다.

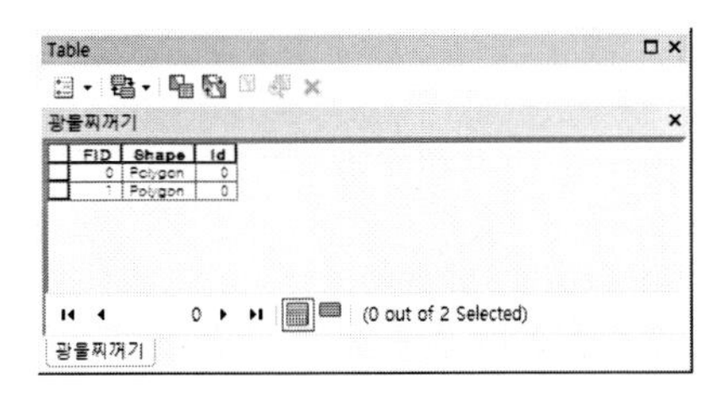

그림 7-8 광물찌꺼기 레이어 속성 테이블

(2) Table에서 버튼을 클릭 → 메뉴가 나타나면 Add Field... 버튼 클릭 → Add Field 대화상자가 나타나면 새로 추가할 필드의 이름을 입력(예: 피복코드) → Type으로 'Short Integer' 선택(그림 7-9) → OK 버튼 클릭

광물찌꺼기 Shapefile의 속성 테이블에 정수 형식의 '피복코드' 필드가 추가되었다(그림 7-10).

그림 7-9 Add Field 대화상자 설정

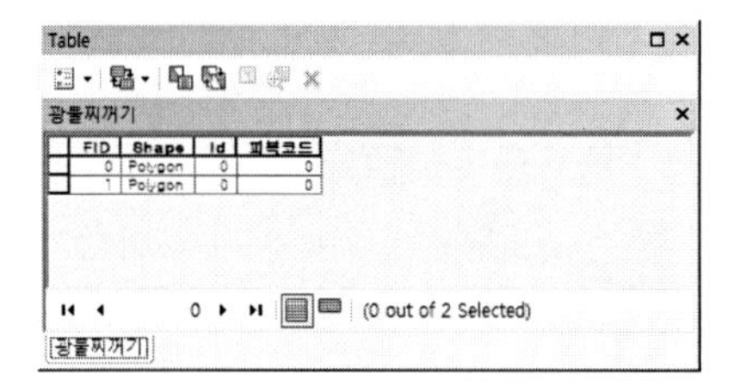

그림 7-10 '피복코드' 필드가 추가된 결과

(3) 피복코드 필드 우 클릭 → Field Calculator 클릭

입력창에 '9'를 입력 후 OK 버튼을 클릭하면(그림 7-11) 피복코드 필드 값이 9로 계산된다(그림 7-12).

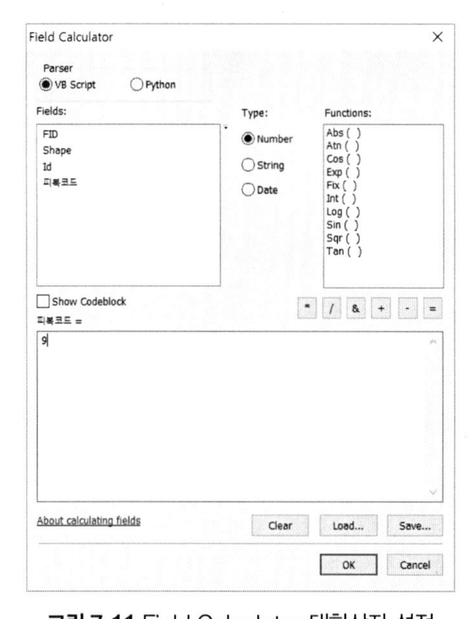

그림 7-11 Field Calculator 대화상자 설정

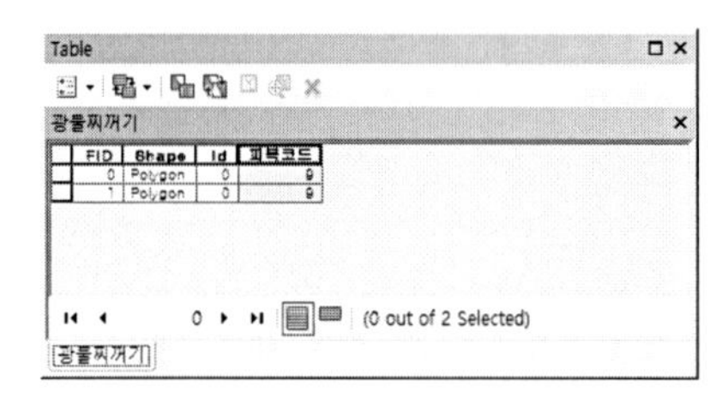

그림 7-12 피복코드 필드 값 계산 결과

(4) ArcMap 프로그램 우측의 Search 메뉴에서 Feature to Raster 검색

Feature to Raster 대화상자가 나타나면 그림 7-13과 같이 입력한다. 각 항목에 대한 설명은 다음과 같다.

- Input features : 입력 파일 선택
- Field : 래스터 레이어의 값으로 할당할 벡터 레이어 필드
- Output raster : 저장 파일명 및 경로 설정
- Output cell size(optional) : 30(토지피복도의 해상도)

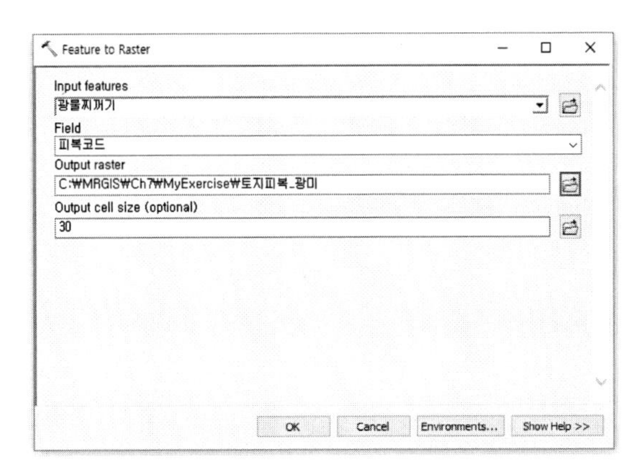

그림 7-13 Feature to Raster 대화상자 설정

(5) Feature to Raster 대화상자에서 Environments 버튼 클릭 → Processing Extent에서 토지피복도 선택 후 OK 버튼 클릭(그림 7-14)

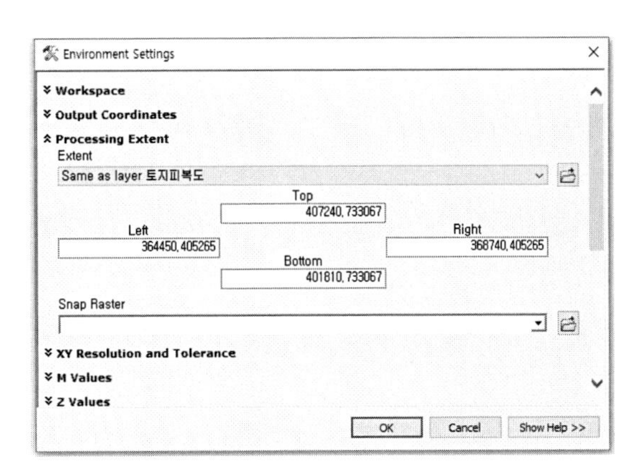

그림 7-14 Processing Extent 설정

토지피복도와 동일한 해상도, 동일한 범위 및 픽셀 개수를 가지는 광물찌꺼기 래스터 레이어가 생성된다(그림 7-15).

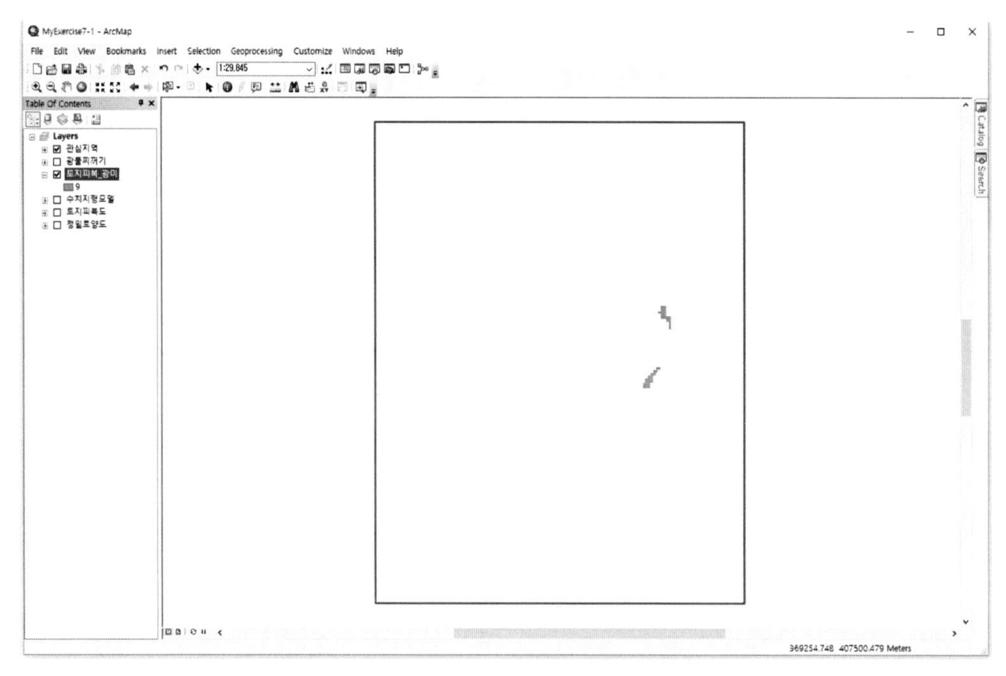

그림 7-15 광물찌꺼기 래스터 레이어 생성 결과

(6) ArcMap 프로그램 우측의 Search 메뉴에서 Raster Calculator 검색

Raster Calculator는 래스터 레이어들 간에 다양한 연산을 수행할 수 있는 도구이다. 대화상자가 나타나면 그림 7-16과 같이 입력한다. 코드를 직접 입력해도 되고 연산자 버튼을 클릭하여 입력할 수도 있다. IsNull( )은 래스터 레이어에서 데이터가 없는 부분을 1, 데이터가 있는 부분을 0으로 할당한다. 즉, IsNull( )의 괄호 안에 앞서 생성한 광물찌꺼기 래스터 레이어를 넣어주면 광물찌꺼기가 있는 부분은 0의 값이 할당되고 데이터가 Null인 나머지 부분은 1의 값이 할당된다. Con( ) 연산자에 입력되는 내용은 Con(조건, 조건 성립할 때의 값, 조건 성립하지 않을 때의 값)과 같다. 즉, 그림 7-16과 같이 입력하면 데이터가 없는(Null) 픽셀은 0의 값이, 데이터가 있는 픽셀은 9의 값(광물찌꺼기 래스터 레이어 값)이 할당된다(그림 7-17).

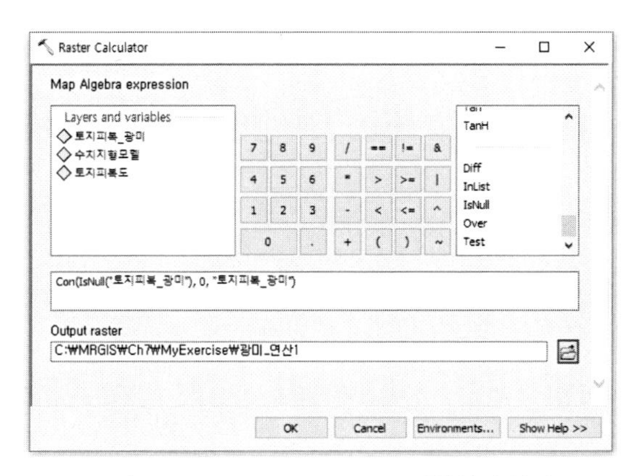

그림 7-16 Raster Calculator 대화상자 설정

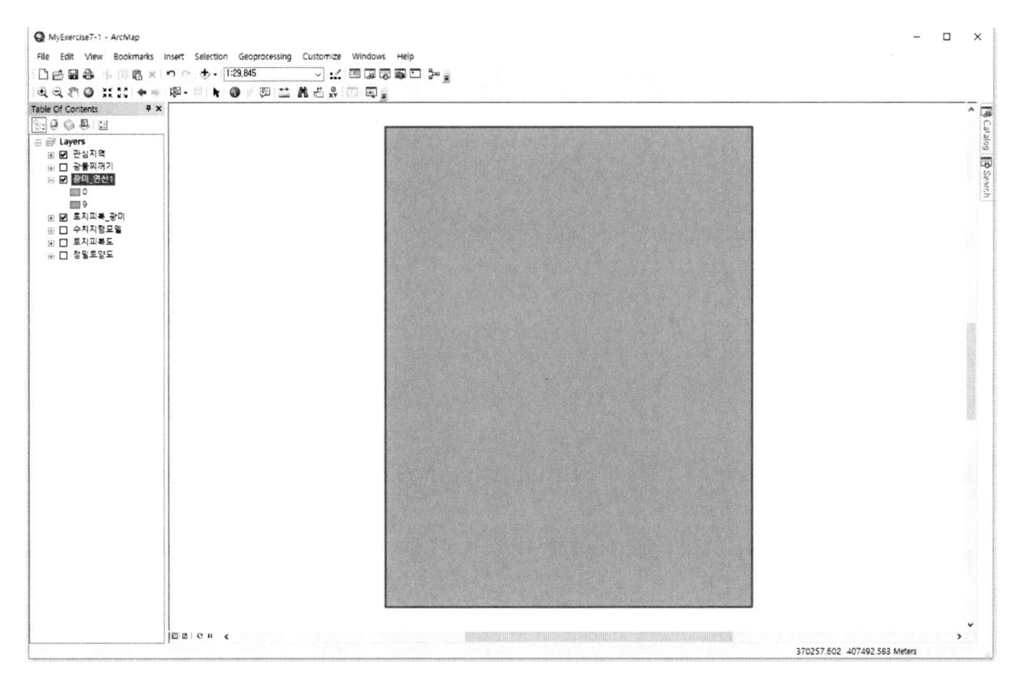

그림 7-17 광물찌꺼기 래스터 레이어의 가시화 결과

(7) ArcMap 프로그램 우측의 Search 메뉴에서 Raster Calculator 검색

Raster Calculator 대화상자를 다시 열어서 그림 7-18과 같이 입력한다. Over(A, B) 연산자는 B 레이어에 A 레이어를 덮어씌우는 연산을 수행한다. 따라서 그림 7-19와 같이 기존의 토지피복도에 광물찌꺼기(9값)만 덮어씌워진 새로운 레이어가 생성된다.

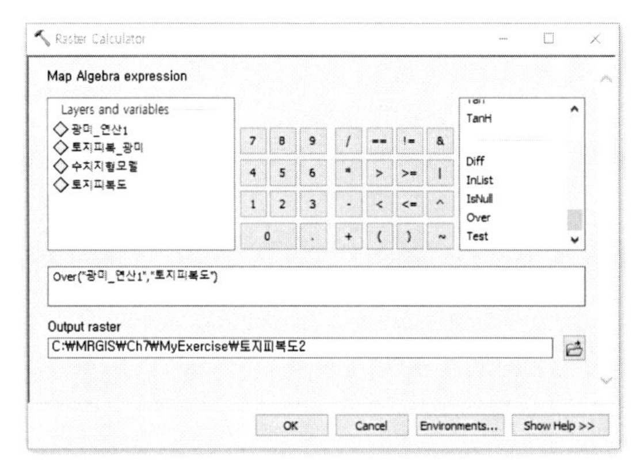

그림 7-18 Raster Calculator 대화상자 설정

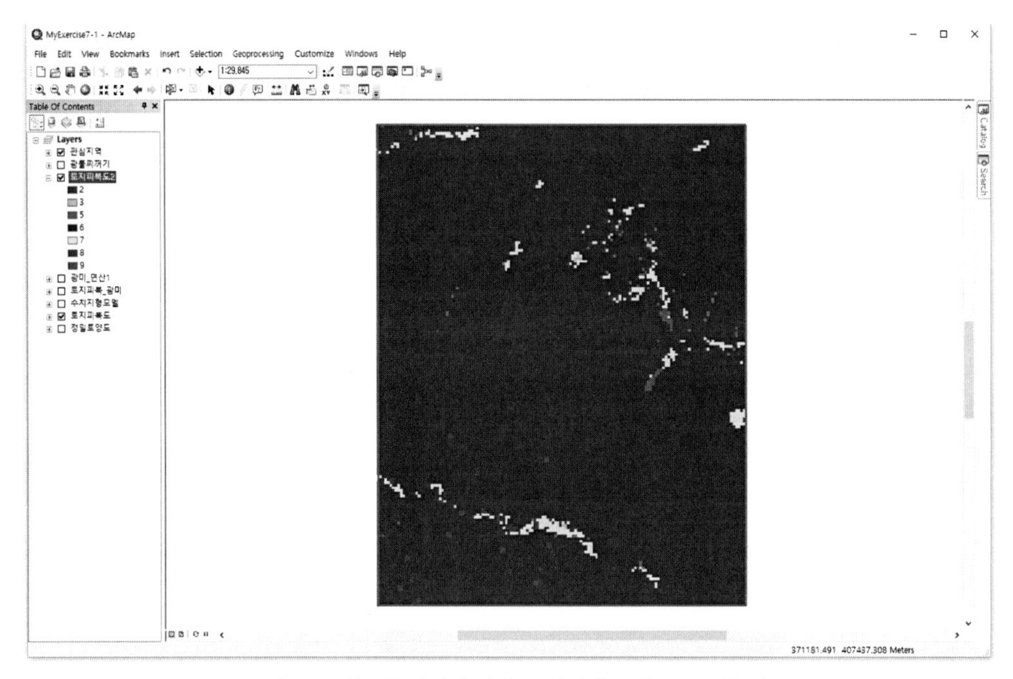

그림 7-19 새로운 레이어 생성 결과(컬러 도판 333쪽 참조)

(8) ArcMap 프로그램 메뉴에서 File 선택 → Save as... 버튼 클릭 → 실습 결과를 저장할 파일 이름 입력(예: MyExercise7-2) → 저장 버튼 클릭

앞으로 실습을 수행한 결과가 위에서 지정한 파일에 저장된다(예: MyExercise7-2.mxd).

7.3.2 USLE 인자 계산

1) 강우침식인자(R) 래스터 레이어 만들기. 연평균 강우량 자료로부터 강우침식인자 레이어를 생성한다. 연평균 강우량은 기상청 자료 등을 활용할 수 있다. 본 장에서는 연간 1,000mm라고 가정하고 표 7-1의 Toxopeus(1998) 수식을 활용하여 38.85의 값을 가지는 래스터 레이어를 만드는 과정을 학습한다.

(1) ArcMap 프로그램 우측의 Search 메뉴에서 Raster Calculator 검색

Raster Calculator 대화상자에서 그림 7-20과 같이 입력한다. 수치고도모델과 동일한 해상도와 영역, 픽셀 개수를 가지면서 38.85의 값을 가지는 래스터 레이어를 생성한다(그림 7-21). 같은 값을 가지는 다양한 연산이 가능하듯이 이외에도 다양한 방법으로 래스터 레이어를 생성할 수 있다.

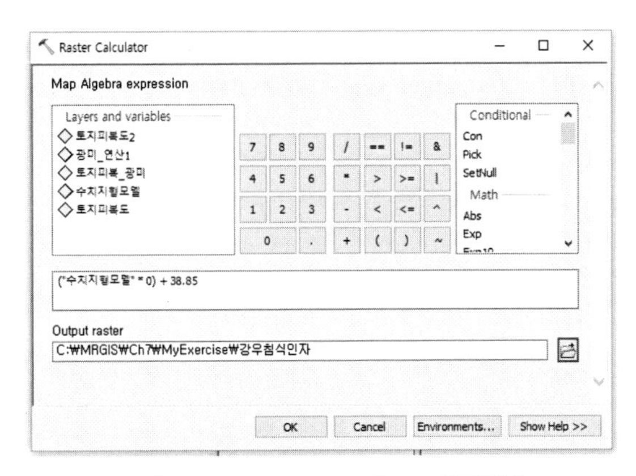

그림 7-20 Raster Calculator 대화상자

그림 7-21 래스터 레이어 생성 결과

2) 토양침식인자(K) 래스터 레이어 만들기. 정밀토양도 벡터 레이어로부터 래스터 연산을 위한 토양침식인자 래스터 레이어를 생성한다.

(1) ArcMap 프로그램 Table of Contents 패널에서 정밀토양도 레이어 선택 → 마우스 오른쪽 버튼 클릭 → 팝업메뉴가 나타나면 Open Attribute Table 버튼 클릭

정밀토양도 Shapefile의 속성 테이블이 나타난다. SOILSY 필드에 토양통에 따른 코드가 입력되어 있다.

(2) Table에서 ▾ 버튼을 클릭 → 메뉴가 나타나면 Add Field... 버튼 클릭 → Add Field 대화상자가 나타나면 새로 추가할 필드의 이름을 입력(예: kvalue) → Type으로 'Float' 선택 → OK 버튼 클릭

정밀토양도 Shapefile의 속성 테이블에 부동소수점 형식의 'kvalue' 필드가 추가되었다.

(3) kvalue 필드 우 클릭 → Field Calculator 클릭

우측 하단의 Load 버튼을 클릭하여 첨부된 kvalue.cal 파일을 불러온다. 하단의 코드 입력창에 토양통(SOILSY) 코드에 따라 토양침식인자 값을 입력하는 코드가 나타난다(그림 7-22). 그대로 수행하면 오류가 발생하므로 커서를 수식 맨 앞에 위치시키고 키보드의 Delete 버튼을 한 번 눌러준 뒤 OK 버튼을 클릭한다. kvalue 필드의 값이 계산된 것을 확인할 수 있다(그림 7-23).

그림 7-22 Field Calculator 대화상자 설정

Table

정밀토양도

FID	Shape *	AREA	PERIMETER	SOILSY	kvalue
0	Polygon	1369390	14332.7	KIF2	0.4
1	Polygon	151101	3204.12	KtE2	0.3
2	Polygon	8989.65	1069.88	MjC	0.36
3	Polygon	195309	2132.96	KIE2	0.4
4	Polygon	79554.2	2412.05	MjC	0.36
5	Polygon	2570.12	203.627	KIF2	0.4
6	Polygon	312012	5646.21	KIF2	0.4
7	Polygon	230173	3428.45	JsE2	0.2
8	Polygon	231502	2499.72	KIE2	0.4
9	Polygon	79839.5	3444.49	MjC	0.36
10	Polygon	7193.15	731.283	KIF2	0.4
11	Polygon	80379.5	2371.45	KIE2	0.4
12	Polygon	16431.5	911.219	MjC	0.36
13	Polygon	1644820	12191.9	KIF2	0.4
14	Polygon	7248.78	429.713	MjC	0.36
15	Polygon	23184.4	1224.23	MjB	0.36
16	Polygon	19528	826.156	KJB	0.28
17	Polygon	1525130	93359.5	RB	0
18	Polygon	20604.3	594.991	Ng	0.21

0 (0 out of 1916 Selected)

정밀토양도

그림 7-23 kvalue 필드 값의 계산 결과

(4) **ArcMap 프로그램 우측의 Search 메뉴에서 Feature to Raster 검색**

Feature to Raster 대화상자가 나타나면 그림 7-24와 같이 입력한다.

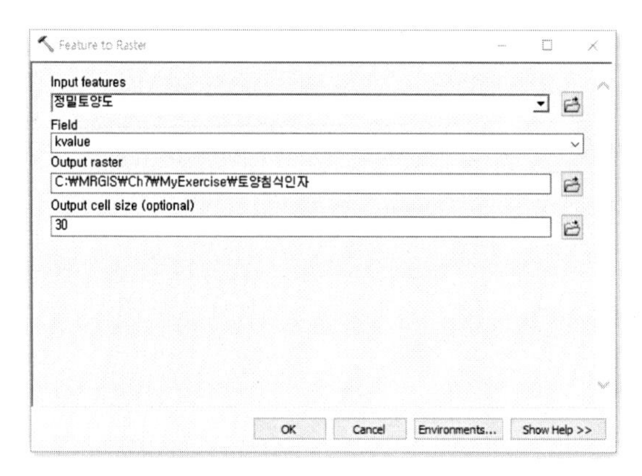

그림 7-24 Feature to Raster 대화상자 설정

(5) **Feature to Raster 대화상자에서 Environments 버튼 클릭 → Processing Extent에서 수치고도모델 선택 후 OK 버튼 클릭(그림 7-25)**

수치고도모델과 동일한 해상도, 동일한 범위 및 픽셀 개수를 가지는 토양침식인자 레이어가 생성된다(그림 7-26).

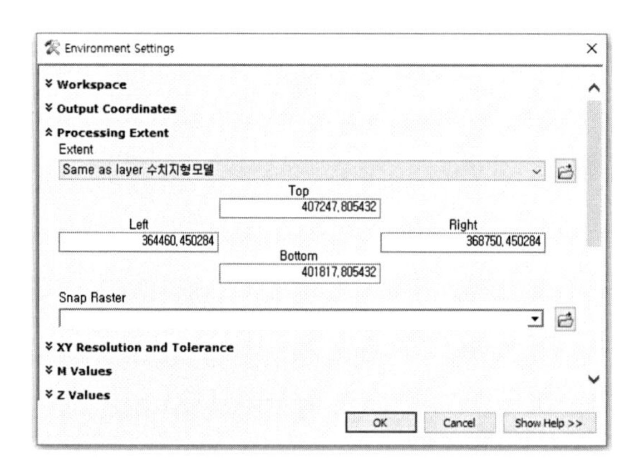

그림 7-25 Processing Extent 대화상자 설정

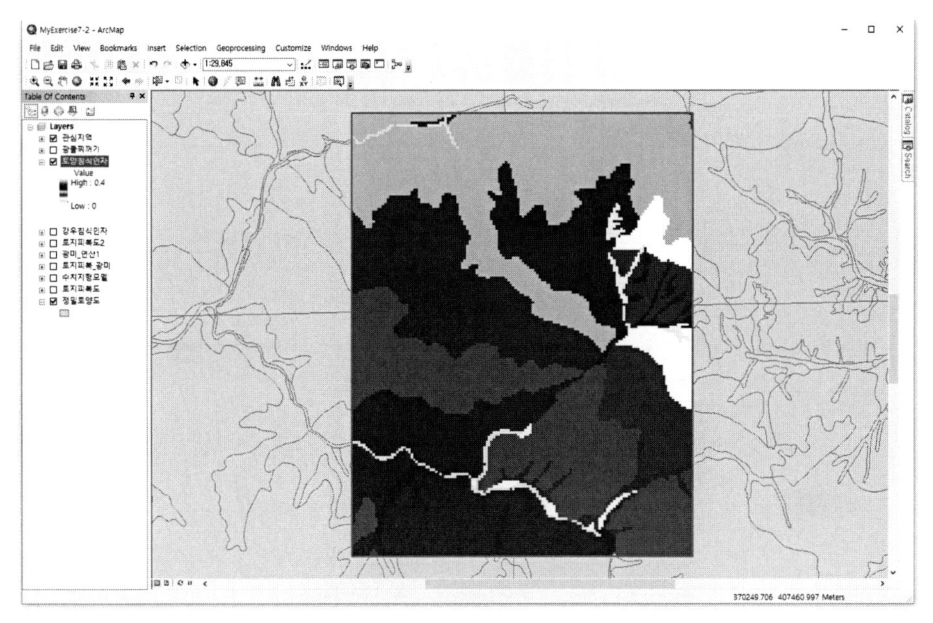

그림 7-26 토양침식인자 레이어 생성 결과

3) 지형인자(LS) 래스터 레이어 만들기.

3) 지형인자(LS) 래스터 레이어 만들기. 수치고도모델 레이어로부터 지형인자 래스터 레이어를 생성한다. 지형인자를 생성하기 위해서는 누적흐름량(Flow Accumulation)과 경사도 래스터 파일을 먼저 생성하고 표 7-2의 수식을 통해 지형인자를 계산한다.

(1) ArcMap 프로그램 우측의 Search 메뉴에서 Flow Direction 검색

Flow Direction 대화상자가 나타나면 그림 7-27과 같이 수치고도모델을 입력자료로서 이용한다. OK 버튼을 클릭하면 그림 7-28과 같이 8개의 흐름방향을 나타내는 래스터 레이어가 생성된다.

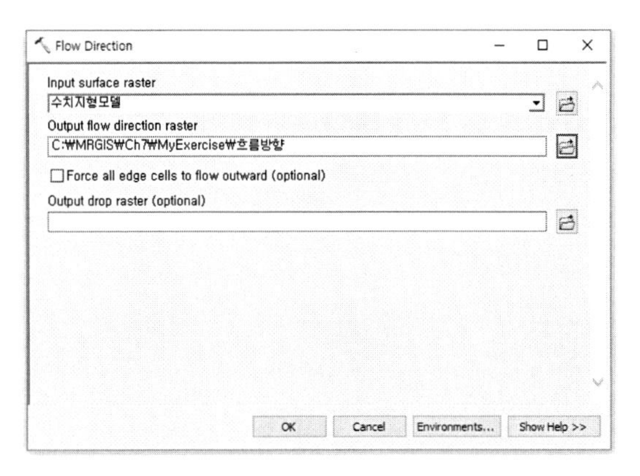

그림 7-27 Flow Direction 대화상자 설정

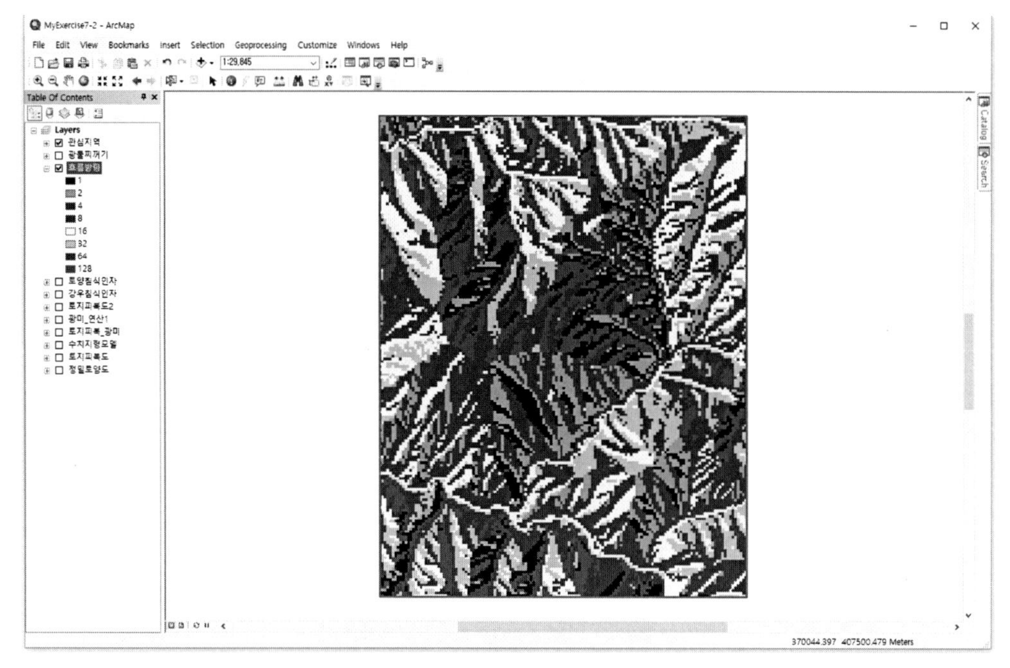

그림 7-28 8개의 흐름방향을 나타내는 래스터 레이어 생성 결과(컬러 도판 334쪽 참조)

(2) ArcMap 프로그램 우측의 Search 메뉴에서 Flow Accumulation 검색

Flow Accumulation 대화상자가 나타나면 그림 7-29와 같이 흐름방향 레이어를 입력자료로서 이용한다. OK 버튼을 클릭하면 각 픽셀에 물이 흘러 들어오는 픽셀의 숫자를 의미하는 누적흐름량 래스터 레이어가 생성된다(그림 7-30).

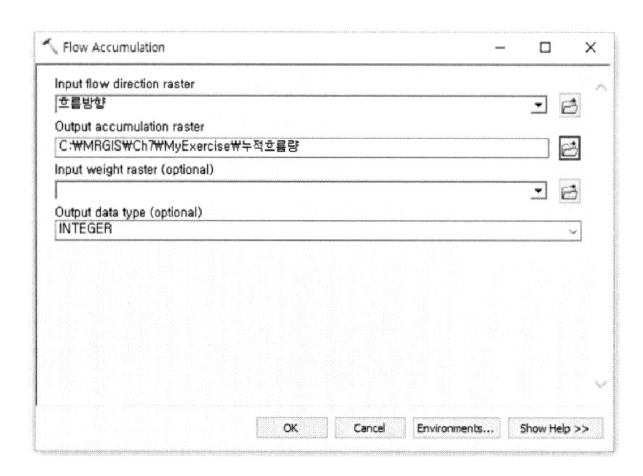

그림 7-29 Flow Accumulation 대화상자 설정

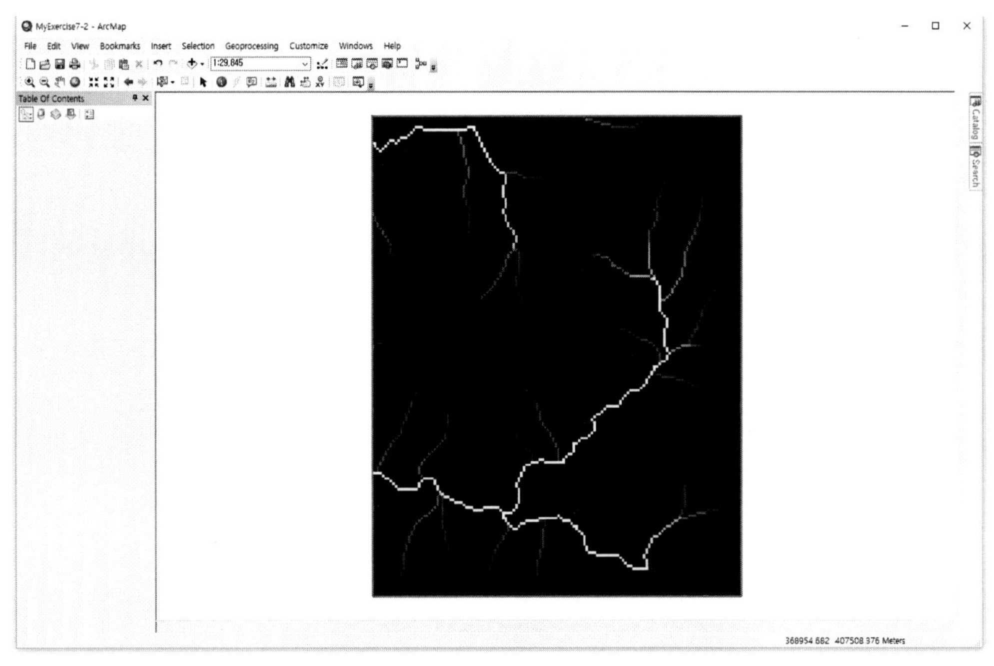

그림 7-30 누적흐름량 래스터 레이어 생성 결과

(3) ArcMap 프로그램 우측의 Search 메뉴에서 Times 검색

표 7-2의 지형인자를 계산하기 위해 먼저 누적흐름량 관련 부분에 대한 연산을 처리한다. 누적흐름량 레이어에 대해서 해상도 30을 22.13으로 나눈 1.356의 값을 곱해준다. 이를 위해서 Times(곱하기) 기능을 활용한다. Times 대화상자가 나타나면 그림 7-31과 같이 입력 후 실행한다. 모든 픽셀에 동일한 값을 곱하기 때문에 생성된 레이어는 누적흐름량 레이어와 유사한 결과를 보인다.

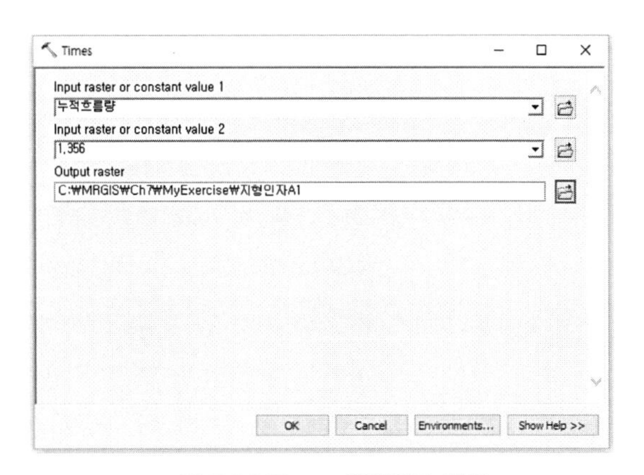

그림 7-31 Times 대화상자 설정

(4) ArcMap 프로그램 우측의 Search 메뉴에서 Power 검색

표 7-2 지형인자의 누적흐름량 부분을 계산하기 위해 다음 단계로는 0.3을 제곱해주어야 한다. Power 대화상자가 나타나면 그림 7-32와 같이 입력 후 실행한다. 그림 7-33과 같은 결과 레이어가 생성된다.

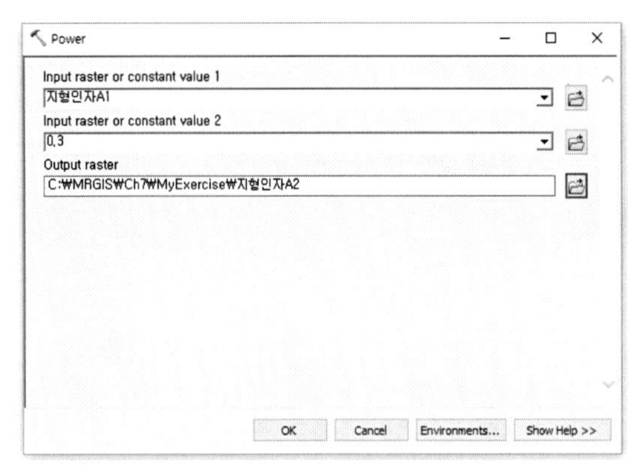

그림 7-32 Power 대화상자 설정

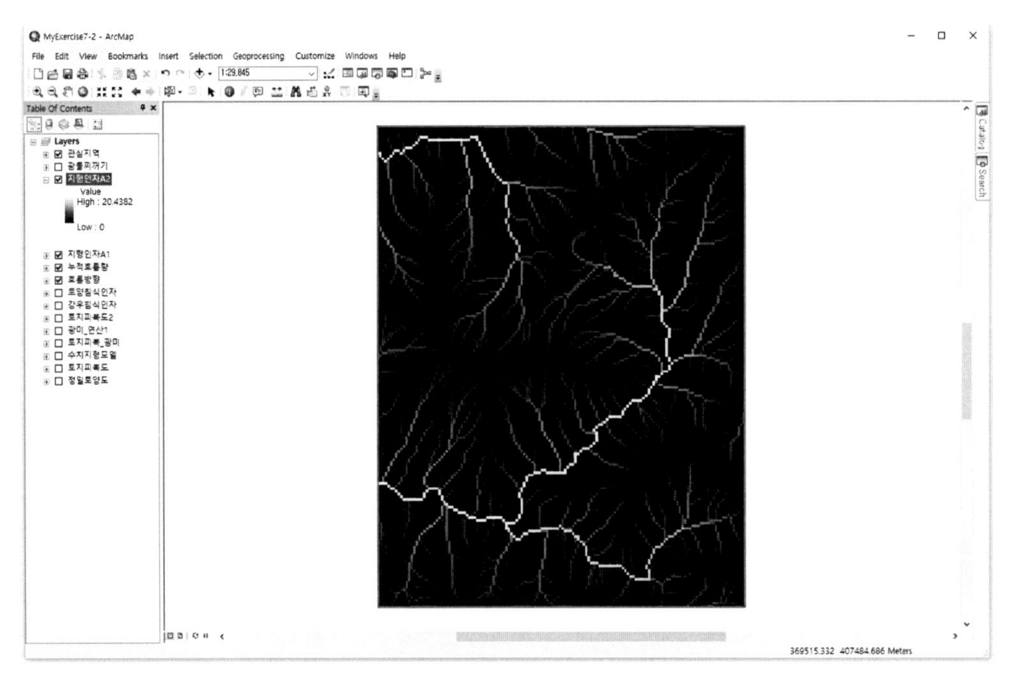

그림 7-33 지형인자의 누적흐름량 관련 레이어 생성 결과

(5) ArcMap 프로그램 우측의 Search 메뉴에서 Slope 검색

표 7-2의 지형인자를 계산하기 위해 다음으로는 경사도 관련 부분에 대한 연산을 처리한다. Slope 대화상자가 나타나면 그림 7-34와 같이 수치고도모델 레이어를 입력자료로서 이용한다. 단위는 DEGREE로 설정한다. OK 버튼을 클릭하면 각 픽셀의 경사도를 나타내는 경사도 레이어가 생성된다(그림 7-35).

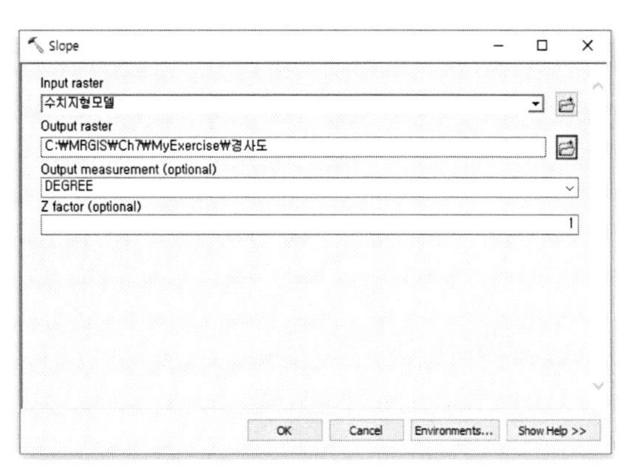

그림 7-34 Slope 대화상자 설정

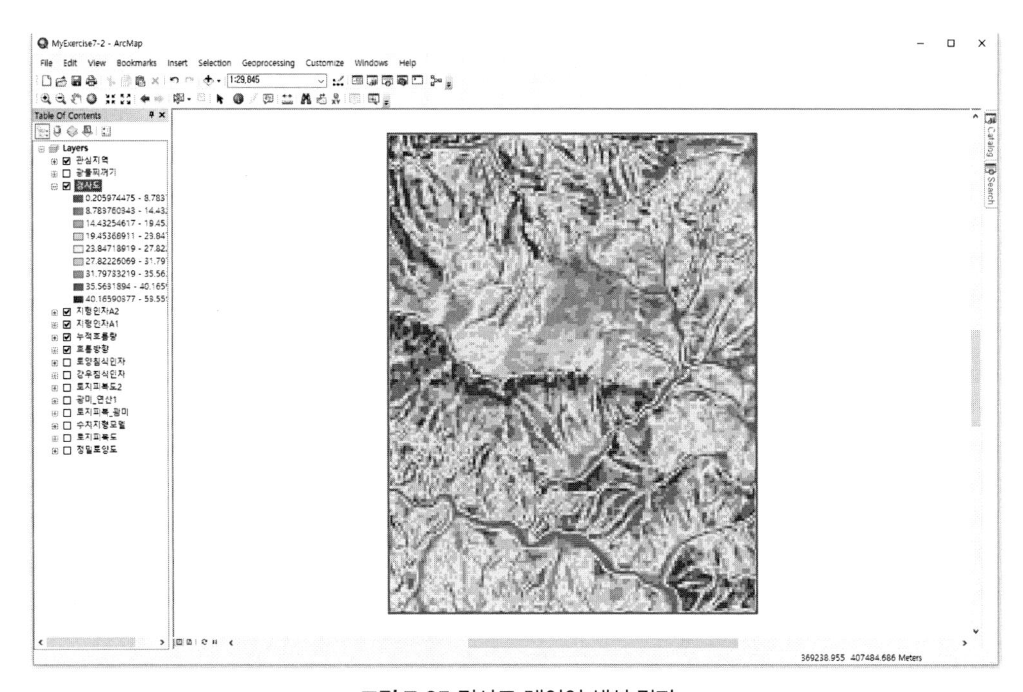

그림 7-35 경사도 레이어 생성 결과

(6) ArcMap 프로그램 우측의 Search 메뉴에서 Times 검색

경사도에 Sin 함수를 적용하기에 앞서 계산된 경사도를 라디안 단위로 변환할 필요가 있다. PI/180에 해당하는 0.01745를 곱하여 라디안 단위의 경사도 레이어(지형인자B1)를 생성한다(그림 7-36).

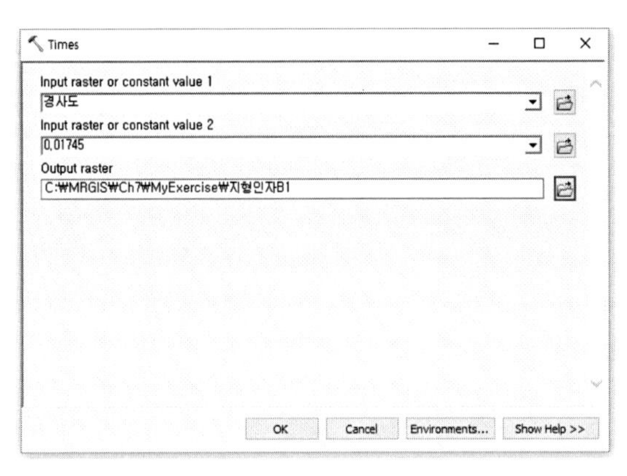

그림 7-36 Times 대화상자의 설정

(7) ArcMap 프로그램 우측의 Search 메뉴에서 Sin 검색

Sin 대화상자가 나타나면(그림 7-37) 앞 단계에서 생성한 레이어를 입력하여 새로운 레이어(지형인자B2)를 생성한다(그림 7-38).

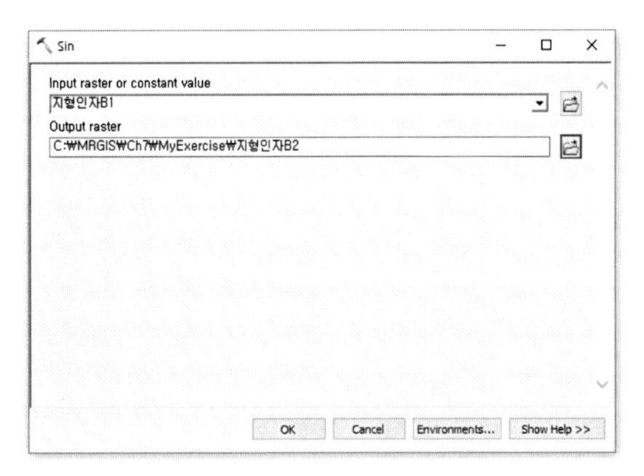

그림 7-37 Sin 대화상자의 설정

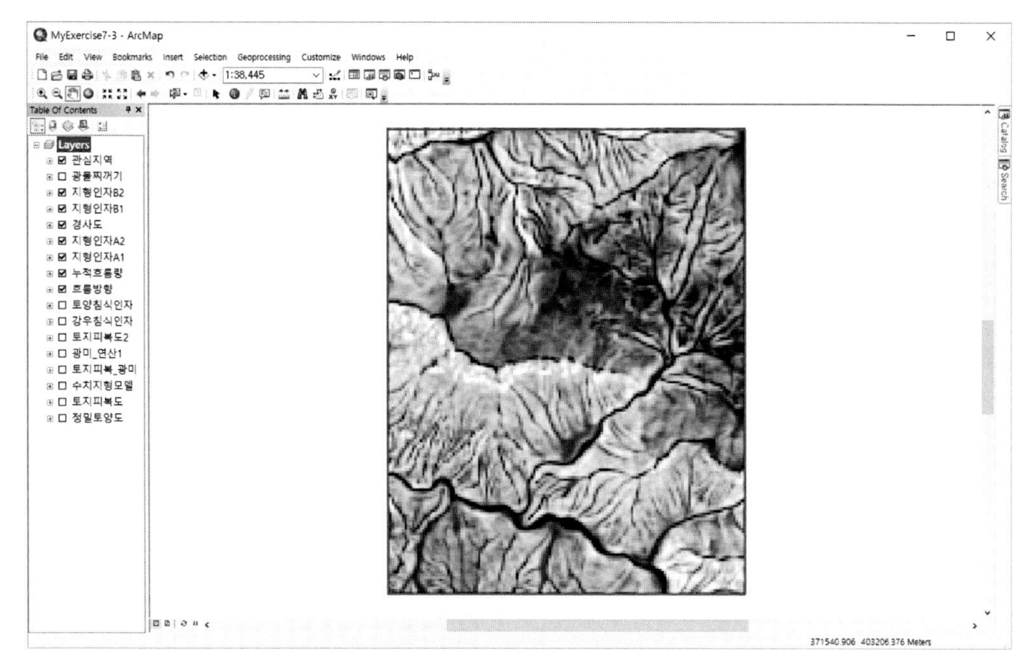

그림 7-38 지형인자의 경사도 관련 레이어의 생성 결과

(8) ArcMap 프로그램 우측의 Search 메뉴에서 Times 검색

지형인자 계산식의 나머지 부분을 계산하기 위해서 앞서 생성된 레이어(지형인자B2)에 0.0896의 역수에 해당하는 11.16을 곱해준다(지형인자B3).

(9) ArcMap 프로그램 우측의 Search 메뉴에서 Power 검색

지형인자 계산식의 나머지 부분을 계산하기 위해서 앞서 생성된 레이어(지형인자B3)에 1.3을 제곱해준다(지형인자B4).

(10) ArcMap 프로그램 우측의 Search 메뉴에서 Times 검색

(4) 단계와 (9) 단계에서 생성된 두 레이어를 입력자료로 활용하여 곱셈 연산을 수행한다(그림 7-39). 그림 7-40과 같은 지형인자 레이어가 생성된다.

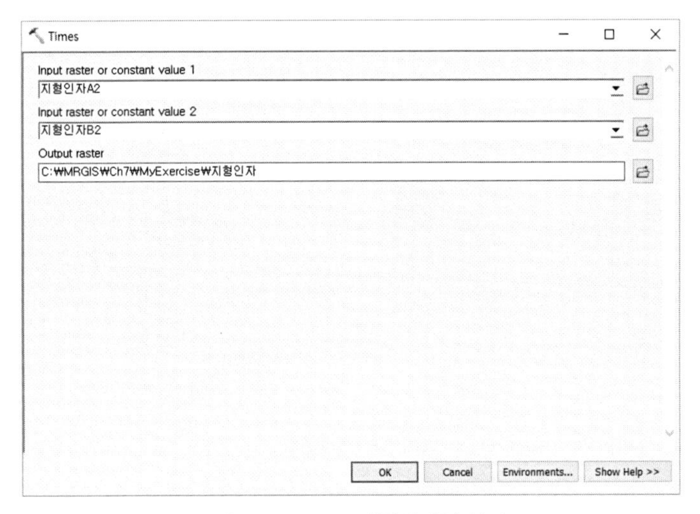

그림 7-39 Times 대화상자의 설정

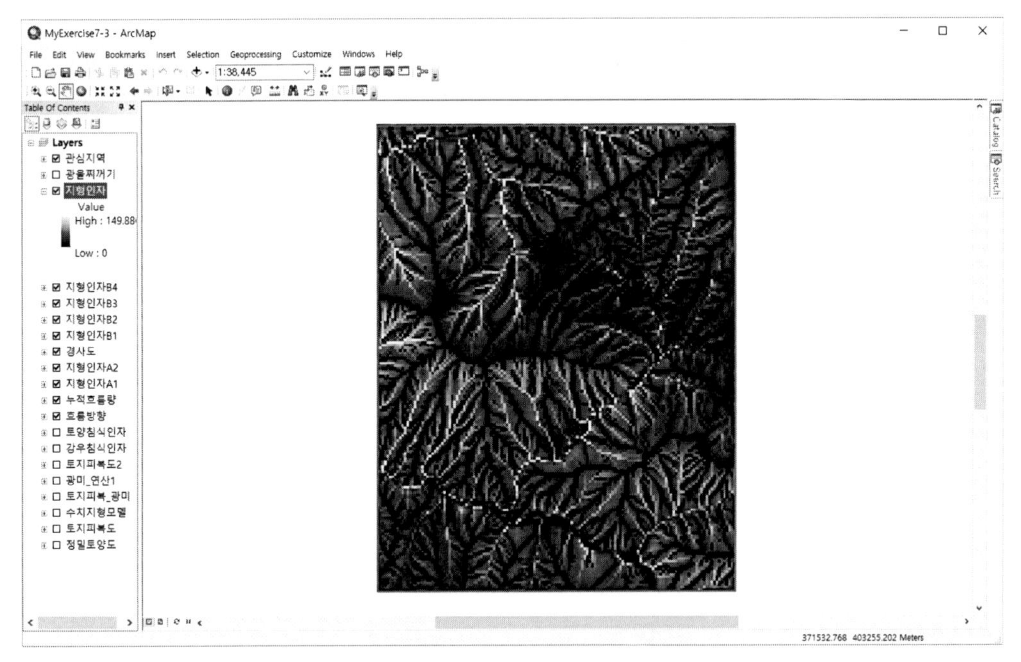

그림 7-40 지형인자 레이어 생성 결과

(11) ArcMap 프로그램 메뉴에서 File 선택 → Save as... 버튼 클릭 → 실습 결과를 저장할 파일 이름 입력(예: MyExercise7-3) → 저장 버튼 클릭

앞으로 실습을 수행한 결과가 위에서 지정한 파일에 저장된다(예: MyExercise7-3.mxd).

4) 식생피복인자(C) 래스터 레이어 만들기. 토지피복도 레이어로부터 식생피복인자 래스터 레이어를 생성한다.

(1) ArcMap 프로그램 우측의 Search 메뉴에서 Reclassify 검색

Reclassify 대화상자가 나타난다. Reclassify 기능은 특정값이나 특정 범위의 값을 다른 값으로 재분류할 수 있다. 예제의 토지피복도에 존재하는 피복의 유형과 이에 따른 식생피복인자는 표 7-4와 같다. Reclassify 기능은 정수의 값으로만 재분류가 가능하기 때문에 그림 7-41과 같이 입력하여 식생피복인자 값의 10배에 해당하는 값으로 재분류한다(그림 7-42).

표 7-4 예제 토지피복도의 피복 유형과 식생피복인자 값

토지피복코드	피복 유형	식생피복인자(C) 값
2	시가화 지역	0.0
3	나지	1.0
5	초지	0.2
6	산림지역	0.1
7	논	0.3
8	밭	0.4
9	광물찌꺼기	1.0

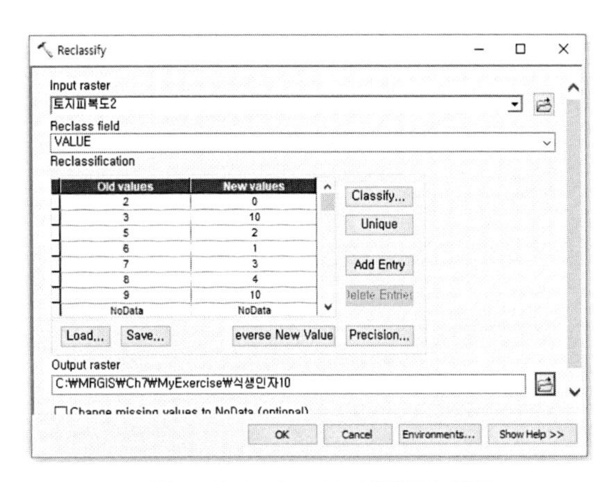

그림 7-41 Reclassify 대화상자 설정

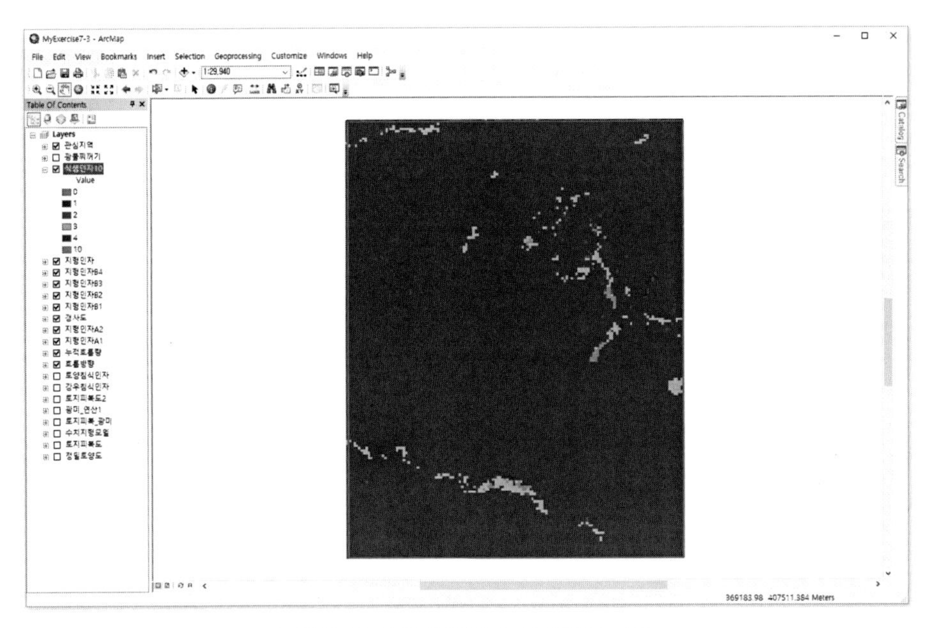

그림 7-42 식생피복인자 값의 재분류 결과

(2) ArcMap 프로그램 우측의 Search 메뉴에서 Times 검색

앞 단계에서 생성한 레이어에 대해서 0.1을 곱하여 식생피복인자 레이어를 생성한다(그림 7-43).

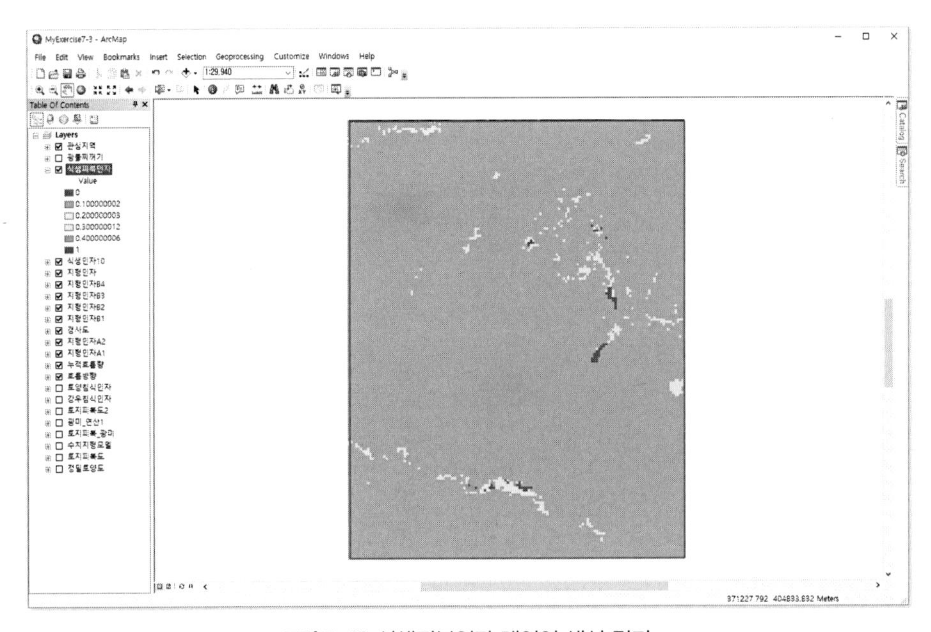

그림 7-43 식생피복인자 레이어 생성 결과

5) 침식조절인자(P) 래스터 레이어 만들기. 표 7-3의 침식조절인자 산정 방법을 이용하여 토지피복도와 경사도 레이어로부터 침식조절인자 래스터 레이어를 생성한다. 각각의 경작방법을 논, 밭, 기타 피복으로 분류하여 재정리한 결과는 표 7-5와 같다.

표 7-5 토지피복과 경사도에 따른 침식조절인자 값

경사도(%)	기타 피복	밭(코드 8)	논(코드 7)
0~7	0.55	0.27	0.10
7~11.3	0.60	0.30	0.12
11.3~17.6	0.80	0.40	0.16
17.6~26.8	0.90	0.45	0.18
26.8 이상	1.00	0.50	0.20

(1) ArcMap 프로그램 우측의 Search 메뉴에서 Slope 검색

Slope 대화상자가 나타난다(그림 7-44). Output measurement 항목을 PERCENT_RISE로 선택하여 백분율 단위의 경사도 레이어를 생성한다(그림 7-45).

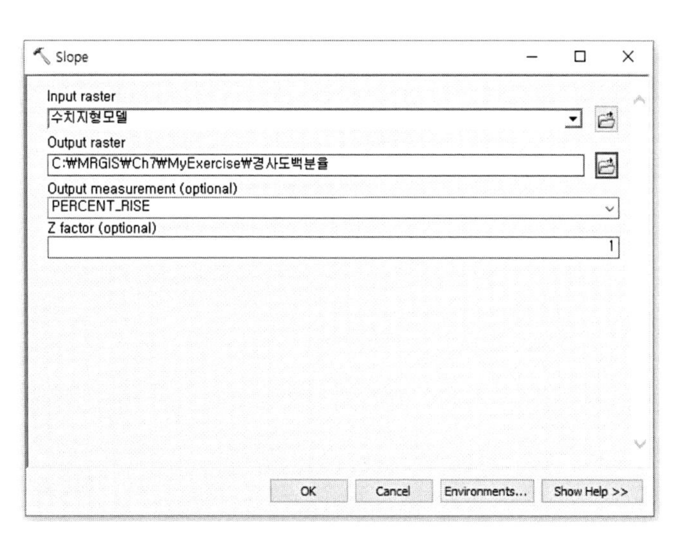

그림 7-44 Slope 대화상자 설정

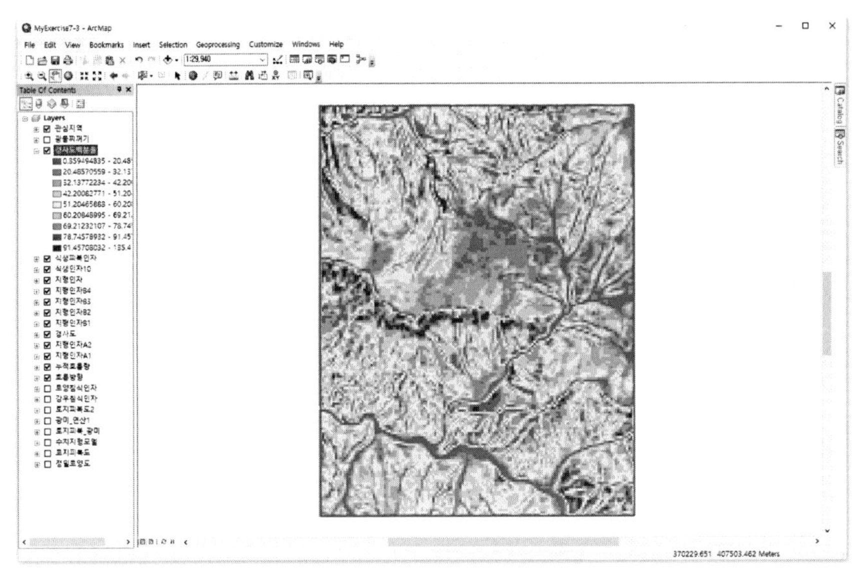

그림 7-45 백분율 단위의 경사도 레이어 생성 결과

(2) ArcMap 프로그램 우측의 Search 메뉴에서 Raster Calculator 검색

Raster Calculator 대화상자가 나타난다(그림 7-46). 경사도가 0~7(%)이며 논에 해당하는 픽셀에만 값을 할당하는 수식은 다음과 같다. 복수의 조건을 동시에 만족하는 픽셀은 1, 만족하지 않는 픽셀은 0 값이 할당된다(그림 7-47). 여기서 A는 백분율 경사도 레이어, B는 토지피복도 레이어를 의미한다.

Con("A" > =0,1,0) & Con("A" <7,1,0) & Con("B" = =7,1,0)

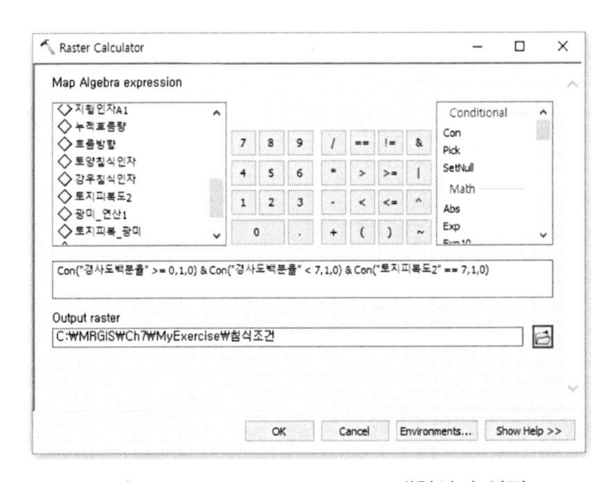

그림 7-46 Raster Calculator 대화상자 설정

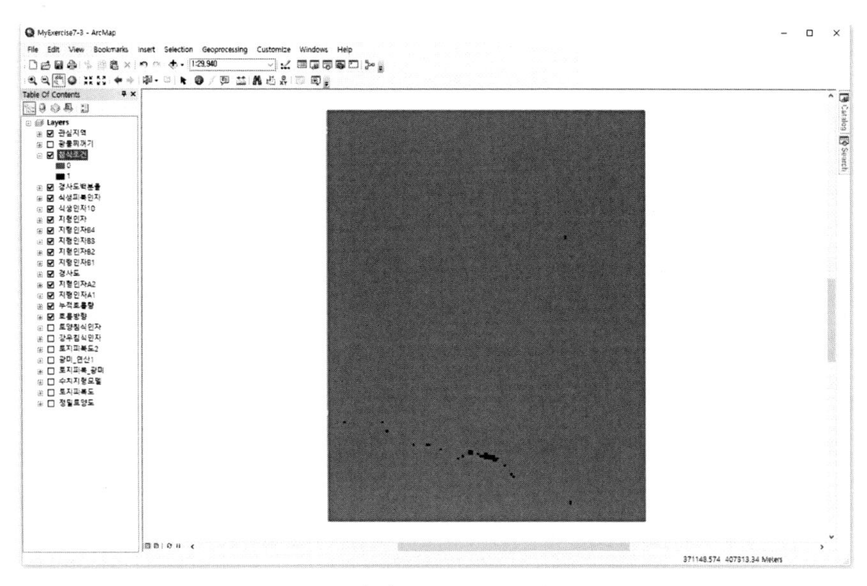

그림 7-47 경사도 0~7(%)이며 논에 해당하는 픽셀 가시화 결과

(3) ArcMap 프로그램 우측의 Search 메뉴에서 Raster Calculator 검색

Raster Calculator 대화상자에 다음과 같은 수식을 입력하여 침식조절인자를 계산하기 위한 모든 조건을 고려한다. 수식은 침식조절인자.txt 파일에 첨부되어 있는 코드를 복사하여 사용해도 된다.

여기서 A는 백분율 경사도 레이어, B는 토지피복도 레이어를 의미한다. 계산을 수행하면 침식조절인자 레이어를 생성한다(그림 7-48).

• 논에 대한 조건

(Con("A">=0,1,0) & Con("A"< 7,1,0) & Con("B"==7,1,0)) * 0.10

+(Con("A">=7,1,0) & Con("A"<11.3,1,0) & Con("B"==7,1,0)) * 0.12

+(Con("A">=11.3,1,0) & Con("A"<17.6,1,0) & Con("B"==7,1,0)) * 0.16

+(Con("A">=17.6,1,0) & Con("A"<26.8,1,0) & Con("B"==7,1,0)) * 0.18

+(Con("A">=26.8,1,0) & Con("B"==7,1,0)) * 0.20+

• 밭에 대한 조건

(Con("A">=0,1,0) & Con("A"<7,1,0) & Con("B"==8,1,0)) * 0.27

+(Con("A">=7,1,0) & Con("A"<11.3,1,0) & Con("B"==8,1,0)) * 0.30

+(Con("A">=11.3,1,0) & Con("A"<17.6,1,0) & Con("B"==8,1,0)) * 0.40

+(Con("A">=17.6,1,0) & Con("A"< 26.8,1,0) & Con("B"==8,1,0)) * 0.45

+(Con("A">=26.8,1,0) & Con("B"==8,1,0)) * 0.50+

• 기타 피복에 대한 조건

(Con("A">=0,1,0) & Con("A"<7,1,0) & Con("B"!=7,1,0) & Con("B"!=8,1,0)) * 0.55

+(Con("A">=7,1,0) & Con("A"<11.3,1,0) & Con("B"!=7,1,0) & Con("B"!=8,1,0)) * 0.60

+(Con("A">=11.3,1,0) & Con("A"<17.6,1,0) & Con("B"!=7,1,0) & Con("B"!=8,1,0)) * 0.80

+(Con("A">=17.6,1,0) & Con("A"< 26.8,1,0) & Con("B"!=7,1,0) & Con("B"!=8,1,0)) * 0.90

+(Con("A">=26.8,1,0) & Con("B"!=7,1,0) & Con("B"!=8,1,0)) * 1.00

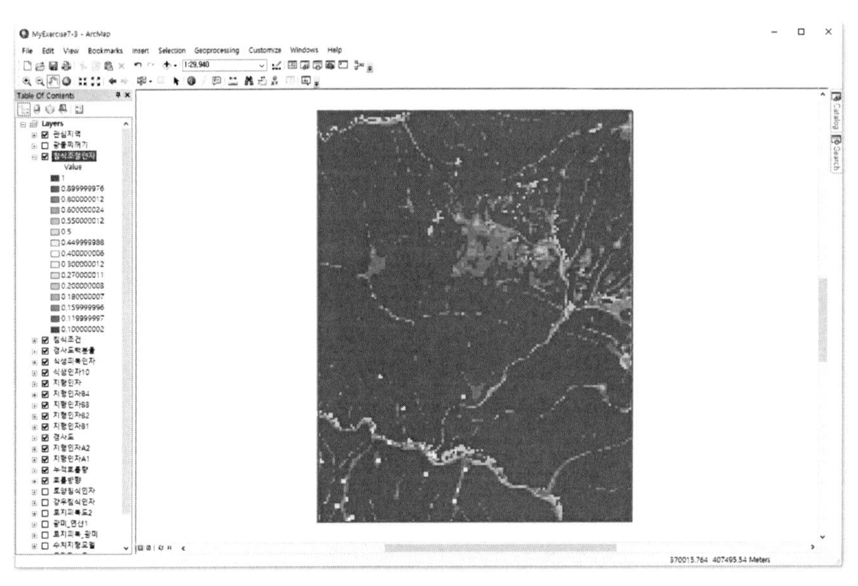

그림 7-48 침식조절인자 레이어 생성 결과

(4) ArcMap 프로그램 메뉴에서 File 선택 → Save as... 버튼 클릭 → 실습 결과를 저장할 파일 이름 입력(예: MyExercise7-4) → 저장 버튼 클릭

앞으로 실습을 수행한 결과가 위에서 지정한 파일에 저장된다(예: MyExercise7-4.mxd).

7.3.3 토양 및 광물찌꺼기 유실량 산정

1) 토양유실량 레이어 만들기. 생성한 모든 인자를 곱셈 연산하여 관심지역에 대한 토양유실량을 산정한다.

(1) ArcMap 프로그램 우측의 Search 메뉴에서 Raster Calculator 검색

Raster Calculator 대화상자에서 생성한 5개의 인자 레이어를 곱셈 연산하면(그림 7-49) 관심지역에 대한 토양유실량 레이어를 생성한다(그림 7-50).

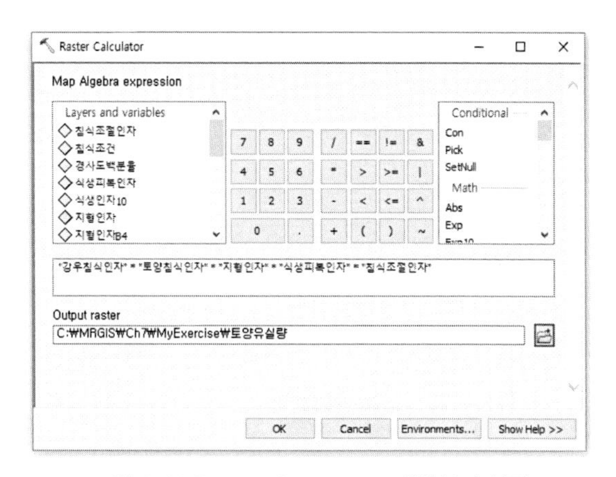

그림 7-49 Raster Calculator 대화상자 설정

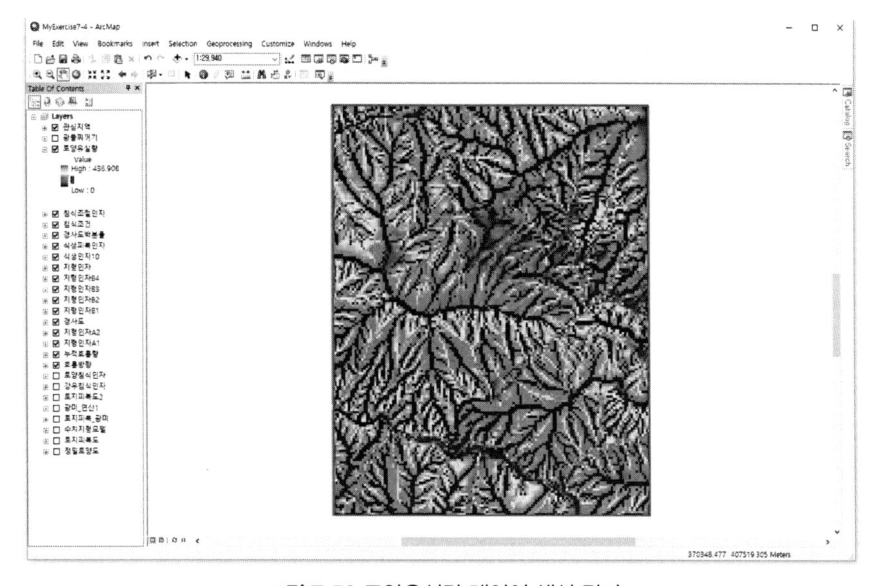

그림 7-50 토양유실량 레이어 생성 결과

(2) ArcMap 프로그램 우측의 Search 메뉴에서 Zonal Statistics as Table 검색

Zonal Statistics as Table 기능은 광물찌꺼기 벡터 레이어가 위치한 영역에 대해서 픽셀들의 통계치들을 계산하는 기능이다. 대화상자에 그림 7-51과 같이 입력하여 실행하면 ArcMap 프로그램 좌측의 Table of Contents에 생성된 테이블이 나타난다(그림 7-52).

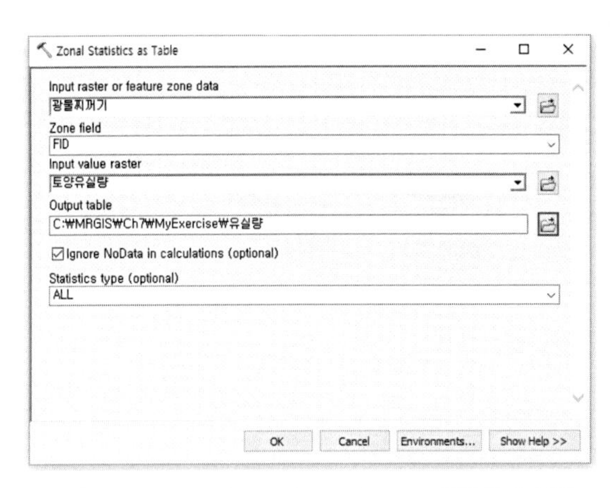

그림 7-51 Zonal Statistics as Table 대화상자 설정

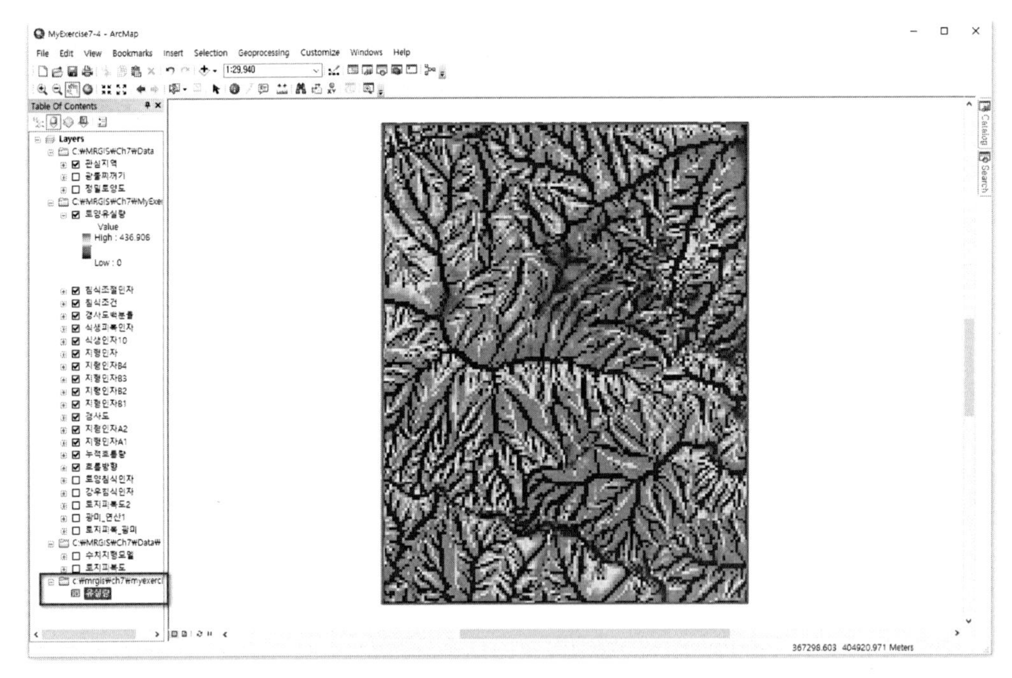

그림 7-52 Zonal Statistics as Table 기능의 실행 결과

(3) ArcMap 프로그램 Table of Contents 패널에서 생성된 테이블 선택 → 마우스 오른쪽 버튼 클릭 → 팝업메뉴가 나타나면 Open 버튼 클릭

광물찌꺼기의 FID에 따라 전체 유실량(SUM), 픽셀별 유실량의 최솟값, 최댓값, 평균값, 표준편차 등을 확인할 수 있다(그림 7-53).

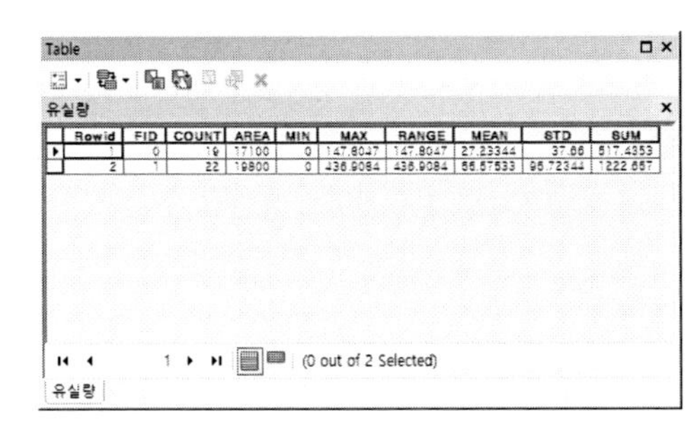

Rowid	FID	COUNT	AREA	MIN	MAX	RANGE	MEAN	STD	SUM
1	0	19	17100	0	147.8047	147.8047	27.23344	37.66	517.4353
2	1	22	19800	0	436.9084	436.9084	55.57533	95.72344	1222.657

그림 7-53 유실량의 기초 통계량 확인

(4) ArcMap 프로그램 File 메뉴 선택 → Save 버튼 클릭 → 다른 이름으로 저장 대화상자에서 MyExercise 폴더 클릭 → 실습 결과를 저장할 파일 이름 입력(예: MyExercise7-5) → 저장 버튼 클릭

실습을 수행한 결과가 위에서 지정한 파일에 저장된다(예: MyExercise7-5.mxd).

7.4 요 약

이번 장에서 공부한 내용은 다음과 같다.

- ArcMap 프로그램의 Raster Calculator를 이용하여 래스터 레이어들 간의 다양한 연산을 수행할 수 있다.
- ArcMap 프로그램의 Field Calculator를 이용하여 조건에 따른 벡터 레이어 필드의 값을 계산할 수 있다.
- ArcMap 프로그램의 Flow Accumulation, Slope 등의 기능을 활용하여 지형공간 분석을 수행할 수 있다.

- ArcMap 프로그램의 Times, Power, Sin 등의 기능을 활용하여 래스터 레이어의 수학 연산을 수행할 수 있다.
- ArcMap 프로그램의 Reclassify 기능을 활용하여 래스터 레이어의 값을 재분류할 수 있다.
- USLE의 기본 개념을 이해하고 GIS 분석을 통해 각 인자 레이어를 생성할 수 있다.
- 전체 영역에 대한 토양유실량을 산정하고 광물찌꺼기가 위치한 영역에 대해서 상세한 통계 수치를 분석할 수 있다.

참고문헌

국립방재연구소(1998), 개발에 따른 토사유출량 산정에 관한 연구, p.315.

Moore, I.D. and Burch, G.J. (1980), Modelling Water Erosion Process, Soil erosion.

Wischmeier, W.H. and Smith, D.D. (1978), Predicting rainfall erosion losses, USDA Agricultural Handbook, No.537, p.58.

Toxopeus, A.G. and van Wijngaarden, W. (1993), Development of an interactive spatial and temporal modelling system ISM, for the management of the CIBODAS biosphere reserve in West Java, Indonesia. In: Proceedings regional workshop on geo-information systems for natural resources management of biosphere reserves: Bogor, 14-17 June 1993, pp.21～28.

CHAPTER 08

산림 훼손에 의한 광해 분석

Geographic Information System for Mine Reclamation

C·H·A·P·T·E·R

08 산림 훼손에 의한 광해 분석

폐탄광지역 산림 훼손지(그림 8-1)의 특성은 지형, 지질, 강우, 지하수, 바람, 동결, 융해 등 다양한 인자들의 영향을 받아 결정된다. 따라서 합리적인 산림 복구 계획을 수립하기 위해서는 다양한 인자들을 함께 고려하여 산림 훼손지의 유형을 분류하고 적합한 복구 방법을 결정하는 것이 중요하다. 8장에서는 ArcGIS 프로그램을 이용하여 기구축된 광산 GIS 데이터베이스로부터 지도 기반의 도형정보와 문자 기반의 속성정보를 동시에 입력받아 산림 훼손지의 유형을 분석하고 적합한 식재수종을 선정하는 방법에 대해 학습한다.

그림 8-1 폐탄광지역 산림 훼손지 복구 사례

8.1 무엇을 배우는가?

이 장에서 새로 습득할 개념은 다음과 같다.

- 레이어 자료의 속성 테이블 편집 방법
- 수치고도모델 자료의 Viewshed 분석 방법
- Buffer 분석 방법
- Field Calculator 도구를 이용한 속성 테이블 입력값 계산 방법
- Join Data 도구를 이용한 속성 테이블 연결 방법

8.2 이론적 배경

8.2.1 폐탄광지역의 산림 훼손지 유형 분류 방법

석탄합리화사업단(2001)에서 제시한 채광지 표준모델 정의를 참고하여 폐탄광지역 산림 훼손지의 유형을 분류하는 방법은 다음과 같다.

1) 산림기후대에 의한 분류 기준

임목의 존립 여부, 임분 내 수목의 상태, 생육환경 등은 지역적인 기후조건에 따라 크게 달라질 수 있다. 특히 산림복구를 위한 식재수종의 결정 시 대상지역의 산림기후 환경이 중요하게 고려되어야 한다. 따라서 산림 훼손지의 유형 분류 시에도 산림기후대에 의한 분류 기준이 적용된다. 우리나라의 산림기후대는 온대림과 난대림으로 구분되며, 온대림의 경우 남부, 중부, 북부로 보다 세분될 수 있다(그림 8-2).

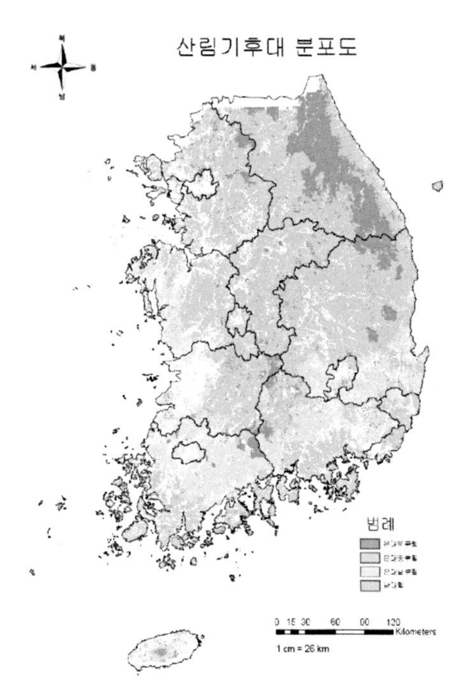

그림 8-2 우리나라의 산림기후대 분포

표 8-1 산림 훼손지 유형 분류를 위한 기후지역 유형 정의

유형	코드
온대북부	1
온대중부	2
온대남부	3
난대	4
한대	5

2) 채광방법에 의한 분류 기준

폐탄광지역의 산림 훼손지는 갱내채굴 방식을 택하는 채광장에서 발생하는 유형과 노천채굴 방식을 택하는 채광장에서 발생하는 유형으로 구분될 수 있다. 국내의 탄광개발은 대부분 갱내채굴 방식으로 이루어졌기 때문에 산림 훼손지의 경사가 원지반 경사와 유사하며 다양한 경사 폭을 가지는 특징이 있다. 반면, 노천채굴 방식을 채택하는 탄광지역에서는 산림 훼손지의 잔벽 경사가 대부분 수직(≥70°)에 가까운 형태를 보인다(산림청, 2000).

표 8-2 산림 훼손지 유형 분류를 위한 채광방법 유형 정의

유형	코드
갱내	1
노천	2

3) 가시권에 의한 분류 기준

국내의 경우 각종 도로망들이 전국적으로 구축되어 있기 때문에 폐탄광지역의 산림 훼손지가 도로 이용객들에게 쉽게 노출되고 있다. 따라서 산림 훼손지의 복구계획은 도로, 철도, 시가지 등으로부터의 인접거리와 노출정도를 고려하여 수립되어야 한다. 가시권을 고려하지 않을 경우 주변 경관과의 이질감으로 인해 산림 복구의 질이 현저히 떨어질 수 있기 때문이다. 산림청(2000)이 제시한 거리에 따른 공간지각 정도의 기준을 참고하여 도로, 철도 등으로부터 2km 가시거리 이내에 노출되는 산림 훼손지는 가시지역으로 구분하고, 2km 가시거리 밖에 위치하거나 지형, 지물 등으로 인해 은폐되는 산림 훼손지는 비가시지역으로 구분할 수 있다. 또한 관광지와 시가지, 조경수/유실수 임분을 조성하기 위한 지역은 가시성 여부와 관계없이 특수지역으로 분류할 수 있다.

표 8-3 산림 훼손지 유형 분류를 위한 가시권 유형 정의

유형	코드
가시지역	1
비가시지역	2
특수지역	3

4) 관리용이도에 의한 분류 기준

산림 훼손지의 복구를 위해서는 교통, 인력 등의 관리여건이 지속적으로 확보되어야 한다. 따라서 산림 훼손지까지 차량의 진입이 가능한지의 여부에 따라 관리용이도에 의한 분류 기준을 선정할 수 있다. 즉, 도로에서 산림 복구 현장까지의 인접거리를 계산하여 기준거리 이내에 위치할 경우에는 관리가 용이한 산림 훼손지, 기준거리 밖에 위치할 경우에는 관리가 어려운 산림 훼손지로 분류할 수 있다. 기준 거리는 현장의 여건에 따라 달리 정의될 수 있다.

표 8-4 산림 훼손지 유형 분류를 위한 관리용이도 유형 정의

유형	코드
용이	1
곤란	2

5) 경사도에 의한 분류 기준

산림 훼손지의 지형 경사도에 따라 30° 미만의 지역에서는 식생의 생장이 용이하고 교목의 성립과 용재림의 조성이 가능하다. 반면, 30° 이상의 급경사지역에서는 토양유실의 위험이 높기 때문에 비교적 수고가 낮은 관목성 식재와 자연림을 유도하기 위한 임상이 조성된다(석탄합리화사업단, 2001). 따라서 원지반의 평균 경사도를 기준으로 30° 미만인 지역과 30° 이상인 지역으로 산림 훼손지의 유형을 분류할 수 있다.

표 8-5 산림 훼손지 식생훼손 유형 분류를 위한 평균 경사도 유형 정의

유형	코드
30도 미만	1
30도 이상	2

6) 목표임분에 의한 분류 기준

산림 훼손지의 식재수종과 공사비용은 산림 복구지의 이용 목적에 따라 달라질 수 있다. 산림 복구지의 목표임분을 용재림, 경관림, 임지보전림으로 구분할 수 있으며, 특수지역에서는 조경수림과 유실수림으로 목표임분을 보다 세분하여 구분할 수 있다. 일반적으로 용재림은 경사도가 30° 미만이며 지속적인 관리가 가능하고 임지생산력이 우수한 장소에 조성하며, 경관림은 관광단지, 시가지, 공원, 고속도로 주변지역 등 주위의 환경과 분리되지 않은 자연스러운 경관이 요구되는 장소에 조성한다. 임지보전림의 경우 임지 생산력이 낮은 지역으로서 경제성보다는 임지보전이 우선적으로 요구되는 장소에 조성한다(석탄합리화사업단, 2001).

표 8-6 산림 훼손지 유형 분류를 위한 목표임분 유형 정의

유형	코드
용재림	1
경관림(자연림)	2
임지보전림	3
조경수	4
유실수	5

7) 산림 훼손지 유형 코드

기후지역, 광산유형, 가시권, 관리용이도, 경사도, 목표임분에 따른 산림 훼손지의 분류 결과를 다음과 같은 유형 코드를 할당하여 관리할 수 있도록 하였다.

$$\text{유형 코드} = \frac{\text{기후지역 코드} \times 10^5 + \text{광산유형 코드} \times 10^4 + \text{가시권 코드} \times 10^3 +}{\text{관리용이도 코드} \times 10^2 + \text{경사도 코드(식생훼손)} \times 10^1 + \text{목표임분 코드}}$$

8.2.2 폐탄광지역의 산림 훼손지 유형별 권장수종 선정

산림 훼손지의 유형에 따라 적합한 식재수종을 결정하는 것은 폐탄광지역의 산림 복구 계획을 수립하기 위해 매우 중요하다. 석탄합리화사업단(2001)에서 제시한 석탄광산 산림 훼손지의 유형별 권장수종 기준은 표 8-7과 같다.

표 8-7 산림 훼손지 유형별 권장수종

산림 기후대	채광 방법	가시권	관리 용이도	경사도	목표 임분	산림 훼손지 유형 코드	권장수종
온대북부	갱내	가시지역	용이	<30°	용재림	111111	소나무, 잣나무, 음나무, 느티나무, 피나무, 상수리나무, 물푸레나무, 자작나무
					경관림	111112	소나무, 산벗나무, 단풍나무, (상수리나무+자작나무+오리나무), 병꽃나무, 산초나무
				>30°	경관림	111122	소나무, 산벗나무, 단풍나무, (상수리나무+자작나무+오리나무), 병꽃나무, 산초나무
				>30°	임지 보전림	111123	소나무, 리기다소나무, 리키테다소나무, 오리나무, 아카시나무, (오리나무+아까시나무), 붉나무, 자나무
			곤란	<30°	경관림	111212	소나무, 산벗나무, 단풍나무,(상수리나무+자작나무+오리나무), 병꽃나무, 산초나무
				>30°	임지 보전림	111223	소나무, 리기다소나무, 리키테다소나무, 오리나무, 아카시나무, (오리나무+아까시나무), 붉나무, 자귀나무
				>30°	경관림	111222	소나무, 잣나무, 음나무, 느티나무, 피나무, 상수리나무, 물푸레나무, 자작나무
		특수지역	용이	<30°	조경 수림	113114	단당풍, 보리수나무, 복자기나무, 팥배나무, 자귀나무, 철쭉, 개나리
				<30°	유실 수림	113115	밤나무
				>30°	경관림	113122	소나무, 잣나무, 음나무, 느티나무, 피나무, 상수리나무, 물푸레나무, 자작나무
(이하 생략)							

8.3 GIS 실습

8.3.1 폐탄광지역의 산림 훼손지 유형 분류 실습

1) ArcMap의 실행. 실습을 수행할 PC에서 ArcMap 프로그램을 실행한다.

(1) Windows 시작 버튼 클릭 → 모든 프로그램 선택 → ArcGIS 선택 → ArcMap 10.x 선택

ArcMap 프로그램이 실행되며, Getting Started 대화상자가 나타난다(그림 8-3).

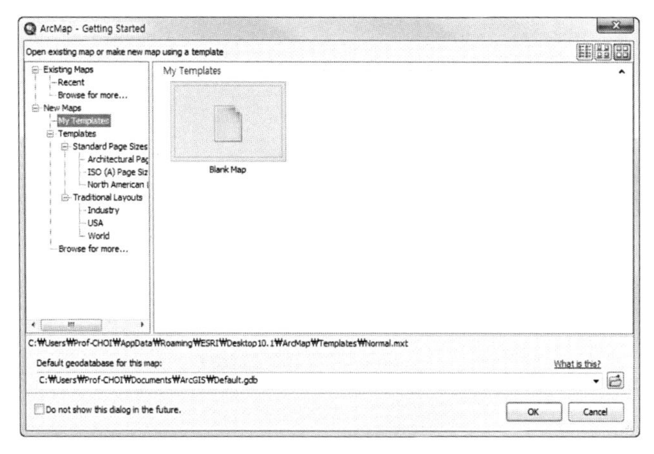

그림 8-3 Getting Started 대화상자

(2) Getting Started 대화상자 왼쪽 패널에서 Existing Maps 선택 → Browse for more.. 클릭

Open ArcMap Document 대화상자가 나타난다(그림 8-4).

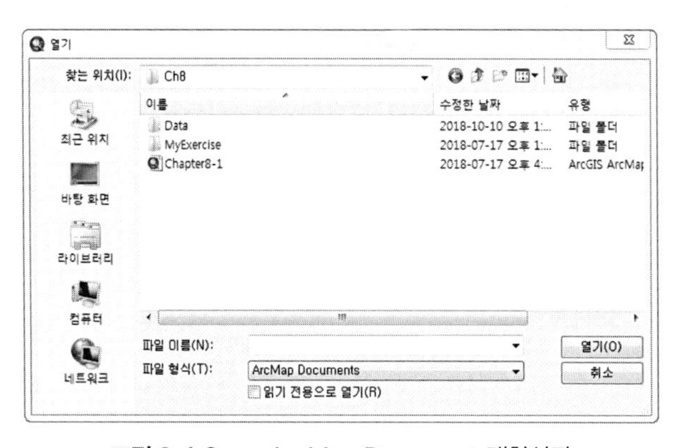

그림 8-4 Open ArcMap Document 대화상자

(3) **Open ArcMap Document 대화상자에서 예제 파일을 설치한 폴더로 이동→Chapter8-1.mxd 파일을 선택→열기 버튼 클릭**

ArcMap 프로그램에 Chapter8-1.mxd 파일이 열리면서 이번 실습에 사용된 자료들이 화면에 나타난다.

- 과업영역 레이어는 분석을 수행할 영역을 나타낸다.
- 위성사진 레이어는 인공위성을 이용하여 촬영한 관심지역의 정사영상(orthophoto)이다.
- 산림 훼손지 레이어는 광산 활동에 의한 산림 훼손지 영역을 다각형으로 나타낸다(그림 8-5).

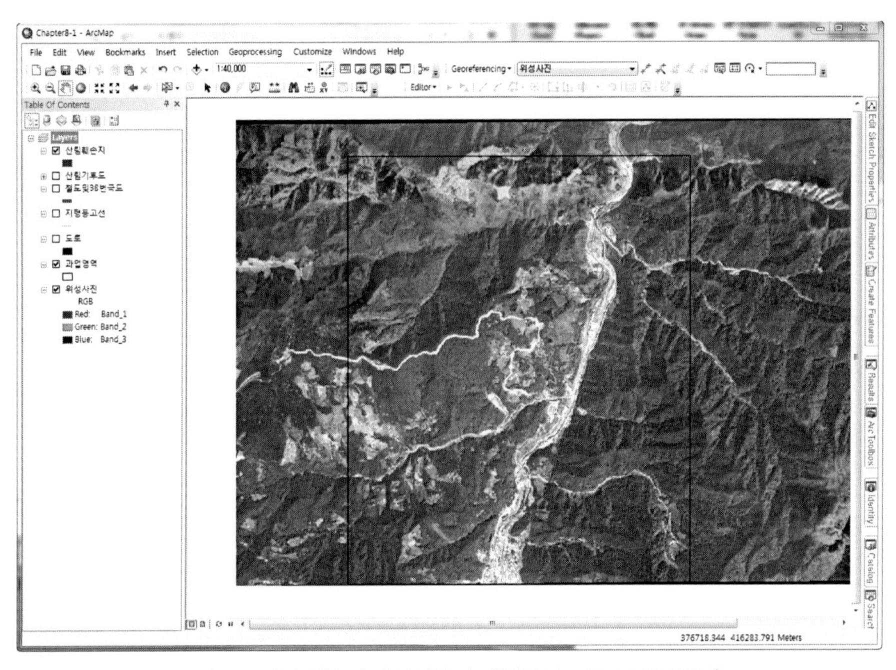

그림 8-5 산림 훼손지 레이어의 가시화(컬러 도판 334쪽 참조)

- 산림기후도 레이어는 과업영역의 삼림 기후지역 유형을 다각형으로 나타낸다(그림 8-6).

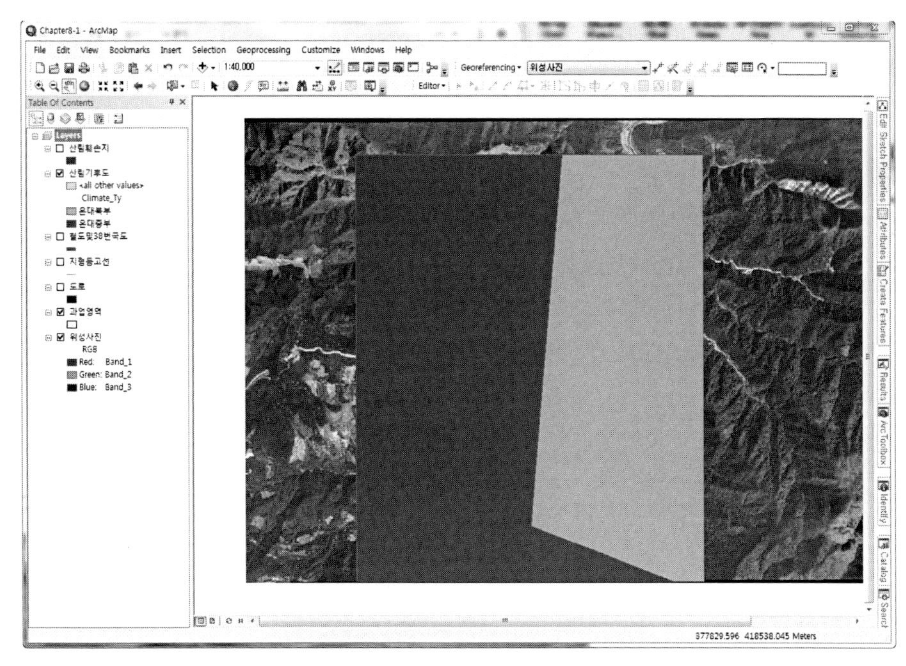

그림 8-6 산림기후도 레이어의 가시화

• 철도 및 38번 국도 레이어는 과업영역을 지나는 철도와 38번 국도를 선으로 나타낸다(그림 8-7).

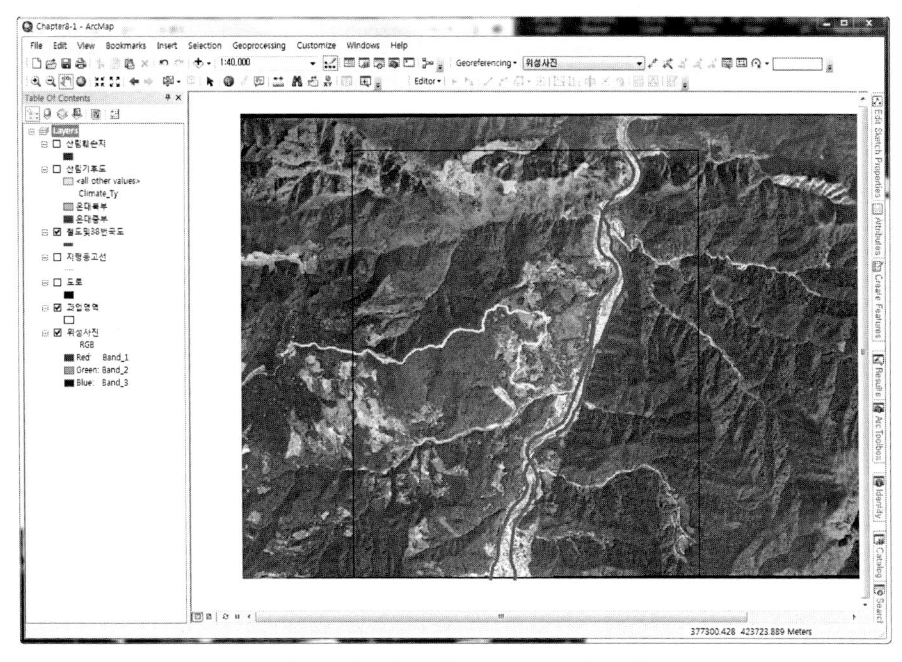

그림 8-7 철도 및 38번 국도 레이어의 가시화

• 지형등고선 레이어는 과업영역의 지형고도를 등고선으로 나타낸다(그림 8-8).
• 도로 레이어는 과업영역의 도로 영역을 다각형으로 나타낸다.

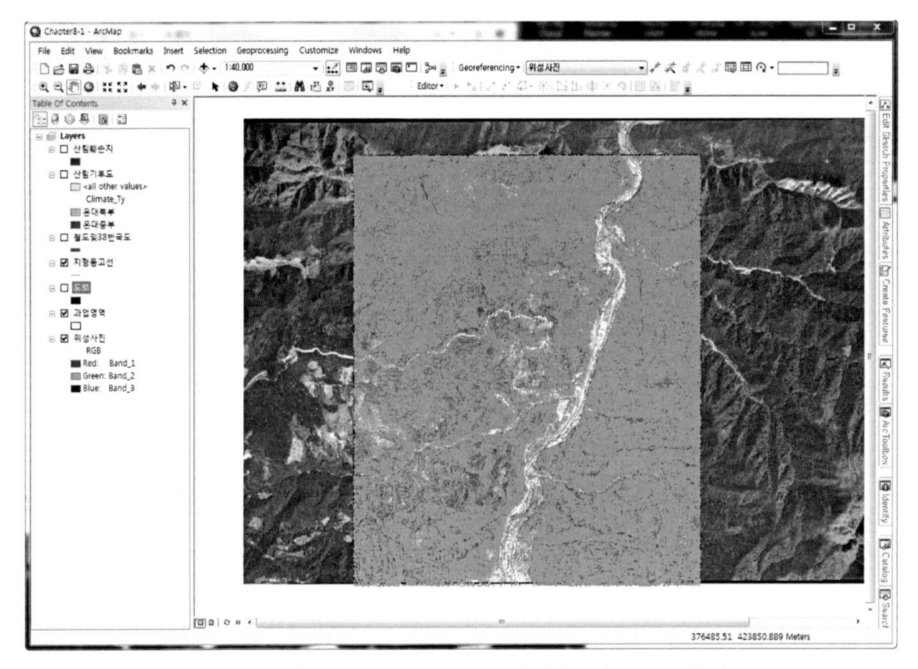

그림 8-8 지형등고선 레이어의 가시화(컬러 도판 335쪽 참조)

(4) ArcMap 프로그램 메뉴바에서 File 선택 → Save as 클릭

다른 이름으로 저장 대화상자가 나타낸다(그림 8-9).

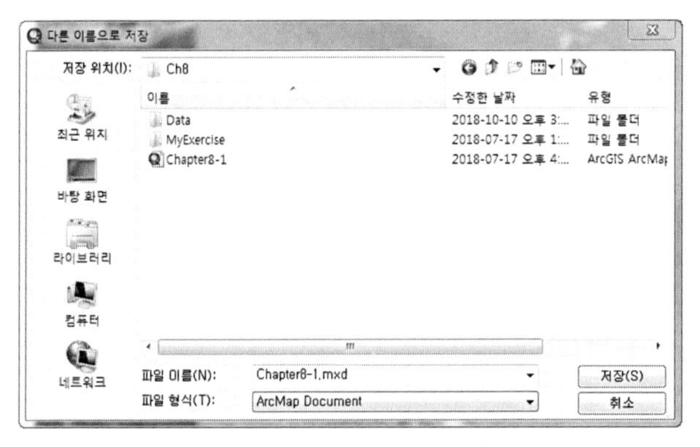

그림 8-9 다른 이름으로 저장 대화상자

(5) MyExercise 폴더 클릭 → 실습 결과를 저장할 파일 이름 입력(예: MyExercise8-1) → 저장 버튼 클릭

앞으로 실습을 수행한 결과가 위에서 지정한 파일에 저장된다(예: MyExercise8-1.mxd).

2) 산림기후대에 의한 분류. ArcMap 프로그램에서 산림기후대를 기준으로 산림 훼손지의 유형을 분류한다.

(1) **ArcMap Table of Contents 패널에서 산림 훼손지 레이어와 산림기후도 레이어 활성화 → 산림 훼손지 레이어 선택 후 마우스 오른쪽 버튼 클릭 → 팝업메뉴가 나타나면 Open Attribute Table 버튼 클릭**

ArcMap 프로그램 Data View에 산림기후도 레이어 위에 산림 훼손지 레이어가 겹쳐져서 나타난다. 산림 훼손지 레이어의 속성 테이블에는 4개의 산림 훼손지에 대한 속성 정보를 입력할 수 있다(그림 8-10).

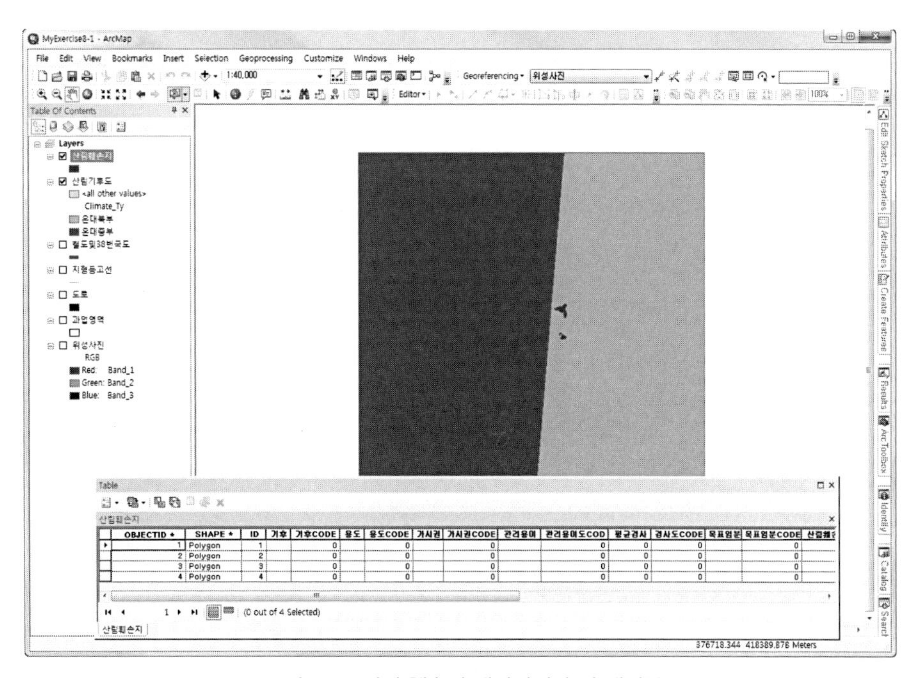

그림 8-10 산림 훼손지 레이어의 속성 테이블

(2) **ArcMap 프로그램 Editor 툴바에서 Editor▾ 버튼 클릭 → 메뉴에서 Start Editing 버튼 클릭 → 산림 훼손지 레이어의 속성 테이블에서 첫 번째 도형 객체를 선택 → 선택된 객체가 위치한 지점의 산림기후 유형 확인 → 기후 및 기후CODE 입력**

산림 훼손지 레이어에서 선택된 첫 번째 도형 객체가 ArcMap 프로그램 Data View에 강조되어 나타난다. 첫 번째 도형 객체는 산림기후 유형 온대북부에 해당하는 영역에 위치하고 있으므로 속성 테이블의 기후 필드에는 '온대북부', 기후CODE 필드에는 '1'이 입력되었다(그림 8-11).

(3) **산림 훼손지 레이어의 속성 테이블에서 두 번째~네 번째 도형 객체들에 대해서도 기후 및 기후CODE 입력**

(4) **ArcMap 프로그램 Editor 툴바에서 Editor▾ 버튼 클릭 → 메뉴에서 Save Edits 버튼 클릭**

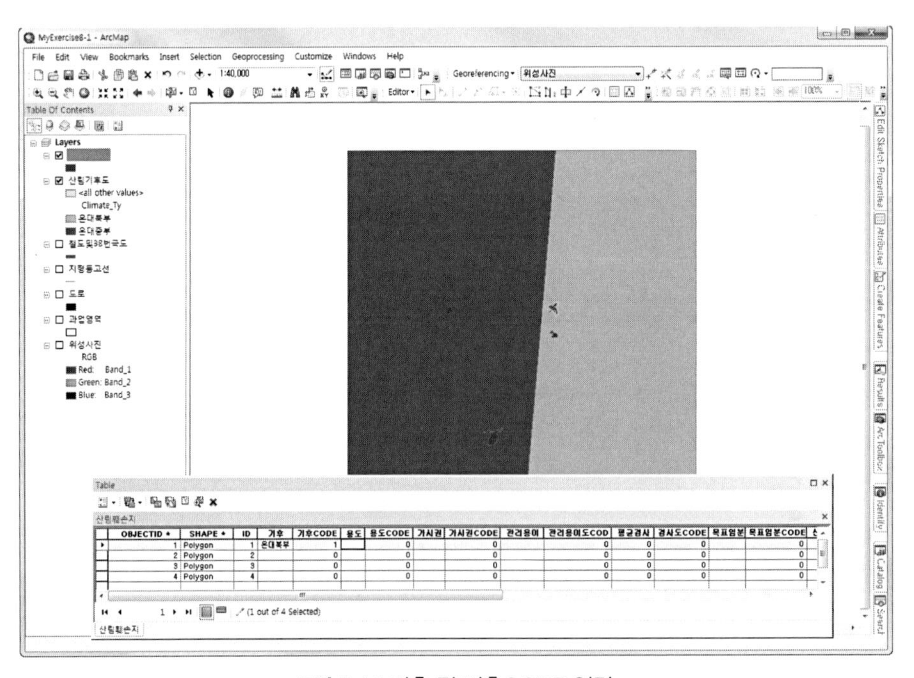

그림 8-11 기후 및 기후CODE 입력

3) 채광방법에 의한 분류. ArcMap 프로그램에서 채광방법을 기준으로 산림 훼손지의 유형을 분류한다.

(1) 산림 훼손지 레이어의 속성 테이블에서 첫 번째 도형 객체를 선택 → 선택된 객체의 용도 및 용도CODE 입력

이 지역에서는 과거 지하채광 방식으로 석탄 개발이 이루어졌다. 따라서 속성 테이블의 용도 필드에는 '갱내', 용도CODE 필드에는 '1'이 입력되었다.

(2) 산림 훼손지 레이어의 속성 테이블에서 두 번째~네 번째 도형 객체들에 대해서도 용도 및 용도CODE 입력

이 지역은 모두 동일한 채광법이 사용되었으므로 두 번째~네 번째 도형 객체 모두 용도 필드에는 '갱내', 용도CODE 필드에는 '1'이 입력되었다(그림 8-12).

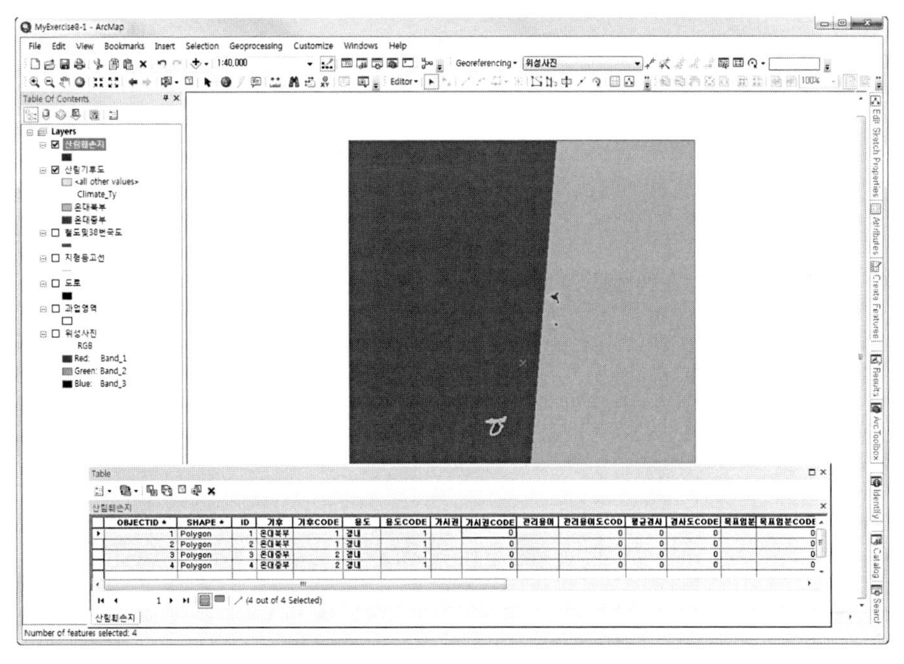

그림 8-12 용도 및 용도CODE 입력

(3) ArcMap 프로그램 Editor 툴바에서 Editor▾ 버튼 클릭 → 메뉴에서 Stop Editing 버튼 클릭 → Save 대화상자가 나타나면 Yes 버튼 클릭

4) 가시권에 의한 분류. ArcMap 프로그램에서 가시권을 기준으로 산림 훼손지의 유형을 분류한다.

(1) ArcMap Table of Contents 패널에서 산림 훼손지 레이어, 철도및38번국도 레이어, 지형등고선 레이어 활성화

(2) ArcMap 프로그램 메뉴바에서 Customize 선택 → Extensions... 버튼 클릭 → Extensions 대화상자에서 3D Analyst와 Spatial Analyst의 체크박스를 활성화 → Close 버튼 클릭

Extensions 대화상자가 나타나며 확장기능이 활성화된다.

(3) ArcMap 프로그램 메뉴바에서 Geoprocessing 선택 → ArcToolBox 버튼 클릭

(4) ArcToolBox 패널에서 3D Analyst Tools 선택 → Data Management 선택 → TIN 선택 → Create TIN 버튼 클릭

Create TIN 대화상자가 화면에 나타난다.

(5) Create TIN 대화상자에서 Output TIN 파일의 이름 입력(예: TopoTIN) → Coordinate System 선택(Korea 2000 Korea East Belt 2010) → Input Feature Class 선택(지형등고선) → Height Field 선택(CNT_VAL) → ST Type 선택(Soft_Line) → OK 버튼 클릭(그림 8-13)

TIN 형식의 수치고도모델 생성 결과가 화면에 나타난다(그림 8-14).

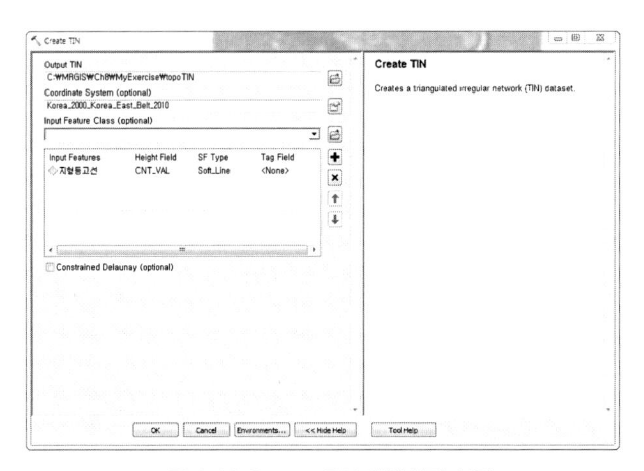

그림 8-13 Create TIN 대화상자 설정

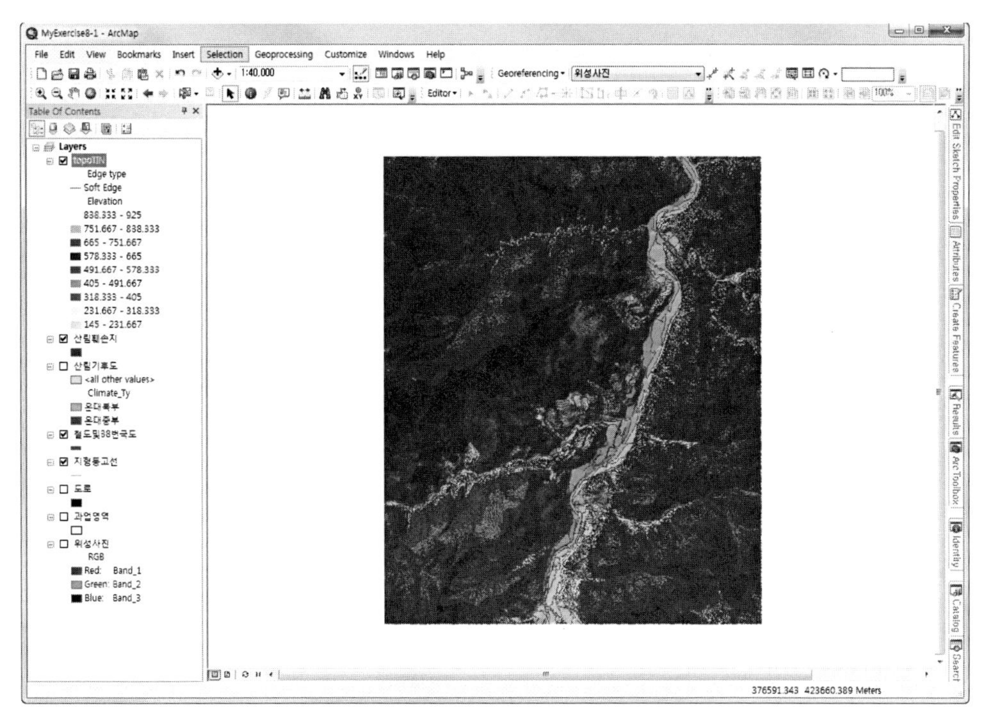

그림 8-14 TIN 형식의 수치고도모델 생성 결과

(6) ArcToolBox 패널에서 3D Analyst Tools 선택 → Conversion 선택 → From TIN 선택 → TIN to Raster 버튼 클릭

TIN to Raster 대화상자가 화면에 나타난다.

(7) TIN to Raster 대화상자에서 Input TIN 선택(예: TopoTIN) → Output Raster 파일명 입력(예: DEM.tif) → OK 버튼 클릭

래스터 형식의 수치고도모델 생성 결과가 화면에 나타난다(그림 8-15).

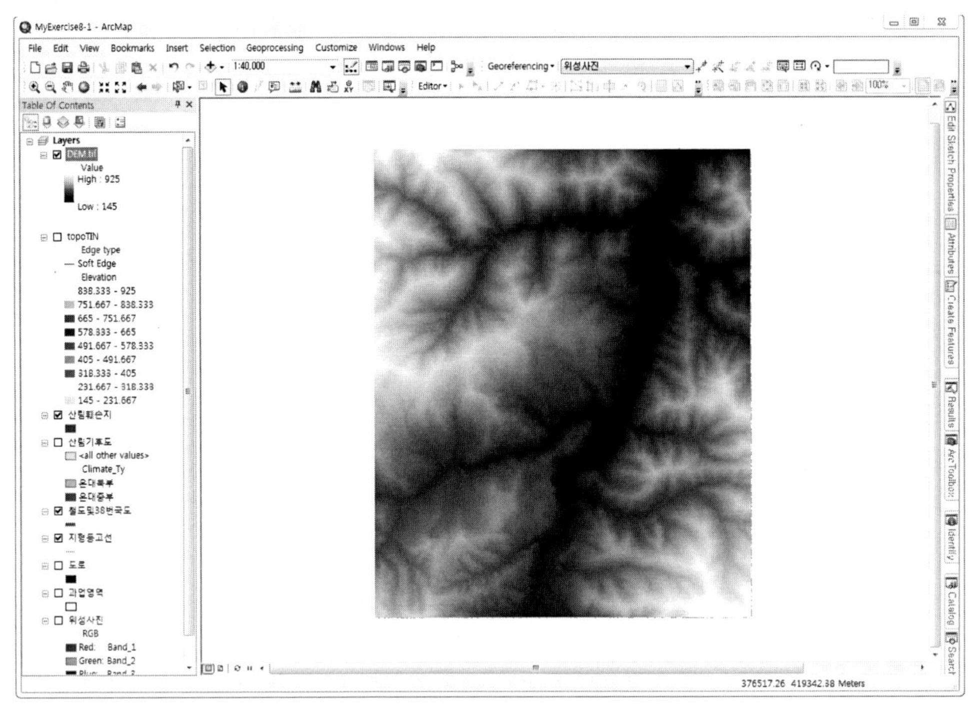

그림 8-15 래스터 형식의 수치고도모델 생성 결과

(8) ArcToolBox 패널에서 Spatial Analyst Tools 선택 → Surface 선택 → Viewshed 버튼 클릭

Viewshed 대화상자가 화면에 나타난다.

(9) Viewshed 대화상자에서 Input raster 파일 이름 입력(예: DEM.tif) → Input point or polyline observer features 입력(철도및38번국도) → Output raster 파일의 이름 입력(예: Viewshed.tif) → OK 버튼 클릭(그림 8-16)

Viewshed 분석 결과가 화면에 나타난다(그림 8-17). 철도 및 38번 국도에서 볼 수 있는 영역(Visible)과 보이지 않는 영역(Not Visible)으로 구분된다.

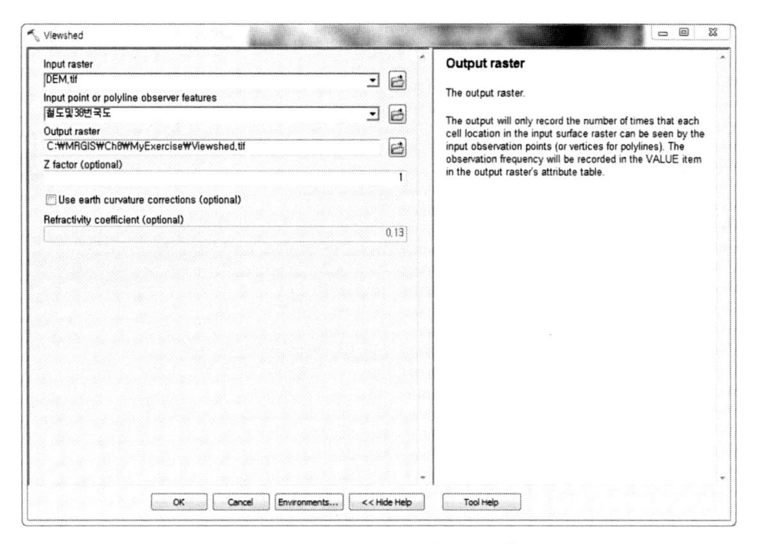

그림 8-16 Viewshed 대화상자 설정

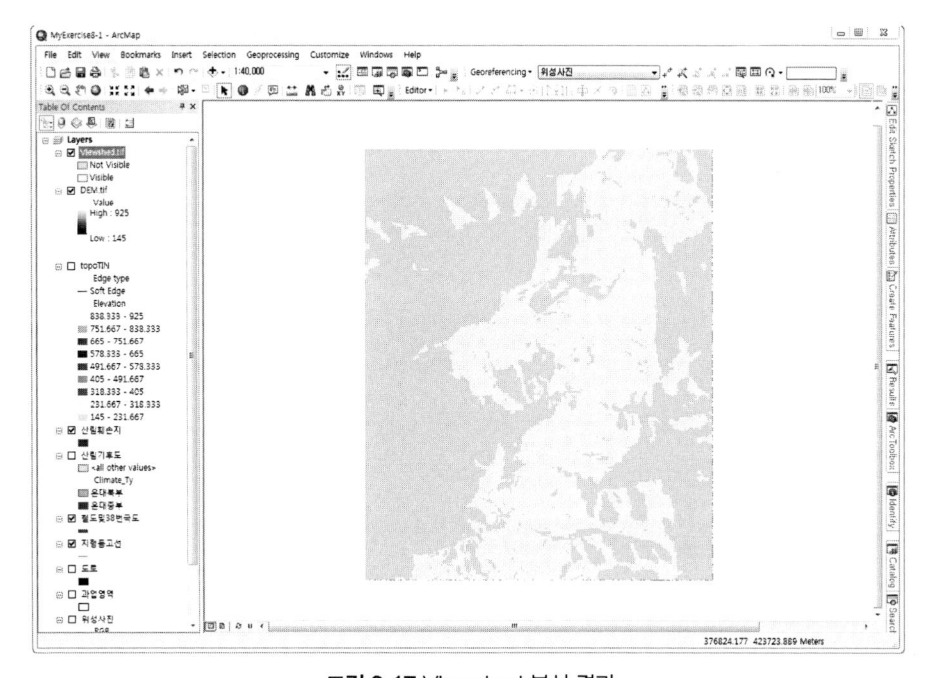

그림 8-17 Viewshed 분석 결과

(10) ArcMap Table of Contents 패널에서 산림 훼손지 레이어와 Viewshed 레이어 활성화

(11) ArcMap 프로그램 Editor 툴바에서 Editor▾ 버튼 클릭 → 메뉴에서 Start Editing 버튼 클릭 → 산림 훼손지 레이어의 속성 테이블에서 첫 번째 도형 객체를 선택 → 선택된 객체가 위치한 지점의 가시권 유형 확인 → 가시권 및 가시권CODE 입력 → 두 번째~네 번째 도형 객체들에 대해서도 기후 및 기후CODE 입력

첫 번째, 두 번째 도형 객체들은 가시지역에 해당하는 위치에 있으므로 속성 테이블의 가시권 필드에는 '가시지역', 가시권CODE 필드에는 '1'이 입력되었다. 세 번째, 네 번째 도형 객체들은 비가시지역에 해당하는 위치에 있으므로 속성 테이블의 가시권 필드에는 '비가시지역', 가시권CODE 필드에는 '2'가 입력되었다(그림 8-18).

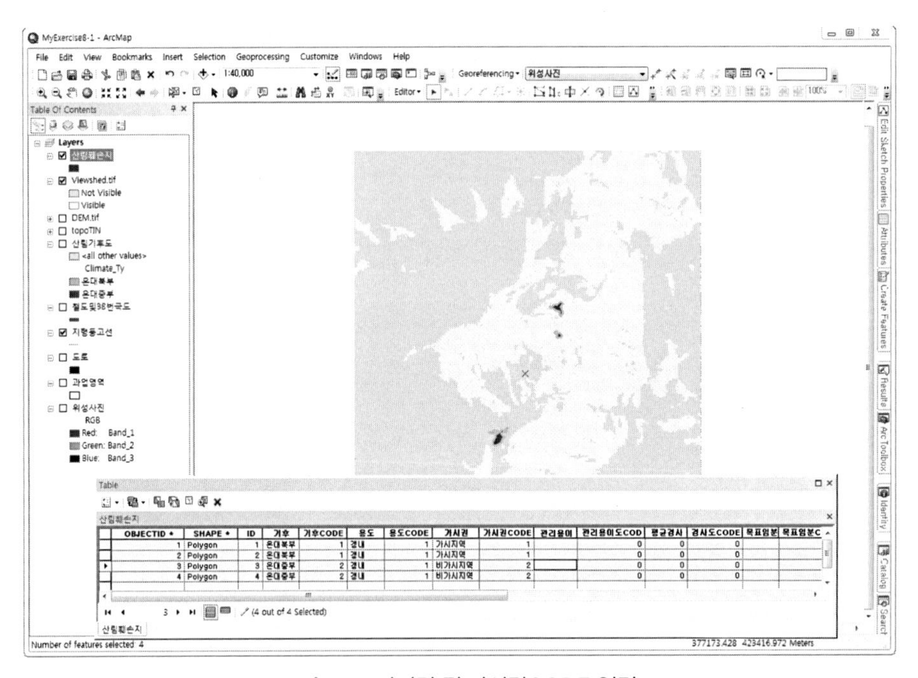

OBJECTID *	SHAPE *	ID	기후	기후CODE	용도	용도CODE	가시권	가시권CODE	관리용이	관리용이도COD	평균경사	경사도CODE	목표임분	목표임분C
1	Polygon	1	온대북부	1	경내	1	가시지역	1		0	0	0		
2	Polygon	2	온대북부	1	경내	1	가시지역	1		0	0	0		
3	Polygon	3	온대중부	2	경내	1	비가시지역	2		0	0	0		
4	Polygon	4	온대중부	2	경내	1	비가시지역	2		0	0	0		

그림 8-18 가시권 및 가시권CODE 입력

(12) ArcMap 프로그램 Editor 툴바에서 Editor▾ 버튼 클릭 → 메뉴에서 Stop Editing 버튼 클릭 → Save 대화상자가 나타나면 Yes 버튼 클릭

5) 관리용이도에 의한 분류. ArcMap 프로그램에서 관리용이도를 기준으로 산림 훼손지의 유형을 분류한다.

(1) ArcMap Table of Contents 패널에서 산림 훼손지 레이어와 도로 레이어 활성화

(2) ArcToolBox 패널에서 Analysis Tools 선택 → Proximity 선택 → Buffer 버튼 클릭

Buffer 대화상자가 화면에 나타난다.

(3) Buffer 대화상자에서 Input features 파일 이름 입력(도로) → Output feature class 파일 이름 입력(buffer10.shp) → Distance 입력(10m) → OK 버튼 클릭

Buffer 분석 결과가 화면에 나타난다(그림 8-19). 도로에서 10m 이내의 영역과 그렇지 않은 영역으로 구분된다.

(4) ArcMap 프로그램 Editor 툴바에서 Editor▾ 버튼 클릭 → 메뉴에서 Start Editing 버튼 클릭 → 산림 훼손지 레이어의 속성 테이블에서 첫 번째 도형 객체를 선택 → 선택된 객체가 위치한 지점의 관리용이도 유형 확인 → 관리용이도 및 관리용이도CODE 입력 → 두 번째~네 번째 도형 객체들에 대해서도 관리용이도 및 관리용이도CODE

첫 번째, 네 번째 도형 객체들은 버퍼 분석 결과 레이어(buffer10.shp)와 중첩되는 부분이 없으므로 속성 테이블의 관리용이도 필드에는 '곤란', 관리용이도CODE 필드에는 '2'가 입력되었다. 두 번째, 세 번째 도형 객체들은 버퍼 분석 결과 레이어(buffer10.shp)와 중첩되는 부분이 있으므로 속성 테이블의 관리용이도 필드에는 '용이', 관리용이도CODE 필드에는 '1'이 입력되었다(그림 8-20).

(5) ArcMap 프로그램 Editor 툴바에서 Editor▾ 버튼 클릭 → 메뉴에서 Stop Editing 버튼 클릭 → Save 대화상자가 나타나면 Yes 버튼 클릭

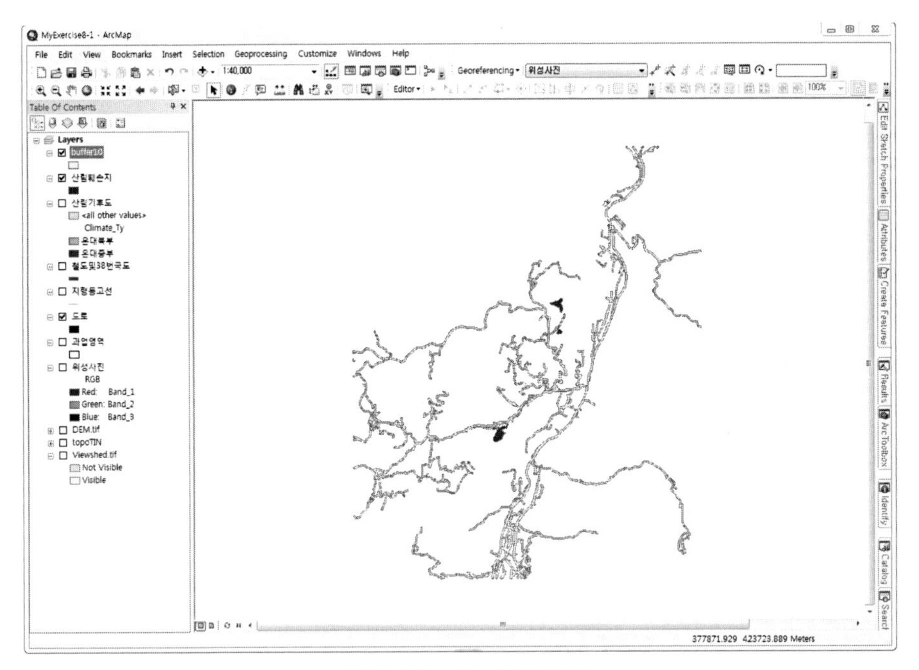

그림 8-19 Buffer 분석 결과

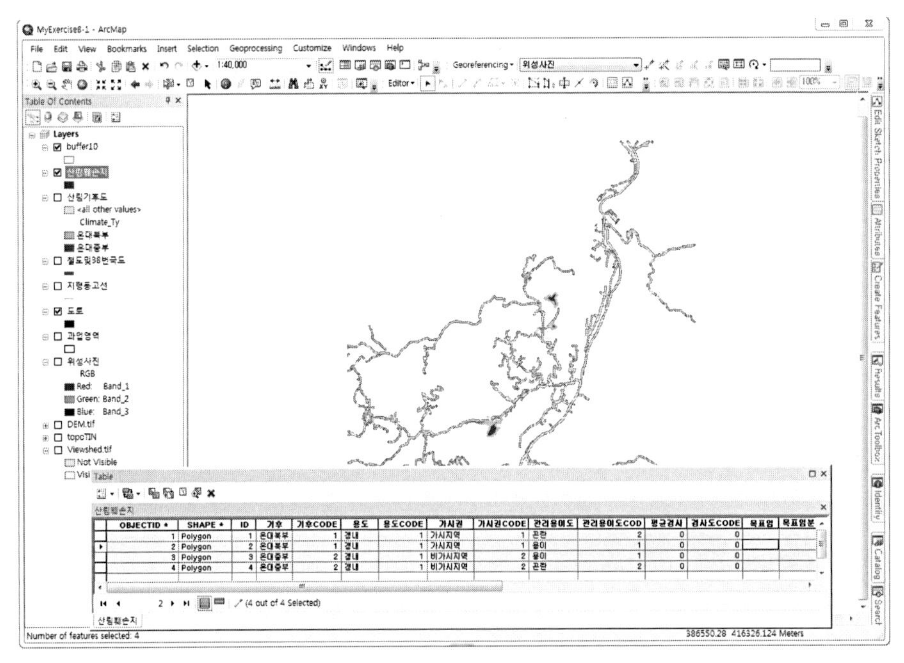

그림 8-20 관리용이도 및 관리용이도CODE

6) 경사도에 의한 분류. ArcMap 프로그램에서 경사도를 기준으로 산림 훼손지의 유형을 분류한다.

(1) ArcMap Table of Contents 패널에서 산림 훼손지 레이어와 DEM 레이어 활성화

(2) ArcToolBox 패널에서 Spatial Analyst Tools 선택 → Surface 선택 → Slope 버튼 클릭

Slope 대화상자가 화면에 나타난다.

(3) Slope 대화상자에서 Input raster 파일 이름 입력(DEM.tif) → Output raster 파일 이름 입력(Slope.tif) → Output measurement 입력(DEGREE) → OK 버튼 클릭

Slope 분석 결과가 화면에 나타난다(그림 8-21).

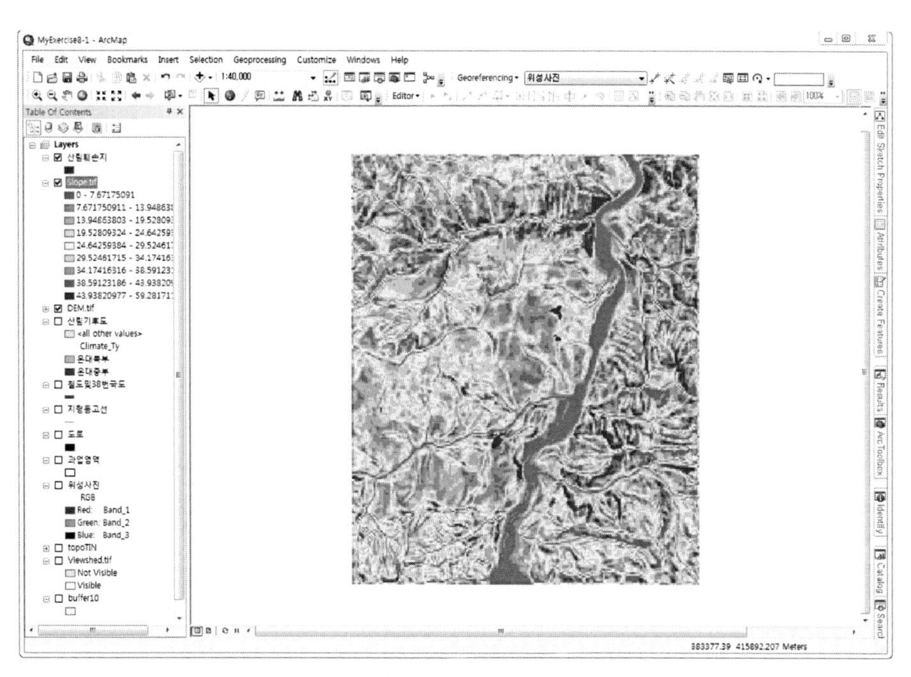

그림 8-21 Slope 분석 결과

(4) ArcToolBox 패널에서 Spatial Analyst Tools 선택 → Zonal 선택 → Zonal Statistics 버튼 클릭

Zonal Statistics 대화상자가 화면에 나타난다.

(5) Zonal Statistics 대화상자에서 Input raster or feature zone data 파일 이름 입력(산림 훼손지) → Zone field 입력(ID) → Input value raster 파일 이름 입력(Slope.tif) → Output raster 파일 이름 입력(ZonalSlope.tif) → Statistics type 선택(MEAN) → OK 버튼 클릭

Zonal Statistics 분석 결과가 화면에 나타난다(그림 8-22). 산림 훼손지 레이어의 두 번째 도형은 30도 이상의 평균 경사도를 보이며, 나머지 도형들은 30도 미만의 경사도를 보이고 있다.

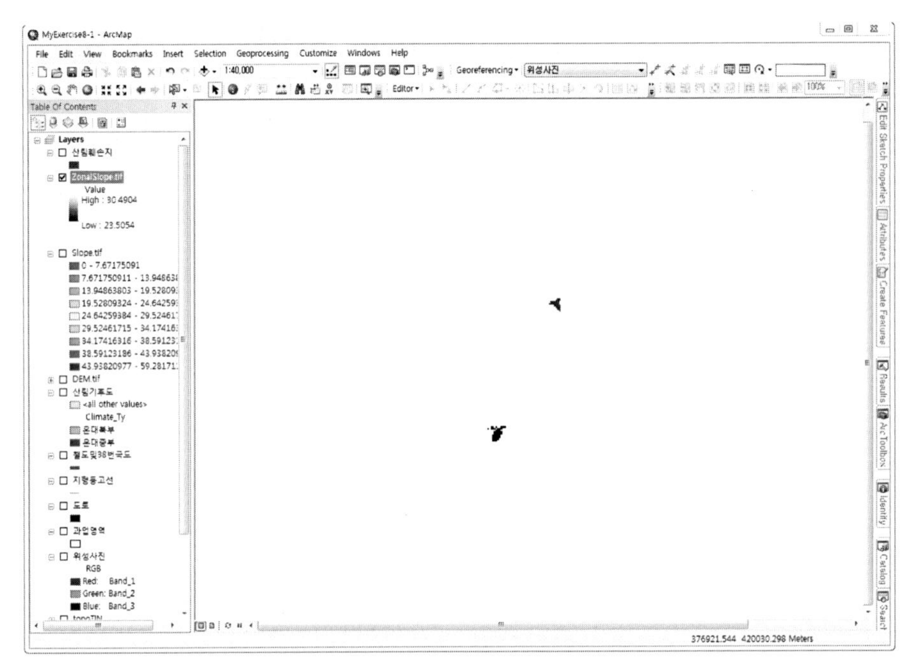

그림 8-22 Zonal Statistics 분석 결과

(6) ArcMap 프로그램 Editor 툴바에서 Editor▾ 버튼 클릭 → 메뉴에서 Start Editing 버튼 클릭 → 산림 훼손지 레이어의 속성 테이블에서 첫 번째 도형 객체를 선택 → 선택된 객체가 위치한 지점의 경사도 유형 확인 → 평균경사 및 경사도CODE 입력 → 두 번째~네 번째 도형 객체들에 대해서도 평균경사 및 경사도CODE 입력

첫 번째, 세 번째, 네 번째 도형 객체들은 평균경사 필드에 각각 '25.15', '23.50', '23.77', 경사도CODE 필드에는 '1'이 입력되었다. 두 번째 도형 객체에는 평균경사 필드에 '30.49', 경사도CODE 필드에는 '2'가 입력되었다(그림 8-23).

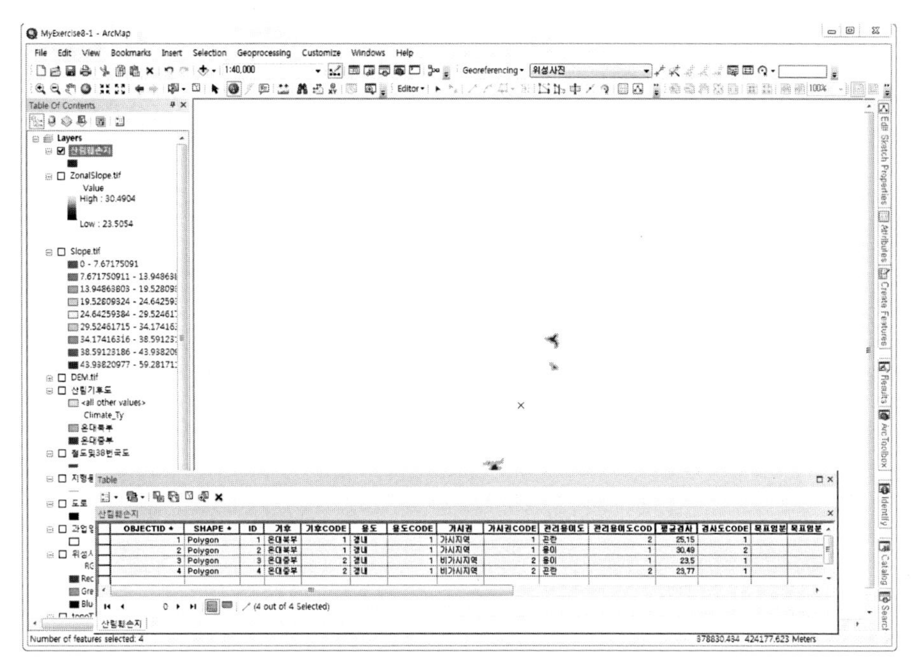

그림 8-23 평균경사 및 경사도CODE 입력

(7) ArcMap 프로그램 Editor 툴바에서 Editor▾ 버튼 클릭 → 메뉴에서 Stop Editing 버튼 클릭 → Save 대화상자가 나타나면 Yes 버튼 클릭

7) 목표임분에 의한 분류.

ArcMap 프로그램에서 목표임분을 기준으로 산림 훼손지의 유형을 분류한다.

(1) ArcMap Table of Contents 패널에서 산림 훼손지 레이어 활성화

(2) ArcMap 프로그램 Editor 툴바에서 Editor▾ 버튼 클릭 → 메뉴에서 Start Editing 버튼 클릭 → 산림 훼손지 레이어의 속성 테이블에서 첫 번째 도형 객체를 선택 → 목표임분 및 목표임분 CODE 입력 → 두 번째~네 번째 도형 객체들에 대해서도 목표임분 및 목표임분CODE 입력

첫 번째, 두 번째, 네 번째 도형 객체들은 목표임분 필드에 '경관림', 목표임분CODE 필드에 '2'가 입력되었다. 세 번째 도형 객체에는 목표임분 필드에 '용재림', 목표임분CODE 필드에 '1'이 입력되었다(그림 8-24).

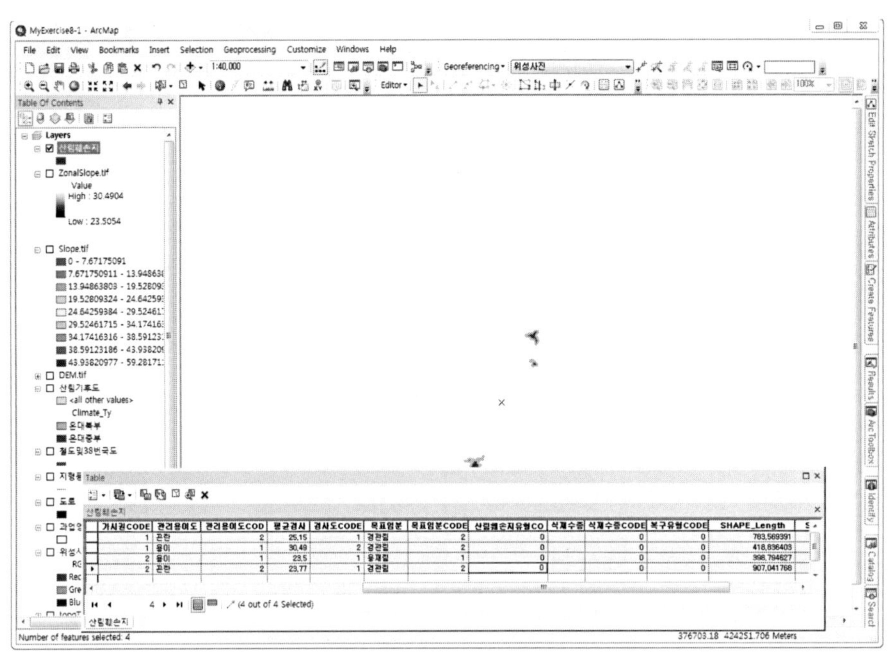

그림 8-24 목표임분 및 목표임분CODE 입력

(3) ArcMap 프로그램 Editor 툴바에서 Editor▾ 버튼 클릭 → 메뉴에서 Stop Editing 버튼 클릭 → Save 대화상자가 나타나면 Yes 버튼 클릭

8) 산림 훼손지 유형 코드 입력. ArcMap 프로그램에서 산림 훼손지의 유형 분류 결과를 코드로 입력한다.

(1) ArcMap 프로그램 Table of Contents 패널에서 산림 훼손지 레이어 활성화 → Editor 툴바에서 Editor▾ 버튼 클릭 → 메뉴에서 Start Editing 버튼 클릭

(2) 산림 훼손지 레이어 속성 테이블 열기 → 산림 훼손지 유형CODE 필드 선택 후 마우스 오른쪽 버튼 클릭 → 팝업메뉴에서 Field Calculator 버튼 클릭

(3) Field Calculator 대화상자 수식창에 산림 훼손지 유형 코드 산정식 입력(그림 8-25) → OK 버튼 클릭

산림 훼손지 레이어 속성 테이블의 산림 훼손지 유형CODE 필드에 값들이 계산되어 입력

되었다(그림 8-26).

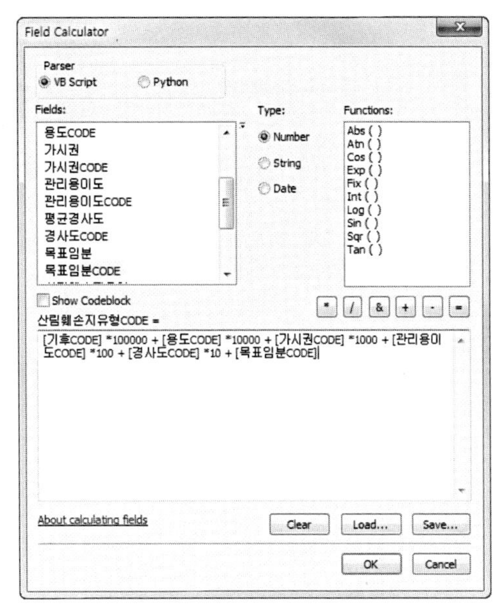

그림 8-25 Field Calculator 대화상자 설정

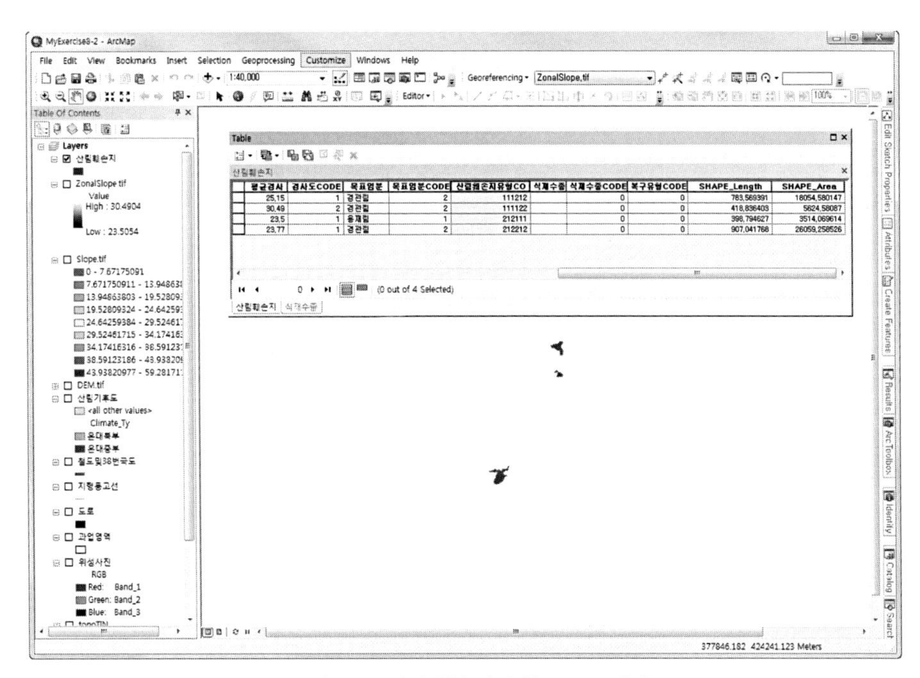

그림 8-26 산림 훼손지 유형CODE 입력

(4) ArcMap 프로그램 Editor 툴바에서 Editor▾ 버튼 클릭→메뉴에서 Stop Editing 버튼 클릭→Save 대화상자가 나타나면 Yes 버튼 클릭

(5) ArcMap 프로그램 메뉴에서 File 선택→Save as... 버튼 클릭→실습 결과를 저장할 파일 이름 입력(예: MyExercise8-2)→저장 버튼 클릭

앞으로 실습을 수행한 결과가 위에서 지정한 파일에 저장된다(예: MyExercise8-2.mxd).

(6) ArcMap 프로그램을 종료한다.

8.3.2 폐탄광지역의 산림 훼손지 유형별 권장수종 선정 실습

1) ArcMap의 실행. 실습을 수행할 PC에서 ArcMap 프로그램을 실행한다.

(1) Windows 시작 버튼 클릭→모든 프로그램 선택 ArcGIS 선택→ArcMap 10.x 선택

ArcMap 프로그램이 실행되며, Getting Started 대화상자가 나타난다.

(2) 앞서 저장한 맵 도큐먼트 파일을 선택→OK 버튼 클릭

앞서 작업했던 파일들이 ArcMap 프로그램에 나타난다.

(3) ArcMap 프로그램 메뉴바에서 File 선택→Add Data 선택→Add Data.. 클릭

Add Data 대화상자가 나타낸다(그림 8-27).

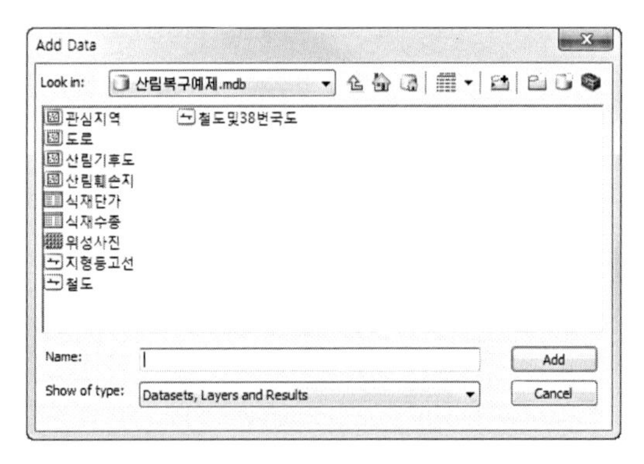

그림 8-27 Add Data 대화상자

(4) Add Data 대화상자에서 식재수종 파일 선택 → Add 버튼 클릭

ArcMap 프로그램에 식재수종 테이블이 추가된다.

(5) ArcMap 프로그램 Table of Contents 패널에서 식재수종 테이블 선택 → 마우스 오른쪽 버튼 클릭 → 팝업메뉴가 나타나면 Open Attribute Table 버튼 클릭

식재수종 속성 테이블이 나타난다(그림 8-28).

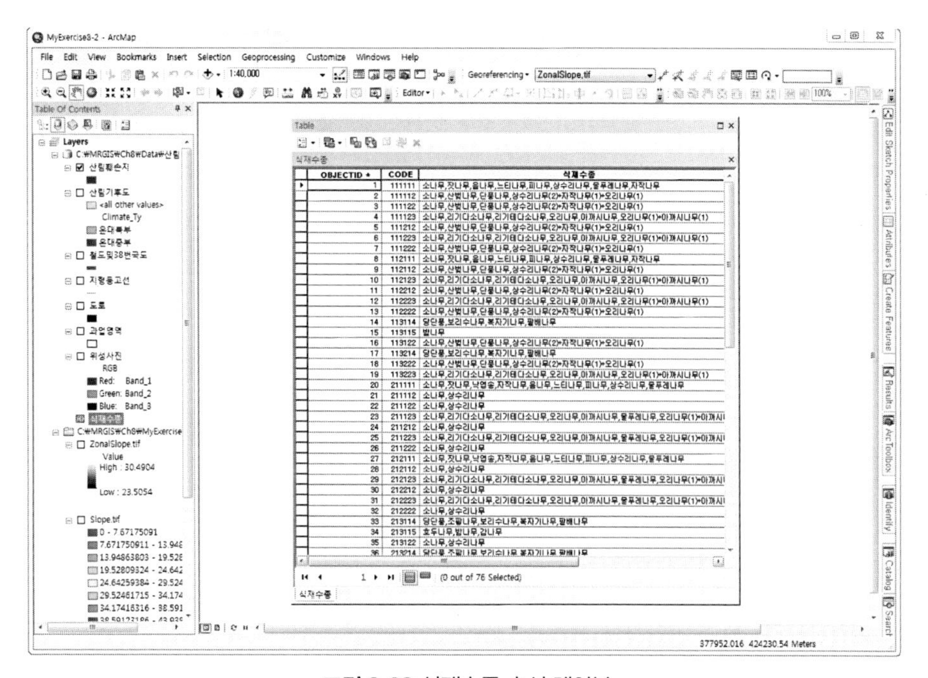

그림 8-28 식재수종 속성 테이블

2) 테이블 조인. 산림 훼손지 레이어의 속성 테이블과 식재수종 속성 테이블을 연결한다.

(1) ArcMap 프로그램 Table of Contents 패널에서 산림 훼손지 레이어 선택 → 마우스 오른쪽 버튼 클릭 → 팝업메뉴가 나타나면 Joins and Relates 선택 → Joins 버튼 클릭

ArcMap 프로그램에 Join Data 대화상자가 나타난다(그림 8-29).

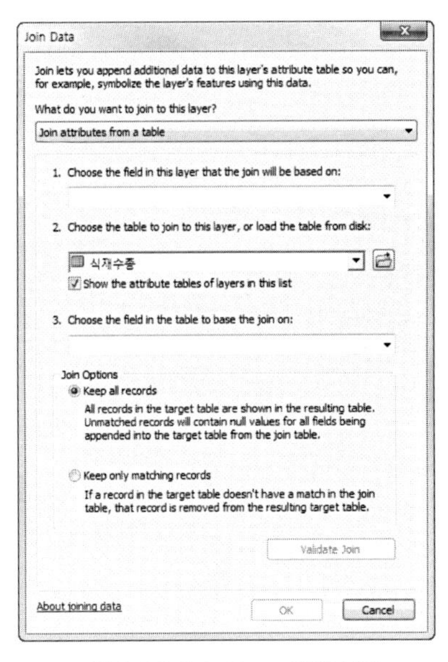

그림 8-29 Join Data 대화상자

(2) Join Data 대화상자를 그림 8-30과 같이 설정 → OK 버튼 클릭 → Table of Contents 패널에서 산림 훼손지 레이어 선택 → 마우스 오른쪽 버튼 클릭 → 팝업메뉴가 나타나면 Open Attribute Table 버튼 클릭

산림 훼손지 레이어의 속성 테이블에 훼손지 유형별 권장수종 선정 결과가 나타난다(그림 8-31).

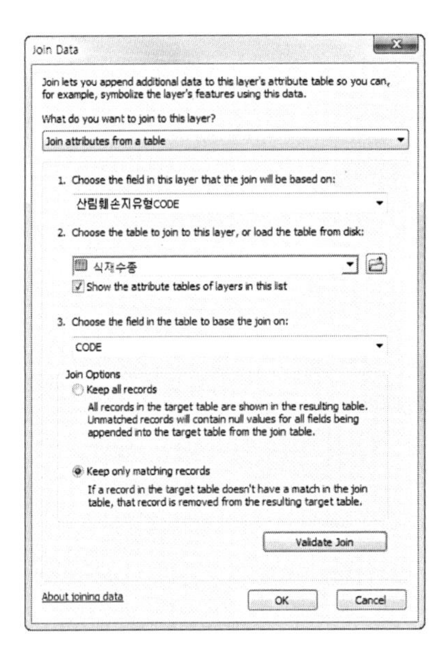

그림 8-30 Join Data 대화상자 설정

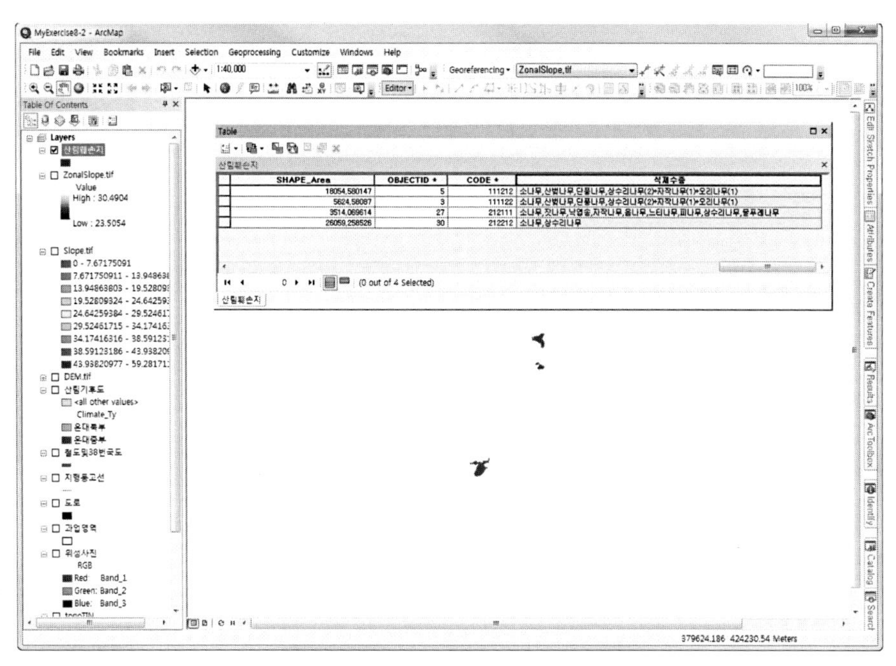

그림 8-31 산림 훼손지 유형별 권장수종 선정 결과

8.4 확장해보기

이 장에서 새로 습득할 개념들을 응용해서 다음과 같이 확장해보자.

- 실습을 위해 함께 제공된 식재단가 테이블 자료(그림 8-32)를 이용하여 산림훼손지 레이어의 각 도형별로 복구사업에 필요한 비용을 산정하시오. 식재단가 테이블 자료에서 단가의 단위는 천원/ha이다.

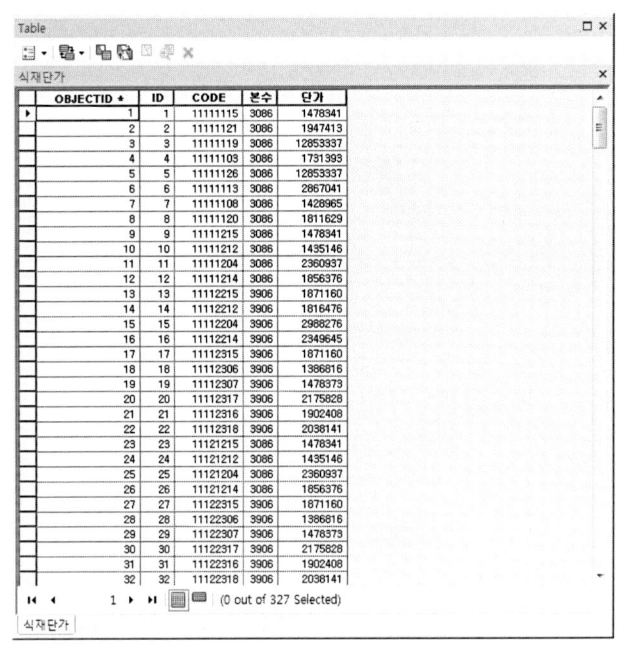

OBJECTID *	ID	CODE	본수	단가
1	1	11111115	3086	1478341
2	2	11111121	3086	1947413
3	3	11111119	3086	12853337
4	4	11111103	3086	1731393
5	5	11111126	3086	12853337
6	6	11111113	3086	2867041
7	7	11111108	3086	1428965
8	8	11111120	3086	1811629
9	9	11111215	3086	1478341
10	10	11111212	3086	1435146
11	11	11111204	3086	2360937
12	12	11111214	3086	1856376
13	13	11112215	3906	1871160
14	14	11112212	3906	1816476
15	15	11112204	3906	2988276
16	16	11112214	3906	2349645
17	17	11112315	3906	1871160
18	18	11112306	3906	1386816
19	19	11112307	3906	1478373
20	20	11112317	3906	2175828
21	21	11112316	3906	1902408
22	22	11112318	3906	2038141
23	23	11121215	3086	1478341
24	24	11121212	3086	1435146
25	25	11121204	3086	2360937
26	26	11121214	3086	1856376
27	27	11122315	3906	1871160
28	28	11122306	3906	1386816
29	29	11122307	3906	1478373
30	30	11122317	3906	2175828
31	31	11122316	3906	1902408
32	32	11122318	3906	2038141

그림 8-32 식재단가 테이블

8.5 요 약

이번 장에서 공부한 내용은 다음과 같다.

- ArcMap 프로그램에서 레이어의 속성 테이블을 열고 자료를 편집할 수 있다.
- ArcMap 프로그램의 ToolBox 도구들을 사용하여 수치고도모델 자료의 Viewshed 분석을 수행할 수 있다.
- ArcMap 프로그램의 ToolBox 도구들을 사용하여 Buffer 분석을 수행할 수 있다.
- ArcMap 프로그램의 Field Calculator 도구를 사용하여 속성 테이블에 입력될 값을 계산할 수 있다.
- ArcMap 프로그램 Join Data 도구를 사용하여 서로 다른 두 테이블을 공통의 필드 값을 기준으로 연결할 수 있다.

참고문헌

산림청(2000), 채광·채석지의 적정복구비용 산정 등에 관한 연구. 서울, 대한민국, p.315.

석탄합리화사업단(2001), 석탄 및 석회석 광산 채광지역의 산림 훼손지 복원 연구. 서울, 대한민국, p.393.

그림 1-1 대표적인 광산 재해 사진(본문 4쪽 참조)

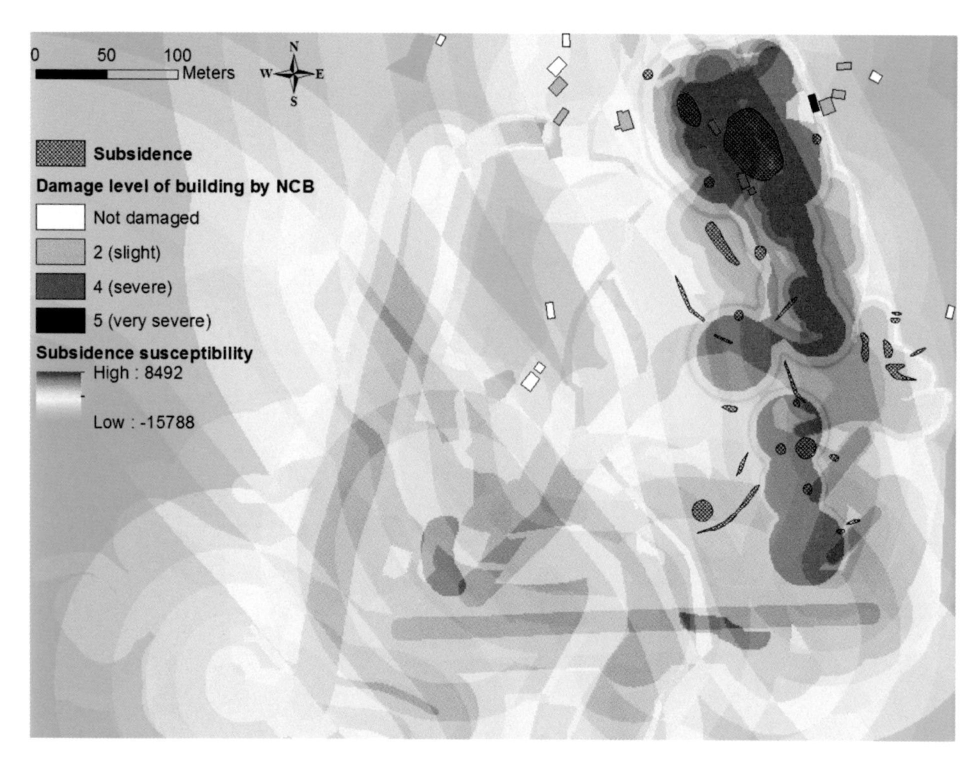

그림 1-2 채굴적의 3차원 분포를 고려한 지반침하 취약성 지도 작성 사례(본문 13쪽 참조)

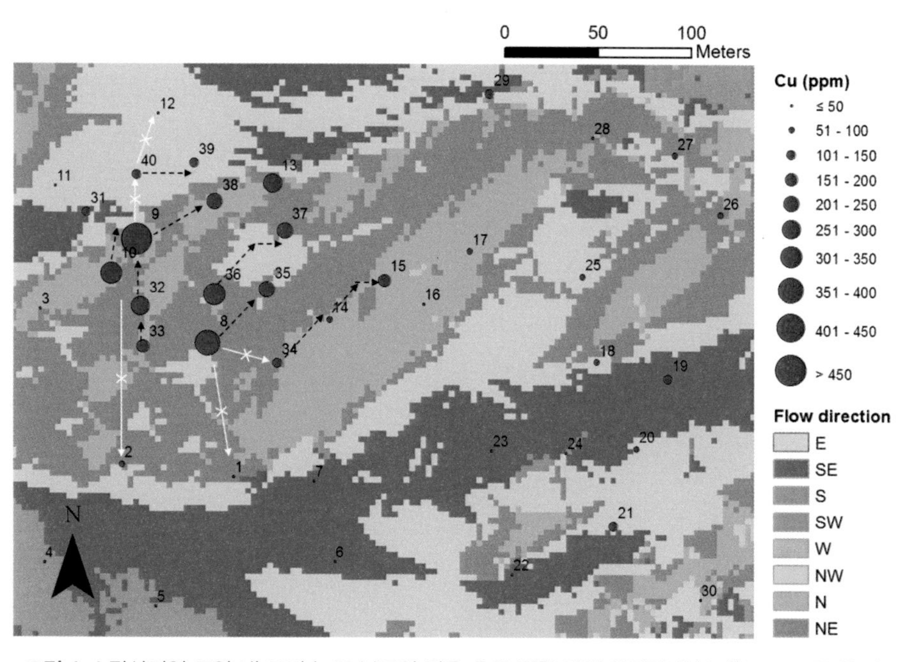

그림 1-4 광산지역 토양 내 구리 농도 분포와 강우 흐름 방향 간의 상관관계 분석(본문 19쪽 참조)

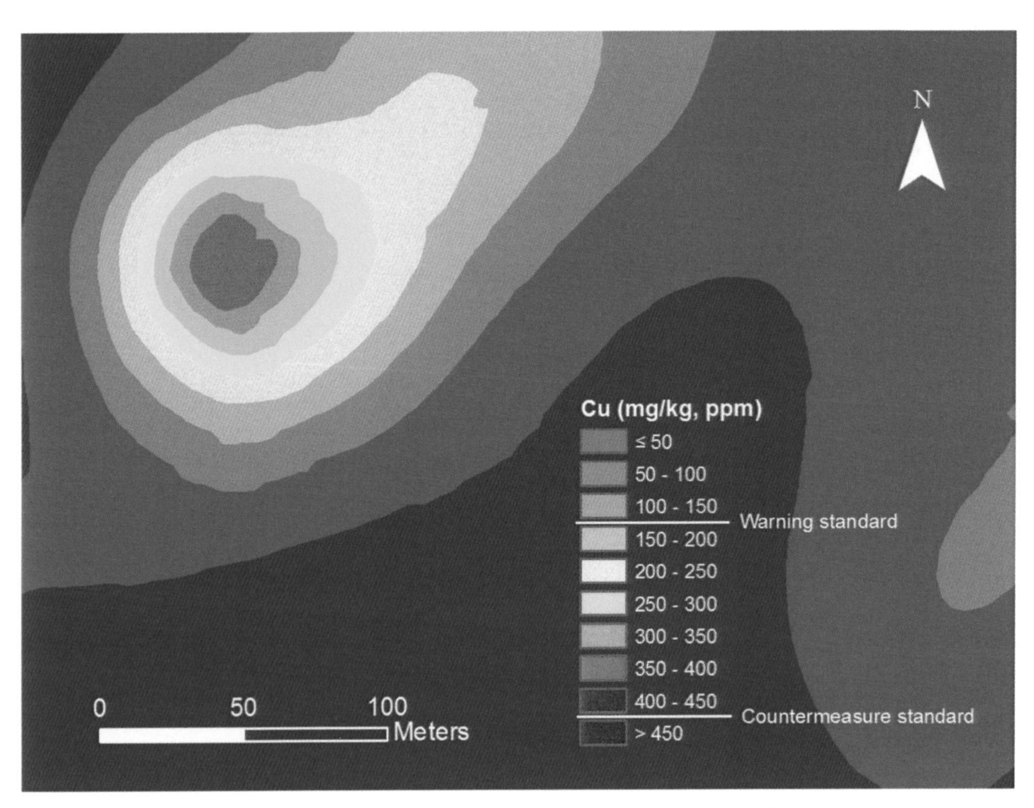

그림 1-5 광산지역 토양 샘플 자료와 크리깅 보간법을 이용한 구리 농도 분포 예측 지도(본문 21쪽 참조)

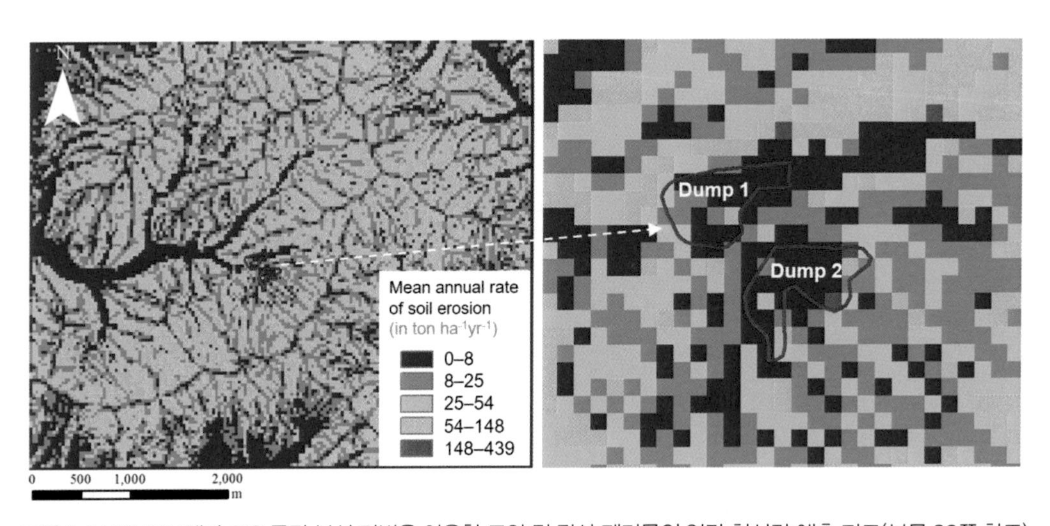

그림 1-6 USLE 모델과 GIS 공간 분석 기법을 이용한 토양 및 광산 폐기물의 연간 침식량 예측 지도(본문 23쪽 참조)

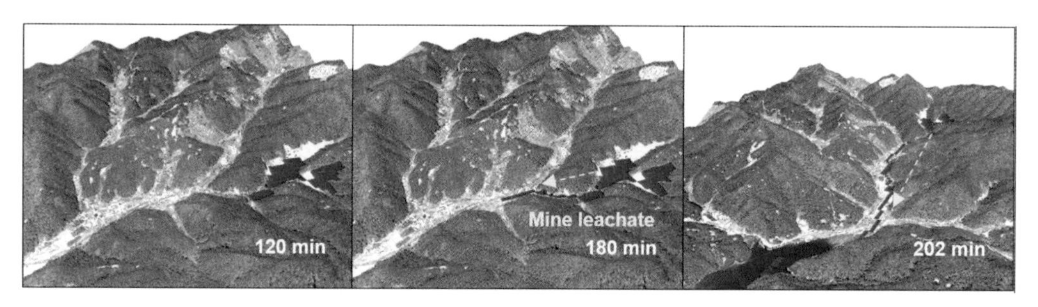

그림 1-7 GIS 기반의 수문분석 기법을 이용한 광산 유출수의 시계열 이동경로 모델링 결과(본문 24쪽 참조)

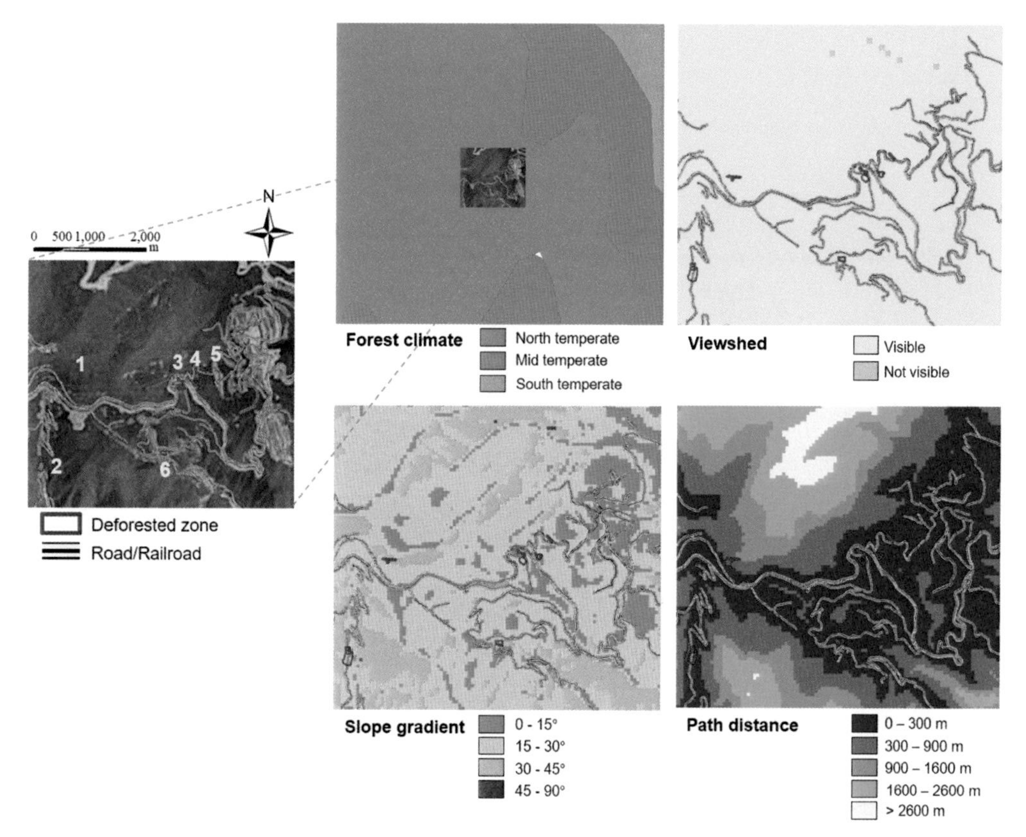

그림 1-10 산림 훼손지 복구를 위한 GIS 기반의 적합 수종 선택 의사 결정 시스템(본문 28쪽 참조)

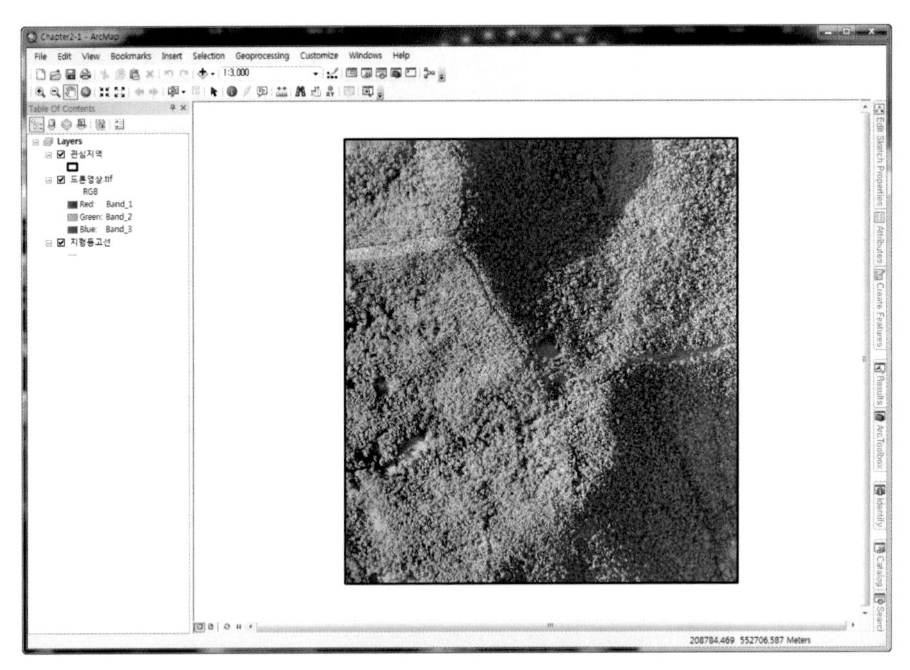

그림 2-5 이번 실습에 사용될 자료들(본문 50쪽 참조)

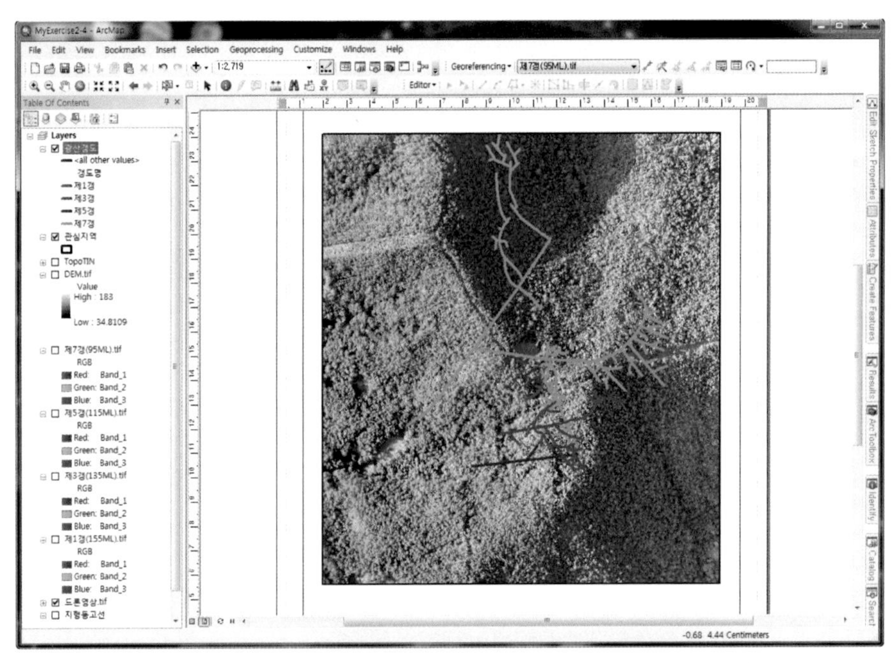

그림 2-47 색상이 갱도별로 구분된 광산갱도 레이어(본문 74쪽 참조)

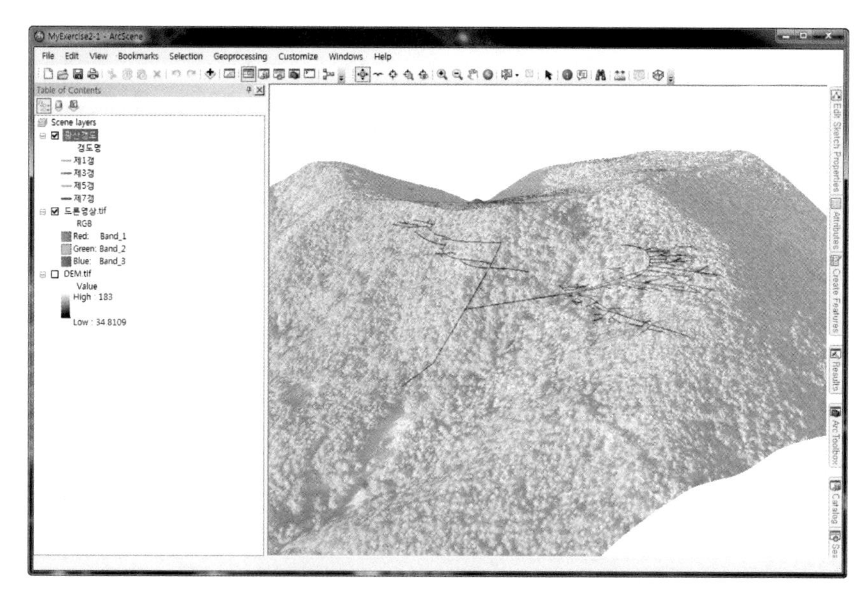

그림 2-71 드론영상.tif 레이어와 광산갱도 레이어의 3차원 가시화 결과(본문 87쪽 참조)

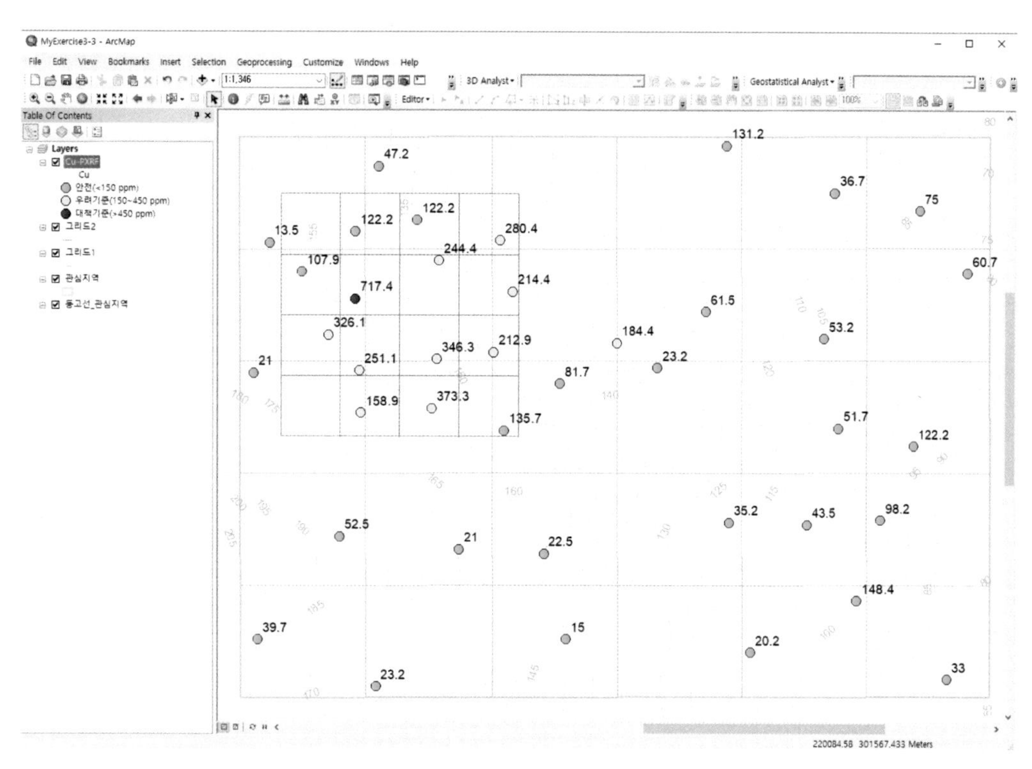

그림 3-31 Cu 샘플링 자료의 광산지역의 중금속 우려 기준 및 대책 기준에 따른 가시화(본문 114쪽 참조)

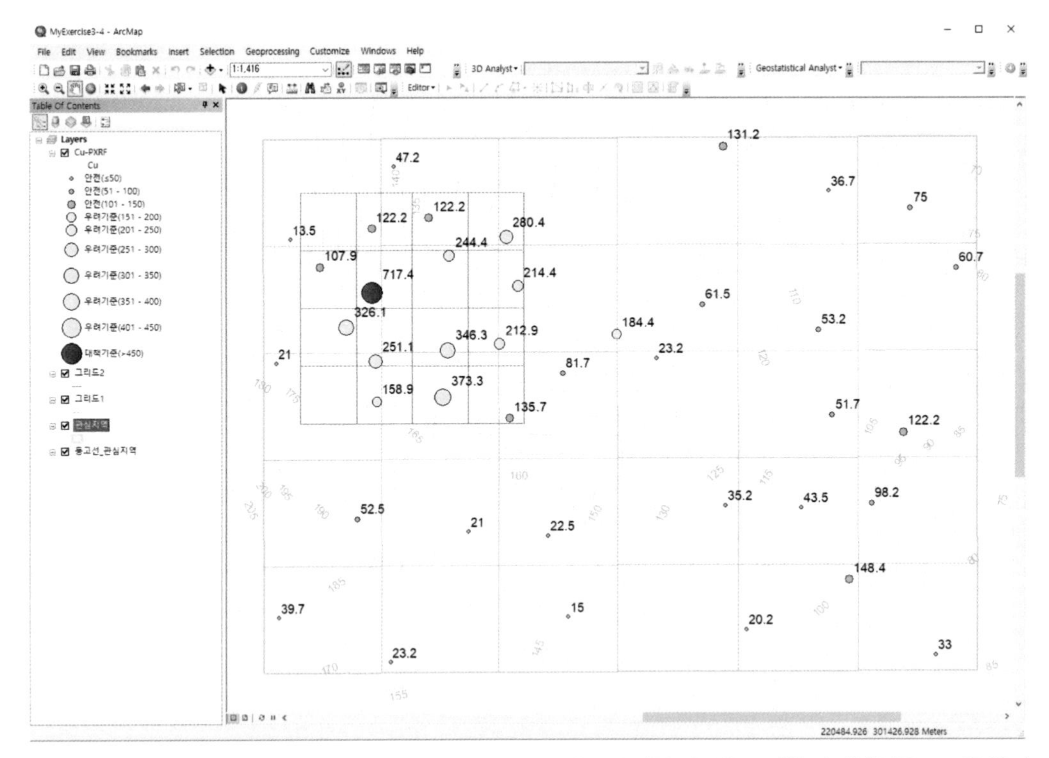

그림 3-32 Cu 샘플링 자료의 농도와 광산지역의 중금속 우려 기준 및 대책 기준을 고려한 가시화(본문 115쪽 참조)

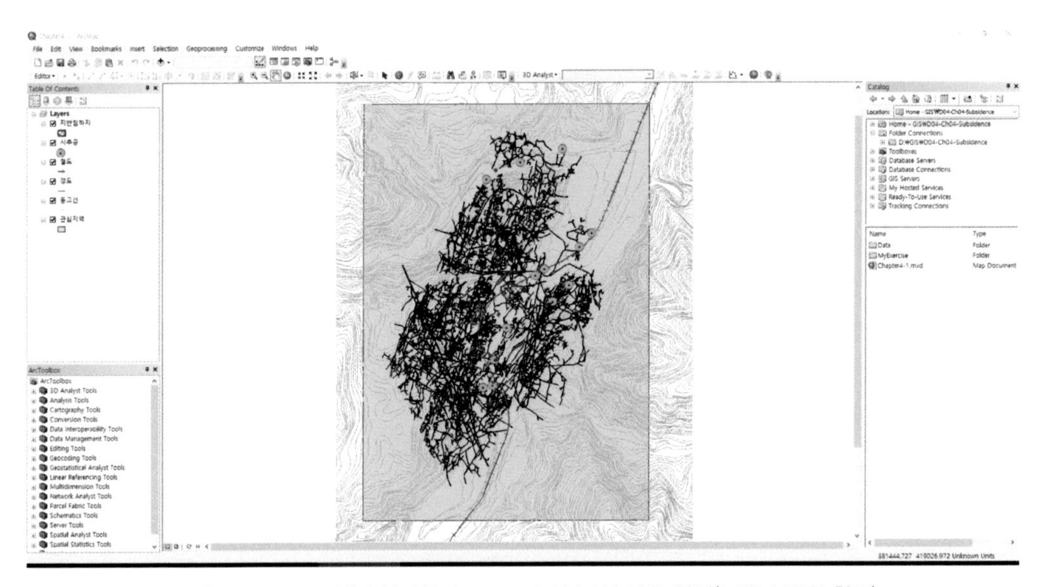

그림 4-5 ArcMap에서 불러온 Chapter4-1의 실습자료 화면(본문 125쪽 참조)

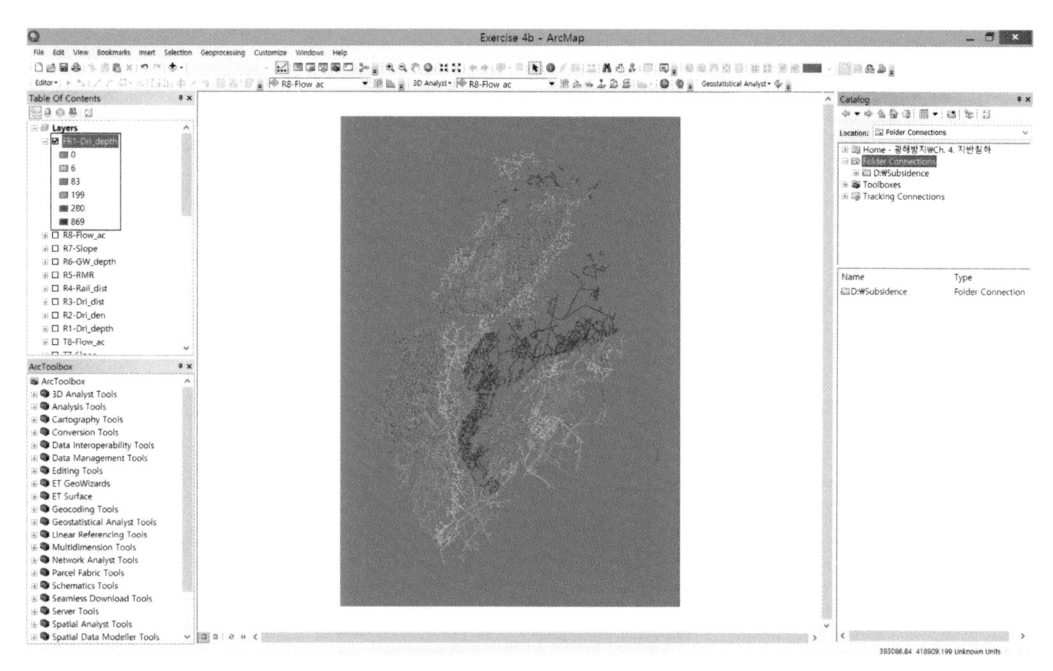

그림 4-60 갱도심도 영향인자의 빈도비 레이어 생성 결과(본문 171쪽 참조)

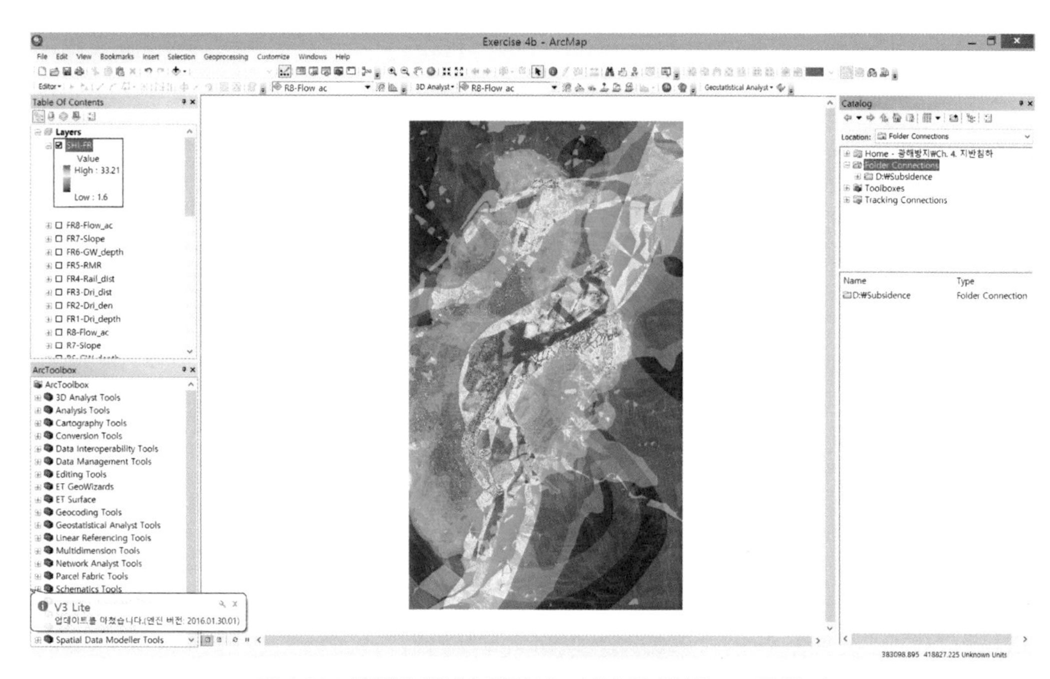

그림 4-62 지반침하 발생 위험성 지도 생성 결과(본문 173쪽 참조)

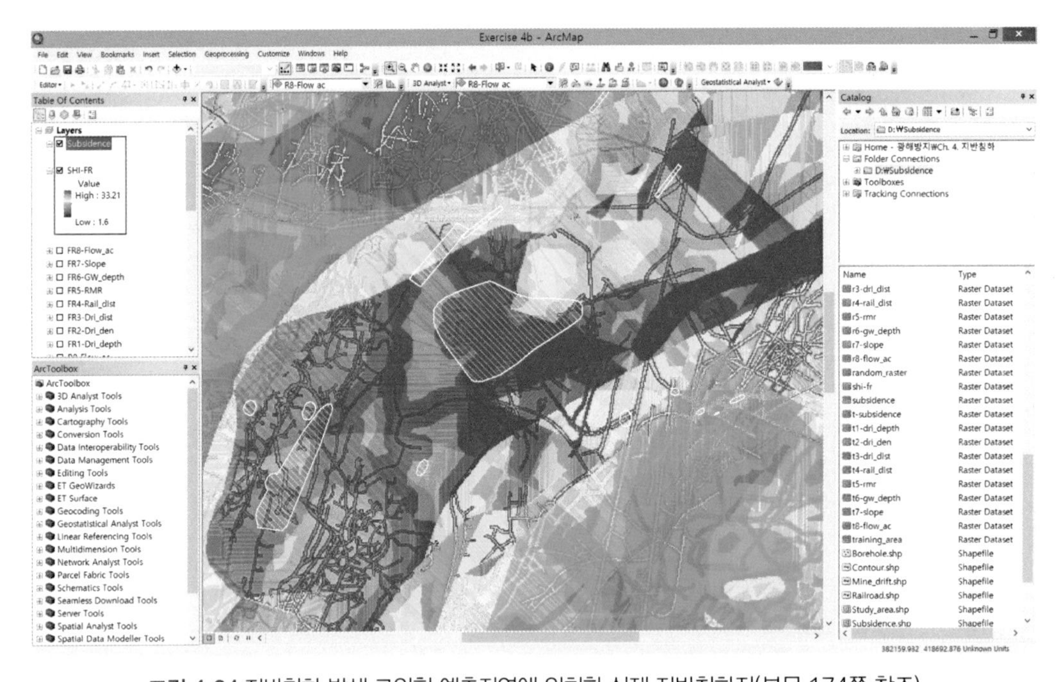

그림 4-64 지반침하 발생 고위험 예측지역에 위치한 실제 지반침하지(본문 174쪽 참조)

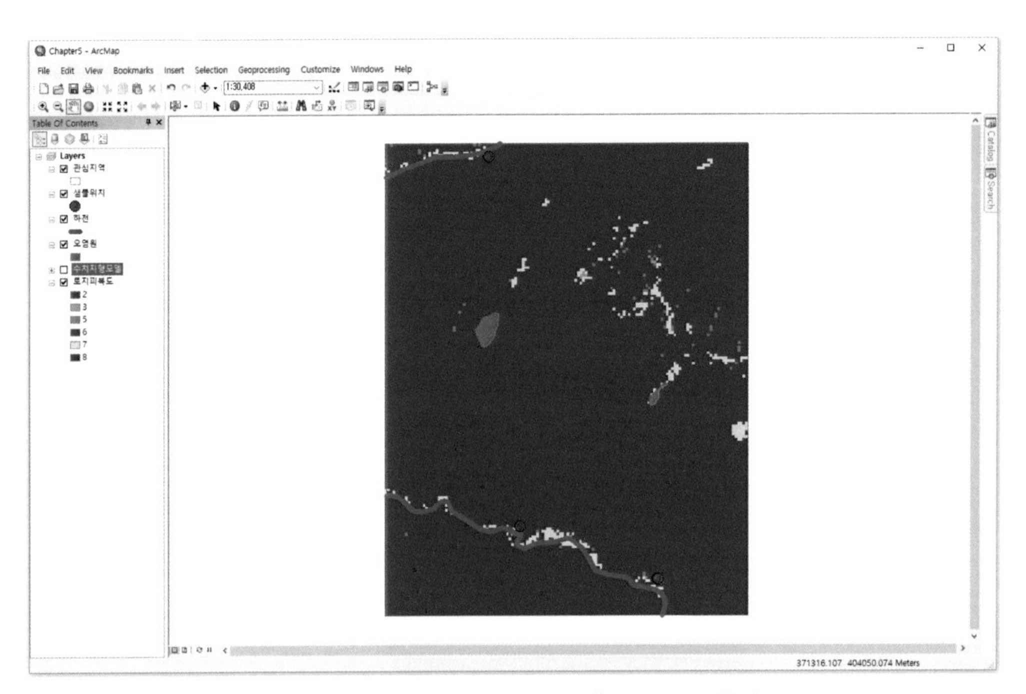

그림 5-7 토지피복분류 래스터 레이어(본문 186쪽 참조)

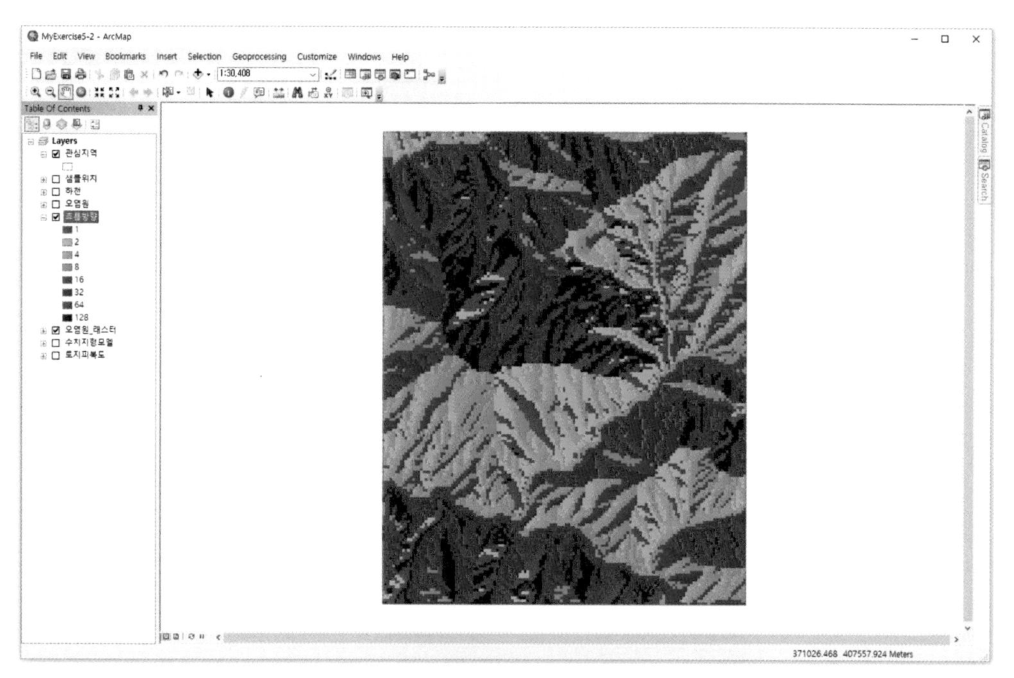

그림 5-18 흐름방향을 계산한 결과(본문 192쪽 참조)

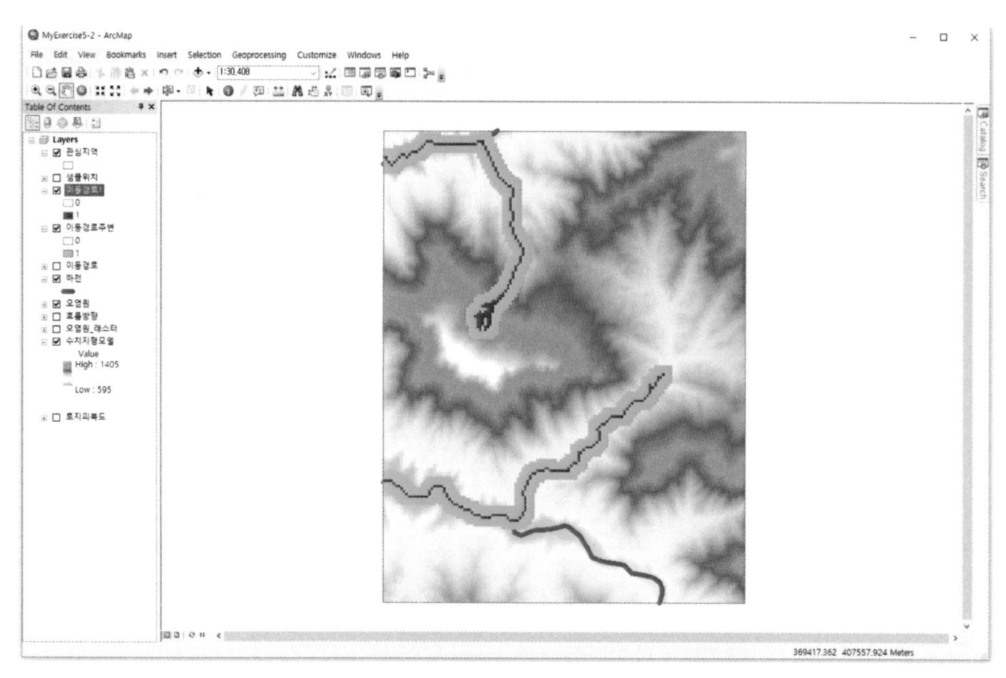

그림 5-25 레이어의 색상 조절 결과(본문 196쪽 참조)

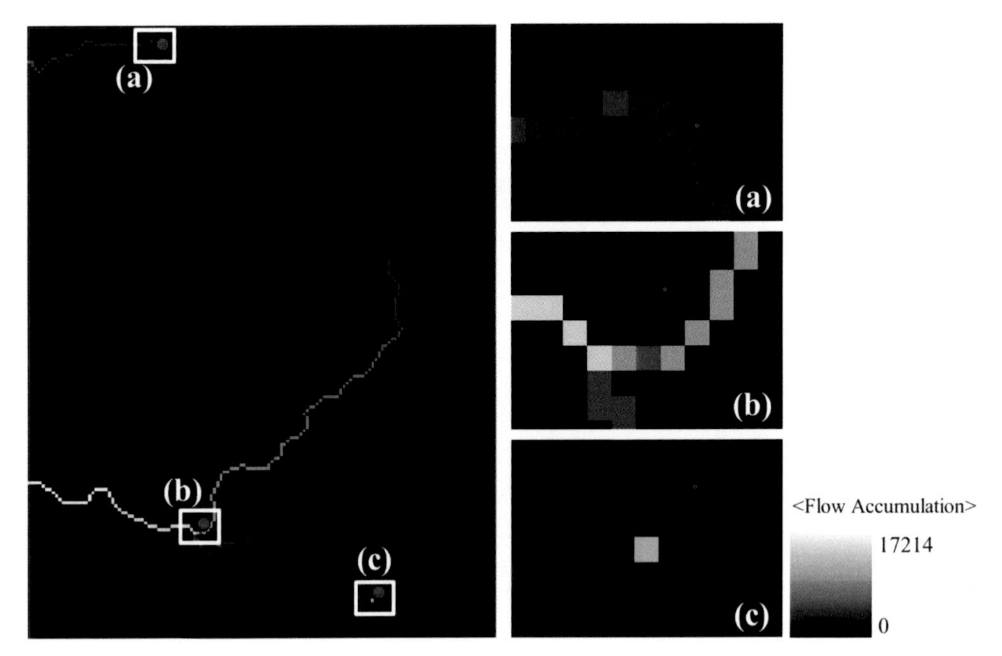

그림 5-36 샘플의 위치 조정 결과(본문 202쪽 참조)

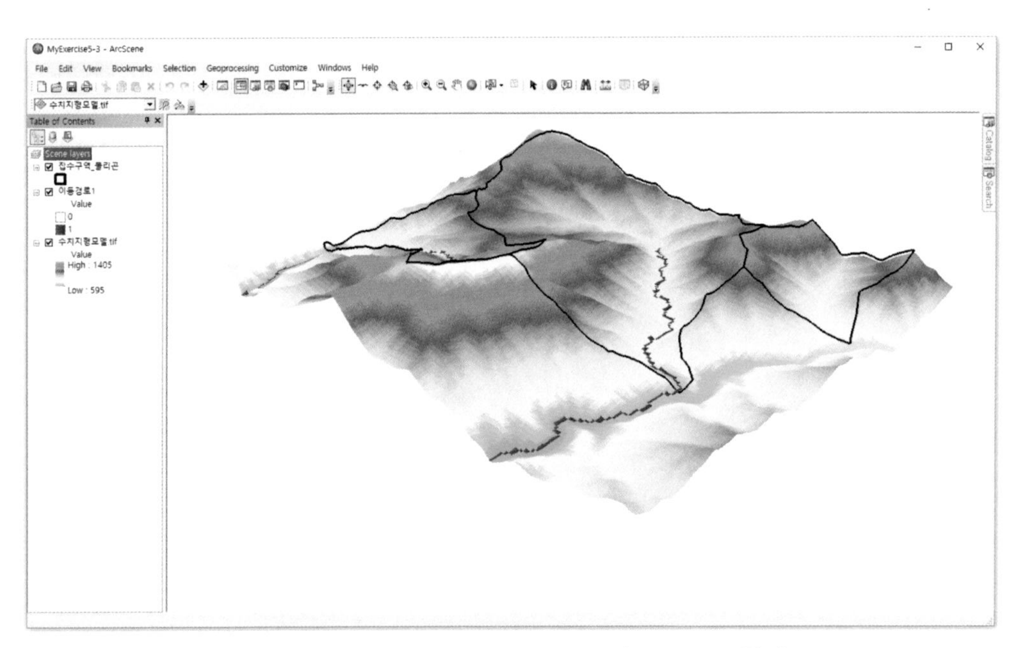

그림 5-51 집수구역의 효과적인 가시화 결과(본문 212쪽 참조)

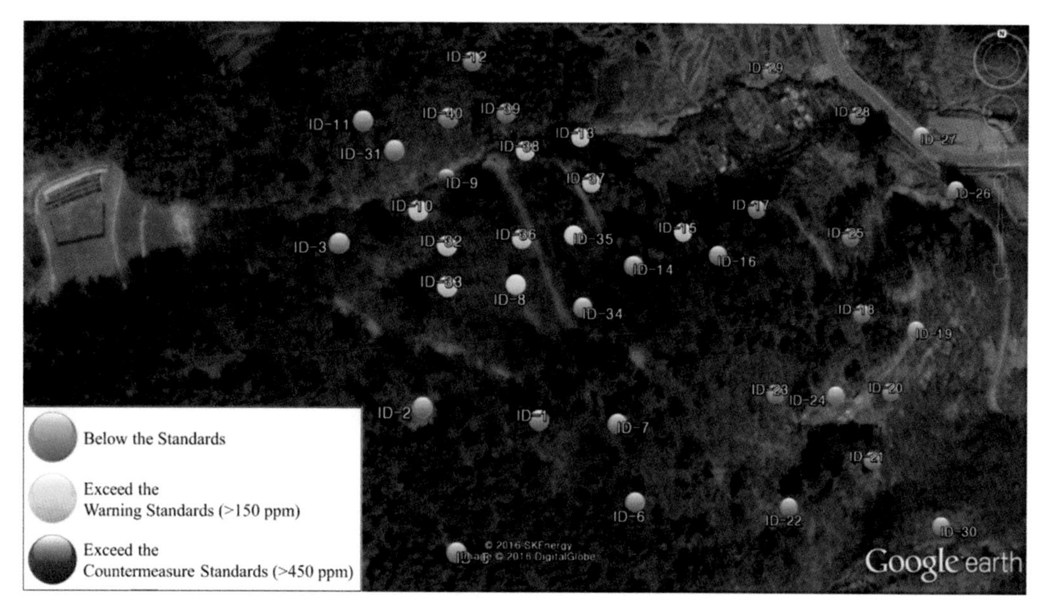

그림 6-1 벡터 형식의 토양오염지도 작성 예시(Suh et al., 2016)(본문 217쪽 참조)

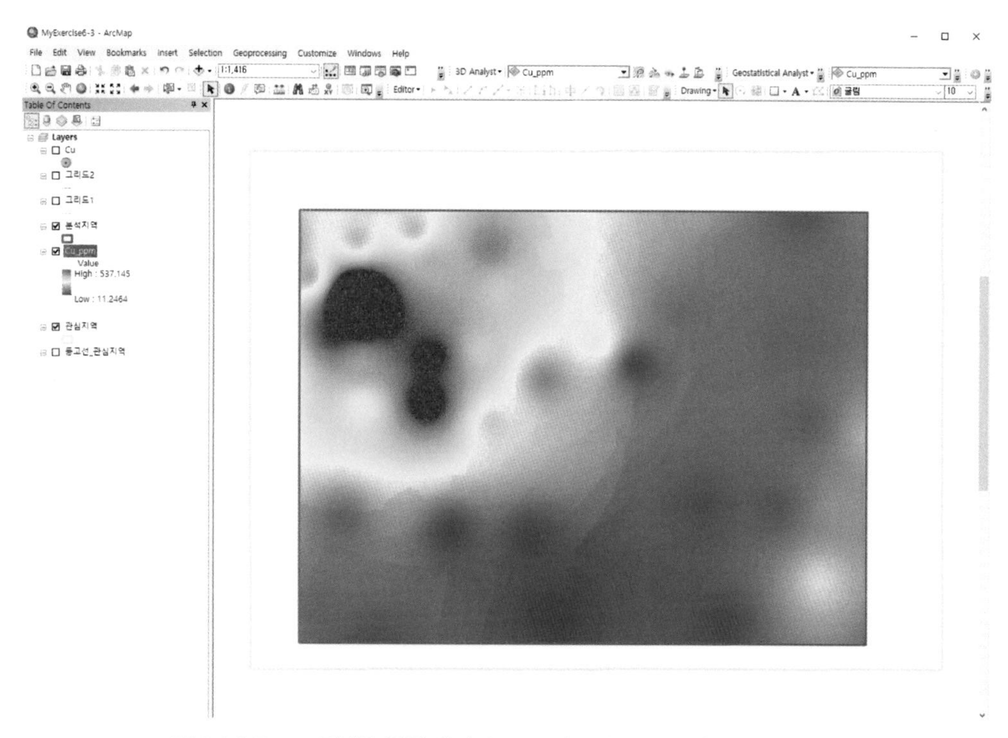

그림 6-34 IDW 보간법을 통해 생성된 Cu 토양오염지도 결과(본문 240쪽 참조)

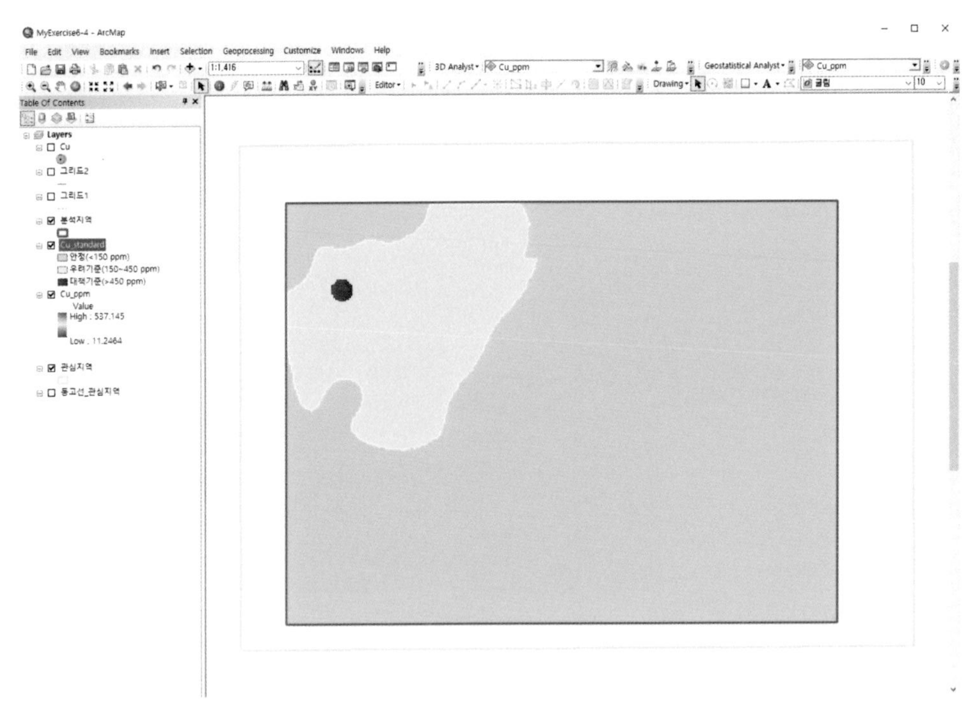

그림 6-40 Cu 함량에 근거한 토양오염 우려 기준 및 대책 기준 초과영역 지도(본문 243쪽 참조)

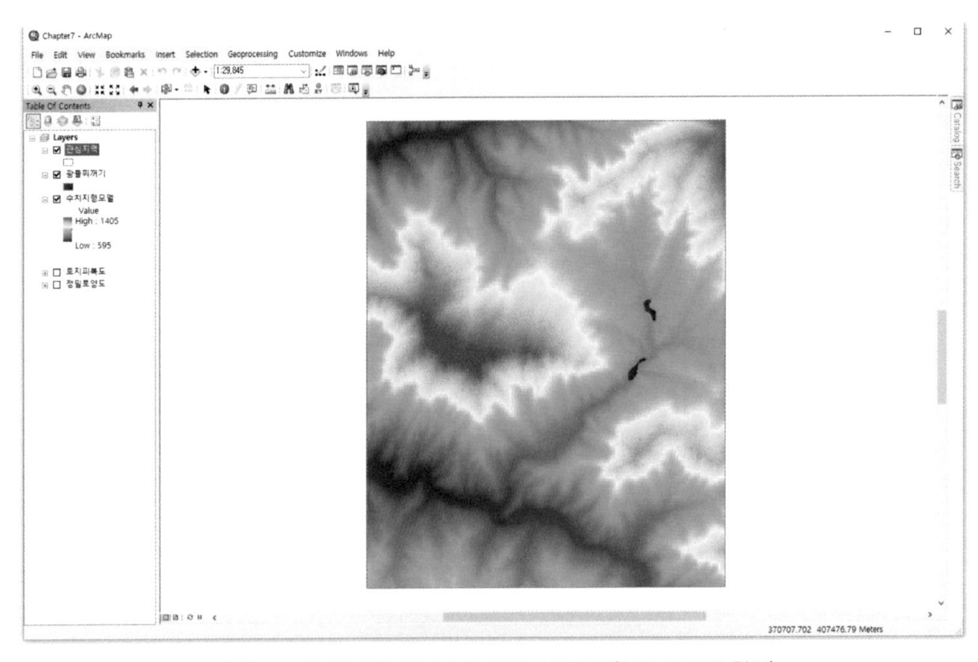

그림 7-4 실습에 사용될 자료들의 가시화 결과(본문 255쪽 참조)

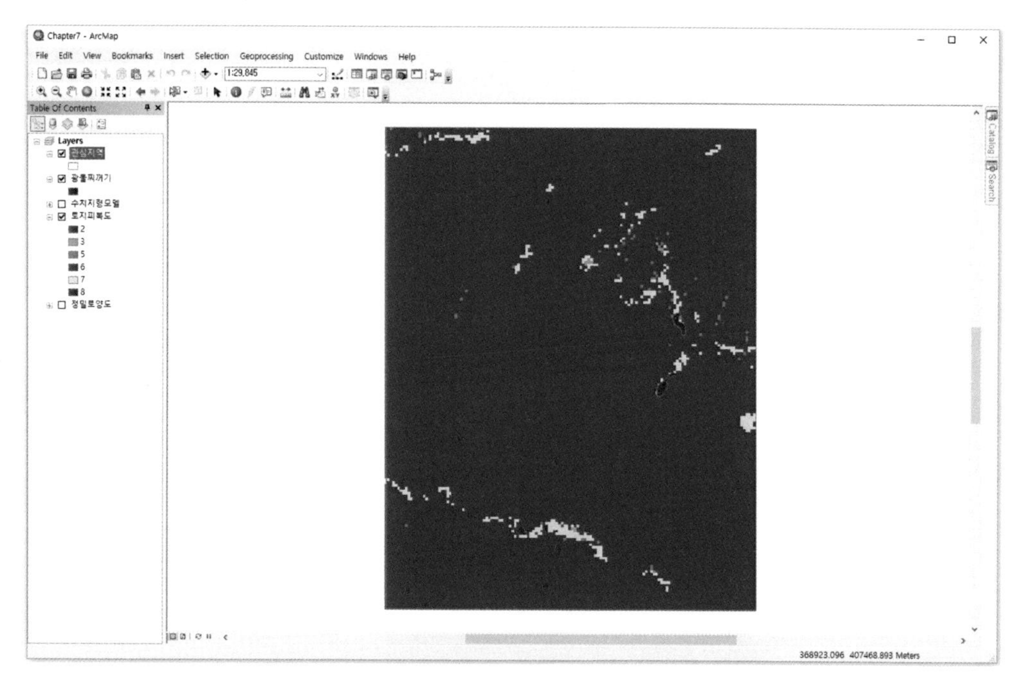

그림 7-5 토지피복도 레이어의 가시화 결과(본문 255쪽 참조)

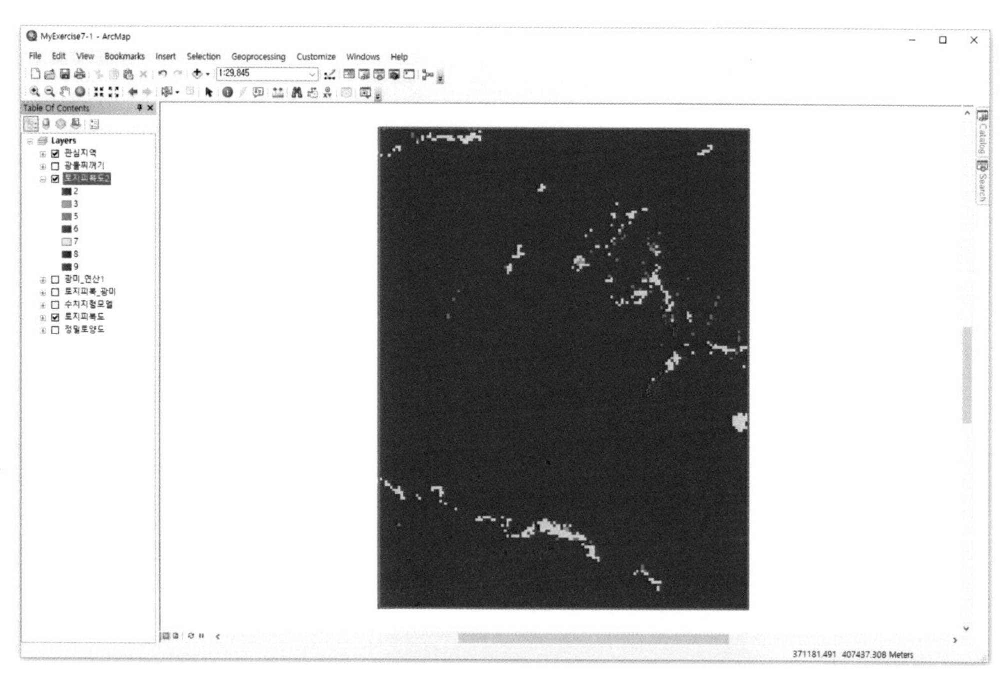

그림 7-19 새로운 레이어 생성 결과(본문 262쪽 참조)

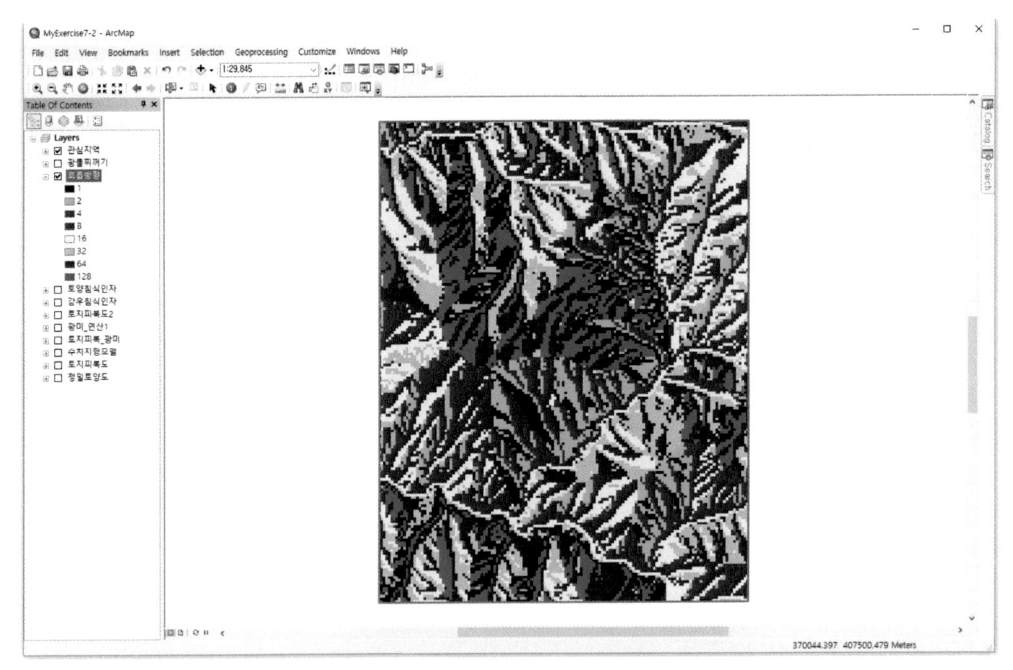

그림 7-28 8개의 흐름방향을 나타내는 래스터 레이어 생성 결과(본문 268쪽 참조)

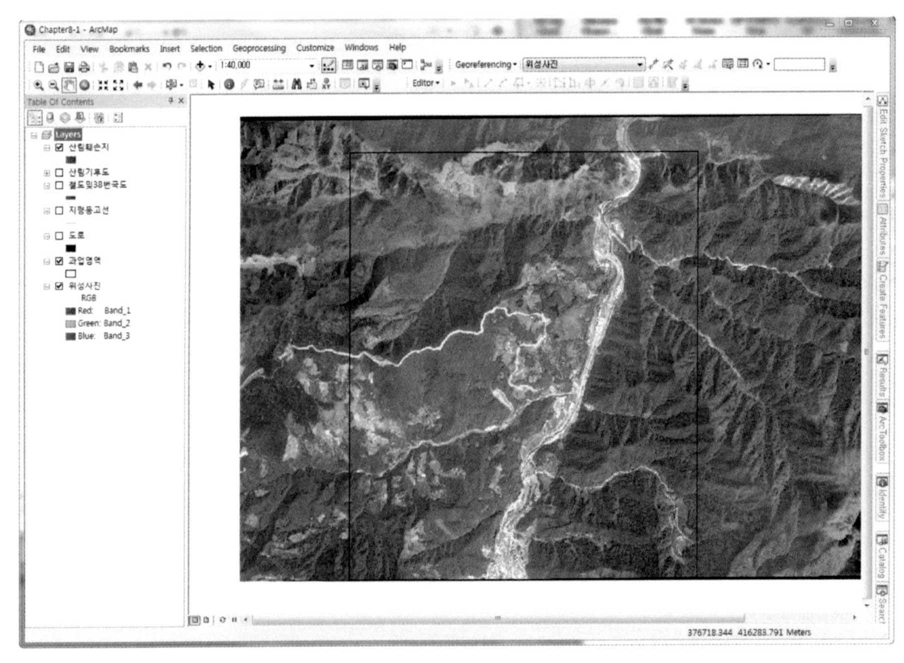

그림 8-5 산림 훼손지 레이어의 가시화(본문 296쪽 참조)

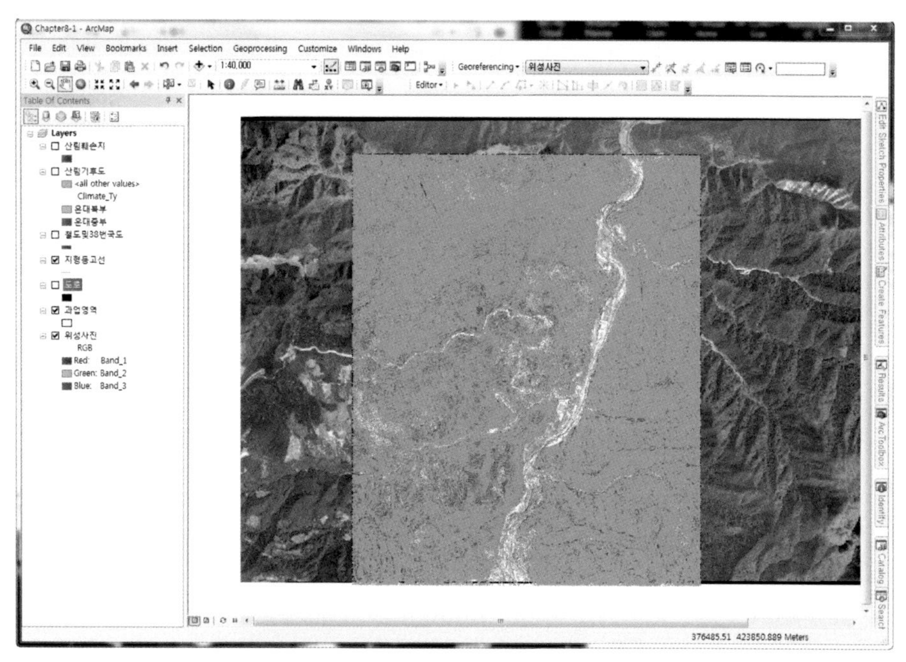

그림 8-8 지형등고선 레이어의 가시화(본문 298쪽 참조)

찾아보기

T

U

V

W

저자 소개

:: 최요순 2004년 서울대학교 지구환경시스템공학부에서 공학사, 2009년 서울대학교 에너지시스템공학부에서 공학박사 학위를 받았다. 2010년 미국 펜실베이니아 주립대학교 에너지자원공학과에서 박사 후 연구원으로 근무했다. 2011년부터 현재까지 부경대학교 에너지자원공학과에 재직 중이며, Geo-ICT 융합기술 연구실을 이끌며 광물자원의 탐사/개발/생산/처리/환경 복원을 위해 필요한 ICT 융합기술을 개발하고 있다. 2012년 한국자원공학회 우수논문상, 2013년 한국자원공학회 젊은공학자상, 2015년 부경대학교 신진연구자상, 2016년 한국자원공학회 GSE 최우수연구상, 2017년 한국지리정보학회 논문상, 2018년 한국자원공학회 우수논문상 등을 수상했다. 현재 과학기술정보통신부 기술수준평가 전문가, 부산광역시 기후변화적응협의회 위원, 신재생에너지 데이터센터 전문위원회 위원, 한국산업인력공단 국가기술자격 시험위원, 한국광해관리공단 광해방지사업 자문심의위원, 한국지리정보학회 상임이사, 한국자원공학회 편집위원, 한국암반공학회 편집위원, Applied Sciences(SCI 학술지) 편집위원 및 특별호 객원 편집장 등으로 활동하고 있다.

:: 서장원 서울대학교에서 지구환경시스템공학(학사)을 전공하고, 동 대학원에서 에너지시스템공학 박사학위를 받았다. 미국 펜실베이니아 주립대학교 에너지자원공학과에서 방문연구원을 지냈으며, 현재 강원대학교 에너지공학부(에너지자원융합공학전공)의 조교수로 재직 중이다. 지리정보시스템과 다양한 확률 및 통계, 데이터마이닝 이론을 결합한 광산 재해 모델링, 광업 분야의 드론 및 증강현실 기술의 적용, 에너지자원의 개발과 관리를 위한 지형/공간/자원 정보 해석 기술 연구를 수행 중이다.

:: 김성민 서울대학교에서 에너지자원공학을 전공하고 동 대학원에서 에너지시스템공학 박사학위를 받았다. 서울대학교 BK21+ 기반 에너지 지속 가능화 인력양성사업단에서 연수연구원을 지냈으며, 현재 강원대학교 에너지공학부(에너지자원융합공학 전공)의 조교수로 재직 중이다. 공간정보 분석기술과 ICT 기술을 활용하여 에너지·광물 자원의 탐사, 개발 및 환경 복원과 관련된 연구를 수행하였다. 최근에는 에너지·광물 자원 분야에서 빅데이터와 머신러닝 기술의 활용 방안을 탐구하고 있으며 신·재생에너지원의 평가, 개발, 적용, 폐기의 전 과정에 걸친 다각적 측면에서의 연구를 수행하고 있다.

광해관리 GIS

초판발행 2019년 2월 25일
초판 2쇄 2019년 11월 25일

저 자 최요순, 서장원, 김성민
펴 낸 이 김성배
펴 낸 곳 도서출판 씨아이알

책임편집 박영지
디 자 인 장지윤, 박영지
제작책임 김문갑

등록번호 제2-3285호
등 록 일 2001년 3월 19일
주 소 (04626) 서울특별시 중구 필동로8길 43(예장동 1-151)
전화번호 02-2275-8603(대표)
팩스번호 02-2265-9394
홈페이지 www.circom.co.kr

I S B N 979-11-5610-733-0 (93530)
정 가 20,000원

ⓒ 이 책의 내용을 저작권자의 허가 없이 무단 전재하거나 복제할 경우 저작권법에 의해 처벌받을 수 있습니다.